# 页岩气
# 地震勘探
# 技术

"十三五"国家重点图书

中国能源新战略—— 页岩气出版工程

国家出版基金项目
NATIONAL PUBLICATION FOUNDATION

编著：董　宁　刘喜武　刘宇巍

U0381338

华东理工大学出版社
EAST CHINA UNIVERSITY OF SCIENCE AND TECHNOLOGY PRESS

·上海·

## 图书在版编目（CIP）数据

页岩气地震勘探技术/董宁等编著.—上海：华东理工大学出版社，2016.12
（中国能源新战略：页岩气出版工程）
ISBN 978-7-5628-4507-2

Ⅰ.①页… Ⅱ.①董… Ⅲ.①油页岩-地震勘探-研究 Ⅳ.①P631.4

中国版本图书馆CIP数据核字（2016）第239162号

## 内容提要

本书从地震采集、处理成像、岩石物理、地震解释与综合预测等方面全面阐述页岩气勘探开发中应用的地震技术，包括页岩气地震数据观测采集、保幅高分辨率处理与偏移成像、全方位各向异性成像与反演一体化、页岩气储层岩石物理建模与分析、页岩层埋深与厚度预测、脆性地震预测、裂缝地震表征、地应力地震预测以及TOC地震预测等技术。全书内容系统全面，既注重基础，又介绍前沿技术，同时给出相应的技术应用实例。

本书可为从事页岩气勘探开发或感兴趣的读者了解和学习地震勘探技术提供参考。

........................................................................................

| | | |
|---|---|---|
| 项目统筹 / | 周永斌　马夫娇 | |
| 责任编辑 / | 周　颖 | |
| 书籍设计 / | 刘晓翔工作室 | |
| 出版发行 / | 华东理工大学出版社有限公司 | |
| | 地　址：上海市梅陇路130号，200237 | |
| | 电　话：021-64250306 | |
| | 网　址：www.ecustpress.cn | |
| | 邮　箱：zongbianban@ecustpress.cn | |
| 印　　刷 / | 上海雅昌艺术印刷有限公司 | |
| 开　　本 / | 710mm×1000mm　1/16 | |
| 印　　张 / | 26.5 | |
| 字　　数 / | 424千字 | |
| 版　　次 / | 2016年12月第1版 | |
| 印　　次 / | 2016年12月第1次 | |
| 定　　价 / | 118.00元 | |

........................................................................................

# 总序

## 一

　　能源矿产是人类赖以生存和发展的重要物质基础,攸关国计民生和国家安全。推动能源地质勘探和开发利用方式变革,调整优化能源结构,构建安全、稳定、经济、清洁的现代能源产业体系,对于保障我国经济社会可持续发展具有重要的战略意义。中共十八届五中全会提出,"十三五"发展将围绕"创新、协调、绿色、开放、共享的发展理念"展开,要"推动低碳循环发展,建设清洁低碳、安全高效的现代能源体系",这为我国能源产业发展指明了方向。

　　在当前能源生产和消费结构亟须调整的形势下,中国未来的能源需求缺口日益凸显。清洁、高效的能源将是石油产业发展的重点,而页岩气就是中国能源新战略的重要组成部分。页岩气属于非传统(非常规)地质矿产资源,具有明显的致矿地质异常特殊性,也是我国第172种矿产。页岩气成分以甲烷为主,是一种清洁、高效的能源资源和化工原料,主要用于居民燃气、城市供热、发电、汽车燃料等,用途非常广泛。页岩气的规模开采将进一步优化我国能源结构,同时也有望缓解我国油气资源对外依存度较高的被动局面。

　　页岩气作为国家能源安全的重要组成部分,是一项有望改变我国能源结构、改变我国南方省份缺油少气格局、"绿化"我国环境的重大领域。目前,页岩气的开发利用在世界范围内已经产生了重要影响,在此形势下,由华东理工大学出版社策划的这套页岩气丛书对国内页岩气的发展具有非常重要的意义。该丛书从页岩气地质、地球物理、开发工程、装备与经济技术评价以及政策环境等方面系统阐述了页岩气全产业链理论、方法与技术，并完善了页岩气地质、物探、开发等相关理论，集成了页岩气勘探开发与工程领域相关的先进技术，摸索了中国页岩气勘探开发相关的经济、环境与政策。丛书的出版有助于开拓页岩气产业新领域、探索新技术、寻求新的发展模式，以期对页岩气关键技术的广泛推广、科学技术创新能力的大力提升、学科建设条件的逐渐改进，以及生产实践效果的显著提高等，能产生积极的推动作用，为国家的能源政策制定提供积极的参考和决策依据。

我想，参与本套丛书策划与编写工作的专家、学者们都希望站在国家高度和学术前沿产出时代精品，为页岩气顺利开发与利用营造积极健康的舆论氛围。中国地质大学（北京）是我国最早涉足页岩气领域的学术机构，其中张金川教授是第376次香山科学会议（中国页岩气资源基础及勘探开发基础问题）、页岩气国际学术研讨会等会议的执行主席，他是中国最早开始引进并系统研究我国页岩气的学者，曾任贵州省页岩气勘查与评价和全国页岩气资源评价与有利选区项目技术首席，由他担任丛书主编我认为非常称职，希望该丛书能够成为页岩气出版领域中的标杆。

让我感到欣慰和感激的是，这套丛书的出版得到了国家出版基金的大力支持，我要向参与丛书编写工作的所有同仁和华东理工大学出版社表示感谢，正是有了你们在各自专业领域中的倾情奉献和互相配合，才使得这套高水准的学术专著能够顺利出版问世。

中国科学院院士

2016年5月于北京

# 总　序

# 二

　　进入21世纪,世情、国情继续发生深刻变化,世界政治经济形势更加复杂严峻,能源发展呈现新的阶段性特征,我国既面临由能源大国向能源强国转变的难得历史机遇,又面临诸多问题和挑战。从国际上看,二氧化碳排放与全球气候变化、国际金融危机与石油天然气价格波动、地缘政治与局部战争等因素对国际能源形势产生了重要影响,世界能源市场更加复杂多变,不稳定性和不确定性进一步增加。从国内看,虽然国民经济仍在持续中高速发展,但是城乡雾霾污染日趋严重,能源供给和消费结构严重不合理,可持续的长期发展战略与现实经济短期的利益冲突相互交织,能源规划与环境保护互相制约,绿色清洁能源亟待开发,页岩气资源开发和利用有待进一步推进。我国页岩气资源与环境的和谐发展面临重大机遇和挑战。

　　随着社会对清洁能源需求不断扩大,天然气价格不断上涨,人们对页岩气勘探开发技术的认识也在不断加深,从而在国内出现了一股页岩气热潮。为了加快页岩气的开发利用,国家发改委和国家能源局从2009年9月开始,研究制定了鼓励页岩气勘探与开发利用的相关政策。随着科研攻关力度和核心技术突破能力的不断提高,先后发现了以威远-长宁为代表的下古生界海相和以延长为代表的中生界陆相等页岩气田,特别是开发了特大型焦石坝海相页岩气,将我国页岩气工业推送到了一个特殊的历史新阶段。页岩气产业的发展既需要系统的理论认识和配套的方法技术，也需要合理的政策、有效的措施及配套的管理，我国的页岩气技术发展方兴未艾，页岩气资源有待进一步开发。

我很荣幸能在丛书策划之初就加入编委会大家庭，有机会和页岩气领域年轻的学者们共同探讨我国页岩气发展之路。我想，正是有了你们对页岩气理论研究与实践的攻关才有了这套书扎实的科学基础。放眼未来，中国的页岩气发展还有很多政策、科研和开发利用上的困难，但只要大家齐心协力，最终我们必将取得页岩气发展的良好成果，使科技发展的果实惠及千家万户。

这套丛书内容丰富，涉及领域广泛，从产业链角度对页岩气开发与利用的相关理论、技术、政策与环境等方面进行了系统全面、逻辑清晰地阐述，对当今页岩气专业理论、先进技术及管理模式等体系的最新进展进行了全产业链的知识集成。通过对这些内容的全面介绍，可以清晰地透视页岩气技术面貌，把握页岩气的来龙去脉，并展望未来的发展趋势。总之，这套丛书的出版将为我国能源战略提供新的、专业的决策依据与参考，以期推动页岩气产业发展，为我国能源生产与消费改革做出能源人的贡献。

中国页岩气勘探开发地质、地面及工程条件异常复杂，但我想说，打造世纪精品力作是我们的目标，然而在此过程中必定有着多样的困难，但只要我们以专业的科学精神去对待、解决这些问题，最终的美好成果是能够创造出来的，祖国的蓝天白云有我们曾经的努力！


中国工程院院士

2016年5月

# 总序

## 三

页岩气属于新型的绿色能源资源，是一种典型的非常规天然气。近年来，页岩气的勘探开发异军突起，已成为全球油气工业中的新亮点，并逐步向全方位的变革演进。我国已将页岩气列为新型能源发展重点，纳入了国家能源发展规划。

页岩气开发的成功与技术成熟，极大地推动了油气工业的技术革命。与其他类型天然气相比，页岩气具有资源分布连片、技术集约程度高、生产周期长等开发特点。页岩气的经济性开发是一个全新的领域，它要求对页岩气地质概念的准确把握、开发工艺技术的恰当应用、开发效果的合理预测与评价。

美国现今比较成熟的页岩气开发技术，是在20世纪80年代初直井泡沫压裂技术的基础上逐步完善而发展起来的，先后经历了从直井到水平井、从泡沫和交联冻胶到清水压裂液、从简单压裂到重复压裂和同步压裂工艺的演进，页岩气的成功开发拉动了美国页岩气产业的快速发展。这其中，完善的基础设施、专业的技术服务、有效的监管体系为页岩气开发提供了重要的支持和保障作用，批量化生产的低成本开发技术是页岩气开发成功的关键。

我国页岩气的资源背景、工程条件、矿权模式、运行机制及市场环境等明显有别于美国，页岩气开发与发展任重道远。我国页岩气资源丰富、类型多样，但开发地质条件复杂，开发理论与技术相对滞后，加之开发区水资源有限、管网稀疏、人口稠密等不利因素，导致中国的页岩气发展不能完全照搬照抄美国的经验、技术、政策及法规，必须探索出一条适合于我国自身特色的页岩气开发技术与发展道路。

华东理工大学出版社策划出版的这套页岩气产业化系列丛书，首次从页岩气地质、地球物理、开发工程、装备与经济技术评价以及政策环境等方面对页岩气相关的理论、方法、技术及原则进行了系统阐述，集成了页岩气勘探开发理论与工程利用相关领域先进的技术系列，完成了页岩气全产业链的系统化理论构建，摸索出了与中国页岩气工业开发利用相关的经济模式以及环境与政策，探讨了中国自己的页岩气发展道路，为中国的页岩气发展指明了方向，是中国页岩气工作者不可多得的工作指南，是相关企业管理层制定页岩气投资决策的依据，也是政府部门制定相关法律法规的重要参考。

我非常荣幸能够成为这套丛书的编委会顾问成员，很高兴为丛书作序。我对华东理工大学出版社的独特创意、精美策划及辛苦工作感到由衷的赞赏和钦佩，对以张金川教授为代表的丛书主编和作者们良好的组织、辛苦的耕耘、无私的奉献表示非常赞赏，对全体工作者的辛勤劳动充满由衷的敬意。

这套丛书的问世，将会对我国的页岩气产业产生重要影响，我愿意向广大读者推荐这套丛书。

中国工程院院士

胡文瑞

2016年5月

# 总序

## 四

绿色低碳是中国能源发展的新战略之一。作为一种重要的清洁能源，天然气在中国一次能源消费中的比重到2020年时将提高到10%以上，页岩气的高效开发是实现这一战略目标的一种重要途径。

页岩气革命发生在美国，并在世界范围内引起了能源大变局和新一轮油价下降。在经过了漫长的偶遇发现（1821—1975年）和艰难探索（1976—2005年）之后，美国的页岩气于2006年进入快速发展期。2005年，美国的页岩气产量还只有1 134亿立方米，仅占美国当年天然气总产量的4.8%；而到了2015年，页岩气在美国天然气年总产量中已接近半壁江山，产量增至4 291亿立方米，年占比达到了46.1%。即使在目前气价持续走低的大背景下，美国页岩气产量仍基本保持稳定。美国页岩气产业的大发展，使美国逐步实现了天然气自给自足，并有向天然气出口国转变的趋势。2015年美国天然气净进口量在总消费量中的占比已降至9.25%，促进了美国经济的复苏、GDP的增长和政府收入的增加，提振了美国传统制造业并吸引其回归美国本土。更重要的是，美国页岩气引发了一场世界能源供给革命，促进了世界其他国家页岩气产业的发展。

中国含气页岩层系多，资源分布广。其中，陆相页岩发育于中、新生界，在中国六大含油气盆地均有分布；海陆过渡相页岩发育于上古生界和中生界，在中国华北、南方和西北广泛分布；海相页岩以下古生界为主，主要分布于扬子和塔里木盆地。中国页岩气勘探开发起步虽晚，但发展速度很快，已成为继美国和加拿大之后世界上第三个实现页岩气商业化开发的国家。这一切都要归功于政府的大力支持、学界的积极参与及业界的坚定信念与投入。经过全面细致的选区优化评价（2005—2009年）和钻探评价（2010—2012年），中国很快实现了涪陵（中国石化）和威远–长宁（中国石油）页岩气突破。2012年，中国石化成功地在涪陵地区发现了中国第一个大型海相气田。此后，涪陵页岩气勘探和产能建设快速推进，目前已提交探明地质储量3 805.98亿立方米，页岩气日产量（截至2016年6月）也达到了1 387万立方米。故大力发展页岩气，不仅有助于实现清洁低碳的能源发展战略，还有助于促进中国的经济发展。

　　然而，中国页岩气开发也面临着地下地质条件复杂、地表自然条件恶劣、管网等基础设施不完善、开发成本较高等诸多挑战。页岩气开发是一项系统工程，既要有丰富的地质理论为页岩气勘探提供指导，又要有先进配套的工程技术为页岩气开发提供支撑，还要有完善的监管政策为页岩气产业的健康发展提供保障。为了更好地发展中国的页岩气产业，亟须从页岩气地质理论、地球物理勘探技术、工程技术和装备、政策法规及环境保护等诸多方面开展系统的研究和总结，该套页岩气丛书的出版将填补这项空白。

　　该丛书涉及整个页岩气产业链，介绍了中国页岩气产业的发展现状，分析了未来的发展潜力，集成了勘探开发相关技术，总结了管理模式的创新。相信该套丛书的出版将会为我国页岩气产业链的快速成熟和健康发展带来积极的推动作用。

中国科学院院士

2016年5月

# 丛书前言

　　社会经济的不断增长提高了对能源需求的依赖程度，城市人口的增加提高了对清洁能源的需求，全球资源产业链重心后移导致了能源类型需求的转移，不合理的能源资源结构对环境和气候产生了严重的影响。页岩气是一种特殊的非常规天然气资源，她延伸了传统的油气地质与成藏理论，新的理念与逻辑改变了我们对油气赋存地质条件和富集规律的认识。页岩气的到来冲击了传统的油气地质理论、开发工艺技术以及环境与政策相关法规，将我国传统的"东中西"油气分布格局转置于"南中北"背景之下，提供了我国油气能源供给与消费结构改变的理论与物质基础。美国的页岩气革命、加拿大的页岩气开发、我国的页岩气突破，促进了全球能源结构的调整和改变，影响着世界能源生产与消费格局的深刻变化。

　　第一次看到页岩气（Shale gas）这个词还是在我的博士生时代，是我在图书馆研究深盆气（Deep basin gas）外文文献时的"意外"收获。但从那时起，我就注意上了页岩气，并逐渐为之痴迷。亲身经历了页岩气在中国的启动，充分体会到了页岩气产业发展的迅速，从开始只有为数不多的几个人进行页岩气研究，到现在我们已经有非常多优秀年轻人的拼搏努力，他们分布在页岩气产业链的各个角落并默默地做着他们认为有可能改变中国能源结构的事。

　　广袤的长江以南地区曾是我国老一辈地质工作者花费了数十年时间进行油

气勘探而"久攻不破"的难点地区,短短几年的页岩气勘探和实践已经使该地区呈现出了"星星之火可以燎原"之势。在油气探矿权空白区,渝页1、岑页1、西科1、常页1、水页1、柳页1、秭地1、安页1、港地1等一批不同地区、不同层系的探井获得了良好的页岩气发现,特别是在探矿权区域内大型优质页岩气田(彭水、长宁-威远、焦石坝等)的成功开发,极大地提振了油气勘探与发现的勇气和决心。在长江以北,目前也已经在长期存在争议的地区有越来越多的探井揭示了新的含气层系,柳坪177、牟页1、鄂页1、尉参1、正西页1等探井不断有新的发现和突破,形成了以延长、中牟、温县等为代表的陆相页岩气示范区和海陆过渡相页岩气试验区,打破了油气勘探发现和认识格局。中国近几年的页岩气勘探成就,使我们能够在几十年都不曾有油气发现的区域内再放希望之光,在许多勘探失利或原来不曾预期的地方点燃了燎原之火,在更广阔的地区重新拾起了油气发现的信心,在许多新的领域内带来了原来不曾预期的希望,在许多层系获得了原来不曾想象的意外惊喜,极大地拓展了油气勘探与发现的空间和视野。更重要的是,页岩气理论与技术的发展促进了油气物探技术的进一步完善和成熟,改进了油气开发生产工艺技术,启动了能源经济技术新的环境与政策思考,整体推高了油气工业的技术能力和水平,催生了页岩气产业链的快速发展。

该套页岩气丛书响应了国家《能源发展"十二五"规划》中关于大力开发非常规能源与调整能源消费结构的愿景,及时高效地回应了《大气污染防治行动计划》中对于清洁能源供应的急切需求以及《页岩气发展规划(2011—2015年)》的精神内涵与宏观战略要求,根据《国家应对气候变化规划(2014—2020)》和《能源发展战略行动计划(2014—2020)》的建议意见,充分考虑我国当前油气短缺的能源现状,以面向"十三五"能源健康发展为目标,对页岩气地质、物探、工程、政策等方面进行了系统讨论,试图突出新领域、新理论、新技术、新方法,为解决页岩气领域中所面临的新问题提供参考依据,对页岩气产业链相关理论与技术提供系统参考和基础。

承担国家出版基金项目《中国能源新战略——页岩气出版工程》(入选《"十三五"国家重点图书、音像、电子出版物出版规划》)的组织编写重任,心中不免惶恐,因为这是我第一次做分量如此之重的学术出版。当然,也是我第一次有机会系统地来梳理这些年我们团队所走过的页岩气之路。丛书的出版离不开广大作者的辛勤付出,他们以实际行动表达了对本职工作的热爱、对页岩气产业的追求以及对国家能源行业发展的希冀。特别是,丛书顾问在立意、构架、设计及编撰、出版等环节中也给予了精心指导和大力支持。正是有了众多同行专家的无私帮助和热情鼓励,我们的作者团队才义无反顾地接受了这一充满挑战的历史性艰巨任务。

该套丛书的作者们长期耕耘在教学、科研和生产第一线,他们未雨绸缪、身体力行、不断探索前进,将美国页岩气概念和技术成功引进中国;他们大胆创新实践,对全国范围内页岩气展开了有利区优选、潜力评价、趋势展望;他们尝试先行先试,将页岩气地质理论、开发技术、评价方法、实践原则等形成了完整体系;他们奋力摸索前行,以全国页岩气蓝图勾画、页岩气政策改革探讨、页岩气技术规划促产为己任,全面促进了页岩气产业链的健康发展。

我们的出版人非常关注国家的重大科技战略,他们希望能借用其宣传职能,为读者提供一套页岩气知识大餐,为国家的重大决策奉上可供参考的意见。该套丛书的组织工作任务极其烦琐,出版工作任务也非常繁重,但有华东理工大学出版社领导及其编辑、出版团队前瞻性地策划、周密求是地论证、精心细致地安排、无怨地辛苦奉献,积极有力地推动了全书的进展。

感谢我们的团队,一支非常有责任心并且专业的丛书编写与出版团队。

该套丛书共分为页岩气地质理论与勘探评价、页岩气地球物理勘探方法与技术、页岩气开发工程与技术、页岩气技术经济与环境政策等4卷,每卷又包括了按专业顺序而分的若干册,合计20本。丛书对页岩气产业链相关理论、方法及技术等进行了全面系统地梳理、阐述与讨论。同时,还配备出版了中英文版的页岩气原理与技术视频(电子出版物),丰富了页岩气展示内容。通过这套丛书,我们希望能为页岩气科研与生产人员提供一套完整的专业技术知识体系以促进页岩气理论与实践的进一步发展,为页岩气勘探开发理论研究、生产实践以及教学培训等提供参考资料,为进一步突破页岩气勘探开发及利用中的关键技术瓶颈提供支撑,为国家能源政策提供决策参考,为我国页岩气的大规模高质量开发利用提供助推燃料。

国际页岩气市场格局正在成型,我国页岩气产业正在快速发展,页岩气领域中的科技难题和壁垒正在被逐个攻破，页岩气产业发展方兴未艾，正需要以全新的理论为依据、以先进的技术为支撑、以高素质人才为依托，推动我国页岩气产业健康发展。该套丛书的出版将对我国能源结构的调整、生态环境的改善、美丽中国梦的实现产生积极的推动作用，对人才强国、科技兴国和创新驱动战略的实施具有重大的战略意义。

　　不断探索创新是我们的职责，不断完善提高是我们的追求，"路漫漫其修远兮，吾将上下而求索"，我们将努力打造出页岩气产业领域内最系统、最全面的精品学术著作系列。

　　　　丛书主编

　　　　　　2015年12月于中国地质大学（北京）

# 前

# 言

过去的十多年以来,由于钻井和压裂改造技术的进步,泥页岩不仅被认为是传统意义的烃源岩和盖层,也是油气资源的重要储集层,特别是页岩气的开发,俨然可以看作一场新的化石能源革命。地球物理技术在页岩油气勘探开发的各种新技术集成与融合中发挥了不可替代的重要作用,从页岩油气开发核心区选区评价到钻完井设计,从测井识别页岩油气层到随钻测井,从地面三维地震"甜点"评价到微地震压裂裂缝监测,地球物理技术已经融入页岩油气勘探开发的各个阶段,成为页岩油气储层评价和增产改造不可或缺的技术手段。特别是地震勘探技术,在页岩气勘探开发中,能够发挥以下功能。① 了解页岩分布的形态:构造、断裂、埋深、厚度和岩性变化的空间分布等;② 地质"甜点"的预测:TOC、物性、保存条件、含气量、顶底板岩性物性与流体分布等;③ 可压性评价:脆性(矿物成分、岩石力学)、地应力、裂缝尺度和发育程度;④ 压裂监测:微地震压裂监测。由于页岩油气储层的微观复杂性(TOC、三孔隙、极低孔渗、脆性)、非均匀性和强地震各向异性,给宏观尺度地震表征微观储层属性(主要是脆性、裂缝、应力和TOC)带来了极大的挑战性(难度),页岩气地震技术的很多方法技术还在发展和探索中。

为满足广大读者了解和学习页岩气地震勘探技术的需要,本书编著者在多年地震勘探技术研究和页岩气领域应用实践的基础上,结合近年来国内外页岩气地球物理技术的应用实例、发展现状和趋势,系统全面地总结了提炼页岩气勘探开发中应用的有关地震技术,从基本概念、基本原理、关键技术、发展前沿和应用效果等不同角度,编写了一本适用于广大页岩气勘探开发领域的投资者、管理者和技术工作者阅读的技术普及性读物。

本书研究内容基于国家自然科学基金委员会-中国石油化工股份有限公司石油化工联合基金资助项目(U1663207)和国家重点基础研究发展计划(973)课题(2014CB239104)联合资助。

全书共分5章:第1章绪论分析了页岩气勘探开发对地震勘探的技术需求,页岩气地震勘探技术的进展和发展趋势,使读者有一个概括性的了解,其中VSP、井间地震、时移地震和微地震监测等技术将在本丛书其他专著中阐述;第2章页岩气地震勘探资料采集技术是地震勘探技术的基础,从页岩气地震勘探面临的主要问题谈起,阐述观测系统设计、参数论证、提高地震资料品质的激发和接收方法,最后给出实例;第3章页岩气地震勘探资料处理技术是地震勘探技术的关键,阐述了时间域保幅高分辨率预处理技术、叠前偏移成像技术、全方位各向异性成像与反演一体化技术,最后给出应用实例;第4章页岩气储层地震岩石物理技术是页岩气储层地震识别与综合解释的基础,阐述页岩气储层岩石物理性质和力学性质,给出岩石物理建模方法和敏感弹性参数、岩石力学参数、岩石物理分析方法;第5章页岩气储层地震识别与综合预测技术是页岩气地震技术的核心,从勘探与开发不同角度,系统阐述了地震方法技术与应用,包括常规解释与叠后反演页岩气储层厚度与埋深预测技术、地震叠前弹性参数反演脆性预测技术、地震叠前叠后多尺度裂缝预测技术、地震叠前弹性参数反演地应力预测技术、页岩气储层TOC地震预测技术等。

本书编写力求做到:针对页岩气特点,基础、全面又体现出技术特色与发展前沿,既能体现技术性,又具有实用性。

本书由董宁、刘喜武主持编写,各章节的主要执笔人如下:第1章,董宁、刘喜武、刘宇巍;第2章,刘喜武、刘宇巍;第3章,刘喜武、刘志远;第4章,刘喜武;第5章,董宁、刘喜武、霍志周、刘宇巍、周刚、刘志远。全书由董宁、刘喜武统稿定稿。

本书编写过程中,得到中国石化石油勘探开发研究院、中国石化江汉油田、中国地质大学(北京)、中国石油大学(华东)、中国石油大学(北京)、中国科学院地质与地球物理研究所等单位的大力支持和帮助,在此一并表示衷心的感谢。

感谢华东理工大学出版社的编辑同志的耐心和卓有成效的工作,使本书得以出版。

由于编著者水平有限,错误和不妥之处敬请批评指正。

目

录

页岩气
地震勘探
技术

第 1 章

# 绪论

页岩气是一种典型的非常规天然气,赋存于富有机质的泥岩或页岩中。过去的十多年以来,由于水平井钻井和压裂改造技术的进步,泥页岩不仅仅被认为是传统意义的烃源岩和盖层,也是油气资源的重要储集层,特别是美国页岩气开发,俨然可以看作一场新的化石能源革命,例如,2010年美国页岩气产量为1 378亿立方米,占该国当年天然气总产量的23%;截止2015年11月,美国页岩气年产量累计为3 692.74亿立方米,占其天然气总产量的40%,增长潜力巨大。2000年以后,成熟的水力压裂技术促进美国Barnett页岩气大规模开采,此后又开发了Haynesville和Eagle Ford页岩气藏(2008年),Marcellus页岩气藏(2009年)。页岩气勘探也扩展到全球,在加拿大、波兰、澳大利亚、中国等其他国家也开展了页岩气藏的目标识别与钻探。

技术的进步是页岩气藏大规模开发的关键所在。正是由于高压水力压裂技术和水平钻探技术在美国油气开采业的推广应用,曾经被称为非传统油气资源的页岩油气藏,改变了过去长时间被弃之一边的命运,变身为油气宝库。由于技术革新所带来的页岩气变废为宝的这一进程,被称为"页岩气革命"。

近年来,随着页岩油气勘探开发技术的需求,国外对泥页岩岩石特性进行从电子显微到地面地震方法的跨尺度成像与界定,也发展了钻井、完井和生产工艺等。地球物理技术在各种新技术集成与融合中也发挥了不可替代的重要作用,从页岩油气开发核心区选区评价到钻完井设计,从测井识别页岩油气层到随钻测井,从地面三维地震"甜点"评价到微地震压裂裂缝监测,地球物理技术已经融入页岩油气勘探开发的各个阶段,成为页岩油气储层评价和增产改造不可或缺的技术手段。

## 1.1　　页岩气成藏特点与勘探开发概况

### 1.1.1　　页岩气成藏特点

页岩气可以生成于有机成因的各阶段,可包括早期的生物作用生成的生物气,进入生油窗之后的热成因气，也包括石油、沥青等经裂解之后形成的裂解气。页岩气表现为"原地"成藏模式，即在含气页岩中，页岩兼具烃源岩、储层，甚至盖层的角色。因此，有机质含量高的黑色页岩、高碳泥岩等常是最好的页岩气发育条件。泥页岩具有微观复杂性［含有机碳，基质孔、有机孔、微裂隙等三种储集空间结构，且具有极低孔隙度（小于10%）和渗透率（小于 1 mD），脆性］、非均匀性和强地震各向异性。

页岩气的赋存状态是多种多样的，除极少部分呈溶解状态赋存于干酪根、沥青和结构水中外，绝大部分页岩气以吸附状态赋存于有机质颗粒的表面，或以游离状态赋存于孔隙和裂缝之中。有机质与黏土颗粒表面的吸附气的储集方式与煤层气相似；基质孔隙和裂缝中的游离气的储集方式与常规天然气储层相似。页岩的吸附能力与总有机碳含量、矿物成分、储层温度、地层压力、页岩含水量、天然气组分和孔隙结构等因素有关。页岩中吸附气和游离气含量大约各占50%，含气量大小与有机质的含量密切相关。因此从赋存状态观察，页岩气介于煤层吸附气（吸附气含量在85%以上）、根缘气（致密砂岩气，吸附气含量小于20%）和常规储层气（含裂缝游离气，但吸附气含量通常忽略为零）之间（江怀友，2008）。页岩气的存在体现了天然气聚集机理递变的复杂特点，即天然气从生烃初期时的吸附聚集到大量生烃时期（微孔、微裂缝）的活塞式运聚，再到生烃高峰时期（较大规模裂缝）的置换式运聚，运移方式还可能表现为活塞式与置换式两者之间的过渡形式。上述一系列作用过程的发生使页岩中的天然气赋存形态构成了从典型吸附到典型游离之间的序列过渡，将煤层气（典型的吸附作用）、根缘气（活塞式气水排驱）和常规储层气（典型的置换式运聚）的运移、聚集和成藏过程联结在一起，具有多重聚集机理。

常规油气着力研究"圈闭是否成藏"，主要研究"生、储、盖、圈、运、保"等六要素及其匹配关系。而对于页岩气，研究重点是"储集层是否含气"，主要研究"烃源性、岩性、物性、脆性、含气性与应力各向异性"等六特性及其匹配关系。烃源性研究，旨在寻找高有机质含量区；岩性研究，旨在寻找有效储集层发育区；物性研究，旨在筛选孔渗性（含裂缝）相对较好的"甜点"；脆性研究，旨在优选利于规模压裂的高脆性储集层；含气性研究，旨在优选含气性好的储集层；应力各向异性研究，旨在寻找地应力最小方向，沿着该方向钻水平井，利于储集层改造。

由于页岩气成藏的特点不同于常规的砂岩和碳酸盐油气藏,除了颗粒细、矿物成分复杂、含有机质等特性之外,储层性质(指岩石参数:岩性、物性、电性、含油气性等)表现为:① 极低孔隙度的三种纳米级的微观孔隙结构:粒间孔、粒内孔和有机孔,或基质孔(粒间、粒内)、微裂缝和有机孔;② 超低渗透率(基质的渗透率一般为纳达西级别)和③ 非均质性。这些地质特性又决定了页岩油气储层不同尺度(从微观纳米级到宏观米级尺度)的物理性质,如岩石物理、地球物理(声波速度、密度、地震波速度,各向异性等)和力学性质(应力、应变、弹性模量、泊松比、拉梅参数、脆性、韧性等),其中,页岩油气储层的各向异性特别突出。这些储层特点是宏观地球物理属性预测必须面对的挑战。

### 1.1.2　　　我国页岩气勘探开发概况

据美国能源局2006年的预测,世界页岩气资源量为 $4.56 \times 10^6$ 亿立方米,相当于常规天然气资源量的1.4倍(近年来还有不断增长的趋势),主要分布在北美、中亚和中国、中东和北非、拉丁美洲、苏联等地区。进入21世纪以来,已有30多个国家开展了页岩气业务,美国和加拿大实现了页岩气的有效开发,现已步入快速发展阶段。

我国页岩气资源十分丰富,特别是南方地区、华北地区、四川盆地和塔里木盆地等海相页岩,以及松辽盆地白垩系、准噶尔盆地中－下侏罗统、鄂尔多斯盆地上三叠统、吐哈盆地中－下侏罗统和渤海湾盆地古近系等地层中的陆相沉积页岩都具备页岩气成藏条件。2015年国土资源部油气资源战略中心估算我国页岩气可采资源量为 $2.18 \times 10^5$ 亿立方米。近年来,随着北美页岩气开采规模的扩大和技术进步,页岩气已引起我国政府和相关企业的高度重视。国土资源部组织相关单位开展了页岩气资源评价工作,并启动勘查项目,国家发改委、能源局也已开始研究相关激励政策。国内众多石油公司以及国土资源部相关科研机构积极开展页岩气选区评价工作,优选出了一批有利区块,并部署勘探工作。壳牌、康菲、BP和挪威国家石油等国外石油公司也积极参与我国页岩气的勘探开发。"十二五"期间,我国页岩气开发在南方海相获得突破,四川盆地页岩气实现规模化商业开发,其他很多有利区获得工业测试气流,南方海相龙马溪组页岩气资源及开发潜力得到有力证实。四川盆地深层海相页岩气、四川盆地外大面积常压低斗度海相页岩气及鄂尔多斯盆地陆相页岩气也将为页岩气大规模开发提供资源保障。截至 2016 年 9 月,全国累计探明页岩气地质储量为 5 441 亿立方米,2015 年全国页岩气产量为 45 亿立方米。

在页岩气勘探开发实践中,地球物理技术,特别是地震勘探技术已经成为关键技术之一。由于页岩油气储层的微观复杂性[总有机碳(Total Organic Carbon, TOC)含量、三孔隙、极低孔渗、脆性]、非均匀性和强地震各向异性,要求地震勘探技术能够解决相应的甜点识别与综合预测问题。

## 1.2  页岩气地震勘探技术需求

### 1.2.1  地震勘探技术概述

地震勘探是利用地层岩石的弹性特征来研究地下地质结构、推断岩体物性、预测油气的一种勘查方法。地震勘探作为应用地球物理的一种方法,已经成为最重要的勘探手段,特别是油气勘探。地震勘探是利用人工激发在地壳中传播的弹性波来勘探地质构造、地层岩性、岩石物理参数及含流体性质等的一种方法。地震勘探的大致步骤是在地表运用震源(通常是炸药)激发产生在地层介质中传播的波,在岩层分界面发生散射、反射或折射,在地面用专门仪器接收,测定波形和传播时间,然后进入复杂处理流程,反演解释出地层的地震波速度、地层构造、地层岩性、岩石物理性质等,提供给地质学家,判定地质目标。地震反演解释地下地质目标,需要采用多种技术,如高分辨率处理技术、叠前深度偏移技术、高精度反演技术、地震属性分析技术、相干体技术、地震层序分析技术、AVO(Amplitude Variation with Offset,振幅随偏移距的变化)分析技术、多波多分量技术、时移地震技术和可视化技术等。由于岩层可近似为弹性体,地震勘探方法所依赖的地震波传播理论都属弹性动力学范畴,因而弹性波动力学是地震勘探理论和方法的重要基础。

地震勘探是在天然地震学的基础上发展起来的。几十年来地震波的基本理论、仪器设备、野外工作方法、资料处理技术、解释方法等各个方面都不断更新并迅速发展,其发展过程主要概括为三个阶段。

第一阶段:光点照相记录,人工整理资料。检波器接收的地面振动波形被记录在相纸上,这样的资料不便于保存,不能重新处理。人工整理资料效率低。

第二阶段:模拟磁带记录,模拟电子计算机处理资料。类似磁带录音,把地面振动-模拟方式录制在磁带上,改变回放仪接收因素可反复处理资料,并通过加工得到近似于自激自收的波场,在简单情况下得到直观反映地质构造的地震时间剖面。

第三阶段:数字磁带记录,并用数字电子计算机整理资料。野外记录地震波振幅的离散值,而不是记录连续波形。由于采用数字磁带记录,从而大大地提高了原始资料的质量。此外,使用数字电子计算机后,资料数字处理方法更加完善、灵活,自动化程度和工作效率大大提高,可获得更加丰富的地震信息。

现在,地面地震勘探技术核心为高精度三维地震勘探(采集、处理和解释)、多波多分量地震勘探技术和时移地震技术;在井中地震方面,垂直地震剖面测井(Vetical Seismic Profile, VSP)技术、井间地震、随钻地震、微地震压裂监测等都成为开发地震的新宠。

三维地震采集技术包括采集参数论证、观测系统设计、面元分析、地质模型与正演模拟、近地表调查、资料品质分析等内容;三维地震资料处理技术包括观测系统定义、预处理、滤波、叠前去噪、反褶积、静校正、速度分析与动校正、倾角时差校正(Dip-moveout, DMO)、叠加、偏移等内容;地震资料解释反演技术包括构造解释、岩性解释、高精度波阻抗反演、地震属性分析、相干体技术、AVO分析、可视化等内容。

## 1.2.2 页岩气地震勘探技术面临的挑战

我国与页岩气勘探开发程度较高的北美地区的页岩气形成地质条件相似,页岩气资源潜力巨大,但目前勘探开发程度低,处于初级研究阶段,需要有多方面的技术理论创新。

通过地震解释识别泥页岩储层相对比较容易,但是识别气页岩储层则面临着诸多挑战。因为页岩气储层内部特征复杂,微裂缝和断裂系统的发育、储层的非均质性、各向异性以及储层内部的压力场分析等都是比较困难的问题,因此如何更好地利用地震勘探技术使以上难题得到一定程度的解决,进而提高开发页岩气的成功率仍是人们的关注热点。

分析研究页岩气储层的地质地球物理特征、开展页岩储集层的地震正演模拟以及储集层参数研究、明确页岩储集层的地震传播机理及传播特征、研究针对页岩气储集层的地震观测系统设计方案、建立完善的页岩储集层地震解释流程都是页岩气地震勘探技术成熟应用的基础。国内外页岩气勘探开发过程中地震勘探主要可解决以下地质和工程问题。① 了解页岩分布的形态:构造、断裂、埋深、厚度和岩性变化的空间分布等;② 地质"甜点"的预测:TOC 含量、物性、保存条件、含气量、顶底板岩性物性与流体分布等;③ 可压性评价:脆性(矿物成分、岩石力学)、地应力、裂缝尺度和发育程度;④ 压裂监测:微地震压裂监测技术。这些问题涵盖了页岩气从资源评价、储层识别到储层改造和有效开发全过程所涉及的关键问题,也是对地震勘探的技术需求,地震方法能够在解决这些问题方面发挥其横向预测的优势。

地震技术是常规油气资源勘探开发过程的关键技术,在构造解释、储层预测等方面积累了大量的技术。地震技术具有比较强的宏观控制能力,对研究储层的横向非均质性非常有利。对于页岩气,地震勘探技术的主要任务是对页岩储层分布、厚度、优质储层、含气性、渗透性以及力学特征等方面进行研究,具体实施过程为井-震联合识别、追踪页岩储层,综合运用地震属性、地震反演和裂缝检测技术等,预测页岩气富集区,为井位部署和开发方案的制订提供基础资料。

对地震技术而言,首先,地震解释是识别和追踪页岩储层空间分布(包括埋深、厚度以及构造形态)的最有效、最准确的预测方法;其次,综合运用实验室测试数据和测井资料,对页岩储层有机质丰度、含气性以及矿物成分等参数进行精细解释,寻找页岩储层敏感地球物理参数,建立储层特征曲线与地震响应的关系,选用合适的反演技术对有利页岩气储层进行区域预测;第三,页岩气地震技术需要重点解决储层裂缝、物性以及力学特征等问题,主要运用相干与曲率属性分析技术、各向异性分析技术和转换横波分裂技术等,直接为钻井和压裂工程技术服务;第四,与压裂技术配套发展的微地震监测技术,可实时提供压裂过程中产生的裂缝位置、大小以及复杂程度,评价增产方案的有效性,并优化页岩气藏多级改造的方案。

由于我国非常规油气资源勘探开发起步较晚,页岩油气地球物理技术仍然面临诸多困难和挑战,与国外相比存在较大差距,尚处于探索阶段。由于我国非常规油气资源勘探仍然沿用了常规油气藏地震勘探开发的思路,并没有形成完整的适用于页岩油气的地球物理技术思路和流程,所以勘探仍需要进行攻关研究,特别是基于各向异性的地震采集、处理与解释反演技术的攻关。

页岩气勘探开发对地震勘探技术的需求可以归纳为:考虑页岩气储层微观复杂性和各向异性的页岩气储层岩石物理技术;提高资料品质的页岩气地震资料采集及特殊处理技术;页岩气储层地震识别与综合预测技术。

1. 岩石物理技术

页岩气藏具有以下典型特征:有机质富集、孔隙结构复杂、各向异性强烈、同时存在吸附和游离态气体、微裂缝大量发育、基质渗透率极低、岩石骨架易破碎等。页岩油气储层地球物理响应特征由于页岩本身的复杂性和技术手段的不足,目前仍不十分清楚。这是因为页岩油气储层岩石物理性质与其他储层岩石物理性质有很大的不同,主要表现为:① 有机质;② 有机质成熟度;③ 三种不同类型孔隙介质中部分含气/流体饱和;④ 非均匀性和近垂直裂缝等。这些因素的效应对其弹性性质的影响尚不十分清楚。页岩油气储层(三孔隙介质)地球物理建模就是要搞清从微裂缝尺度(有机质成熟过程导致)到储层尺度,上述各因素的弹性参数响应规律,特别是衰减和各向异性特征。

在地球物理界,地球物理学家很早就关注到泥页岩速度各向异性导致的地震成像问题,以及采用其他类型速度异常定义泥页岩超高压。有多重原因可能导致页岩层各向异性突出,例如机械压实作用引起干酪根和黏土薄片具有方向性和特定形状,油气从有机质生成过程中导致的页岩孔隙和微裂隙也是页岩各向异性的另一个原因,平行于沉积层的微裂隙强化了固有的各向异性,应力引起的天然裂缝也会引起各向异性,影响水力压裂的效果。页岩油气储层强地震各向异性的地震响应特征目前尚不十分清楚。

国内岩石物理技术刚刚起步,需要在页岩运动学和力学性质实验室测试技术方面进行攻关,形成配套技术;需要储备页岩气储层电学及声学特征实验技术,完善页岩气储层的岩石物理实验手段,研究页岩气储层的地球物理响应特征;并超前研究页岩气储层地震各向异性岩石物理建模技术,从理论上求解页岩气储层的地震各向异性问题。另外,近年来发展的数字岩心技术可以相对连续地从微观和宏观角度研究岩石物理特性,有可能成为研究页岩岩石物理特性的重要手段。

2. 地震资料采集及处理技术

针对我国特殊的地震地质条件,开展页岩气区地震资料采集及特殊处理技术的研究,切实提高资料的信噪比,形成针对页岩气勘探的地震资料保幅处理和高分辨率处理特色技术。与国外页岩气产区不同,我国目前开展页岩气勘探开发的区域大多以山地为主,地表条件和地震地质条件都很复杂,提高地震资料品质的采集技术仍需要攻关研究。国内有关地震资料的保幅处理和提高分辨率处理的技术比较成熟,但地震资料处理方法建立在地震各向同性的基础上,不适用以各向异性为主要特征的页岩油气藏,仍需要发展针对页岩油气的特色处理技术。各向异性地震资料处理和反演一体化技术是进一步提高地震资料品质的关键所在,进一步提高成像精度也为水平井轨迹设计和压裂改造提供了可靠依据。

3. 地震识别与综合预测技术

页岩油气储层地震表征就是利用宏观尺度的地面地震资料反演岩石物理参数,预测(间接或直接)储层岩石参数(TOC 含量、孔隙度、渗透率、矿物成分)和力学参数。首先必须搞清预测的物理基础(敏感弹性参数或属性及其与储层参数的关系),也就是地球物理参数建模,再通过有效的地震反演方法获得敏感弹性参数或属性,对储层参数(地质:页岩厚度、矿物成分、TOC 含量;工程:岩石力学性质、应力和裂缝强度及方向等)进行表征,就是所谓的"甜点"预测。

正是由于页岩油气储层的微观复杂性(TOC 含量、三孔隙、极低孔渗、脆性)、非均匀性和强地震各向异性,给宏观尺度地震表征微观储层属性(主要是脆性、裂缝、应力和 TOC 含量)带来了极大的挑战性,表现为:① 考虑 TOC 含量的页岩油气储层地震各向异性的岩石物理建模;② 从微观到宏观跨尺度弹性粗化地球物理参数建模；③ 页岩油气储层地球物理响应特征；④ 页岩油气储层各向异性反演（裂缝、应力预测）；⑤ TOC地震预测。

国内基于常规三维地震资料解释的页岩层厚度与埋深预测技术已经成熟，仅需要进一步提高预测精度；而页岩气藏TOC含量、裂缝、脆性、应力等"甜点"参数的预测技术刚刚起步，还需要进一步研究。页岩气储层的多参数预测技术，包括地震响应特征分析、地震识别敏感参数优选以及地震反演技术等，需要进行深入攻关，进一步研究有别于常规油气藏的页岩气地震响应并形成配套的、可用于工业化生产的识别和预测技术；多属性裂缝检测技术，特别是利用叠前方位各向异性进行裂缝预测的有关技术；研究页岩气储层地震资料各向异性处理，开发页岩各向异性模拟技术；形成页岩气储层脆性和TOC地震响应特征分析技术；探索地应力预测技术。

页岩气井实施压裂改造措施后，需要有效的方法确定压裂作业效果，获取压裂诱导裂缝导流能力、几何形态、复杂性及其方位等诸多信息，改善页岩气藏压裂增产作业效果以及气井产能，并提高天然气采收率。微地震压裂检测技术就是通过观测、分析由压裂过程中岩石破裂或错断所产生的微小地震事件来监测地下状态的地球物理技术。该技术有以下优点：测量速度快，方便现场应用；实时确定微地震事件的位置；确定裂缝的高度、长度、倾角及方位；直接测量因裂缝间距超过裂缝长度而造成的裂缝网络；评价压裂作业效果，实现页岩气藏管理的最佳化。

## 1.3　页岩气地震勘探技术进展

### 1.3.1　岩石物理技术

岩石物理技术是岩石物理专家专门研究岩石的各种物理性质及其产生机制的一门学科。在历史上，岩石物理学起源于物理学，其基本目的是为地球物理观测资料的推断解释提供理论基础。在地球科学中，早期以地球深部的结晶岩石为研究对象的岩石物理学实验研究主要由岩石学家完成；而早期以地球浅部的沉积岩为研究对象的岩石物理学研究成果主要来自油藏工程师和应用地质学家的工作。岩石物理学也隶属于地球物理学，因为它是地球物理学的专业基础之一，其研究方法和学科特点几乎与地球物理学的研究方法和学科特点完全一样。所以，岩石物理学既是物理学的一个独立分支，又是地球物理学的一个重要组成部分。近年来，岩石物性研究已不是以往那样单一的岩石标本测量与统计，而是依据岩石物性规律，发展成岩石各项物性参数之间的相互沟通与转换。由于反射地震在石油勘探中的重要作用，岩石物理的研究偏重于岩石的地震特性，这主要体现在地震波速度及衰减与岩石其他性质及岩石所处状态条件的关系。岩石物理性质的研究成果主要为从地震波数据中提取地下岩石及其饱和流体的性质奠定了物理基础。了解地震波特性与其他岩石、流体性质的关系，可以帮助我们模拟地震波在复杂地表下的传播。

页岩气岩石物理研究中岩心特征参数主要有：TOC 含量、孔隙度、渗透率、岩性、地质力学等。通过测试岩心 TOC 含量、孔隙度、渗透率以及饱和度并对岩心进行岩性、岩相以及矿物成分分析，可实现岩心样品全岩心分析。再利用特定岩心参数对应的测井解释数据进行计算，可得到纵波模量、泊松比及杨氏模量等岩石力学参数对弹性参数的关系，获得综合测井曲线，从而对储层进行精细划分，并确定有关储层表征、地层评价及水利压裂增产的各项参数。根据岩心、地质和测井评价结果，对页岩气储层进行岩石物理建模，建立物性参数与弹性参数的关系，为地震反演页岩气物性参数提供理论基础。

## 1.3.2    地震资料采集技术

地震采集资料的品质是地震储层预测和评价的基础，其目标是获得高品质的地震资料。地震采集理论可以追溯到 1678 年发表的胡克定律（Hooke's Law）。1914 年，Fessenden 首次提出用地震波进行勘探的思想并获美国专利，同年 Mintrop 在德国设计出了地震仪。此后，地震采集技术得到较快发展，最具代表性的几项技术是：组合检波技术（1933年）、多次覆盖技术（1950年）、模拟磁带记录仪（1952年）、数字地震仪（1963年）和三维地震勘探（20世纪70年代末）。20世纪80年代以后，多道遥测地震仪、采集站、可实现实时相关的可控震源已大量应用于生产。近年来随着基于微机电系统（Micro Electro Mechanical Systems, MEMS）的数字检波器（传感器）的问世，地震采集以提高分辨率为目标，正在酝酿并推行一场新的革命，即所谓的Q_MARINE和Q_LAND地震采集技术。目前，地震采集已在采集理论、观测系统优化、宽方位采集、激发和接收研究、地震仪器的更新换代和数字检波器等诸多方面取得了丰硕成果。

地震采集技术的发展现状可用下列特点加以概括：24位数字地震仪；MEMS数字检波器；全数字、高保真、大动态范围地记录地震信号；单点接收；小道距；小面元；超多道；高覆盖次数；全方位采集；全波场地震；无线传输；与全球定位系统（Global Positioning System, GPS）、卫星照片等的结合，提高定位精度及震源和检波器的时间同步性；合适、环保的震源；环境友好的施工方式。除了强调充分、均匀、对称、连续采样以保证资料和后续的处理能达到高信噪比、高分辨率、高保真度的要求外，随机采样、不充分采样等理论也逐步应用到地震采集中来，以提高效率、降低成本，在付出的代价和所要达到的目标之间寻求合适的平衡。总之，地震资料采集技术的不断发展是为了提高地震采集的施工效率和采集质量，获得更多、更精确、更可靠的关于地下介质和油气藏的信息以便为后续的资料处理解释打下良好基础，进一步发挥地震技术在油气勘探开发中的重要作用。

页岩是高度各向异性的储集体，各层波阻抗差异小，因此在地震剖面上常形成不明显的波阻抗界面，表现为断续–弱振幅反射，常规地震的激发、接收不能满足页岩气的要求，目前还没有形成一套专门针对页岩气的地震资料数据采集方法。我国特殊的地震地质条件决定了页岩气地震预测技术首先要解决地震资料的品质问题。例如，南方海相页岩气勘探地区大都以山地地形为主，地震地质条件比较复杂，地面出露的岩层年代一般较老，激发条件较差；页岩层的上覆和下伏构造较复杂；储层相对较厚，但埋藏相对较浅，波阻抗差小，反射能量弱。针对上述难点，主要在三个方面取得了进展：（1）采用小道距、高覆盖、长炮检距技术方案，优选针对目的层的覆盖次数、道距、最大炮检距等采集参数；（2）在保证足够信噪比的基础上，采用小药量激

发,优选最佳激发参数;(3)采用数字检波器进行干扰波调查,优选组合串数、组合基
距、聚合图形等接受参数。

## 1.3.3　地震资料处理技术

页岩气地震资料处理与成像技术方面,保幅处理和提高分辨率处理技术已经比
较成熟,但在噪声、近地表低速带、速度变化快、岩性横向变化大、地形起伏大、静校正
和地表一致性处理等方面都面临巨大挑战。特别地,针对页岩气储层的特点,基于各
向异性的地震资料处理与成像是提高页岩气区块地震资料品质的关键。

基于宽方位角地震资料,进行全方位全波场地震的成像、描述、可视化和解释,
能够直接在地下角度域中以连续的方式,利用所有的地震数据记录做成像分解,产
生两个互补的、全方位角度道集系统,即倾角道集和反射角道集。倾角道集能够从
总的散射能量中分离镜像反射能量。镜像能量的加权能提高反射体的连续性,提供
关于局部反射体的方向(倾角/方位角)和连续性的准确信息。通过加权散射能量,
能够加强超出地震分辨率的几何特征(例如微小断层和裂缝),提供细微构造的成像
清晰度,提高成果剖面的分辨率。反射角道集提供了完全意义上的全方位真振幅道
集,通过对其进行剩余动校正反演和振幅随方位角变化(Amplitude Versus Azimuth,
AVAZ)的反演和分析,可以获得常规处理成像技术无法提供的关于地层的各向异性
特性和应力分布情况、地层裂缝发育方向以及裂缝发育密度。

## 1.3.4　储层地震识别与综合评价技术

页岩气储层地震识别与综合评价技术是地球物理技术在页岩气勘探开发中最重
要、最有价值的体现。地球物理技术不仅用于勘探阶段的资源评价,而且在开发阶段
可直接为开发工程提供储层物性、页岩层裂缝和应力场数据,以降低勘探风险,提高
勘探成功率,近年来取得了重要进展。

## 1. 页岩储层识别技术

利用地震、地质遗迹测井资料，准确标定页岩层的顶底界面，分析目的层岩层段的地震波响应特征，在地震剖面上识别和追踪页岩储层，确定页岩层的深度、厚度遗迹分布范围，获得页岩层构造形态、断层展布遗迹沉积厚度特征、结合区域构造及沉积环境的研究，单井地质剖面测井解释以及地震属性分析，划分页岩层段沉积微相类型和沉积微相变化规律，确定有利的页岩层沉积微相发育特征以及展布范围。

在查明了页岩层的构造和沉积特征后，在页岩的构造－层序格架内寻找优质页岩发育区域，即圈定页岩有机质丰度、成熟度高的位置。通过页岩实验测试数据与测井分析，建立测井岩－电关系模板，在分析优质页岩储层与地震反射波响应特征的基础上，通过井震联合反演确定优质页岩发育位置。

## 2. 页岩含气性检测技术

页岩储层的含气量决定页岩气开发是否具有商业价值，所以对页岩含气性检测直接决定页岩气的勘探开发部署。利用地震技术对页岩储层进行含气性检测，目前已尝试使用的方法包括：叠后波阻抗反演、叠前AVO反演、叠前弹性阻抗反演和频谱分解等。

### 1）叠后波阻抗反演

叠后反演的基础是褶积模型，即地震数据可以看作地震子波与反射系数的褶积。通过压缩子波的反褶积处理，将地震数据转换为近似的反射系数序列，然后再由反射系数序列得到波阻抗剖面。随着页岩层含气量的增大，储层体积密度和层速度会降低，从而导致波阻抗值减小，所以在页岩层的地质模型约束下拾取页岩层波阻抗数据可以反映储层的含气性，即波阻抗低值区代表低密度或低速区。因此，可以利用叠后波阻抗反演来定性预测储层的含气性。

### 2）叠前AVO反演

对于页岩气富集的储层，可导致储层体积密度减小、弹性波速度降低，同时对弹性模量、泊松比等含气性检测参数具有明显的影响。叠前AVO反演所依据的是岩石物理学理论和振幅随偏移距变化理论，即利用反射波振幅随炮检距变化关系曲线计算出截距$P$和斜率$G$两个参数，再通过对这两个参数的分析反演出所需的弹性参数，最终导出泊松比、拉梅常数、体积模量、切变模量和杨氏模量等弹性参数。这些参数反映了地下介质的岩性和孔隙流体性质,可对页岩气储层的含气性做出预测。

3）叠前弹性阻抗反演

叠前弹性阻抗反演中的弹性阻抗函数是对声波阻抗概念的推广,它是入射角的函数。声波阻抗是弹性阻抗入射角为0°时的特例,它不仅具有叠后波阻抗反演的优点,而且还弥补了叠前AVO反演技术稳定性较差和分辨率较低的不足,同时弹性阻抗较波阻抗包含更多的岩性和物性信息,增强了反演技术预测和描述页岩气储层的能力。

4）频谱分解

频谱分解技术是一项基于频率谱分解的储层特色解释技术,主要依据的是含油气储层的高频吸收特性,即当地震波经过含油气储层时,其高频成分能量衰减较地震波经过不含油气储层时严重。在频谱分解技术与常规AVO反演技术基础上,综合两种方法各自的优势,产生了分频AVO技术与频变AVO技术。分频AVO技术是采用分频技术,先对叠前地震数据进行分频处理,然后在分频数据的基础上实现AVO油气检测。频变AVO技术是基于Zoeppritz方程,建立反射系数与频率之间的数学关系,推导出截距、梯度、碳氢检测因子等属性与频率之间的数学关系,综合地质、地震、测井等数据,反演出高精度的频变AVO属性,检测页岩气。

3. 泥（页）岩裂缝预测技术

对于泥（页）岩裂缝的研究,随着国内外大量泥岩裂缝油气藏不断被发现和近年来北美地区在海相页岩中对天然气勘探获得的巨大成功,表明在低孔、低渗、富有机质泥（页）岩中,当其发育有足够的天然裂缝或岩石内的微裂缝和纳米级孔隙及裂缝经压裂改造后能产生大量裂缝系统时,泥（页）岩完全可以成为有效的油气储层或储集体。天然裂缝系统发育程度不仅直接影响泥（页）岩油气藏的开采效益,而且还决定着泥（页）岩气藏品质和产量的高低,有助于泥（页）岩层中游离态天然气体积的增加和吸附态天然气的解吸。由于泥（页）岩裂缝性储集层各向异性很强,可采储量最终取决于泥（页）岩储集层内的裂缝产状、密度、组合特征和张开程度。那些具有低泊松比、高弹性模量、富含有机质的脆性泥（页）岩层段易于产生裂缝,是寻找高产油气井的主要目的层,更是勘探的首选目标。因此,在泥（页）岩油气藏勘探与开发中,对泥（页）岩裂缝的研究显得非常重要。系统研究裂缝性页岩气潜力，认识页岩气藏分布规律，不仅可以拓展非常规天然气开发领域，而且还有助于完善尚未运移出烃源岩的天然气的成藏理论。

裂缝预测是页岩气勘探开发中的一项关键技术，也是世界级科学难题，特别是微小尺度裂缝的定量预测，目前更是很难做到。

用地震方法进行裂缝检测的研究，先后经历了横波勘探、多波多分量勘探和纵波裂缝检测等几个发展阶段，形成了诸如横波地震勘探检测裂缝、转换横波探测裂缝、VSP（垂直地震剖面）法识别裂缝等技术。近几年来，在用纵波地震资料进行裂缝勘探方面取得了长足的进步，并开始由以前的定性描述向利用纵波资料定量（用数量描述）描述裂缝发育的方位和密度发展方向。目前，泥（页）岩裂缝地震预测可以采用的技术包括：基于地震构造解释和沉积分析的裂缝预测，叠后地震属性裂缝预测，叠前地震属性裂缝预测，P波方位地震属性裂缝预测，多波多分量地震属性裂缝预测，地震与测井综合裂缝预测，构造正反演裂缝预测，构造应力场模拟裂缝预测，地震波分形分析裂缝预测等。

1）基于地震构造解释和沉积分析的裂缝预测

这是一种基于成因分析的预测方法，它将裂缝预测转化为构造研究、沉积相分析、岩石物性分析、储层厚度预测等，从而间接预测裂缝发育规律。

该方法根据钻井、录井、测井等资料识别出泥（页）岩层段，通过泥（页）岩层段顶、底界面地震层位标定和拾取，得到构造图和厚度分布图；再利用地震属性分析或地震波形聚类等技术进行地震相分析和沉积相分析。在上述解释成果的基础上，分析泥页岩地层厚度大于30 m的有利沉积相带和分布范围、分析裂缝发育的有利构造部位等，都可揭示和预测裂缝分布和发育的规律。

沉积相就是沉积环境及在该环境中形成的沉积岩（物）特征的综合。地质上划分沉积相是根据沉积的物理、生物和化学等特征。根据地震相干分析划分地震相，主要是根据地震子波波形的变化，将该区目的层的地震波形进行相干分类，再与已知钻井资料进行对比，然后赋予地震属性分类图以合理的地质意义。从图1-1中L42三维区沉积相分布图上可以看出在该区发育了3个北东向的泥岩裂缝有利沉积相带。

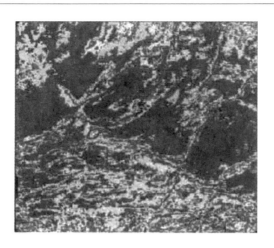

图1-1 L42三维区沉积相
分布（苏朝光，2002）

2）叠后地震属性裂缝预测

从地震数据中派生的多种多样的地震属性，有利于地质构造、地层、岩石/流体特性的解释，例如：能量、同相轴、频率（优势频率、平均频率、平均平方频率）、最大谱振幅、超过优势频率的谱面积、吸收品质因子、频率斜坡下降、频率滤波、瞬时振幅、瞬时相位、瞬时频率、振幅一阶导数、振幅二阶导数、余弦相位、包络加权相位、包络加权频率、相位加速度、薄层指示、带宽、Q因子、数学、位置、缩放比例、相干性（相似性）、谱分解、三维滤波、曲率、振幅梯度等。泥（页）岩地层中裂缝的存在造成了多种地震属性的变化，测量这些地震属性的变化可以进行裂缝预测。常用的预测方法包括：相干分析法、方差分析法、边缘检测分析法、传统地震属性分析法、沿层构造属性分析法、地震曲率分析法、分频数据分析法、吸收系数分析法、层间地震信息差异分析法、地震预测压力分析法。

3）叠前地震属性裂缝预测

叠前地震属性是在叠前地震道集（或角道集）数据的基础上，经过地震反演（包括AVO反演、地震弹性波阻抗反演）处理得到的有关地震波的运动学、动力学和统计学特征以及几何特征信息。叠前地震属性包括：纵波速度、横波速度、纵横波速度比、密度、振幅随炮检距（或入射角）变化量、纵波阻抗、横波阻抗、弹性波阻抗、截距、梯度、烃类指示因子、流体因子、泥质百分含量、孔隙率、泊松比、拉梅系数、体积模量、剪切模量以及一些复合参数等。地层中裂缝的存在会造成一些叠前地震属性的变化,利用这些对裂缝敏感的叠前地震属性可以预测出地层中的裂缝发育带及其含油气性,如图1-2所示为某地区沿层AVO属性分析裂缝预测的结果。

图1-2　某地区沿层AVO属性分析对比(张昕,2005)

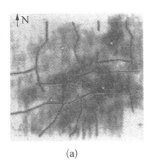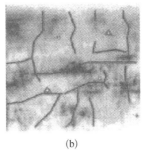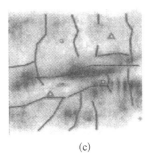

(a)　　　　　　　　　　(b)　　　　　　　　　　(c)

(a) 叠后振幅; (b) 梯度截距乘积; (c) 泊松比

4) P波方位地震属性裂缝预测

P波方位地震属性裂缝预测又称为纵波方位各向异性裂缝检测。如果岩石介质中的各向异性是由一组定向垂直的裂缝引起的,根据地震波的传播理论,当P波在各向异性介质中平行或垂直裂缝方向传播时具有不同的旅行速度,从而导致P波地震属性随方位角变化中分析这些方位地震属性的变化(如振幅随方位角变化、振幅随炮检距和方位角变化、速度随方位角变化、传播时间随方位角变化、频率随方位角变化、波阻抗随方位角变化等),可以预测裂缝发育带的分布以及裂缝(特别是垂直缝或高角度缝)发育的走向与密度。该检测较基于常规叠后地震资料的裂缝检测精度更高,其检测结果与裂缝发育带的微观特征有更加密切的关系。

5) 多波多分量地震属性裂缝预测

转换横波在裂缝介质中依其入射方位与裂隙走向的相对关系而发生不同的分裂。垂直时只产生慢波,平行时只产生快波,在其他方位上则观察到快慢两种横波。分裂的快慢波的强弱和时差与裂缝的强度密切相关,因此,横波分裂成为研究储集层裂缝方向及其发育程度的最直接、最可靠的方法之一。所以,利用多波多分量地震勘探的分裂快慢横波,采用相对时差梯度法等,可研究页岩气储集层裂缝方向及其发育程度。

6）地震与测井综合裂缝预测

由于地震资料在空间上具有数据点多、分布均匀的特点,利用地震方法进行裂缝预测,可以在区域上了解裂缝发育的空间分布,但由于各种地震属性对裂缝相应均存在一定的多解性,因此此预测精度受到了限制,不能精细地描述出裂缝发育情况。而测井曲线在纵向上有很高的分辨率,可分辨出0.5 m左右的层段,还能测量出储层裂缝的倾角、走向、宽度、长度、视孔隙度,以及裂缝的充填与开启程度,甚至能识别出微裂缝及亚微观裂缝。但是由于井点分布和密度的影响,裂缝在空间的分布预测则受到了限制。因此,近年来强调充分利用测井资料和地震资料的各自优势,利用测井曲线识别出裂缝发育的位置进而结合地震数据来达到在剖面上和区域上更好地预测裂缝发育带的目的。目前在地震与测井综合裂缝预测中使用的方法有:泥（页）岩裂缝储层特征参数提取和储层特征反演法,BP（Back Propagation）神经网络法,基于GA－BP（Genetic Al-gorithms Back Propagation）理论的储层视裂缝密度地震非线性反演法等。

7）构造正反演裂缝预测

构造裂缝与大地构造运动及岩石变形过程密切相关。从分析简单褶皱的力学模式入手,通过对地层的构造发育历史进行反演和正演来计算每期构造运动对地层产生的应变量,从而计算可能的裂缝发育带该预测在国内外许多地区的实际应用中取得了很好的效果。近些年发展了一系列先进的运动学和非运动学构造恢复方法,可应用于逆冲褶皱带、扩张带,并能解决反转、盐丘和走滑等复杂构造。该项技术中,构造恢复和正演都采用较先进的算法,能够适用于逆冲褶皱带、扩张构造带,并能解决反转构造和走滑构造的恢复。

8）构造应力场模拟裂缝预测

地壳岩体的变形和裂缝系统的形成常常受到构造运动及其作用强度的影响,裂缝的产生同构造应力场分布密切相关。构造应力场数值模拟技术是数学力学手段的一种模拟方法,利用这种模拟技术,计算出研究区内主应力和剪切应力的分布,可预测出研究区内裂缝发育带的宏观平面分布。

数值模拟技术是对储层构造裂缝进行定量预测及确定构造裂缝空间分布的一种有效方法。李辉等（2006）介绍了用于裂缝预测的数值模拟,包括:构造应力场数值模拟、变形数值模拟和岩层曲率数值模拟。

构造应力场数值模拟是在建立地质模型的基础上,用有限元法计算各点的最大主应力、最小主应力、最大剪应力、岩石的破裂率、裂缝密度、应变能、剩余强度等裂缝预测参数,并计算各点的主应力方向和剪应力方向,然后根据岩石的破裂准则来预测裂缝发育带和延伸方向,或者根据应变能计算裂缝发育程度。也可以将破裂率和应变能结合起来,用二元拟合的关系来标定裂缝密度。

9)地震波分形分析裂缝预测

裂缝是在应力作用下岩石未发生明显位移的破裂。自然界分布最为广泛的是构造裂缝,其走向、分布和形态都受局部构造应力作用方式所控制。断层与裂缝都是地应力作用的结果,是地层受力的反映。研究表明,天然裂缝系统是一个分形体系。该法借助地震分辨断裂的分布特征,再根据其自相似性(因为大断裂和微断裂往往受到同一英里长的控制),预测地震分辨率以内的断层和裂隙分布。把分形分维技术引入到利用地震资料预测裂缝中是方法上的一种尝试。通过分形分维反映裂缝与断层的内在联系,对裂缝分布规律可作半定量的预测,将它与对裂缝地震波特征异常的分析相结合,应用效果更好。

4. 脆性地震预测技术

页岩的脆性对工程压裂裂缝的发育模式有非常重要的影响,页岩的脆性越高,越容易产生裂缝,因此,在寻找有利压裂区域时,分析页岩的脆性是非常重要的一个方面。决定页岩脆性的是它的力学性质,工程上通常使用杨氏模量和泊松比作为评价页岩脆性的标准。

杨氏模量和泊松比表示岩石在外界应力作用下的反映。杨氏模量的大小标志着材料的刚性大小,杨氏模量越大,说明岩石越不容易发生形变;泊松比的大小标志着材料的横向变形系数大小,泊松比越大,说明岩石在压力作用下越容易膨胀。不同的杨氏模量和泊松比的组合表示岩石具有不同的脆性,杨氏模量越大,泊松比越小,页岩的脆性越高。

不同杨氏模量和泊松比组合所具有的脆性指数为利用弹性参数反演方法来预测页岩脆性提供了一定的理论依据。对于页岩气勘探开发时间较长的地区,这种评价标准相对比较容易建立,通过统计有利开发区页岩的杨氏模量和泊松比,就能够建立起适用于该地区的页岩脆性评价标准。根据北美 Barnett 地区优势页岩的弹性参数统计结果,杨氏模量有利范围大约为 27.6～34.5 GPa,泊松比的有利范围大约为 0.2～0.3,而且两者之间具有非常好的线性关系(Grigg, 2004)。通过圈定有利的杨氏模量和泊松比的分布范围以及建立两者之间的相互关系,可以用于后续页岩地层的脆性评价。

5. 泥(页)岩有机质丰度地震预测技术

TOC 地震预测一直存在较大争议,地震资料能否实现 TOC 的预测,地球物理学界和工业界也进行了一些有益的探索,取得了一些进展。

通过叠后波阻抗可对 TOC 进行地质统计学反演。地质统计学一词是马特隆于 1962 年首先提出的,按照他的定义,"地质统计学是随机函数形式体系对于自然现象的调查与估计的应用"。地质统计学是以区域化变量为基础,借助变差函数,研究既具有随机性又具有结构性,或空间相关性和依赖性的自然现象的一门科学。它由四个部分组成——区域化变量理论、空间变异性(变差函数)分析、克里金技术和随机模拟。页岩 TOC 含量的地质统计学反演技术将 TOC 含量参数视作区域化变量,利用变差函数从已知井数据分析其空间变异规律,利用克里金技术求解其未知点的分布特征,通过随机模拟手段综合井、震信息对未知点进行赋值,进而得到 TOC 含量数据体。

通过叠后多性属性可对 TOC 进行神经网络反演。对于页岩气储层,传统的 TOC 含量的测量是通过实验室对岩石样品进行分析得到的,这种方法只能得到有限的样品点数据,往往是非常昂贵和耗时的。而且该方法受到岩心样品数量、岩屑分析的可靠性的限制与影响,其分析结果在纵向上是不连续的。由于有机质具有独特的物理性质,使得其测井响应相较非烃源岩层段有明显的差别。通过测井数据也可以对识别烃源岩和对烃源岩的含烃潜力进行评价。但是两种方法得到的都是地下局部的信息。那么,如何才能精确地在空间上预测 TOC 含量的值呢?考虑到地震数据广阔的覆盖范围和空间上的连续性,研究如何通过多属性分析将地震数据转换为 TOC 含量的值是很有必要的。岩石物理的研究表明,富含有机物的页岩声波阻抗随着总有机碳含量的增大,反而非线性地减小。因为页岩中混合了低密度有机物,显著降低了声波阻抗。同样 TOC 含量的变化也可以引起其他的地震属性发生变化。因此可以通过多属性分析,建立神经网络模型,将地震数据转化成TOC含量的值,从而得到TOC的空间变化。

基于岩石物理分析的TOC含量叠前弹性参数反演是通过岩石物理分析,认为TOC含量不仅与密度有负相关关系,而且与页岩的矿物含量有密切的关系。TOC含量越高其阻抗越低,脆性指数越小,通过岩石物理分析得到所谓的回归公式,进行TOC含量预测。

6. 泥(页)岩地应力地震预测技术

从地球物理和资料来源的角度来说,确定地下应力场的方法主要有三种:① 实验室测量,是在实验室通过对岩样进行加载压力,测其形变量得到的,这是最精确的办法,但是受资料和成本限制,不能够形成连续的数据体;② 通过建立模型,使用测井资料计算地应力的数值,并且通过其他资料,比如钻井中井壁的崩落,成像测井中裂缝的方向等判断最大、最小主应力的方位,以确定水平主应力的大小和方位,随后据此得到井中的应力剖面,是可以大规模应用的办法,但是在建模或者使用经验模型的过程中,需要一定量的实验室数据进行标定及参数的确定,如果无标定,得到的结果误差可能比较大;③ 在测井的基础上,使用地震资料获得地下应力场信息。

从地震资料出发估计地下应力场,可对钻井及水力压裂提供极为重要的资料。由于所需资料及参数较为苛刻,从实验室测量确定参数并使用测井数据求取地应力的方法无法推广到地震资料中使用。使用地震资料评估地下应力有直接方法与间接方法两种:直接方法是对应力与弹性参数关系进行简化,求取表征地下岩石破裂的最小闭合应力;间接方法则是通过应力与弹性参数之间的关系讨论地下最小闭合应力的大小。

## 1.3.5 其他地震勘探技术

### 1. 微地震压裂监测

微地震压裂监测是一种用于油气田开发的新地震方法,用于监测气藏开采中的压裂效果。在页岩层压裂施工中,可在邻井井下或者地面布置地震检波器,监测压裂过程中地下岩石破裂所产生的微地震事件,记录在压裂期间由岩石剪切造成的微地震或声波传播情况,通过处理微地震数据确定压裂效果,实时提供压裂施工过程中所产生的裂缝位置、裂缝方位、裂缝大小(长度、宽度和高度)、裂缝复杂程度,评价增产方案的有效性,从而优化页岩气藏多级改造的方案。

微地震压裂监测技术就是通过观测、分析由压裂过程中岩石破裂或错断所产生的微小地震事件来监测地下状态的地球物理技术。与勘探地震相反,微地震监测的震源位置、发震时刻、震源强度都是未知的,而确定这些因素则恰恰成为微地震监测的首要任务,完成这一任务的方法主要是借鉴天然地震学的方法和思路。

地下岩石因破裂而产生的声发射现象称为微地震事件。微地震事件主要发生在裂隙之类的断面上,裂隙范围通常只有1～10 m。地层内地应力呈各向异性分布,剪切应力自然聚集在断面上,通常情况下这些断裂面是稳定的。然而,当原来的应力受到生产活动干扰时,岩石中原来存在的或新产生的裂缝周围地区就会出现应力集中、应变能增高的现象。当外力增加到一定程度时,原有裂缝的缺陷地区就会发生微观屈服或变形,导致裂缝扩展,从而使应力松弛,储层能量的一部分以弹性波的形式释放出来而产生微小的地震,即所谓的微地震。对微地震事件的定位也就是对震源位置的定位,也就代表了裂缝发育的位置。

微地震检测技术的基本应用方法是:通过在井中或地面布置检波器,排列接收生产活动所产生或诱导的微小地震事件,并通过对这些事件的反演求取微地震震源位置等参数,最后通过这些参数对生产活动进行监控和指导。该技术有以下优点:测量快速,方便现场应用;实时确定微地震事件的位置;确定裂缝的高度、长度、倾角及方位;直接测量因裂缝间距超过裂缝长度而造成的裂缝网络;评价压裂作业效果,实现页岩气藏管理的最佳化。目前该应用方法主要用于油田低渗透储层压裂的裂缝动态成像,或油田勘探开发过程中的动态监测,主要是流体驱动监测。随着该项检测技术的日益成熟,实时微地震成像可以及时指导压裂工程,适时调整压裂参数,对压裂范围、裂缝发育方向和大小进行追踪定位,客观评价压裂工程的效果,对油气田下一步生产开发提供有效的指导。

由于微地震事件产生的声波信号,与噪声信号相比属于弱信号,同时属于盲源地震,因此,在微地震资料的处理解释过程中,需要注重以下四个环节的资料处理:其一是速度建模和校正，可以利用地震解释、干涉成像等方法建立速度模型；其二是噪声压制及弱信号识别和提取，在微地震记录中有效地去除相干噪声并提取与微地震事件相关的有效信号；其三是震源定位和误差分析，根据弱信号提取的结果，采用网格搜索法、遗传算法和联合反演算法准确地反演微地震发生的空间位置；最后就是根据微地震事件或微地震事件云进行裂缝成像。

页岩气的开发主要以水平井分段压裂技术为主。其增产机理在于通过水平井分段压裂，在水平段形成横切缝，在储层内部形成复杂的裂缝网络系统，尽量扩大储层的改造体积。页岩气通过水平井完井、水平井水力分段压裂以及重复压裂、同步压裂等技术改造后能够实现很好的增产效果。应用微地震监测技术可以实时对压裂效果进行评价，及时调整压裂方案，使压裂效果达到最佳，最终达到增产的目的。微地震技术在国外发展很快，已形成了从数据采集到分析、解释以及油藏监测的配套技术系列。但是，目前我国还没有形成一套完整的微地震监测技术以及具有工业化生产能力的商业软件。

工程压裂技术对于页岩气开发是不可或缺的，页岩气井实施压裂改造措施后，需用有效的方法确定压裂作业效果，获取压裂诱导裂缝导流能力、几何形态、复杂性及其方位等诸多信息，改善页岩气藏压裂增产作业效果以及气井产能，并提高天然气采收率。微地震技术作为监测页岩气水力压裂效果的关键技术，主要包括井中微地震监测和地面微地震监测，主要用于在水力压裂作业过程中，了解裂缝的走向和评价压裂的效果，对诱导裂缝的方位、几何形态进行监测。通过对地下裂缝进行成像，能够对压裂措施的有效性进行评价，并且能够提供宝贵的工程方案修改意见，促进压裂措施的优化。

随着微地震技术在页岩气开发中的应用日益成熟，它推动了先进压裂方案的诞生，水平井压裂技术离不开微地震监测的贡献。通过微地震监测表明，水平井压裂技术产生的裂缝系统远比直井压裂产生的裂缝系统更加复杂，而且能够促进裂缝的平面发育，有效提高页岩气储层的泄流面积，因此，水平井压裂具有更高的页岩气产能，约为直井压裂的3倍。而在水平井压裂技术中，多期水平井压裂又能够扩大裂缝发育的规模。

微地震方法的应用不仅体现在对裂缝进行成像上，而且随着工程作业者对微地震技术的认识更加清楚,对微地震数据的利用也愈加充分。利用微地震资料能够对复杂的液压裂缝网络系统进行裂缝建模。离散网络模型是比较常用的裂缝建模方法,随后在裂缝模型的基础上进行综合的油藏模拟,可估算产能。工程开采时间表明,微地震监测到的裂缝总体积、裂缝密度和裂缝发育复杂程度与页岩气产能直接相关,因此可以用来预测页岩气产能的大小。

微地震技术在页岩气储集层中进行实时压裂监测效果显著。目前,随着计算机等硬件设备的不断发展和更新,微地震监测技术已经日趋成熟,它能够与压裂措施同步执行,从而可实时监测地下裂缝的发育和压裂液的分布,为及时调整和优化压裂措施提供条件,使得压裂能够有效地避开地质盲区,降低勘探风险。

2. VSP技术

VSP与地面观测的水平地震剖面相对应。地面地震通常是将震源和检波器都置于地面进行采集;而VSP技术是将震源和检波器中的一种置于井下进行地震采集。根据震源和检波器的位置,VSP采集方式通常有两种:一种是将检波器置于井中,而将震源置于地面的采集方式;另一种则是将震源置于井中,将检波器置于地面的采集方式。前者就是通常的VSP技术,后者一般称为逆VSP技术。

目前,VSP技术还在不断发展中,由较为成熟的Zero-Offset VSP、Offset VSP、Walkaway VSP、Walkaround VSP逐步发展到三维 VSP技术。三维VSP测量的重要作用在于提高成像分辨率及其效果等方面能与地面地震勘探的结果形成互补,特别是在利用地震信息估算参数方面的互补,如各种地震速度、近地表畸变影响、各向异性参数甚至AVO标定等。三维VSP观测可应用于识别裂缝方向和裂缝密度分布,三维VSP P-P和P-S成像用于陆上构造解释,可大大改善纵、横向分辨率和断裂系统分辨率。三维VSP测井与地面地震的结合体现了综合地震勘探能力。

VSP相对于地面地震具有如下优点:

(1) VSP观测系统和地面地震的研究对象都是震源产生的地震波在地层内传播过程中垂向上的变化规律。地面地震是通过观测波场在地表的分布来研究地质剖面的垂向变化。所不同的是,地面地震观察到的是地震波场在水平地表的分布特征,而VSP则是直接观测其在垂直方向上的特征。因此,VSP相比地面地震,不论是动力学还是运动学特征都表现得更为突出。

（2）VSP资料的信噪比很高。由于观测过程中检波器放置在井中，因此减少了波前扩散以及地层吸收和低速带等因素对地震子波的影响，这样地震波所受的干扰大大减少，地震子波畸变程度也大大降低，更有利于在地震剖面上识别各种波。

（3）地面地震的观测点距离探测的界面远，而VSP的资料剖面观测点就在界面上或界面附近，因而可直接记录到与界面有关的波形，有较高的分辨率。

（4）VSP同时可以记录到上行波和下行波，因而相比只能记录到下行波的地面地震，VSP可以更有效地利用波到达的方向的特点。

（5）结合多波多分量地震勘探技术，对所观测得到的VSP资料进行定量分析，对于地层岩性的研究有着重要意义。

（6）相比地面地震而言，从VSP资料中提取速度、振幅、密度等岩性参数更为方便，且由于其保真度较高，因而所得结果更为真实可信。

在复杂构造或复杂介质地区，VSP技术能使我们有效地了解井孔附近的地质结构、岩石物性等特征。尤其在油田开发过程中，通过VSP成像结合地面三维地震资料和岩性资料，进行精细的地震属性分析，可以进一步核实关键层位，搞清岩层之间的接触关系，建立起精确的地质模型，进行地层的非均质性研究，为开发方案的调整提供技术支持。

尽管VSP技术有诸多优点，但由于其占用井场时间长，经费开支大，接收器组合级数少，叠加次数低，而且处理流程不完善，使得三维VSP技术尚未成为常规的勘探技术方法。进一步提高资料采集效率，降低成本，开发新的资料处理解释技术，挖掘资料所蕴含的实用价值，是VSP技术常规化的基础和前提。

另外，三维VSP技术和微地震采集配套施工配合监测储层改造人工裂缝发育分布状况是目前国外页岩气勘探开发的一个关键技术。

3. 井间地震

井间地震是油气田勘探开发领域的一项新的地震技术。它是将震源、检波器分别放置在相邻的两口井中，在目的层内部或目的层附近，一口井激发地震波，另一口井观测接收地震波，通过对所记录的地震波的走时、振幅和频率等信息的处理，结合测井、地质和地面地震等资料的综合分析，得到地下两井之间储层和地质体的精细构造形态和有关物性的空间分布图像的一种新技术。

井间地震的接收系统和激发系统都沉放在了井下，可以尽量接近目的层或者直接布置在目的层上，激发和接收之间没有像地面那样的低降速带，地震波直接穿越两井之间的目的层，避开了地表表层低速带对高频成分的吸收衰减，所以井间地震和地面地震相比的主要优点有以下几点。

（1）井间地震波传播的距离比地面地震波传播的距离短，使井间地震观测到的地震波的分辨率比地面地震分辨率高1～2个数量级，从而可以对比追踪小层，对井间小断层和小构造进行精细成像，并能较精细地提取属性。

（2）井间地震的地震频率较高，一般情况下，在500 m井间距离下的砂岩地层中，频率可以达到150～300 Hz，具有相对较高的地震分辨率。

（3）井间地震得到的资料可以是直接深度资料，可以直接使用，可以与井资料和其他资料直接进行对比。

（4）井间地震能够直接获得两井之间的纵波速度剖面和横波速度剖面，通过这两个速度剖面，能够得到反映地层岩性的波速度比剖面，通过进一步的处理和分析，能够得到地层的流体饱和度、流体分布等资料。

（5）由于井间地震特殊的观测方式，地震波的射线传播方向与地层层理的夹角可在很大范围内变化，因此井间地震记录波场表现出的各向异性特征明显。

（6）井间地震可以方便地观测到多种类型的波，例如，透射波和反射波，上行反射波和下行反射波，纵波、横波和转换波，并且可以在深度域比较直接地查明各种波的生成、演化和发展的历史，以及它们之间的相互关系，从而方便地实现多波多分量调查，实现井下和地面、地质和地球物理的综合解释。

（7）井间地震资料的分辨率介于地面地震、VSP资料和测井资料之间。通过井间地震资料可以对地面地震资料进行比较精细的依赖于井的标定和向外扩展，这样就可以对原来通过测井资料进行的地面地震资料标定进行通过井间地震的地震属性标定。同测井资料相结合，使用井资料与地面地震资料进行联合解释可在处理方面提供更深层次的结果。

现在井间地震的研究更注重于应用，注重将科研成果转为有效的实用手段。井间数据采集的主要目的是满足油藏管理的需要，服务的内容包括静态和动态野外数据采集、数据处理、井间速度层析成像、反射波成像等。这些基础成果主要用于井间储层的连通性分析、储层参数分析和估算以及先导方案实施中的井间监测等。

在页岩气开发阶段，"静态"的可用于精细的气藏描述，"动态"的可用于气藏工程检测，是人们寄予厚望的一种页岩气勘探开发的新技术。井中地震与地面地震的联合是提高页岩气综合勘探能力的一种必然发展趋势。

4. 时移地震

时移地震是一种现代油气藏动态管理方法。它利用不同时间测量的地震数据属性之间的差异变化来研究油气藏特性的变化。每隔一定时间进行一次地震测量（二维或三维），对不同时间观测的数据进行归一化处理，使那些与油气藏无关的地震响应具有可重复性，保留与油气藏有关的地震响应之间的差异，通过与基础观测数据的比较分析，来确定油气藏随时间的变化规律。然后综合利用岩石物理学、地质学、油藏工程资料，对油气藏及时进行动态监测，快速进行油藏评价，达到调整开发方案、提高油气储量采收率的目的。

时移地震勘探最大的优势是通过分析随时间推移观测的地震数据间的差异来描述地质目标体的属性变化，达到认识储层动态变化来有效寻找剩余油气资源。作为油气藏动态监测的一种工具，时移地震已在全球各地许多油田得到应用。时移地震资料解释的目标不再是储层，它是在识别有效储层的基础上，通过研究由于注采等油气开发活动引起的油藏弹性特性的变化，确定过水区域、油气水接触面变化、注水前缘等，调整开采方案，优化油藏管理策略，提高油气采收率。

按观测方式，时移地震可分为：

（1）时移三维地震，常称四维地震，它是目前较常规的时移地震方法，也是时移地震最先使用的方法。它的成本最高，效果也最好。

（2）时移二维地震，常称重复地震，它是近几年发展起来的方法，其特点是成本低，易实现，效果也较好。

（3）时移VSP，它是研究井史及井旁油藏特征变化规律的好方法。目前已有三分量及九分量时移VSP。

（4）井间时移地震，它是利用重复井间地震方法来实现油藏动态管理的。

时移地震勘探并不适用于所有的油井，其产生效果的基本条件是：在随时间推移的地震勘探观测过程中，被观测地质目标体应存在明显的储层属性变化，如储层温度、储层压力、岩石孔隙流体性质等，并能引起岩石物理性质的变化，使地震波穿越地质目标时，可引起反射时间、反射振幅、反射频率等的变化。对于页岩气，时移地震可用于检测其在生产过程中随着温度压力变化而变化的情况，进而达到开发优化开采的目的。

## 1.4　页岩气地震勘探技术展望

### 1.4.1　地震岩石物理技术

地震岩石物理技术是研究岩石物理性质与地震响应之间的关系。其旨在通过研究不同温度、压力条件下岩性、孔隙度、孔隙流体等对岩石弹性性质的影响，分析地震波传播规律，建立各岩性参数、物性参数与地震速度、密度等弹性参数之间的关系，从而为储层预测与流体检验提供基础，为地震勘探提供评估依据。作为连接岩石物理参数、流体性质参数与地震弹性参数的桥梁，地震岩石物理技术为地震勘探技术方法的改进和发展及地震数据的定量解释提供了坚实的基础，大大降低了地震解释的多解性。

页岩油气储层基本物性特征包括以下几点：

（1）矿物颗粒：以细粒黏土和泥质为主，石英和碳酸盐岩矿物颗粒悬浮于黏土基质之中。

（2）孔隙空间：孔隙形态复杂，分布形式多样，包括基质孔隙、微裂缝、有机质固有孔隙等。

（3）有机质固有孔隙：干酪根成熟过程中产生大量孔隙，形成干酪根、油、气、水混合物，是页岩气主要赋存空间之一。由于干酪根密度约为矿物平均密度的 1/2，所以干酪根体积分数约为其质量分数的 2 倍，再加上干酪根内的固有孔隙，其所占体积分数可能超过预期,并影响页岩弹性性质。

（4）页岩气存在形态: 主要包括游离气和吸附气。游离气主要赋存于基质孔隙和有机质孔隙中,吸附气吸附于有机质颗粒上。

（5）页岩各向异性: 主要源于黏土矿物颗粒沉积、成岩过程中的水平定向排列的程度。干酪根的分布形式也可能产生各向异性。干酪根的分布与TOC含量有关,可能为离散分布,也可能为薄透镜状、水平层状分布。

储层物性参数的研究中,黏土矿物、脆性矿物含量体积分数和TOC含量等可用于描述页岩复杂的矿物组分;总有效孔隙度、空隙纵横比,以及由它们定义的裂缝密度可以初步估计页岩孔隙度和空隙形态;对于多孔隙模型,基质孔隙度、裂缝孔隙度和干酪根孔隙度等参数可用于描述不同的沉积、成岩地质条件下黏土矿物、有机质的分布形态。

页岩地震岩石物理技术的核心在于分析微观孔隙、矿物组分和有机质等参数对地球物理响应的影响,这种响应可以是纵横波速度、纵横波波阻抗、纵横波速度比以及各向异性强度等宏观特征。通过分析宏观响应特征的变化,可以帮助选择最优的地震属性,通过地震反演等方法提取这些属性的空间分布,希望能够达到直接预测页岩气储层特征的目的。Zhu等(2011年)总结了利用岩石物理建模与地震正演模拟对页岩气储层进行预测和识别的研究思路。

（1）从地质模型中提取相关的岩石物理模型;

（2）通过岩石物理建模获取地震正演所需要的弹性参数;

（3）通过正演模拟得到地震响应,从而赋予地震反射同相轴更多的物理意义和地质意义;

（4）利用正演模拟得到的地震波场进行波阻抗反演和岩性反演,得到反映储层特征的参数,再根据第二步分析优选出最佳属性,进而进行储层相关性质的预测和评价;

（5）将地震预测的结果与实际地质模型对比,分析和评价地震属性预测页岩气储层特征的可行性和误差,为实际地震资料的应用提供依据。

图1-3给出了岩石物理建模、地震正演和地震反演相结合的研究思路。地震岩石物理建模和正演技术的结合可用于对页岩气储层的预测。

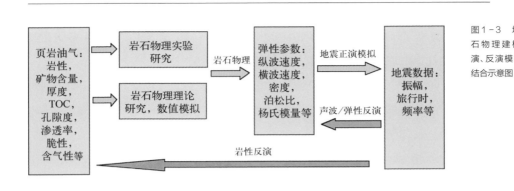

图1-3 地震岩
石物理建模和正
演、反演模拟技术
结合示意图

## 1.4.2 地震资料采集及特殊处理技术

宽(全)方位角地震采集与相应的处理技术是页岩气地震勘探下一步的发展趋势。

与传统的窄方位角采集相比,宽方位角采集在横向的不同覆盖次数过渡带相对较小,因此宽方位角采集更容易跨越地表障碍物和地下阴影带;在方向各向异性介质条件下,宽方位角勘探可得到较丰富的振幅随入射角和方位角的变化(Amplitude Variation with Azimuth, AVAZ)信息,进而具有识别方向裂缝的能力;宽方位角成像分辨率较高;宽方位角成像的空间连续性较好;宽方位角有利于衰减相干噪声;宽方位角在衰减多次波的能力方面较强。尽管宽方位角地震勘探具有以上优点,但仍存在方位角速度影响、对宽方位角地震数据的处理能力弱、成本较高等问题。

随着观测方位角的增大,速度随方位角的变化、与方位角相关的旅行时差、与方位角相关的各向异性等问题也随之产生。另外,当野外施工布设的炮点、检波点不均匀时,所采集的宽方位资料常常不是全方位的。因此,为了能够解决宽方位地震资料处理存在的问题,开展了获取方位角道集、宽方位速度分析、与倾角和方位角相关的旅行时校正,全方位各向异性偏移成像等方法的研究。

方位角道集是分方位速度分析和分方位各向异性偏移的基础,因此需要合理的分方位道集,进而有利于VVAZ(速度随入射角和方位角变化,Velocity Variation with Azimuth)和AVAZ的研究。要考虑资料的面元大小、炮检距与方位角的分布、覆盖次数、地下的断裂展布等因素对方位角道集划分的影响。

速度随方位变化的问题存在于宽/窄方位资料中,窄方位资料的观测方位角集中在有限的方位内,其方位变化不大,因此通常可以忽略速度随方位变化的问题;对于宽方位资料,方位角范围比较宽,方位变化较大,因此速度随方位的变化不容忽视。

运用与倾角和方位角相关的旅行时校正技术可求取横纵向的倾角参数,能较好地消除与倾角、方位角相关的旅行时差。

全方位各向异性叠前偏移技术能够较好地解决宽方位资料的各向异性问题,是宽方位资料成像的有效办法。360°全方位角度域成像、解释、可视化和描述系统,在利用地球物理手段研究页岩气储层各向异性特征方面做出了有益的尝试。

### 1.4.3　　各向异性成像与反演一体化技术

目前国外页岩油气储层地震表征技术的发展趋势为:根据页岩油气储层微观复杂性(TOC含量、三孔隙、极低孔渗、脆性)、非均匀性和强地震各向异性,基于岩石物理技术,研究跨尺度弹性粗化技术,搞清地震响应特征,建立地球物理参数模型,利用全方位各向异性成像、解释技术,发展高精度叠前弹性参数反演技术,形成一套基于岩石物理从正演到反演,全方位成像、解释与反演一体化的技术流程,全面表征页岩油气储层地质与工程参数。

研究基于波动方程逆时偏移(Reverse Time Migration, RTM)技术的地下局部角度域成像与反演一体化技术,采用照明度分析技术进行道集优化处理,实现保幅高精度AVOZ各向异性参数反演。

### 1.4.4　　页岩气"甜点"地震预测技术

基于微观结构模型和岩石物理性质,研究页岩油气储层地震响应机制,地震各向异性表征新理论,形成一套从正演模拟到地震反演的页岩油气储层"甜点"预测技术,并在实际应用中取得明显效果。从微观结构地质模型出发,深入研究岩石物理特征与各向异性理论,重点解决岩石物理、测井评价和地震预测三大核心技术;岩心、测井与地震相结合,建立一套正演模拟到地震反演页岩气储层"甜点"地震各向异性的表征方法技术,全面理解地震响应特征,形成"甜点"参数的有效预测方法;基于全方位各向异性地震成像与反演一体化流程,运用知识表达分别建立岩石骨架、有机质、裂缝和应力等参数的预测模型,进行储层表征;最终建立页岩气储层模型,实现储集体客观全面的刻画。突出研究裂缝预测技术,探索形成一套页岩油储层多尺度裂缝空间分布的定量预测方法,也是油气地质研究的科学前沿之一。

在页岩气储层岩石物理特性与地质建模基础上,通过岩石物理与地震模拟相结合,正演与反演相结合,开展叠前、叠后地震属性与甜点预测方法研究及有效性分析,优选敏感参数;以各向异性叠前保幅地震处理和叠前弹性反演为核心,建立页岩油"甜点"参数的预测模型;研究页岩气储层脆性、裂缝等的预测技术,探索孔隙压力、地层应力场分布等的预测方法,形成页岩气"甜点"地球物理预测技术。

## 1.4.5 微地震压裂监测与裂缝综合评估技术

微地震压裂监测技术发展很快,从数据采集到分析、解释以及油藏监测,技术逐步配套完善。微地震的发展方向可以概括为以下几点。

### 1. 检波器技术的提高

微震观测设备的关键部分是井下观测仪器。由于诱生微震能量非常弱,频率很高(约为100~1 500 Hz),传播方向复杂,以及井下高温、高压、高腐蚀性的恶劣环境,要求微震监测用井中检波器是高灵敏度、高频、体积小的三分量检波器,其本身及有关连接件、信号传输线等应具有耐高温、高压和耐腐蚀的性能。

### 2. 微地震数据处理精度的提高

20世纪90年代后期,微震绝对定位误差仅为12~40 m,裂缝走向方位角精度为2°~6°。2000年以后,绝对定位误差已降到10 m以下,并可从微震能量、频谱、波形特征等参数,以及微震位置时空变化等数据得到有关微震发震机制、水力压裂裂缝发育过程的可靠信息,促进了水力压裂理论和技术的发展。

微地震数据处理定位方法从简单的纵横波时差法、Geiger修正法到现在的网格坍塌算法,定位技术得到了极大的改善。但是由于微地震技术从商业应用到大范围推广仅十几年时间,虽然在国外已取得了极大的成功,但是在国内,该方面的应用还有待推广,相关技术的研究仍需加强(如信号预处理技术、速度建模技术等)。

3. 微地震解释方法的多学科渗透

微地震研究的主要对象为非常规透油气藏。随着微地震技术的广泛推广应用,其多学科渗透的特点也渐渐表现出来,尤其对地质复杂的地区,裂缝的准确预测需要多学科的渗透研究。

特别是微地震裂缝监测技术与地面地震裂缝预测技术相结合来进行裂缝综合评估是一个重要的发展方向。自然断层和裂缝控制现今应力分布影响水力压裂造缝的展布,但不完全匹配,采用微地震方法可以监测水力压裂造缝的几何展布。实际上水力压裂裂缝的展布还受到页岩岩石性质变化的影响,可以采用地面地震资料的叠前弹性参数反演和叠后曲率体计算,描述岩石性质和裂缝的变化,与微地震事件相结合,先验性界定易破裂区域,指导该地区未来水力压裂造缝的设计。

## 参考文献

[ 1 ] 李新景,胡素云,程克明.北美裂缝性页岩气勘探开发的启示.石油勘探与开发,2007,34(04):392-400.

[ 2 ] 杨瑞召,赵争光,庞海玲,等.页岩气富集带地质控制因素及地震预测方法.地学前缘,2012,19(5):340-347.

[ 3 ] 张军华,郑旭刚,王伟,等.地震采集技术新进展.物探化探计算技术,2007,29(5):373-381.

[ 4 ] 林建东,任森林,薛明喜,等.页岩气地震识别与预测技术.中国煤炭地质,2012,24(8):56-60.

［ 5 ］林建东,任森林.浅谈页岩气地震勘探技术.中煤地质报,2012-05-21(2).

［ 6 ］刘振武,撒利明,杨晓,等.页岩气勘探开发对地球物理技术的需求.中国煤炭地
质,2011,46(5):810-818.

［ 7 ］罗蓉,李青.页岩气测井评价及地震预测、检测技术探讨.天然气工业,2011,
31(4):34-39.

［ 8 ］孙赞东.三维三分量VSP方法原理及应用.北京:石油工业出版社,2011.

［ 9 ］何惺华.井间地震.北京:石油工业出版社,2008.

［10］易维启,李明,云美厚,等.井间地震.北京:石油工业出版社,2002.

［11］孙赞东,贾承造,李相方,等.非常规油气勘探开发.北京:石油工业出版社,2002.

［12］徐胜峰,李勇根,曹宏,等.地震岩石物理研究概述.地球物理学进展,2009,
24(2):680-691.

［13］Cordsen A. Narrow-versus wide-azimuth land 3D seismic surveys. The Leading
Edge, 2002, 21(8): 764.

［14］Zhu Y P, Liu E R, Martinez A, et al. Understanding geophysical responses of shale
gas plays. The Leading Edge, 2011, 30(3): 332-338.

［15］Faraj B, Williams H, Addison G, et al. Gas potential of selected shale form actions
in the western Canadian sediment basin. Gas TIPS, 2004, 10(1): 21-25.

［16］邹才能,杨智,崔景伟,等.页岩油形成机制、地质特征及发展对策.石油勘探与
开发,2013,40(1):14-26.

［17］马永生,冯建辉,牟泽辉,等.中国石化非常规油气资源潜力及勘探进展.中国工
程科学,2012,14(6):22-30.

［18］陈祥,王敏,严永新,等.泌阳凹陷陆相页岩油气成藏条件.石油与天然气地质,
2011,32(4):568-576.

［19］Beretta M M. Bernasconi G, Drufuca G, AVO and AVA inversion for fractured
reservoir characterization［J］. Geophysics, 2002, 67(1): 300-306.

［20］Carcione J M. AVO effects of a hydrocarbon source-rock layer. Geophysics, 2001,
66(2): 419-427.

［21］刘振武,撒利明,杨晓,等.页岩气勘探开发对地球物理技术的需求.石油地球物

理勘探,2011,46(5): 810−818.

[ 22 ] Guochang Wang, Carr, Timothy R. Methodology of organic-rich shale lithofacies identification and prediction: a case study from Marcellus Shale in the Appalachian basin. Computers & Geosciences, 2012, 49: 151−163.

[ 23 ] Kale S V, Rai C S, Sondergeld C H. Petrophysical characterization of Barnett Shale. 2010, SPE 131770. In: Proceedings of SPE Unconventional Gas Conference in Pittsburgh, Pennsylvania, U.S.A.

[ 24 ] Michelena R J, Godbey K S, Angola O. Constraining 3D facies modeling by seismic-derived facies probabilities: example from the tight-gas Jonah field. The Leading Edge, 2009, 28, 10.1190/1.3272702.

[ 25 ] Sierra R, Tran M H, Abousleiman Y N, et al. Woodford shale mechanical properties and the impacts of lithofacies//American Rock Mechanics Association 10−461. Proceedings of 44th U.S. Rock Mechanics Symposium and 5th U.S.-Canada Rock Mechanics Symposium, June 27−30, 2010, Salt Lake City, Utah.

[ 26 ] Stright L, Bernhardt A, Boucher A, et al. Revisiting the use of seismic attributes as soft data for subseismic facies prediction: proportions versus probabilities. The Leading Edge, 2009, 28, 12. 10.1190/1.3272701.

[ 27 ] Zijian Zhang, McConnell, Daniel R, et al. Rock physics-based seismic trace analysis of unconsolidated sediments containing gas hydrate and free gas in Green Canyon 955, Northern Gulf of Mexico. Marine and Petroleum Geology. 2012, 34(1): 119−133.

[ 28 ] Avseth P, Mukerji T, Mavko G. Quantitative Seismic Interpretation: Applying Rock Physics Tools to Reduce Interpretation Risk. Cambridge University Press, 2005.

[ 29 ] Hilterman F J. Seismic amplitude interpretation. SEG Distinguished Lecture. 2001: 235.

[ 30 ] Mavko G, Mukerji T, Dvorkin J. The Rock Physics Handbook. Cambridge University Press, 2009.

[ 31 ] Partyka G A. Spectral decomposition. SEG Distinguished Lecture. 2005.

［32］Fernández Martínez, Juan Luis1, Mukerji, et al. Reservoir characterization and inversion uncertainty via a family of particle swarm optimizers. Geophysics, 2012, 77(1): 1－16.

［33］Saraswat P, Sen M K. Simultaneous stochastic inversion of prestack seismic data using hybrid evolutionary algorithm. 80th Annual International Meeting. 2010: 29.

［34］Wang, Joanne, Dopkin. Duane Shale plays can be interpreted and characterized using seismic attributes World Oil. 2012, 233: 10.

［35］Sena Arcangelo, Castillo Gabino, Chesser Kevin, et al. Seismic reservoir characterization in resource shale plays: Stress analysis and sweet spot discrimination. The Leading Edge, 2011, 30(7): 758－764.

［36］潘仁芳, 伍媛, 宋争. 页岩气勘探的地球化学指标及测井分析方法初探. 中国石油勘探, 2009, 3: 6－28.

［37］潘仁芳, 黄晓松. 页岩气及国内勘探前景展望. 中国石油勘探, 2009, 3: 1－5.

［38］Downton J, David Gray. AVAZ parameter uncertainty estimation. SEG Expanded Abstracts, 2006, 25: 234－238.

［39］Goodway B, Marco Perez, John Varsek, et al. Seismic petrophysics and isotropic-anisotropic AVO methods for unconventional gas exploration. The Leading Edge, 2010, 29: 1500－1508.

［40］Perez M A, Close D I, Goodway B, et al. Workflows for Integrated Seismic Interpretation of Rock Properties and Geomechanical Data: Part1 ― Principles and Theory. 2011, CSPG CSEG CWLS Convention.

［41］Ruger A. Analytic insight into shear-wave AVO for fractured reservoirs. SEG Expanded Abstracts, 1996, 15: 1801－1804.

［42］Ruger A. Variation of P-wave reflectivity with offset and azimuth in anisotropic media. Geophysics, 1998, 63: 935－947.

［43］Shuey R T. A simplification of the Zoeppritz equations. Geophysics: 1985(50): 609－614.

［44］Zhu Y P, Enru Liu, Alex Martinez, et al. Understanding geophysical responses of shale-gas plays. The Leading Edge, 2011, 30(1): 332−338.

[ 45 ] Wu X, Chapman M, Li X Y, et al. Anisotropic elastic modeling for organic shales: 74th Conference & Exhibition, EAGE, Extended Abstracts, 2012.

[ 46 ] Bayuk I O, Ammerman M, Chesnokov E M. Upscaling of elastic properties of anisotropicsedimentary rocks: Geophysical Journal International, 2008, 172: 842−860.

[ 47 ] Zhu Y P, Xu S Y, Payne M, et al. Improved Rock-Physics Model for Shale Gas Reservoirs//SEG Las Vegas 2012 Annual Meeting.

[ 48 ] Crampin S. The fracture criticality of crustal rocks. Geophysical Journal International, 1994, 118: 428−438.

[ 49 ] Dvorkin J, Hoeksema R N, Nur A. The squirt-flow mechanism: macroscopic description. Geophysics, 1994, 59: 428−438.

[ 50 ] Fjær E. Static and dynamic moduli of a weak sandstone. Geophysics, 2009, 74: 103−112.

[ 51 ] Goodway W, Chen T, Downton J. Improved AVO fluid detection and lithology discrimination using Lame petro-physical parameters; "$\lambda\rho$", "$\mu\rho$", & "$\lambda/\mu$ fluid stack", from P and S inversions//67th SEG Annual Meeting, Expanded Abstracts, 1997, 16: 183−186.

[ 52 ] Gray D. Elastic inversion for Lame parameters//72nd SEG Annual Meeting, Expanded Abstracts, 2002, 21: 213−216.

[ 53 ] Gray D. Estimating compressibility from seismic data//67th EAGE Conference & Exhibition, Extended Abstracts, 2005: P025.

[ 54 ] Gray D. Seismic anisotropy in coal beds//75th SEG Annual Meeting, Expanded Abstracts, 2005, 24: 142−145.

[ 55 ] Gray D. Targeting horizontal stresses and optimal hydraulic fracture locations through seismic data//6th Annual Canadian Institute Shale Gas Conference. 2010. http://www.cggveritas.com/technicalDocuments/cggv_0000006453.pdf.

[ 56 ] Gray D, Anderson P, Logel J, et al. Estimating in-situ, anisotropic, principal

stresses from 3D seismic//72nd EAGE Conference & Exhibition, Extended Abstracts, 2010: J046.

[57] Gray F D. Methods and systems for estimating stress using seismic data. United States Patent Application, 2011, 20110182144A1. http: //www.google.com/patents/ US20110182144.pdf?source = gbs_overview_r&cad = 0.

[58] Iverson W P. Closure stress calculations in anisotropic formations. 1995, SPE 29598.

[59] Mallick S. Model-based inversion of amplitude-variations-with offset data using a genetic algorithm. Geophysics, 1995, 60: 939－954.

[60] Olsen C, Fabricius I L, Krogsboll A, et al. Static and dynamic Young's Modulus for Lower Cretaceous chalk//A low frequency scenario. AAPG International Meeting, Extended Abstracts, 2004, 89511.

[61] Rickman R, Mullen M, Petre E, et al. A practical use of shale petrophysics for stimulation design optimization: all shale plays are not clones of the Barnett Shale. 2008, SPE 115258.

[62] Schoenberg M, Sayers C M. Seismic anisotropy of fractured rock. Geophysics, 1995, 60: 204－211.

[63] Van Koughnet R W, Skidmore C M, Kelly M C, et al. Prospecting with the density cube. The Leading Edge, 2003, 22: 1038－1045.

[64] Varela I, Maultzsch S, Chapman M, et al. Fracture density inversion from a physical geological model using azimuthal AVO with optimal basis functions//79th SEG Annual Meeting, Expanded Abstracts, 2009, 28: 2075－2079.

[65] 江怀友, 宋新民, 安晓璇, 等.世界页岩气资源与勘探开发技术综述, 2008, 2(6): 26－30.

[66] 刘振武, 撒利明, 杨晓, 等.页岩气勘探开发对地球物理技术的需求, 2011, 46(5): 810－818.

[67] 张晓玲, 肖立志, 谢然红.页岩气藏评价中的岩石物理方法, 2013, 28(4): 1962－1974.

第 2 章

页岩气地震勘探
资料采集技术

地震资料采集技术是整个地震勘探技术环节中的基础,决定地震勘探是否能够达到目的。地震勘探采集技术近年来取得了很大的发展,三维宽方位、宽带采集技术是其中的代表。与其他类型油气藏勘探开发一样,页岩气藏的勘探开发也离不开地震勘探技术,尤其是三维地震技术有助于准确认识复杂构造、储层非均质性和裂缝发育带;三维地震解释技术能优化井位和井轨迹设计,以提高探井(或开发井)成功率。针对页岩气储层的特点,对地震勘探采集技术也提出不同的要求。

页岩气作为一种蕴藏量巨大的非常规天然气资源,在北美地区已取得良好的勘探开发效益。页岩气藏形成的主体是富有机质页岩,它主要形成于盆地相、大陆斜坡、台地凹陷等水体相对稳定的海洋环境和深湖相及部分浅湖相带的陆相湖盆沉积体系。北美工业性开发的页岩气资源均在海相沉积地层,与北美地区平坦、辽阔的地形不同,我国页岩气地质条件复杂,海相、海陆过渡相、陆相页岩具有发育、多层系分布、多成因类型、复杂后期改造等特点。我国烃源岩发育良好、演化程度高,四川盆地、鄂尔多斯盆地、渤海湾盆地、松辽盆地、吐哈盆地、汉江盆地、塔里木盆地、准噶尔盆地等具有页岩气成藏的地质条件。例如,四川、鄂尔多斯盆地的涪陵、延长等探区已在陆相泥页岩中获得了页岩气勘探开发的突破;扬子地台及塔里木盆地等地区获得海相页岩气勘探开发的突破。这些地区大多以黄土塬山地地形为主,受多期构造运动影响,地震地质条件相对复杂,地表出露的岩层年代一般较老,大多以灰岩为主,激发条件较差;目的层埋深变化大,波阻抗差异一般较小,反射波能量弱。另外,页岩气采集也需要面临沙漠地形,沙漠区由连绵起伏且流动的沙丘、沙垄及复合体组成,相对高度差从几米到近百米,最高可达250 m。沙漠近地表基本为两层结构,以潜水面为界,其上统称为低速层,自上而下具有连续性介质的性质,速度为350~700 m/s,厚度基本随地表高程变化,一般为1~80 m;潜水面以下为含水沙层,称为降速层或高速层,速度为1 600~1 900 m/s。表层沙漠对地震信号衰减严重、干扰波发育。

无论是黄土塬山地还是沙漠地区的地理环境、复杂的地表和深层地震地质条件都给地震采集带来了挑战。页岩气地震勘探是一门技术性很强的勘探技术,只有通过统筹设计,精细的技术分析,细心施工,才能获得高质量的地震勘探地质成果。

## 2.1 页岩气地震勘探采集概述

### 2.1.1 页岩气勘探特点

常规油气的勘探以储层或油藏为地质目标。然而,对于页岩气来说,成藏的"储层"是其自身,具有其独特的"自生自储"特点,也就是说页岩气勘探是以源岩层为地质目标的。页岩气储层在地层埋深、厚度方面也有其独有的特点。根据美国地质调查局(USGS)提出的页岩气选区参考指标,富含有机质页岩厚度应大于 15 m。在深度和厚度方面,我国学者提出了为保证一定规模的页岩气藏资源量、资源丰度,有利发育区含气泥页岩厚度应大于 50 m,埋深为 1 500～4 500 m。而从工程技术的角度来说,2 000～3 500 m 的埋深是目前页岩气勘探开发的理想深度。显然,对于页岩气勘探来说,应以满足查明页岩层深度、厚度及空间展布特征为第一目的;页岩气勘探作业参数应以有效、使用、经济为出发点。

### 2.1.2 页岩气勘探目标

(1)有机碳含量和热演化程度较高、黑色页岩较发育的区域,页岩单层厚度一般大于 30 m。

(2)在背斜构造缓翼靠近轴部的部分、向斜范围内、盆地边缘斜坡页岩厚度适当易形成张性裂隙及裂缝 - 微裂缝发育带是页岩气藏发育的最有利区域。

(3)在暗色泥(页)岩地层中,具有高压或低压异常或流体高势能区是勘探的重点。

(4)海相页岩发育区、陆相中的湖相和三角洲相是较为有利的优先勘探区域。

(5)靠近盆地中心是页岩气成藏的有利区域。

### 2.1.3　　　页岩气勘探原则

根据页岩气藏主控地质因素及分布规律,页岩气藏勘探总体应遵循以下几大原则。

(1)页岩气藏勘探尽可能优先在有机碳含量和热演化程度较高区域进行,特别是有机碳含量大于2%和镜质组反射率大于0.4%的区域,其中再以黑色页岩较发育的区域进行优先部署。

(2)陆相和海相页岩气藏勘探应彼此顾及,首先勘探沉积中心的区域,在有所发现的条件下,再逐步扩大勘探范围。陆相中的湖相和三角洲相是较为有利的优先勘探区域。但还应了解区域内海相-海陆过渡相-陆相的纵向时空变化规律,以便寻求纵向上追踪勘探。

(3)裂缝发育区域的判断是关键环节,优选构造转折带、地应力较集中带和褶皱-断裂带重点勘探,现今的中深级埋藏深度是勘探重点,对海相沉积页岩的过大抬升区域要进行侦察性勘探。

(4)暗色页岩单层厚度一般大于30 m时较适合勘探,应结合有机碳的含量进行综合选择。暗色页岩层流体高势能区是勘探的重点,游离页岩气高压异常带应优先勘探,而吸附高压异常带勘探可推后进行,低压异常带勘探要慎重,但也不可忽视低压异常中仍有较大产出能力的可能性。

在陆相盆地中,湖沼相和三角洲相沉积产物一般是页岩气成藏的最好条件,但通常位于或接近于盆地的沉降-沉积中心处,导致页岩气的分布有利区主要集中于盆地中心处。从天然气的生成角度分析,生物气的产生需要厌氧环境,而热成因气的产生也需要较高的温度条件,因此靠近盆地中心方向是页岩气成藏的有利区域。另外,在钻探部署时,勿忘裂缝性气田勘探"一占三沿"(即占高点,沿长轴,沿断层,沿扭曲)的成功原则。

### 2.1.4　　　页岩气勘探地震资料采集难点

我国目前重点开展的南方海相页岩气勘探区域主要位于四川盆地南部、滇黔北、安徽及塔里木等地区。这些地区大多以山地地形为主。由于山区的构造复杂,采集常常存在以下难点:地表起伏大,山地植被发育,表层结构复杂,大面积出露奥陶系、二叠系、三叠系等老地层灰岩;地震地质条件十分复杂,灰岩区地震激发、接收条件普遍较差,原始弹炮记录上多次折射干扰、面波干扰、随机干扰和高频干扰等干扰波非常发育,而且复杂多变,有效反射能量相对较弱,资料信噪比低;地下构造复杂,逆掩推覆作用使高角度老地层出露,造成速度拾取中的多解性和在时间方向上的反转,因而难以确定准确的叠加速度场,增加了处理难度;横向速度变化大,难以准确地叠加成像和偏移归位;当地层倾角较大时还会使地层产生层间滑动,引起厚度差异,造成目的层反射波能量不稳定、连续性差。

对于沙漠地形,沙层厚度大、沙丘高差大、地形复杂、河流域河床淤积流沙,这些都给野外地震数据采集造成很大的困难。沙丘厚度直接影响干扰波的发育程度,是导致大沙漠区地震资料信噪比低的主要原因。疏松沙丘对地震能量波能量及频率吸收衰减强烈。近地表3～5 m的沙层可使主频为45 Hz的地震波衰减成35 Hz;疏松沙丘引起的噪声干扰强,严重影响资料信噪比。地震波传播过程中,浅层的疏松沙丘是以相互空间较大、黏附力很小的沙粒为振动点,阻尼系数非常小,因此,振动延续时间非常长,造成尾振干扰;同时,在地震波激发过程中,也极易产生较强的散射干扰。这些干扰的存在严重影响了中、深层地震资料信噪比。剧烈起伏的沙丘引起的静校正问题突出,潜水面以上的低速层的连续介质特性在不同区域、不同沙丘性质均存在着较大差异。另外,沙漠区交通极为不便,生产及生活物资运输困难;沙丘起伏大、低速层巨厚导致推路、钻井、放线等工序施工难度大。

山地及沙漠地区激发存在的问题有:表层对地震波的吸收衰减严重,黄土层对地震波的吸收约为深层的100倍;激发的地震波能量和频率低,激发岩性松散速度较低,导致激发频率较低;沙漠地区激发岩性为流沙,激发时井壁易坍塌,增加换井频率,下炸药深度不一致。

山地、沙漠地区干扰波的主要类型有以下几种。

(1)短程多次波:其能量、速度和频率与一次有效波接近,不容易区分,滤除困难。

(2)面波:频率低,一般在15 Hz以内;速度低,面波的速度随频率变化而变化。

振动延续时间随传播距离的增大而增长,能量强,衰减慢,时距曲线是直线。

(3)随机干扰波:地面的微震,如风吹草动及人为噪声,它来自地表的各个方向,振幅大小变化无规律,既没有一定的频率,也没有一定的速度。

在页岩气低成本勘探战略下,如何设计观测系统,选择对勘探成本影响最大的道距、覆盖次数、最大炮检距、激发参数等多种地球物理参数成为地震采集工作的关键。

## 2.2 页岩气地震勘探采集宽(全)方位观测系统设计

### 2.2.1 地震采集要素

1. 地层倾角与构造走向

勘探目的层的倾角是采集参数计算和选择的一个必要因素。当然,并不要求准确知道各个地层的倾角和构造走向,但是需要知道最大的倾角限和主要的构造走向。地层倾角可以利用倾角方向上的二维地震剖面来计算,

$$\psi = \arcsin\left(\frac{\Delta t \cdot v}{2\Delta x}\right) \qquad (2-1)$$

式中,$\psi$ 为地层倾角;$v$ 为速度;$\Delta t$ 为时间;$\Delta x$ 为两点间距离。构造走向可以由地震构造图和地质构造图确定。

2. 地震波的最高频率和时间频率

在计算野外采集的参数时,希望在地震记录中尽可能地保存丰富的高频成分。

若要分辨的最小地层厚度为 $\Delta z$,层速度为 $v_z$,在没有相干干扰的情况下,取主波长的四分之一为可分辨的最小厚度,则

$$\Delta z = \frac{\lambda_m}{4} = \frac{v_z t_m}{4} = \frac{v_z}{4f_m} \qquad (2-2)$$

式中,$\lambda_m$ 是地震信号的主波长;$f_m$ 为主频率;$t_m$ 为主周期。

对于周期性零相位子波,当其频带宽度超过两个倍频过程时,主频$f_m$和最高主频$f_{max}$关系为

$$f_{max} = 1.43f_m \qquad (2-3)$$

则有

$$\Delta z = \frac{1.43v_z}{4f_{max}} \qquad (2-4)$$

**3. 分辨率与子波带宽**

子波的带宽分为绝对宽度与相对宽度。设带通子波的上限频率为$f_1$,下限频率为$f_2$,则绝对宽度$B$为

$$B = f_2 - f_1 \qquad (2-5)$$

相对宽度$R$为

$$R = \frac{f_2}{f_1} \qquad (2-6)$$

当然,子波分辨率的高低主要由绝对频宽来衡量,而不能只看相对频宽,相对频宽决定子波的相位数。在零相位子波条件下,频宽与分辨率有如下关系:绝对宽度越大,则子波的脉冲性越好,分辨率就越高;绝对宽度不变,则不论主频如何,其分辨率不变;绝对宽度不变,主频越高则相对宽度越小,即子波相位数越多,此时分辨率与主频无关;相对宽度不变,则子波相位数不变,此时主频越高,绝对宽度就越大,子波分辨率越高。

**4. 横向分辨率**

地震勘探中的横向分辨率(空间分辨率)的基本含义是:地震资料在水平方向上所能分辨的最小地质体的能力,又分为水平叠加时间剖面的横向分辨率与叠加偏移剖面的横向分辨率。一般的讨论都限于偏移前,而偏移后的横向分辨率很难讨论清楚。但无论如何,横向分辨率仍是一个空间-时间问题。

根据惠更斯原理,地面记录到的反射信号应视为反射面上各二次震源发出的振动之和,这说明反射波并不是来自反射面上某一反射点的贡献,而是一个面积上的

贡献。第一菲涅耳(Fresnel)带的含义就是,当入射波前与反射面相交形成反射时,波前面相位差在λ/4以内的那些点所发出的二次振动将在接收点形成相长干涉,使记录的能量增强,而在该区以外各点发出的二次振动则相互抵消,这个区域是产生反射的有效面积,即第一Fresnel带。该带直径的一半即为第一Fresnel带半径。如果地质体的宽度比第一Fresnel带小,则反射将表现出与点绕射相似的特征,地质体的宽窄不能被分辨;只有当地质体的宽度大于第一Fresnel带时才能被分辨。所以,第一Fresnel带的大小就成为确定横向分辨率的标准。这个标准也是一个相对的概念,因为它受多种因素的影响。

设界面深度为h,地层为各向同性弹性介质,自激自收的双程时为t,地层速度为v,地震波主频$f_c$,通过推导可得横向分辨率r为

$$r = \frac{v}{2}\sqrt{\frac{t}{f_c}} = \sqrt{\frac{vh}{2f_c}} = \sqrt{\frac{\lambda h}{2}} \qquad (2-7)$$

由此得到的结论如下。

(1)Fresnel带的大小与地震波频率有关。其直径或半径与地震波主频的平方根成反比。实际上,反射子波包含了不同的频率成分,每个频率成分都有不同的Fresnel带,所以,这种关系对每个频率成分都适用。由于不同频率成分Fresnel带的大小不同,高频成分Fresnel带小,分辨率就高,低频成分Fresnel带大,分辨率就低,因此提高水平分辨率的主要方法之一就是提高反射波的频率。

(2)第一Fresnel带(直径或半径)与深度的平方根成正比。

(3)第一Fresnel带(直径或半径)与速度成正比。

5. 空间采样距离

空间采样距离是指采集资料时,对地震波进行接收的空间间隔。当地质体空间的三个正交方向的采样密度均满足要求时,得到的数据体才有意义。因此,为了保证所有反射有意义,在三个方向上都必须有足够的采样密度。空间采样距离,对于二维来说是指道间距 $\Delta x$,即测线方向的空间采样点距;对于三维来说是指道间距和测线距。根据采样定理,为了使道间距的选择不产生空间假频,在不存在相干噪声的情况下,信号沿测线方向的空间采样间隔 $\Delta x$ 应满足:

$$\Delta x \leqslant \frac{\lambda_{\min}}{2} \qquad (2-8)$$

式中，$\Delta x$ 为可以选用的最大沿测线方向的道间距；$\lambda_{\min}$ 为信号的最小视波长（沿测线方向）。

如果存在明显的相干噪声，则对噪声采样不能把噪声的假频引入到信号的频谱中来，其目的是为了能在资料处理中消除面波干扰，即不产生面波的假频。因此要求道间距 $\Delta x$ 小于干扰波的最大视波长 $\lambda_{\text{干max}}$ 的一半，即

$$\Delta x \leqslant \frac{1}{2}\lambda_{\text{干max}} \qquad (2-9)$$

由于要求 $\lambda_{\min} > 2\lambda_{\text{干max}}$，因此 $\Delta x \leqslant \dfrac{\lambda_{\min}}{4}$。

为了计算出不产生假频的最大道间距，需计算出地震信号沿测线的最小视波长，同时也应通过干扰波调查，了解探区的干扰波出现规律和干扰波的最大视波长。假设地震波沿观测测线方向传播的视速度为 $v^*$，地震信号的最高频率为 $f_{\max}$，则有

$$\lambda_{\min} = \frac{v^*}{f_{\max}} \qquad (2-10)$$

由式（2-10）可以看出，信号的最小视波长与沿观测方向传播的视速度及最高频率 $f_{\max}$ 有关，在二维情况下，界面反射波的时距曲线方程可以表示为

$$t = \frac{1}{v}\sqrt{\left(x - 2h\sin\psi\cos\varphi\right)^2 + \left(y - 2h\sin\psi\cos\varphi\right)^2 + 4h^2\cos^2\psi} \qquad (2-11)$$

观测方向是任意给定的方向，即有 $y = f(x)$ 的任意给定测线，其视速度为

$$v_s^* = \frac{dx}{dt} = v\sqrt{\frac{\left(x - 2h\sin\psi\cos\varphi\right)^2 + \left(y - 2h\sin\psi\cos\varphi\right)^2 + 4h^2\cos^2\psi}{\left(x - 2h\sin\psi\cos\varphi\right)^2 + \left(y - 2h\sin\psi\cos\varphi\right)^2}} \qquad (2-12)$$

式中，$h$ 为法线深度；$\psi$ 为地层倾角；$\varphi$ 为 $x$ 轴方位角。

当 $x$ 方向为上倾方向时，上式变为

$$v_s^* = \frac{dx}{dt} = v\sqrt{\frac{\left(x - 2h\sin\psi\cos\varphi\right)^2 + y^2 + 4h^2\cos^2\psi}{\left(x - 2h\sin\psi\cos\varphi\right)^2 + y^2}} \qquad (2-13)$$

当界面为水平时,即 $\psi = 0$ 时,则有

$$v_s^* = \frac{dx}{dt} = v\sqrt{\frac{x^2 + y^2 + 4h^2\cos^2\psi}{x^2 + y^2}} \qquad (2-14)$$

从而可以得到

$$\Delta x \leqslant \frac{v}{2f_{max}}\sqrt{\frac{x^2 + y^2 + 4h^2\cos^2\psi}{x^2 + y^2}} \qquad (2-15)$$

因此,地震波视波长不仅与最高频率有关,而且和界面深度、速度、倾角和炮检距有关,一般取最大炮检距,沿下倾方向计算视速度。

6. 最大炮检距

最大炮检距指炮点到最远检波点的距离。最大炮检距的限定值与多种因素有关,并受到多种因素的制约,因此应根据工区地质条件和有关地球物理参数综合考虑,一般最大炮检距应当与目的层的最大深度相当。

在三维情况下,炮检距要用它在纵向(沿测线方向,一般称为 $x$ 方向)和横向(垂直于测线方向,一般称为 $y$ 方向)的投影来确定,其为 $x = \sqrt{x_v^2 + y_h^2}$。其中,$y_h$ 为非纵距;$x_v = L_x + (B_x - 1) \cdot \Delta x$;$L_x$ 为纵向偏移距;$B_x$ 为纵向排列接收道数;$\Delta x$ 为纵向接收道间距。

7. 覆盖次数

覆盖次数的高低决定着叠加记录的信噪比,它与压制规则干扰波和随机噪声有密切关系,同时也与速度分析及计算静校正量有关。覆盖次数可以用式(2-16)来计算。

$$N = \frac{S \cdot n}{2m} \qquad (2-16)$$

式中,$N$ 为覆盖次数;$m$ 为炮间距移动的道数;$S$ 为激发方式,当 $S = 1$ 时表示单边激发,当 $S = 2$ 时表示双边激发;$n$ 是地震仪的接收道数。

覆盖次数与压制随机干扰的关系为:一般来说,若覆盖次数为 $N$,则对于压制随机干扰来说,按照统计效应可以提高信噪比 $\sqrt{N}$ 倍。因此,从统计效应考虑,覆盖次数越高越好;但实际的干扰背景不是很大的时候,过高的覆盖次数是没有意义的。一旦覆盖次数被确定下来后,对于设计观测系统就要求每个面元覆盖次数分布均匀,

炮检距也要从小到大分布均匀。

对于线束状三维观测系统(该系统由多条平行的接收排列和垂直的炮点排列组成),先按二维直线观测计算覆盖次数的方法分别计算 $x$ 方向的覆盖次数 $N_x$ 和 $y$ 方向的覆盖次数 $N_y$,最终三维覆盖次数为 $N = N_x N_y$。根据二维观测系统,定义 $x$ 方向观测系统,把炮点线与接收点线的交点作为激发点,接收点线为接收排列。定义 $y$ 方向观测系统,把炮点线与接收点线的交点作为激发点,把炮点线上炮点作为接收点。则有

$$N_x = \frac{S \cdot n}{2m_x} \qquad (2-17)$$

式中,$N_x$ 为 $x$ 方向覆盖次数;$m_x$ 为炮线距除以道间距;$S$ 为激发方式,当 $S = 1$ 时表示单边激发,当 $S = 2$ 时表示双边激发;$n$ 是排列线上道数。

$$N_y = \frac{L}{2m_y} \qquad (2-18)$$

式中,$N_y$ 为 $y$ 方向覆盖次数;$L$ 为同一炮线上的炮点数;$m_y$ 为相邻检波点线的距离除以同一炮线上炮间距。

8. 偏移孔径

偏移孔径是指倾斜地层、断层、绕射点正确归位的距离。为了使倾斜地层和断层归位,在三维勘探设计时,必须考虑到偏移孔径,倾斜地层需要的偏移孔径公式为

$$MA \geqslant Z\tan\theta \qquad (2-19)$$

式中,$MA$ 为偏移孔径;$Z$ 为深度;$\theta$ 为倾角。

根据经验,偏移孔径一般选下列二者中的较大者:① 地质上估计的每个倾角的横向偏移距离;② 收集 $30°$ 出射角范围内的绕射能量所需的距离,决不能小于第一菲涅耳(Fresnel)带的半径。

9. 覆盖次数渐减带

它是勘探工区边缘未达到满覆盖的区域。一般的经验是,在水平层状介质假设下,覆盖次数斜坡带大约是目标深度的20%。

10. 记录长度

要求能够记录到最深的感兴趣层位的绕射,并使绕射有一个偏移孔径宽度的多道

记录，使绕射在偏移中正确成像。更为直观的估计是深层大倾角反射的旅行时深度。

11. 面元

面元是三维勘探中的术语。面元的大小与勘探工作量成平方关系。因此，在满足勘探任务的前提下，应尽可能采用大的面元。决定面元的因素有三个方面：第一是勘探目标，要能够分辨一个小目标，最少要有三个记录道数，因此，勘探中分辨最小目标的三分之一，即是对面元大小的基本估计；第二是无混叠频率产生，它依赖于地层的倾角、地层的层速度和最大有效频率，地层的倾角越大、最大有效频率越高，面元就越小，地层的层速度越快，面元就越大；第三是横向分辨率，如果空间两个绕射点间的距离小于最高频率的一个空间波长，它们就不能分辨开。因此，要满足横向分辨率的需要，要求对每个优势频率的波长取两个样点，此距离即面元的长度。

## 2.2.2　　　观测系统定义

观测系统定义是地震资料处理的最基本步骤。地震资料的野外采集，一般都是按照事先设计好的方案进行的，如测线的长度、位置和方位，炮点的间距和坐标位置，观测系统类型，偏移距的大小，排列的长度，检波点间距和坐标位置等。这些参数描述了地震记录的空间位置以及记录之间的相对关系。由于受野外客观条件的限制，设计好的方案在实施中一般都会有所调整，对于复杂的地形条件，这种调整有时会达到很大的幅度。还有一些参数是事先设计时不可能准确获知的，如炮点和检波点的地表高程、井口时间等，它们都要在实际施工时实时测量。

这两类数据都是处理中必须用到的，和处理结果密切相关。它们在野外地震数据采集施工的同时都被记录下来。另外，还需要记录一些辅助信息，如坏炮号，坏道号，过河、过沟、过电线道号，激发岩性，激发井深，激发药量，测线的大地坐标，测线拐点坐标，炮点和检波点大地坐标，炮、检点地表高程，对于起伏地表和复杂表层结构区还包括炮点和检波点的野外静校正量等。

观测系统定义实际上就是将上述反映地震野外施工方式的有关数据输入到地震处理系统之中，让处理系统"知道"测线是如何布设的、各炮及其排列在测线上的位置及各炮、检点的地表高程和野外静校正量(或低降速带速度、井口时间)等。这样,处理系统就能根据这些信息确定出后续处理中所需的各类信息。

观测系统定义完成后,一般都需要对定义的观测系统进行检查,纠正在观测系统定义中可能出现的各类错误,这项工作称为观测系统质量控制。

## 2.2.3　宽方位观测系统设计

### 1. 观测系统设计原则

为了了解地下构造形态,必须连续追踪各界面的地震波(即逐点取得来自地下界面的反射信息),这就需要在测线上布置大量的激发点和接收点,进行连续的多次观测,每次观测时激发点和接收点的相对位置都保持特定的关系,地震测线上激发点和接收点的这种相互关系称为观测系统,通常也用观测系统来表示激发点、接收点和地下反射点的位置关系。

对于不同的勘探方法,有不同的观测系统,折射波勘探法采用折射波观测系统,反射波勘探法采用反射波观测系统。一般来讲,我们目前采用的勘探方法绝大多数都是反射波勘探方法。

为了能够系统地追踪目的层有效波的地震记录,在野外采集时必须适当安排和选择激发与接收点的相互位置,即选择合理的观测系统。观测系统的选择取决于地震勘探的地质任务、工区的地震地质条件及勘探方法,还需要尽可能使记录到的地下界面能连续追踪,避免发生有效波彼此干涉的现象,以及方便野外施工等。

观测系统设计的主要内容表现在两个方面:如何在采集数据前通过试验给出最佳的采集参数;如何利用现场监控保证采集到高质量的野外地震数据。进行观测系统设计首要考虑的是观测方式必须满足地质任务的需要,如在断裂发育地区应采用中间激发或短排列的观测形式,这样可以减少动校正误差,增加覆盖密度,提高勘探精度。其次是考虑在施工地区特殊地表条件下所使用设备的能力,确保得到好的地震资料,从而保证施工地区资料的完整性。

观测系统设计应满足以下原则。

（1）在一个共炮点道集内或一个共深度点（Common-depth Point, CDP）道集内，应当有均匀的地震道，且炮检距从小到大均匀分布，能够保证同时勘探浅、中、深各个目的层，使观测系统既能保证取得各个目的层的有用反射波信息，同时又能用来进行速度分析。

（2）地下各点的覆盖次数尽可能地相同或接近，在整个工区范围内分布是均匀的。均匀的覆盖次数是保证反射记录振幅均匀、频率成分均匀的前提，从而才能保持地震记录特征稳定，使地震记录特征的变化能够与地质变化的因素相关联，有利于对复杂地质结构和岩性的研究。

（3）考虑地表的施工情况，在地面条件允许的情况下，尽可能地满足以上两个原则，如果地面条件受限制，则需要改变观测系统，采用不规则观测系统。

此外，野外采集还要受到处理软件和方法的限制，以及成本方面的限制。归纳起来，三维地震数据采集设计需要满足：地质任务和地震地质条件的要求；现行处理软件和方法的要求；野外采集的投资与成本的要求。

2. 观测系统设计流程

三维地震数据采集技术研究一般包括采集设计、采集方法、质量控制及装备制造等方面的研究。采集技术实际上就是观测系统设计。观测系统设计主要包括确定观测系统的几何形态，选择覆盖次数、面元大小、道间距、非纵距、最大和最小炮检距等参数。对于常规三维地震观测系统设计可以概括为如图2-1所示的五步流程。

图2-1 常规三维地震观测系统设计流程（尹成等，2005）

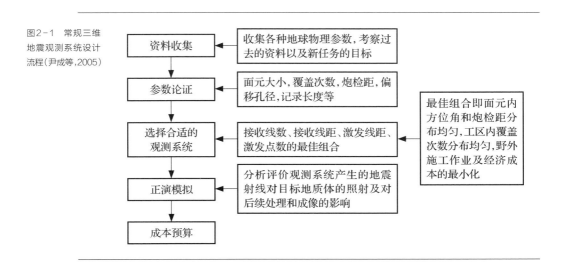

第一，资料收集，即收集各种地球物理参数，如目的层位的层速度、地层倾角、构造走向等，考察以往地震资料的信噪比、覆盖次数和观测系统参数存在的不足以及新任务的地质目标和要求。第二，参数论证。第三，选择合适的观测系统即在面元内方位角、炮检距分布均匀及工区内覆盖次数分布均匀的前提下，选择接收线数、接收线距、激发线距、激发点数以及炮线与接收线的几何形态的最佳组合。第四，正演模拟，分析评价多个满足要求的观测系统产生的地震波射线对目标地质体的照射以及对后续地震资料处理和目标成像的影响。最后，制作成本预算以及施工作业的后勤保障。

### 3. 宽方位角观测系统

三维地震勘探始于20世纪80年代，由于仪器道数的限制，在2000年以前一般都采用线束状窄方位角观测系统。这类观测系统的优点是形状简单，炮检距分布均匀，便于野外质量控制和室内处理。其缺点是方位角分布较差，排列片纵横比小，所获得的地下信息主要是纵测线方向的，横向信息少。

近年来，由于海底电缆采集技术的发展，宽方位角采集在海洋勘探中得到了广泛应用，并获得了较好的应用效果。而陆上宽方位角地震勘探由于数据质量（信噪比）和采集费用等原因受到一定的限制。影响陆上宽方位角地震勘探费用的因素主要有：采集道数，炮点、检波点的空间采样间隔和覆盖次数，钻井和激发费用，采集效益，处理和解释费用的增加等。但随着近年来地震硬件设备的逐步发展，地震采集道数已从原来的几百道发展为几千道乃至上万道，使得陆上复杂采集观测成为可能。

通常宽、窄方位角观测系统的定义是：当横纵比大于0.5时，为宽方位角采集观测系统；当横纵比小于0.5时，为窄方位角采集观测系统。宽方位角横纵比通常大到0.8～1.0，而窄方位角横纵比可小到0.2以下。

如图2-2所示，宽、窄方位观测系统两种排列片产生的覆盖次数渐减带在纵横向的宽度不同。宽方位沿排列方向与垂直排列方向渐减带的大小比窄方位角两个方向的宽窄更为接近。

在平行于排列方向，宽方位渐减带长度（$L_T$）可由式（2-20）计算：

$$L_T = SLI \times (n_x - 1) \tag{2-20}$$

式中，$SLI$ 为炮线距。

图2-2 （a）宽、（b）窄方位角观测系统示意图

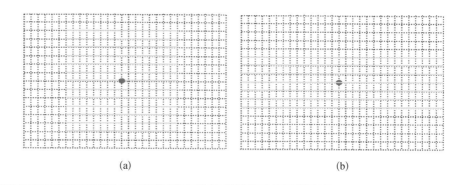

(a)　　　　　　　　　(b)

横向覆盖次数渐减带长度（$L_x$）可由式（2-21）计算：

$$L_x = (SW \times RLI) \times \left( \frac{n_x}{SW} - 1 \right) + \frac{RLI}{2}(SW - 1) \qquad (2-21)$$

式中，$SW$为模板炮点所占据的排列间隔数；$RLI$为接收线距；$n_x$为横向覆盖次数。

另外，窄方位角采集的炮检对的方位数量主要集中在沿测线（黄色线）较窄方位上，而宽方位角采集的炮检对的方位数量则在全方位上基本都是均匀分布。

关于速度和处理成像方面，早期由于方向各向异性的影响，人们认为窄方位角好。但现在方位角各向异性的现象逐步被人们认识，因而宽方位角地震勘探可以提供更多的储层信息，这就要求用三参数速度分析，然而三参数速度分析技术并没有工业化应用。

从近几年地震技术的发展来看，基于纵波的方向各向异性地震勘探采集、处理和解释技术已基本成熟，限制该技术发展的因素主要是经济效益。影响陆上宽方位角地震勘探费用的因素主要有：采集道数，炮点、检波点的空间采样间隔和覆盖次数，钻井和激发费用，采集效率，处理和解释费用的增加等。

4. 实现宽方位角三维观测的主要方法

给定一个地震勘探区块，根据最深目的层的深度，考虑动校正拉伸、速度精度、反射系数、干扰波、视波长和多次波来确定排列长度。根据地质要求和采集资料需要实施宽方位采集，就必须在横向上有足够长的偏移距，并尽量保证偏移距和方位角均匀

分布、一致且连续,这就要求在排列片内采用较宽的线距,或者采用较多的线数,目前实现宽方位三维观测主要有以下4种方法。

(1)增大接收线距

通过增大接收线距,调整排列片内接收线之间的距离,可以提高横纵比,来达到拓宽方位角的目的。窄方位观测系统中,炮检对的分布主要集中在沿测线方向较窄的方位上,大偏移距的信息在横向上分布很少,适当地增大接收线距,可提高横向上大偏移距炮检对的接收数目。然而接收线距过大会引起浅层资料的丢失,还会造成纵向和横向上采集数目不均匀,尤其是横向偏移距的不连续分布,出现采集脚印,不利于地下岩性各向异性的勘探。

(2)增加接收线数

针对增大接收线距存在的问题,可以通过增加排列接收线数的方法,增加横向上的偏移距和覆盖次数,并改善耦合效果,但是这样采集设备的投入会加大,设计时要权衡考虑采集参数与现有设备采集能力的关系。

(3)炮检互换法

根据Vermeer提出的对称采样原理,在受设备条件限制时,可以将检波点和炮点进行互换,用炮点来弥补检波点的采样不足。最早由沙特阿美公司的Hastings-James等人提出的宽方位采集技术,把炮点布设在排列片的两侧,炮点由一组设计成两组,变成推拉型观测系统,这样接收线可以减少一半,排列横向滚动时,通常重复一半炮点。也可以设计炮点纵向上重复,变中间激发为两端激发,每条线又可以减少一半的接收道数。总之,就是通过降低设备的投入,并采用多组震源滑动扫描方法来提高施工效率。

(4)调整排列片内炮点数目

炮点设计在排列片中心,炮点的个数决定接收线的横向滚动数目。在接收线数不变的情况下,排列片的横向炮点数与其对应的横向最大偏移距是一致的,也就是说在接收线不变的情况下,排列片内的炮点数与横纵比无关。但是,炮点数会影响炮检距的分布和野外采集的施工效率。对于正交型的观测系统,排列片内炮点个数常设计为偶数,且相对于接收线是对称的。设计方法主要有以下3种。

① 线滚动方法:该方法设计为每次横向滚动时只有1条接收线滚动,其余接收线保持不动。排列片内的炮点设在相邻2条接收线内,并且在整个排列片的中心。

横向滚动时,炮点横向滚动的距离与相邻2条线的接收距相等,炮点不重复。该方法的优点是方位角和炮检距分布均匀,空间采样连续,采集脚印痕迹小。但是要求接收线多,设备投入大,施工效率较低。

② 全排列滚动方法:它是一束测线完成时,所有接收线整体搬家到下束测线进行施工的方法。排列片内的炮点横穿整个排列片并延伸到排列片的外侧,增加炮点尽可能增大横向偏移距,最理想的设计是横向偏移距与纵向偏移距大致相当,横向滚动时,重复炮点,这样同一个炮点会记录来自不同排列片的数据,达到拓宽方位角接收的目的。该方法接收线一般比较少,且多应用在浅海和滩海过渡带海底电缆(Ocean Bottom Cable, OBC)采集。

③ 多线滚动方法:它是介于线滚动和全排列滚动的一种方法,该方法每次横向滚动时有两条甚至多条接收线滚动,通常最多为半个排列数滚动。炮点布设在多条接收线内,炮点横向滚动距离与这几条接收线滚动的距离相等,炮点不重复。该方法比线滚动的观测系统施工效率高,横向炮点越多,施工效率越高。但是炮检距方位角分布不均匀,变化较大,空间采样不连续,并受采集脚印影响。横向滚动线数越多,采集脚印痕迹就越大。与全排列滚动相比,该方法横向上不够宽,因为全排列滚动的横向偏移距要比一般的观测系统大。

## 2.3 页岩气地震勘探采集参数论证

### 2.3.1 采集参数

地球物理采集参数包括目的层位的层速度、地层倾角、构造走向等,考察过去的地震资料以及新任务的地质目标,即以往地震资料的信噪比、覆盖次数和观测系统参数存在的不足,具体归纳为:最浅反射层的时间或深度(表层静校正或反射成像);最深目的层或主要目的层的时间或深度;对目的层要求的分辨率和最大频率；目的层的最大倾角；所有的速度函数资料（对横向变化大的地区可能有几个速度函数曲线）；相应的动校正切除函数（可由速度函数计算得到）；已有资料的质量问题（多次波、散射、面波、静校正等）；可解释的测量区域；已被解释的地震剖面；原始单炮记录；地形条件；复杂区块的构造模型；岩石物性参数及 AVO 分析。

### 2.3.2 参数论证方法

正确选择地震采集参数的过程，实际上是对客观的地震地质条件与地震勘探机理的一个不断深入的认识过程。地震数据采集参数主要分为激发参数、排列参数和接收参数。激发参数分析包括激发井深的确定；排列参数包括接收排列最小、最大炮检距，面元大小，接收道距，偏移孔径等；接收参数包括接收组合距计算和组合特性分析。这些参数是地震数据采集的关键,选择得好与坏,将直接决定能否得到好的原始单炮地震资料。因此,采集参数分析是一项十分重要的工作,必须科学地、系统地进行论证分析,以便得到最佳的采集参数。

#### 1. 激发参数

激发参数主要是确定最佳的激发井深,以保证激发能量可最大限度地向地下传播,且有一个宽频带的激发子波。要得到最佳的激发参数,首先要进行表层结构的调查。表层结构一般可通过小折射、微测井方法来调查清楚。表层调查的目的对激发分析来说,是要了解地下潜水面,因为在潜水面下（胶泥层中）最有利于地震波的激发。潜水面在工区中常常是变化的,激发深度也应该随着变化,才能够得到最好的激发效果；其次,需要进行虚反射分析,即激发的子波一部分直接向地下传播,另一部分向上（潜水面）传播后再反射向地下传播。把这两部分能量叠加在一起,从而改变了原始激发子波的能量和频带,井深选择合适,子波的能量能够加强,频带影响小；反之,子波的能量减弱,频带影响大。激发参数分析即要查明潜水面,并在潜水面下适当的深度激发,以避免虚反射的影响,保证最佳激发效果。

2. 排列参数

排列参数论证包括满足地质目的层位勘探的最大炮检距 $X_{max}$ 和最小炮检距 $X_{min}$，满足地质体的横向分辨率，不出现空间假频采样的道间距、炮点距和面元大小，论证满足地质解释足够信噪比的覆盖次数，从而确定最佳的面元大小、道间距、炮点距、覆盖次数、方位角特性以及最大和最小炮检距的范围。

1）面元与道距

合理选择面元既会减少野外采集费用又可以保证接收到的地震波在三维空间的频率，限制假频干扰，提高成像质量，提高地震资料横向分辨率，控制小的地质异常。面元大小取决于：不能出现空间假频，勘探地质目标的大小。

地下共中心点（Common Midpoint, CMP）网格密度必须满足空间采样定律要求，水平界面反射面元大小由式（2-22）、式（2-23）确定。

$$b_x \leqslant \frac{v_{rms}}{4f_{max}} \qquad (2-22)$$

$$b_y \leqslant \frac{v_{rms}}{4f_{max}} \qquad (2-23)$$

式中，$b_x$、$b_y$ 为 CMP 点距；$v_{rms}$ 为均方根速度；$f_{max}$ 为反射波最高频率。当 $b_x = b_y$ 时，是正方形面元；当 $b_x \neq b_y$ 时，是矩形面元。

为了保证陡倾构造的正确成像，在计算面元的尺寸时，还应该把地层倾角因素的影响考虑进去，如式（2-24）、式（2-25）所示。

$$b_x \leqslant \frac{v_{rms}}{4f_{max} \cdot \sin \theta_x} \qquad (2-24)$$

$$b_y \leqslant \frac{v_{rms}}{4f_{max} \cdot \sin \theta_y} \qquad (2-25)$$

式中，$b_x$、$b_y$ 为 CMP 点距；$\theta_x$、$\theta_y$ 为地层视倾角；$v_{rms}$ 为均方根速度；$f_{max}$ 为反射波最高频率。

另外，两个绕射点的距离若小于最高频率的一个空间波长，它们就不能分辨，根据经验法则，每个优势频率的波长至少应保证2个采样点，这样才能得到较好的横向分辨率。这种情况下，面元边长可以表示为：

$$b_x \leqslant \frac{v_{int}}{2f_p} \qquad (2-26)$$

式中，$b_x$ 为 CMP 点距；$v_{int}$ 为层速度；$f_p$ 为反射波优势频率。

而道距大小一般选取 CMP 面元大小的 2 倍，即：

$$\Delta x = 2b_x \qquad (2-27)$$

$$\Delta y = 2b_y \qquad (2-28)$$

2）最大炮检距

在设计最大炮检距时，要视工区的实际情况和具体要求，分别考虑以下内容：应近似等于最深反射层的深度；主要目的层应避开直达波的干涉；应小于深层临界折射炮检距；应使所接收到的反射波来自反射系数稳定段；避免来自目的层的反射波因动校正拉伸而被室内处理切除掉，满足速度精度的要求等。

（1）反射系数稳定与最大炮检距

对纵波勘探来说，要求地震波靠近法线入射。为此，从稳定反射系数考虑，应避免因入射角过大而引起的反射畸变和寄生折射，最大炮检距应满足式（2-29）：

$$x \leqslant v_x t_0 (\tan \alpha \cos \phi \pm \sin \phi) \qquad (2-29)$$

式中，$\alpha$ 是反射波对地面的入射角（一般为 20°）；$\phi$ 是地层倾角；正负号分别代表上、下倾放炮。

（2）动校正拉伸与最大炮检距

动校正拉伸过大会使地震波频率畸变，同时也会降低地震剖面的有效覆盖次数，因此，设计最大炮检距要充分考虑它的影响，以防止那些不能被用于资料处理的记录道被采集进来。

用动校正拉伸百分比来衡量动校正引起的波形畸变，定义如下：

$$D = \Delta t / t_0 \qquad (2-30)$$

根据动校正近似公式：

$$\Delta t \approx \frac{x^2}{2t_0 v^2} \qquad (2-31)$$

则拉伸百分比为:

$$D = \frac{x^2}{2t_0 v^2} \tag{2-32}$$

从而可求出最大炮检距:

$$x = \sqrt{2t_0 v^2 D} \tag{2-33}$$

(3)速度求取精度与炮检距

设计排列参数时必须考虑速度精度的要求,以避免由于采集排列长度太短,不足以压制各种干扰波而导致速度分析精度降低的所谓"采集"误差。

根据反射时距曲线公式:

$$t = \frac{1}{v}\sqrt{4h^2 + x^2} = t_0\sqrt{1 + \frac{x^2}{v^2 t_0^2}} \approx t_0\left(1 + \frac{x^2}{2v^2 t_0^2}\right) \tag{2-34}$$

设速度误差为 $\Delta v$,则引起的时间误差为:

$$\Delta T = \frac{x^2}{2t_0}\left[\frac{1}{(v - \Delta v)^2} - \frac{1}{v^2}\right] \tag{2-35}$$

取 $\Delta T = \frac{1}{2}f_{\max}$ 为速度分析时可检测到的最小时差,则:

$$x \geqslant \left\{\frac{t_0}{f_{\max}\left[\dfrac{1}{(v - \Delta v)^2} - \dfrac{1}{v^2}\right]}\right\}^{1/2} \tag{2-36}$$

式中,$x$ 是所要求的炮检距;$t_0$ 是双程旅行时;$f_{\max}$ 是反射波最高频率;$v$ 是叠加速度;$\Delta v$ 是允许的速度误差。令 $k = \Delta v/v$,则:

$$x \geqslant \left[\frac{t_0 v^2 (1 - k)^2}{f_{\max}(2k - k^2)}\right]^{1/2} \tag{2-37}$$

(4)最大炮检距对观测形式的要求

通常一个工区的最大有效炮检距在不考虑采用广角反射成像时,基本上是一定的,这样也就限定了每一炮的最佳检波点的接收范围为一个圆形。现有的常采用的正交观测系统和非正交观测系统中的排列片均呈条带状,当考虑在纵向提高覆盖次数时,因排列长度受最大有效炮检距的限制,不能延长过多,因此在不考虑缩小接收道距的情况下,存在一个最大值,这样要想提高覆盖次数,就只能在横向上考虑了,排列片的宽度同样也受到最大炮检距的限制。如果在排列片的纵横向均采用最佳接收长度,即全三维式的正方形排列,由于反射点与排列片的带状不同呈圆形,而存在排列片的 4 个接收角区的排列基本上为无用道,这样就会造成不必要的浪费,宽三维观测系统也会出现同样的问题。因此在设计观测系统时,应当考虑一个最佳的经济适用平衡点。除此之外,并不希望采用较长的接收列进行接收,因为在有足够的信噪比的情况下,近炮点的接收排列的分辨率较远排列的分辨率高。

3) 最小炮检距

最小炮检距指接收排列的最小偏移距离。在原则上,最小炮检距应当足够小,最大不能超过浅层目的层的深度,以便保证对浅层目的层有适当的覆盖次数。近道受到震源和面波的影响比较严重,但为构建表层的 P 波和 S 波静校正速度模型,通常选择 0.5 个道间距。

4) 偏移距

偏移距的选择应以处理时能将信号从干扰中分离出来为目的,因此,它与有效波和干扰波的差异情况有关。一般来讲,都以能压制多次波及避开震源干扰为主要考虑对象。

由时距曲线方程:

$$t = t_0 \left( 1 + \frac{x^2}{t_0^2 v^2} \right)^{1/2} \tag{2-38}$$

可以计算出速度为 $v_S$ 的反射波与速度为 $v_m$ 的多次波在最大炮检距 $x_{max}$ 和最小炮检距 $x_{min}$ 两处的时差。在多次波发育地区,为了将信号从多次波中分离出来,就要保证多次波与信号在最大炮检距处的时差减去在偏移距处的时差的差值大于或等于多次波视周期 $T_S$,即:

$$x_{min} \leqslant \left( x_{max}^2 - \frac{t_0 v_m^2 T_S}{v^2 - v_m^2} \right)^{1/2} \tag{2-39}$$

式中，$x_{\min}$是偏移距。

5）覆盖次数

高分辨率资料采集的重要任务之一就是要提高高频信噪比。叠加振幅特性曲线中压制带的平均值的大小与叠加次数有关系，叠加次数越高，压制平均值越小，压制效果越好，所以增加叠加次数对于提高信噪比是有利的，经$n$次叠加后，信噪比增加$\sqrt{n}$倍。并且$n$次叠加的统计效应比$n$个检波器组合要好得多。因为组合是对同一次激发的、由几个检波器接收信号的叠加，各检波器接收的随机干扰是同一震源在同一时间产生的。而多次叠加中，共反射点道集的各道记录是不同时间、不同地点激发的，其随机干扰更符合互不相关这一要求。在多次覆盖中，覆盖次数对分辨率的影响主要反映在信噪比上，因此，覆盖次数应根据记录的原始信噪比和地质任务对剖面信噪比的要求来确定，并不是覆盖次数越多越好，因为在资料采集中使用了较多覆盖次数以后，一旦在资料处理过程中存在速度误差，不仅低频响应加强，而且还有可能使多次波进入通放带而不受压制。另外，覆盖次数的具体选择还应与经济投入和生产成本结合起来综合考虑。

6）接收线距

通常，人们根据Fresnel半径公式来确定纵波勘探的接收线距，一般在不大于纵波垂直入射Fresnel半径情况下，尽可能减小接收线距，小的接收线距有利于CCP覆盖次数的分布。

7）最大非纵距

对于三维观测系统，非纵观测和纵向观测的共中心点存在时差，不同的非纵距有不同的时差，其叠加速度也不同。非纵观测误差随地层倾角和非纵距的增大而增大。非纵距原则是保证三维资料来自同一面元内不同非纵距及方位角的道在整个道集内能同相叠加。则最大非纵距$Y_{\max}$应满足：

$$Y_{\max} \leqslant \frac{v}{\sin \theta}\sqrt{2t_0 \Delta t} \qquad (2-40)$$

式中，$v$为平均速度；$\theta$为主要目的层的非纵方向的最大倾角；$t_0$为主要目的层旅行时间；$\Delta t$为非纵观测误差（一般要求 $\Delta t \leqslant T/8$）。

### 3. 接收参数

由多个检波器组合在一起进行接收,是为了增强接收地震信号的能量,同时能够很好地压制随机噪声。对于环境的噪声干扰(如刮风、跑车等),可将检波器埋置到表层20～30 cm处来避开环境噪声干扰。在实际勘探中,存在多种规则的干扰波(如面波、折射干扰、侧面障碍物反射等),其干扰波特点是具有一定的方向、能量、视速度和视波长。这些规则干扰波如果不在接收过程中被压制掉,那么在后续的处理中就无法将其剔除,从而影响最终地震资料的品质。要压制规则干扰波,首先必须了解干扰波的特点,可采用方形排列的接收来调查干扰波的方向及速度等特性,然后计算组合距参数,原则是在保护有效波不被压制的条件下,最大限度地压制干扰波。最后,根据干扰波的方向和视波长,设计出最好的组合图形,使干扰波得到压制。同时,也应考虑野外施工的可操作性。

## 2.4 提高地震资料品质的激发与接收方法

### 2.4.1 地震地质条件

不同的地震勘探工作地区,地质构造、沉积地层、地表等条件均不同,会对地震勘探的地质效果产生很大的影响。在实际生产中,地震勘探能否在某个地区应用、应用什么方法和技术取决于该地区的地震地质条件。这是地震勘探的地质基础问题。

就地震地质条件而言,本身并不是绝对的、静止的,它是随着震源、仪器和方法的改进而变化的,是一种相对的、发展的概念。地震地质条件的难易又是随着勘探的目的、对象的改变而发展的。数据采集、资料处理以及地质解释方面的效果很大程度上受到地震地质条件的影响。

地震地质条件十分复杂。一般称潜水面以上表层与地貌有关的部分的状况为表层地震地质条件,与地质剖面深部有关的部分的状况称为深部地震地质条件。

适宜的激发层位的选取主要取决于该区的地震地质条件，尤其以表层地震地质条件为主。

## 1. 表层地震地质条件

表层地震地质条件是指潜水面以上表层地质剖面的性质和地貌特点。它主要影响地震波的激发、接收条件及地震波的传播。表层地震地质条件主要包括低速带的特性、表层潜水面的情况、浅层地质剖面的均匀性，以及地表地貌和构造条件等。

### 1）低速带的特性

地表附近的岩层由于风化而变得比较疏松，地震波在该岩层中的传播速度很低，因此被称为低速带。由于低速带的存在，使深部传上来的地震波射线向界面法向偏折。因此在地表附近，纵波所引起的介质质点位移几乎垂直于地面，有利于用垂直检波器进行纵波勘探。

地震波在低速带中传播时传播速度较低，因而地震波在低速带中的旅行时间比无低速带存在时要长。如果低速带厚度是均匀的且厚度不大，地面上各观测点接收到的反射波都晚到同一个时间值，这时利用反射波的时间信息来研究地下地质构造的相对形态一般是不会产生影响的，进行低速带校正也比较容易。若低速带厚度分布不均匀，速度在横向上变化很大时，致使各观测点接收到的地震波到达时间差异很大，此时若利用反射波时间信息来研究地下构造形态就会产生失真现象。因此，在地震工作中必须调查和收集低速带速度和厚度的资料，在资料处理中做必要的校正，消除低速带对构造失真的影响。

低速带岩层十分疏松，对地震波具有较强的吸收作用，尤其对波的高频成分有很强的吸收作用，导致波的频谱变低，能量变弱，故在低速带内很难激发出较强的地震波。如在西北黄土高原上，低速带（黄土）厚达一百多米，在浅井中激发地震波，大部分能量都被黄土吸收。下传能量很小，以致得不到地下反射界面的反射。这种情况即便在浅井中加大炸药量也无济于事。要克服这种影响，只有在低速带以下激发才行。

低速带的底界面往往是一个良好的反射界面，容易产生多次波干扰。同时这个面也往往是一个基岩面，故是一个速度界面，浅层折射法就是利用这一特性来进行的。

一般来说,地质结构简单、地层倾角不大的地区,低速带变化不大;在褶皱强烈、构造复杂、地层倾角大的地区,低速带变化大,会造成复杂的干扰背景。

2)表层潜水面的情况

潜水面往往就是低速带的底界面,所以低速带一般指的是不含水的风化带。当风化层中含有饱和水时其速度会增大,因此地震勘探中所指的低速带与地质上的风化壳并不完全一致。

国内外地震勘探实践证明:震源在埋藏较浅、含水较丰富的潜水面中时,激发出的地震波的频谱成分十分丰富,其能量较强,故能获得较好的地震勘探效果。这主要是由于潜水层是良好的弹性体,激发后容易形成弹性振动,从而获得所需要的地震波。同时,潜水面浅易于钻井。

3)浅层地质剖面的均匀性

浅层地质剖面是否均匀对有效开展地震工作有很大的影响。如果浅层存在岩性差异很大的地质层位,如高速层,则这种层位是很强的反射层。强反射层的存在,使下传的地震波遇此界面,能量大部分被反射回地表,透射波能量很弱,以致不能得到中深层反射,也不能用折射波法研究更深处的速度低的地层,影响对下部地层的勘探。地震勘探把此现象称作“高速层的屏蔽”。

4)地表地貌和构造条件

地貌条件对地震波的激发和接收都有很大的影响。在地形变化不大、开阔平坦的地区施工,地震波的激发和接收都较为有利;在地形变化较大、沟谷纵横的地区,地震波的激发、接收都将受到影响。

如在地形高差变化大的地区,激发点位置高,地震波的传播时间长;激发点位置低,地震波的传播时间短。由于采用多道接收,各道接收点的位置、高差影响,将使相邻道反射波到达时间有时差。必须用静校正的办法来消除地形对这部分地震记录的影响,否则将会造成解释构造形态的失真。

在测线附近有深沟、直立断面时,记录上还会出现侧面反射波,它可以干扰有效波,对地震勘探不利。

在地表构造简单、地层倾角小、出露岩性比较稳定、无地面断层出露的地区,一般能得到较好的地震记录,对地震勘探有利。反之在地表构造复杂的地区,往往得不到良好的地震记录,甚至得不到有效波记录。因此,在野外实际工作选择激发、接收条件时,应尽量避开地面地层倾角太大,断裂带、高陡构造的顶部,甚至直立、倒转的地区。

2. 深部地震地质条件

地震勘探的质量除了与表层地震地质条件有关外,还与深部地震地质条件有关。深部条件关系到利用地震方法来解决地质构造的效果。下面简单介绍几种深部地震地质条件较好的情况。

1）地震层位和地质层位一致

地震层位指的是反射界面,即波阻抗界面或速度界面,它是一种物性界面;地质层位指的是岩性或古生物分界面,通常二者是一致的。地震勘探中通过对物性界面埋藏深度及其起伏形态的研究,也就达到了对岩性界面的研究,从而可以解决地下的地质构造问题。不能说所有的地震界面都是地质界面,有的地区相邻地层层位的物性差别很小,不易形成反射波;而同一地质层位由于岩性变化,有可能形成反射波,从而造成地震层位不一定是地质层位。这是我们在地震勘探中应该注意的问题。

同地质层位一致或相差一个常量的地震层位对地震勘探是有利的,特别是与石油和天然气有关的地震层位是我们寻找石油和天然气的目的层。

2）具有较好的地震标准层

地震标准层指的是能量较强,能在大面积范围内连续稳定追踪其地震波的层位。它具有较明显的运动学和动力学的特征,它与所要勘探的含油气地层或勘探目的层有密切的关系。地震标准层和地质标准层一样,具有重要的意义,利用它可以对比连接地震层位、控制构造形态等。

3）没有高速度的厚地层

在速度剖面中,高速厚地层对地震勘探不利,特别是对反射波法勘探来说会造成屏蔽作用,使勘探深度受到限制。高速厚地层因波阻抗差太大导致反射系数大;能量在该层顶界面上大部分被反射回地面,不能很好地向下传播,因而不能得到深层反射。

4）地震界面的倾角较小

实践证明，界面的倾角超过40°～50°时，对反射波勘探是不利的。因为界面倾角太大，将导致射线出射点离震源较远，这样会给野外施工带来不便。

## 2.4.2　　激发条件与方式

地震记录质量的好坏，在很大程度上取决于地震波的激发和接收条件。

1. 地震震源

地震勘探是用人工方法激发地震波的，因此对激发地震波的震源有一定的要求。首先，激发的地震波要具有足够的能量。地震波从震源出发，传播到地下各反射面上，再反射回地面某一接收点，期间地震波损耗了大量的能量，若震源不具备一定的能量，地面接收点将无法接收到地震波。其次，激发的地震波应具有较宽的频带（含有丰富的频率成分）、显著的频谱特性和较高的分辨能力。第三，在震源参数不变的情况下，多次激发的地震记录具有良好的重复性。

在陆上地震勘探中，震源基本上分为两大类：炸药震源和非炸药震源。虽然炸药震源是一种理想震源，但炸药震源的使用有它的局限性，如不宜在工业区和居民区使用，在严重缺水地区（如沙漠地区）以及低速带厚（黄土高原等）的地区等使用炸药困难。为克服炸药震源使用的局限性，研制开发出了各种用途的非炸药震源，主要有：重锤震源、电火花震源、可控震源、空气枪震源和蒸汽枪震源。重锤震源、电火花震源、可控震源主要用于陆上地震勘探；空气枪震源和蒸汽枪震源主要用于海上地震勘探。目前陆上地震勘探使用最普遍的非炸药震源是可控震源。下面简单介绍几种常见的震源。

1）炸药震源

炸药是一种化学物质或化学混合物，例如地震勘探中常用的TNT（2，4，6－三硝基甲苯）和硝氨。由于它所激发的地震波具有良好的脉冲特征以及具有高的能量等优点，而被认为是一种理想的震源。炸药震源自20世纪20年代开始就一直作为激发地震波的主要震源，我国华北地区主要使用炸药震源。炸药是通过雷管引爆的，从输入电流到炸药爆炸,时间非常短暂,最多仅2 ms。以雷管线断开作为爆炸计时信号,表明地震波已被激发并开始传播。

在野外施工时,通常将炸药装在圆柱状塑料袋内密封后置于井中引爆。为了使爆炸能量集中下传,增大激发地震波的能量,同时又方便施工,人们研制了聚能弹、土火箭、爆炸索等各种成型炸药,这大大提高了激发地震波的效果。

普通高爆速药柱主要技术指标为:主装药密度 $\geq 1.4$ g/cm³,爆速 $\geq 5\,800$ m/s,装药直径为45～60 mm。聚能震源弹是利用聚能原理和高爆速炸药爆炸后形成能量集中的定向巨大冲击力,主要技术指标为:主装药密度 $\geq 1.6$ g/cm³,爆速 $\geq 7\,000$ m/s,装药直径为85～180 mm,装药量为0.15～2 kg。

2)落重法或机械撞击震源

落重法是一种最古老的非炸药震源。它是把几吨重的大钢块用链条吊在一种专用汽车的起重机上,然后让其加速下落撞击地面而产生地震波。海上地震勘探可利用机械撞击震源(称为水锤),它的原理是空气活塞把放在水中的一或两块钢块突然推开,水冲入板后或板间形成的空穴,由水的冲挤作用产生冲击波。这种震源的最大缺点是可产生能量很强的干扰面波。

3)地震枪

地震枪工作原理是利用弹内火药燃烧产生的高压气体来推动实心弹丸垂直撞击地面(作用力是一种冲量),产生震动形成地震波。地震枪是一种脉冲震源,具有良好的激发一致性,其延迟误差小于1 ms。且地震枪体积小,重量轻,可人工搬运,适用于地表复杂区地震勘探的辅助震源。

4)电火花震源

电火花震源是电火花产生器通过水中电极之间电流的突然放电来激发地震波。工作时,首先由发电机向电容器组充电,然后用一个特殊设计的开关把电容器接通到沉放在船尾海水中的电极上,通过电极之间的盐水放电,造成高热使水突然汽化产生迅速膨胀的蒸汽气泡;放电后又很快冷却,蒸汽气泡破灭而激发出压力脉冲,两者合并为总的声震源。该震源的特点是频率高(100～1 000 Hz)、分辨率高,主要用于海洋勘探。

5)可控震源

可控震源亦叫作连续震动系统,是世界上使用最普遍的一种振动型震源。这种震源产生一个延续时间从几秒到数十秒、频率随时间变化的正弦振动,且产生的振动频率和延续时间都可以事先控制和改变。

由于可控震源所产生的信号频谱和基本特性可以人为控制,可以在设计震源扫描信号时避开某些干扰频率,还能针对地层对地震信号的吸收作用进行补偿,这是其他人工地面震源和炸药震源难以做到的,所以利用可控震源进行地震勘探可以得到足够的反射能量,信噪比和分辨率能够满足地质勘探需要。

2. 激发条件

激发条件是影响地震记录好坏的第一个因素,它是获得好的有效波的基础条件。如果激发条件很差,改进接收条件也是无济于事的。地震勘探中对激发条件一般有以下要求:激发的地震波要有一定的能量,以保证获得勘探目的层的反射波;要使激发的地震波频带较宽,使激发的波尽可能接近于 δ 脉冲,以提高分辨率;要使激发的地震有效能量较强,干扰波较弱,有较高的信噪比;在重复激发时,要有良好的重复性。

1)激发岩性

激发产生的地震波能量和频谱在很大程度上取决于激发岩石的物理性质。一般情况下,将激发岩性分为以下三类。

Ⅰ类:含水黏土、泥岩、充水砂岩为良好的激发岩性;

Ⅱ类:中硬砂岩、较致密或欠饱和的黏土和泥岩为较好的激发岩性;

Ⅲ类:干燥黄土、干燥风成砂、硬质碳酸盐岩露头、淤泥层等为最差的激发岩性。

在Ⅰ类激发岩性中激发时,可使大量的能量转换为弹性振动能量,使激发的地震波具有显著的振动特性。在Ⅱ类激发岩性中激发时,大部分能量消耗在破坏周围岩石上,转换为弹性能量的不多。在Ⅲ类干燥黄土、干燥风成砂或淤泥层中激发时,产生的地震波频率低,大部分能量被疏散的岩层所吸收,转换为弹性振动能量的部分不多;而在坚硬的岩石中激发时,会产生极高的频率,这种高频的振动在传播中很快被吸收,造成激发的地震波能量不强。

2)激发深度

对于反射波来讲,激发深度要选在地下潜水面以下3～5 m处激发,这样可以激发出适当的频谱,激发的能量由于潜水面的强烈反射作用而大部分向下传播,从而增强了有效波的能量。在潜水面以下过大的深度上激发,潜水面产生的下行波会构成陷波器,损失部分频率,降低分辨率。

3)激发药量

应考虑下面几个方面的因素:激发点周围的岩性、要求的勘探精度、最小炮间距、仪器的灵敏度等,在这些因素不变的情况下,适当增加炸药量可以提高有效波的振幅。大量的试验表明,炸药量与地震波的振幅具有如下关系:

$$A = KQ^m \qquad (2-41)$$

式中,$A$ 为地震波振幅,$K$ 为与激发介质有关的系数,$Q$ 为炸药量,$m$ 为与炸药量有关的系数。当炸药量较小时,振幅与炸药量成正比;当炸药量增大到某一限度时,地震波的振幅趋向于某一极大值;若再增加炸药量,对提高地震波振幅没有太大作用,因为炸药量的大部分能量消耗在破坏周围岩石上。炸药量与地震波的主频 $f$ 关系为:

$$\frac{1}{f} = KQ^m \qquad (2-42)$$

由此可以看出,大药量激发地震波是不利于提高地震勘探分辨率的。但药量小,高频的抗噪能力低,也不利于高分辨率地震勘探。

4)爆炸能量与岩石介质的耦合关系

爆炸能量与岩石介质之间的耦合关系有几何耦合和阻抗耦合两种。

对于圆柱状炸药包来说,几何耦合的定义是:炸药包半径与炮井井孔半径之比乘以100%。可见几何耦合度的大小表示出炸药包与井壁之间间隙的大小,几何耦合度是爆炸能量传导能力的量度。

所谓阻抗耦合就是炸药的特性阻抗(炸药的密度 × 炸药的起爆速度)与介质特性阻抗(岩石的密度 × 纵波传播速度)之比。阻抗耦合说明通过不同物质接触面传导能力的效率。譬如,致密坚硬的岩石必须要与密实的高爆速炸药相匹配才能有良好的爆炸效果。

实际资料表明,在不同岩层中激发时,地震波的能量、频谱会有较大差异。如在低速的疏松且干燥的岩石中激发地震波时,它的能量将被大量吸收,频率也降低;在致密坚硬的岩石中激发时效果也不够理想。实际经验是：湿润的含水性较好的塑性岩石为最佳介质。根据实际资料对爆炸岩石介质可分成三类。

（1）含水黏土、泥岩、充水砂层等为良好的爆炸岩性。

（2）中硬砂岩、较致密的或欠饱和的黏土和泥岩为较好的爆炸岩性。

（3）干燥黄土、干燥风成砂、硬质碳酸盐岩露头、淤泥层等为最差的爆炸岩性。

3. 激发方式

炸药震源的主要激发方式是井中放炮。采用井中激发需具有一定的井深，再加上一定的岩性就能激发出较强的反射波。其优点是：能减低面波的强度，消除声波对有效反射波的影响；使反射波具有很宽的振动频谱；提高深度反射能量；可以减少炸药用量，缩短爆破准备时间，加快野外工作进程。

其他激发方式还有：水中激发，土坑组合激发和空中激发等。

在海洋和水系发育的地区，可采用水中爆炸的地震波，实践证明，只有水深大于 2 m 时，才能采用水中激发，水深小于 2 m 时，一般得不到好的地震记录，并且炸药包沉放深度与炸药量有关。当炸药量较大，水深不够时，应采用组合爆炸。在浅水爆炸，应注意炸药包接触的岩性，要避免在淤泥中激发，在深水时，则应正确选择沉放深度，沉放深度过大，将由于气泡惯性胀缩而造成重复冲击，使记录受到严重干扰。

在表层地震地质条件复杂的地区，如沙漠，由于潜水面很深，钻井工作困难，只能在坑中激发，一般采取多坑面积组合。多坑面积组合形式及参数，由干扰波的视波长和信噪比确定。坑中爆炸干扰波强、工作效率低、炸药消耗量大，因此，能采用井中爆炸的地区都不采用坑中爆炸。

## 2.4.3  接收条件与方式

地震波的接收就是使用地震仪和检波器，采用合适的工作方法，把地震波传播情况记录下来。采用什么样的接收条件能有效地取得高信噪比、高分辨率的地震资料，这是地震勘探工作者所关心的问题。接收条件通常是指：地震仪器因素的选择、检波器的埋置条件和检波器组合参数的选择。

1. 对地震仪器的基本要求

1）足够大的动态范围和自动增益控制功能

来自地下深处的有效波到达地面时，引起的振动位移是相当小的（只有微米数量级），且在一般情况下浅层有效波的能量总是高于深层的，有时可达十几万倍以上。为了能将地下各层能量悬殊的有效波显示在同一张地震记录上，地震仪器不仅应有足够大的动态范围而且还必须有自动增益控制功能。

2）频率选择功能

在地面上接收地震波时，除有效波外还有许多尚未被压制的干扰波，有时它们的强度会超过有效波。为在地震记录上提高信噪比，地震记录仪必须具有频率选择功能，以便借助频率滤波来压制干扰。

3）良好的分辨能力

在一个地区的地层剖面中，很可能存在着两个相距较近的反射界面。当地震波从这些界面上反射到地面上同一接收点时，它们的时差大于反射波持续时间时，在地震记录上是可以分开两个反射波的；当它们的时差小于反射波持续时间时，反射波会首尾相接或彼此叠合而无法辨认下层的反射波，或者说下层反射波的到达时间无法读出，此时分辨不出两个邻近的反射界面。

4）多道装置

根据地震勘探技术的特点，要求地震仪有多道装置，以便提高生产效率。不仅如此，还要求多道装置具有较好的一致性，这样在地震记录上出现波形异常时不至于具有双解性。

5）能适应各种地震野外工作条件

为了适应各种各样的地震野外工作条件，要求仪器要轻便，性能稳定且耗电量少，操作简单并且维修方便。

2. 检波器的埋置

实际生产中常常见到检波器的埋置条件对地震记录的影响，若排列上各道检波器的埋置条件不一，在地震记录上的各道波形会有较大的差异。

野外要尽量选择好埋置条件。物质越坚硬，谐振频率就越高。坚硬密岩石的谐振频率可达数百赫兹,而疏松土壤的谐振频率只有几十赫兹。埋置好检波器就是要使检波器与岩石、土壤接触良好,即紧密接触。

多年来的经验是在埋置检波器的地方及其周围去除杂草,使其整平;宜挖个面积不太大的约10～15 cm深的小浅坑,然后用潮湿的土填平,再将检波器垂直插入其中。在排列上出现岩石露头时,应垫上潮湿泥土,再将检波器用土埋紧。在地表条件变化较大的地方,应将排列长度适量缩短,尽量使排列上的检波器安置条件相对单一。

对检波器的埋置要求可概括为:"埋直又埋紧,插头不触地,接线不漏电,极性不接反,偏移要合理。"为了提高接收效果应使检波器底面与大地紧密相接在一起,这样耦合的谐振频率接近耦合介质的谐振频率。当耦合的谐振频率高于地震信号频带时,耦合响应是高通的,对高频没有衰减作用,而耦合谐振频率的能量已由高截滤波器滤除,不会影响地震记录;当耦合简谐振动频率在地震信号频带范围时,严重干扰信号,引起信号的相位增多,发生震荡现象,降低分辨率;当耦合谐振频率接近某个噪声频率时,会使噪声增强,降低信噪比。因而必须使检波器与坚硬的土壤接触紧密,使耦合谐振频率高于地震信号频带,从而组成一个阻尼较好的振动系统(即检波器与土壤耦合得好),以提高对波的记录能力和分辨能力。

3. 检波器组合的选择

1）有效波和干扰波的差别

为了提高地震勘探的精度,完成在各种复杂地区的勘探任务,如何突出有效波,压制干扰波是一个极其重要的问题。有效波和干扰波的差别主要有以下几个方面:有效波和干扰在传播方向上可能不同,例如水平界面的反射波差不多是垂直地从地下反射回地面的,而面波是沿地面传播的;有效波和干扰波可能在频谱上有差别;有效波和干扰波经过动校正后的剩余时差可能有差别;有效波和干扰波在它们出现的规律上可能有差别,例如风吹草动等引起的随机干扰的出现规律就与反射波很不相同。

2）地震检波器组合法

组合法是一种利用有效波和干扰波在传播方向上的差别和统计效应来压制干扰波的方法。目前在生产中主要是采用野外检波器组合,即在野外多个检波器以一定的形式（线性——沿地震测线或垂直测线；面积——圆形、星形、菱形）埋置在测线上，把接收到的振动叠加起来作为一个地震道的信号。

确定检波器组合参数的方法和步骤如下。

（1）干扰波调查：要压制干扰波，就必须对干扰波有所了解，如干扰波的视速度、主周期、道间时差（与视速度有关）、随机干扰的相关半径等，此外还要了解工区内有几组干扰波，出现的地段，强度变化特点与激发条件的关系。

（2）理论分析和计算：根据有效波和规则干扰波的视速度、视周期等，假设一些组合参数（检波器的数目、组内检波器间距等），计算组合的方向特性，选择能使有效波落在通过带、干扰波落在压制带的方案；估算组合的统计效应，考虑能否满足组内检波距大于随机干扰的相关半径这一条件。

（3）生产试验：把理论计算的方案用于野外生产进行试验，根据试验结果对方案进行修改。

## 2.4.4　提高页岩气地震资料品质的采集方式

小药量、高主频的参数对页岩气勘探目的层的贡献十分巨大。因此，在页岩气地震勘探中，首先必须要清楚目的层的反射时间及深度，针对不同深度，做模拟分析，找出最有利的激发参数，用试验验证，前期大量的试验是确保得到较好的目的层资料的重要保障。

相对常规油气勘探，页岩气勘探目的层埋深一般较低，在地下高陡构造带，采用加大排列长度的观测系统，能够较好地获得高倾角的有效反射信息。对于岩性平稳地带，适当减少排列，减小道距，提高覆盖次数，同样可以获得较好的资料并达到降本增效。

合理地布设炮点和检波点，利用实际障碍物调查结果来进行观测系统设计和炮检点的布设，应用测量成果进行布设，分析实际测线的覆盖次数、炮检距分布等属性，保证理论和实际观测系统最大程度的一致性。

针对生产中遇到的各种情况可进行观测系统的调整，对炮点进行小范围的移动和偏移，保证观测系统的一致性。炮点移动后仍采用中间对称接收，同时炮点坐标必须实测,保证数据准确,尽量保证覆盖次数和炮检距的均匀性。

## 2.5　页岩气地震勘探资料采集实例

### 2.5.1　地质概况

工作区属某地凹陷,某地凹陷为一北西向中新生代断陷湖盆,某地凹陷发育古生界、中生界、新生界,地层纵、横向变化较大。地层由老到新为奥陶系、石炭系、二叠系、三叠系、侏罗系、古近系、新近系和第四系。新近系为大面积沉降,块断差异减少。图2-3为一条贯穿工作区中部的地质剖面图,从图上可以看出地层倾角最大为16°。

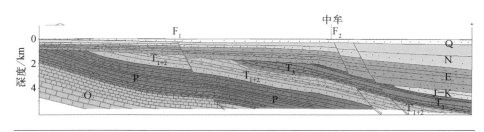

图2-3
工作区中
部地质剖
面图

### 2.5.2　以往地震资料分析

2011年在该工作区内进行过地热勘探,使用的仪器为:408地震仪,10 Hz低频检波器;当时采用的观测系统为:144道接收,中间放炮,最大偏移距1 420 m,井深14 m,药量3 kg。

从获得的如图2-4所示的单炮记录上分析,有效波能量弱,连续性差,干扰波主要为面波和折射波,面波视速度大约为800 m/s,频率为10 Hz左右(如图2-5所示),

图2-4 单炮记录

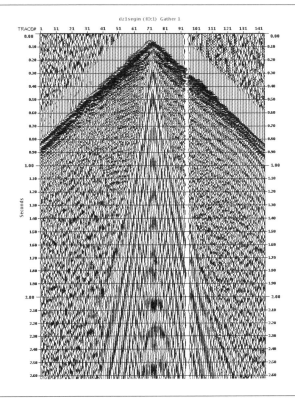

图2-5 频谱分析

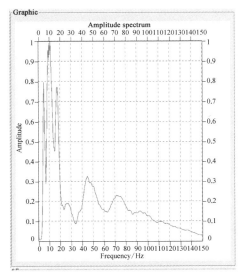

视波长大约为80 m。折射波的波速为1 700 m/s,频率为17～24 Hz。声波及高频风噪在本次勘探中没有发现。如图2-6所示,是经过滤波处理的单炮记录,可以明显地看到1.4 s附近的有效波。同时也发现接收的偏移距不足,双曲线形态没能很好地体现,使得速度分析精度变差,从而影响剖面质量。

如图2-7所示,表明经过后期精细的数据处理后,得到的剖面质量较好,最下部的倾斜层被推断为三叠系底界的反射,也是本次勘探的目的层之一。相信通过本次设计可得到更加科学的采集数据,进而获得更加精细的勘探效果。

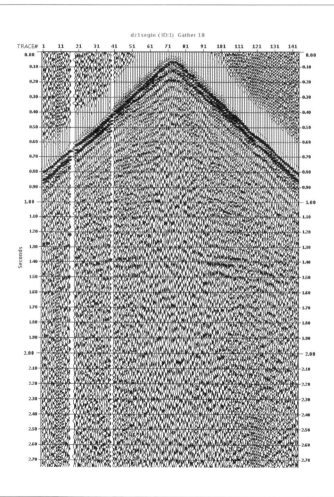

图2-6 经过滤波
处理的单炮记录

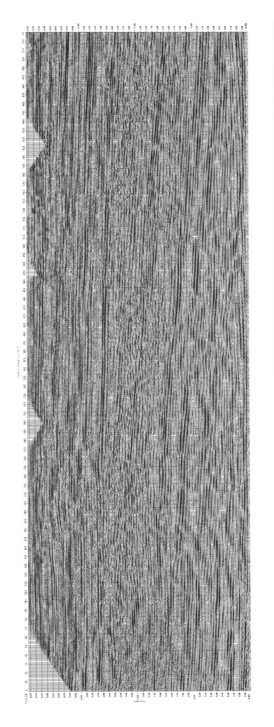

图2-7 经过精细数据处理后的叠加剖面

### 2.5.3 观测系统论证

1. 技术难点及技术对策

（1）该工作区资料信噪比和分辨率低，可以通过加大药量和调整井深来改善资料品质。不过在保证目的层清晰的情况下，应尽可能地使用小药量，获得较高频率的地震记录，以提高分辨率。

（2）工区覆盖面积大，必须做好精细表层结构调查，指导激发井设计。

（3）采用小道距增加空间波场的采样；采用合适的排列长度，改善目的层成像效果；采用较高覆盖次数，提高目的层和小断块的成像精度。

2. 地球物理参数

为了更有代表性，特选取贯穿工作区中部的地质剖面的中心位置作为该次论证点的位置，如表2-1所示。

表2-1 论证点

| | 层 名 | 双程旅行时/s | 叠加速度/(m·s⁻¹) | 层速度/(m·s⁻¹) | 深度/m | 地层倾角/° | 最大频率/Hz | 主频/Hz |
|---|---|---|---|---|---|---|---|---|
| 1 | Q + N | 0.500 | 2 000 | 2 000 | 500 | 3.0 | 112 | 80 |
| 2 | E | 0.923 | 2 600 | 2 800 | 1 200 | 5.0 | 84 | 60 |
| 3 | T | 1.388 | 3 600 | 3 800 | 2 500 | 16.0 | 77 | 55 |
| 4 | P + C | 2.150 | 4 000 | 4 200 | 4 300 | 16.0 | 56 | 40 |

1）道距

地层倾角为16°，反射最高频率为77 Hz，均方根速度为3 600 m/s，依据式（2-24）计算出道距为44 m。

设界面深度$h$为2 500 m，地层为各向同性弹性介质，自激自收的双程旅行时为1.388 s，地层速度为3 800 m/s，地震波主频为55 Hz，根据式（2-7）计算出第一Fresnel半径约为300 m。

在满足上述因素的前提下，选择较小的道距对于提高资料的分辨率具有一定的好处，因此将道距选择为20 m。

2）最大偏移距

最大偏移距大致等于最深目的层的深度$h$，则最大偏移距为4 300～6 450 m；为保证动校拉伸不宜超过12.5%（如图2-8所示），则大偏移距不宜超过4 450 m；速度分析的精度误差不宜高于6%（如图2-9所示），则最大偏移距应该不小于2 550 m。综合以上因素考虑，我们将最大偏移距选取为4 500 m。

图2-8 动校正拉伸
与排列长度的关系

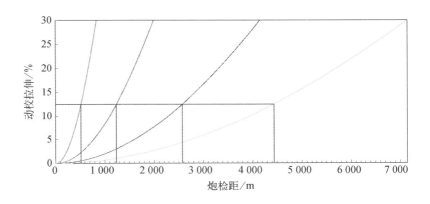

图2-9 速度分析误
差与排列长度的关系

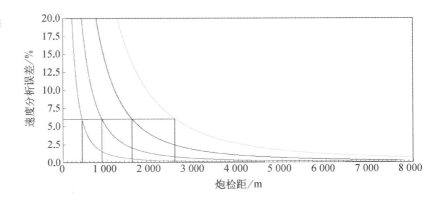

3）覆盖次数

考虑到后期资料处理和解释的需要，应尽可能地提高覆盖次数，本次覆盖次数采用45次。

4）检波器的埋置方式

采用矩形或者 X 形组合方式,组内距 1 m,两串 12 个检波器组合接收,具体通过试验确定。

5）仪器因素

采用法国产 Sercel - 408UL 地震仪进行采集,采样率为 1 ms,记录长度为 6 s。该仪器压制噪声效果好。由于采集站和检波器接头为一体,防漏电能力强,具有先进的分布式布设大线技术,确保了电缆的正确铺设和对噪声、漏电的压制。该仪器精度高、频带宽、灵敏度高,能充分保留高频信息,提高地震反射波的分辨率。

# 参考文献

［ 1 ］Vermeer G J O. 3 - D survey design. Tulsa: Society of Exploration Geophysics (SEG), 2002: 34 - 39.

［ 2 ］邹才能,张颖,等.油气勘探开发实用地震新技术.北京:石油工业出版社,2002.

［ 3 ］聂勋碧,钱宗良,等.地震勘探原理和野外工作方法.北京:地质出版社,1990.

［ 4 ］张玉芬.反射波地震勘探原理和资料解释.北京:地质出版社,2007.

［ 5 ］黄敏煜.地震勘探.北京:石油大学出版社,2000.

［ 6 ］吴安楚.宽方位三维地震采集设计技术应用.油气地质与采收率,2009,16(3): 65 - 67.

［ 7 ］凌云研究小组.宽方位角地震勘探应用研究.石油地球物理勘探,2003,38(4): 350 - 357.

［ 8 ］唐建明,马昭军.宽方位三维三分量地震资料采集观测系统设计.石油物探, 2007,46(3):310 - 318.

［ 9 ］张晓江.宽、窄方位角三维地震勘探采集方法研究与应用.中国石油大学,2007.

［10］张伟.三维地震观测系统优化设计的方法研究.西南石油大学,2006.

［11］郭良红,田小平.复杂表、浅层地震地质条件激发效果的探讨.中国煤田地质,

2007,19（4）：62-64.

［12］蒋先艺，贺振华，黄德济.地震数据采集新概念.物探化探计算技术，2003，25（2）：130-134.

［13］吕志良.地震地质条件和激发条件的探讨.石油物探，1984，23（1）：35-45.

［14］尹成，吕公河，田继东，等.三维观测系统属性分析与优化设计.石油地球物理勘探，2005，40（5）：495-509.

［15］黄籍中.四川盆地页岩气与煤层气勘探前景分析.岩性油气藏，2009，21（2）.

［16］孙超，等.页岩气与深盆气成藏的相似与相关性.油气地质与采收率，2007，14（1）：26-31.

［17］江怀友，宋新民，安晓璇，等.世界页岩气资源与勘探开发技术综述.天然气技术，2008，2（6）：26-30.

［18］郭思刚，梁国伟，等.大方地区页岩气采集参数试验分析.油藏评价与开发，2011，1（5）：71-75.

［19］李志荣，邓小江，杨晓，等.四川盆地南部页岩气地震勘探新进展.地质勘探，2011，31（4）：1-4.

［20］Jarvie D M, Hill R J, Rule T, et al. Unconventional shale-gas systems: the Mississippian Barnett shale of northcentral Texas as one model for thermogenic shale-gas assessment. AAPG, 2007, 91(4): 475-499.

［21］徐永清.页岩气地震勘探数据采集参数选择的研究.中国煤炭地质，2014，26（7）：63-68.

［22］王庆波，刘若冰，魏祥峰，等.陆相页岩气成藏地质条件即富集高产主控因素分析——以元坝地区为例断块油气田，2013，20（6）：698-703.

［23］赵殿栋.塔里木盆地大沙漠区地震采集技术的发展及展望.石油物探，2015，54（4）：367-375.

［24］杨举勇.塔里木盆地沙漠地震勘探技术及应用.北京：石油工业出版社，2009.

第 3 章

页岩气地震勘探
资料处理技术

所谓地震资料处理,就是利用数字计算机对野外地震勘探所获得的原始资料进行加工、改造,以期得到高质量的、可靠的地震信息,为下一步资料解释提供直观的、可靠的依据和相关的地质信息。近20多年来地震学的发展十分迅速,它从传统的模拟观测发展到高增益、大数据量的数字化记录,从二维到三维勘探,从叠后走向叠前,从常规浅层构造找油到现阶段的中深层乃至非常规勘探。另一方面,计算机科学技术的发展也使地震学发生了日新月异的变化,逐渐形成了一些不依赖计算技术的,相对独立的概念和方法。这些方法大部分是经典地震学中所没有的,有些方法虽然在经典地震学中已涉及,但只有在数字地震学发展起来以后才得以从理论变为现实。地震资料处理是20世纪60年代以来,随着信息科学和计算机科学高速发展而出现的一门新兴学科,它把信号用数字或符号表示的序列,通过计算机或专用的信号处理设备,用数字的数学计算方法处理,以达到提取有用信息、便于应用的目的。地震信号带来了地下介质的信息,使用现代信号处理方法分析地震信号,将有助于提取地球内部介质的信息。

## 3.1　　保幅高分辨率地震资料处理技术

随着勘探难度和要求的不断加大,地震资料的深度、面积和密度逐渐增大,对油藏的描述和储层预测的精度也越来越高,这就对地震资料保幅处理和高分辨率的要求不断提高。本章节在梳理地震资料处理基本概念和流程的基础上,重点介绍了与保幅高分辨处理相关的技术问题。

### 3.1.1　　地震波传播机制

1. 地震波的形成与实质

要了解地震波的形成过程,不妨先回顾一个常见的生活实例。如果把一块石子投入平静的水池,就会在水面上以落石点为中心形成圆环状波纹,并且逐渐向外传播出去,这种行进中的扰动就是水面波。如果细心地观察浮在水面上的一块小木块,就会发现,当波通过时,木块只是近似地上下浮动,并不随波前进。可见受到石子外力作用时,由于重力和液体表面张力的作用,落石处部分水滴首先开始振动,同时又使其相邻部分水滴相继振动,并依次将振动往外传播出去,这就是水面波动形成的过程,水面波通过水介质传播,但水滴并不随扰动前进。

在目前的地震勘探中,激发波动的"石子"一般是炸药,传播波动的是地层介质。用炸药爆炸方式激发地震波的机理虽尚未完全被揭示,但已经可以将爆炸时形成地震波的物理过程做一个初步的说明。

当炸药爆炸时,产生大量高温高压气体,并迅速膨胀形成冲击波,以上万个大气压的巨大压力作用于周围岩石。这个作用力是个瞬间起作用的脉冲力。在其作用下,靠近震源附近的岩石因所受压力远超过抗压强度而被破坏,形成一个球形破坏圈。圈内岩石质点具有很大的永久位移,常形成以震源为中心的空穴。爆炸产生的部分能量在压碎岩石和发热过程中消耗掉。随着离震源中心的距离 $r$ 的增大,爆炸能量将传递给越来越多的岩石和地质单元,因而冲击波能量密度随着波的传播而迅速衰减,以致岩石所受压力小于其抗压强度,但仍超过岩石弹性限度,使岩石质点仍产生一定的永久位移,从而形成塑性形变(辐射状及环状裂隙),这个区间叫塑性形变带,如图3-1(a)所示。

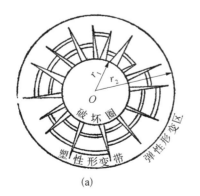

(a)　　　　　　　　　　　　(b)

图3-1 (a)爆炸对岩石的影响;(b)弹性介质简图

在塑性带以外,随着传播距离 r 的继续增大,冲击波的能量密度继续明显衰减,使岩石所受压力降低到弹性限度之内,形变和应力很小,作用时间又很短促,岩石就具有完全弹性体的性质,其质点受激而产生弹性位移(形变),同时也就发生与之对抗的应力,使质点产生反向位移,从而使质点在平衡位置附近形成弹性振动。在塑性带外面的区域就是所谓的弹性形变区。在本区内,由于岩石具有连续结构,各质点之间存在弹性联系,使弹性介质的作用好像是一种用弹簧连接起来的质点组成的阵列,如图 3-1(b)所示,每个质点在各自平衡位置上作弹性振动,而且离震源[即图 3-1(a)及图 3-2(a)中的 O 点]不同距离的质点依次先后产生这种振动。

2. 地震波的动力学特点

弹性波动力学问题主要是研究波动的能量问题,这实际上就需要对波动的形状和强度变化、周期大小与激发状态和介质条件的关系作全面的研究。因此,研究波的动力学问题就成为地震勘探中的一个基本问题。

1)地震波的描述——振动图和波剖面图

地震波的振动特征和传播过程,可以通过数学物理的方法和图形的方法等来进行描述。由于数学物理方法需要做较多的数学推演,在实际工作中则常用一些比较直观的、简便的图形方法来描述。现就几种常用的描述地震波的方法和有关概念介绍如下。

(1)振动图

当地震波从爆炸点开始向各个方向传播,利用检波器和地震仪记录由于地震波的到达而引起地面质点的振动情况,就得到地震记录,其中某一条曲线就是波到达某一检波点的振动图。因此,振动图又叫地震记录道。

如图 3-2 所示,假设在离震源距离为 $r_1$ 的 A 点观测质点振动位移随时间的变化规律,用时间 t 为横坐标,质点位移 u 为纵坐标作图,可得到图 3-2(b)所示的图形,从图中可看出该点地震波振动的位移大小(称之为振幅值变化)、振动周期(T)、延续时间(Δt)等特征。这种用(u, t)坐标系统表示的质点振动位移随时间变化的图形称为地震波的振动图。在实际地震记录中,每一道记录就是一个观测点的地震波振动图。

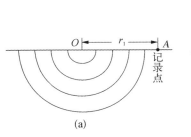
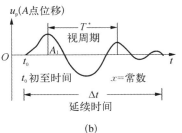

图3-2 振动

地震勘探中,地震波从激发到地面接收到反射波,最长时间只有6 s左右,波在传播中振幅也是可变的。这种延续时间短,振幅可变的振动区别于普通物理学中所讲的周期振动,称为非周期脉冲振动。

对非周期振动可用视振幅、视周期和视频率来描述它。

视振幅即质点离开它平衡位置的最大位移。如图3-2(b)中的$A_1$,振幅大表示振动能量强,振幅小表示振动能量弱,因为根据波动理论,可以证明振动能量的强弱与振幅的平方成正比。

视周期即两个相邻极大点或极小点之间的时间间隔,用$T^*$表示,它说明质点完成一次振动所需要的时间。

视频率即表示质点每秒内振动的次数,用$f^*$表示。$T^*$与$f^*$互为倒数,即$f^* = 1/T^*$。

（2）波剖面图

振动图只反映了地面某一质点的振动情况,而波剖面图则反映了波在传播过程中,在某一时刻整个介质振动分布的情况。如图3-3(a)所示,假设在某一确定的时刻$t$,在距离震源点$O$的一定范围内的各不同距离的点上,同时观测它们质点振动的情况,并以观测点与震源$O$的距离$x$为横坐标,以质点离开平衡位置的位移$u$为纵坐标作图,所得图形如图3-3(b)所示,从图中可以看出质点振动的波长$\lambda$和该时刻的起振点$x_2$(波前)及停振点$x_1$(波尾)等特征。这种描述某一时刻$t$质点振动位移$u$随距离$x$变化的图形称之为波剖面图。

图3-3 波剖面图

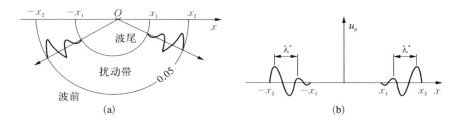

(a)　　　　　　　　　　　　(b)

假设地下是均匀介质(即波速 $v$ = 常数),在 $O$ 点爆炸后,地震波就从这一时刻向各方向传播。如果某一时刻 $t_K$ 所有刚开始振动的点连成曲面,这个曲面叫作该时刻 $t_K$ 的波前;而由 $t_K$ 时刻所有逐渐停止振动的各点连成的曲面,叫作 $t_K$ 的波尾(或波后),如图3-3(a)所示。波前表示某一时刻地震波传播的最前位置。根据波前的形状,可以把波区分为球面波和平面波。

为了把在某一时刻 $t_K$ 波在整个介质中的振动分布情况表示出来,用横坐标 $x$ 表示通过震源 $O$ 的直线上各个质点的平衡位置,纵坐标 $u$ 表示在 $t_K$ 时刻各个质点的位移。将各质点位移连成曲线,所得到的图形即为波剖面,如图3-3(b)所示。

在波剖面图中,最大的正位移的点叫作波峰,最大的负位移的点叫作波谷。两个相邻波峰或波谷之间的距离叫作视波长,以 $\lambda*$ 表示(即在一个周期内波前进的距离)。波长的倒数叫作视波数 $k*$。波前和波后以速度 $v*$ 向外扩大,在一个周期内,沿 $x$ 方向传播的距离是一个波长,所以

$$\lambda* = v* \cdot T* = \frac{v*}{f*} \tag{3-1}$$

根据上述讨论,地震波的振动图和波剖面图与震源及传播介质的性质密切相关,而当震源和传播介质一定时,振动位移 $u$ 是时间 $t$ 和观测位置 $x$ 的函数,即 $u = u(t,x)$。若固定一个变量来研究 $u$ 随另一个变量的变化关系,则分别称为振动图和波剖面图。这两个图形之间有密切的联系,只是从不同的角度来观察而已,在图3-3中以简谐振动为例表示出了波剖面图和振动图之间的关系。

2）地震波的频谱及其分析

前面谈到质点的振动，只经过一个短暂时间 $\Delta t$ 振动之后就逐渐停止下来，这种现象表明，由爆炸所引起的质点振动是一种非周期性的瞬时振动即脉冲振动。根据振动的数学理论（傅里叶变换－傅里叶级数）可证明：脉冲地震波这样一个复杂非周期性瞬时振动，可以看作是无限多个不同频率、不同相位、不同振幅的谐和振动的复合振动。其中任何一个振动都可表示为：

$$u(t) = A\sin(2\pi ft + \varphi) \qquad (3-2)$$

式中，$u(t)$ 是质点在任一时刻 $t$ 的位移，$A$ 是质点位移振幅（即最大位移值），$f$ 是振动频率（即自然频率），$\varphi$ 是决定 $t = 0$ 时刻质点位移值的初相位。

如图 3-4 所示，三个频率、相位与振幅都不同的谐和振动（a）、（b）、（c）相加就可组合为一个复杂的振动（d）。

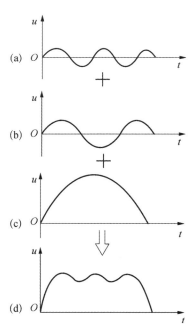

图3-4 谐和波的叠加

　　无限个谐和振动的振动频率 $f$ 连续地变化，它们各有自己的质点位移振幅 $A$、初相位 $\varphi$ 及振动频率 $f$。每一个这样的谐和振动叫作脉冲地震波的谐波分量。

　　将脉冲地震波分解为无限个上述谐和振动的过程就是地震波的频谱分解。任一脉冲地震波都可以用数字电子计算机很快实现频谱分解，分解后自动描绘出各谐波分量之间的 $A$ 与 $f$ 以及 $\varphi$ 与 $f$ 的关系曲线，前者称振幅谱，表示为 $A(f)$，后者称相位谱，表示为 $\varphi(f)$，二者合称为地震波频谱图。一般主要关心振幅（能量）与 $f$ 的关系，所以常常只用振幅谱来描述地震波的频谱特性，并且通常把它叫作频谱。

　　从图 3-5 可知，对于常见的地震波，对应的各个谐波分量能量（振幅）的分布是很不均匀的，频率接近 $f_0$ 的分量具有最强的能量。$f_0$ 称作地震波的主频。显然，地震波的能量较多地分配给主频附近的谐波分量。因此，主频 $f_0$ 一般与脉冲地震波的视（可见）频率很接近，以致在实际中对它们常不加区分。如果在接收地震波时，地震仪主要把频率接近 $f_0$ 的一些谐波分量接收下来，也就相当于已经把这个地震波的主要能量接收了。这一点可指导地震勘探野外施工、地震勘探仪器特性的设计与调节、原始资料的再处理，从而在提高地震记录质量方面有重要意义。

图 3-5　脉冲地震波的频谱（振幅谱）

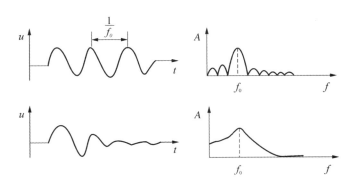

　　图 3-6 是野外获得的各种不同类型地震波的能量主要分布频带范围。由图可知：反射、折射波的能量（振幅 $A$）主要分布在 $40\sim80$ Hz 频域内；面波的能量分布在 $10\sim30$ Hz 频域内；交流电干扰的能量分布在 50 Hz 左右的狭窄频域内；微震干扰的能量分布的频域较宽，其中声波的能量分布在 100 Hz 以上的较高频域部分。

这样，我们就可以利用有效波（反射波、折射波）与干扰波（微震、声波、面波等）频率谱特性的差异，使地震仪各个部分都具有相应的频率滤波特性，主要接收频率在 40～80 Hz 范围内的反射波、折射波，而把主要能量分布在此频域以外的干扰波滤掉。从而在地震记录上突出了有效波（信号）能量，压制了许多干扰波（噪声）能量，这就提高了地震记录的信噪比，从而有利于清晰识别有效波和提高地震勘探资料解释的质量。

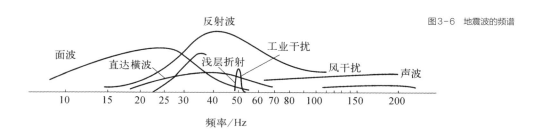

图3-6 地震波的频谱

各种不同震源激发的地震波，或来自不同传播路径的地震波，其波形往往是不同的，也就是说波的频率成分是不同的。地震波频谱特征的分析是地震勘探技术的一个重要方面，如根据有效和干扰波的频段差异，可用来指导野外工作方法的选择，并给数字滤波和资料解释等工作提供依据。

地震波的频谱分析方法是以傅里叶变换为基础的。上述提到的地震波形函数 $A(t)$ 是把地震信号表示为振幅随时间变化的函数，是地震波在时间域的表示形式。为了研究地震波的频谱特征，可用傅里叶变换将波形函数 $A(t)$ 变换到频率域中，得到振幅随频率变化的函数 $a(f)$，这种变换过程称为频谱分析方法。

信号在频率域或在时间域的表示是等价的。其对应关系可由傅里叶变换式来表示。它们的数学表达式分别为：

$$A(f) = \int_{-\infty}^{\infty} a(t)\,\mathrm{e}^{-i2\pi ft} \cdot \mathrm{d}t \qquad (3-3)$$

$$a(t) = \int_{-\infty}^{\infty} A(f)\,\mathrm{e}^{i2\pi ft} \cdot \mathrm{d}f \qquad (3-4)$$

式(3-3)称为傅里叶正变换,式(3-4)称为傅里叶逆变换。

这一对公式非常相似,但积分变量不同,并且表示振动部分的指数符号相反。实际计算时,须将这对积分式离散化,并采用提高计算速度的快速傅里叶变换来完成。

另外,如果研究对象不是地震波振幅随时间变化的振动图形,而是振幅随距离$x$变化的波剖面图[以函数$A(x)$表示],这时亦可用同样的傅里叶变换法对$A(x)$进行变换,得到的结果称为波数谱,其方法称为波数分析,这在资料处理和解释中也是常用的。

上述的波形图、波剖面图、频谱等反映了地震波能量(振幅)随时间与空间分布的特点。这些特点叫作地震波动力学特点。地震波在传播过程中,它的动力学特点受传播介质(岩层)的性质和结构的影响很大,因此它的变化规律就可能反映了岩层的岩性、结构和厚度。充分研究和利用波的动力学特点,将使地震勘探解决地质问题的能力进一步提高。关于定量应用动力学特征研究岩性的地层地震学,国内已取得了一定的进展。

3)波的吸收和散射

波在介质中传播时,由于波前面的逐渐扩大,能量密度减小,使振幅随距离而衰减,称为几何衰减。但是,由于地质介质的非弹性性质,致使波在传播过程中的衰减比在弹性介质中大,由于介质非弹性所引起的衰减现象称为吸收。因此,波的振幅值$A$可用下面的经验公式来表示:

$$A = A_0 \frac{e^{-\alpha r}}{r} \tag{3-5}$$

式中,$A_0$表示起始振幅,$r$表示波的传播距离(以震源为原点),$\alpha$表示介质的吸收系数。实际观测资料证明,波在致密岩石中吸收现象较弱,在疏松层中吸收作用表现很明显。吸收系数还与波的频率有关,一般介质对高频的吸收作用比低频强。由于各种岩石的吸收性质不一样,因此,可根据吸收系数的测定结果来确定岩石的性质。

当介质中存在着不大于波长的不均匀体时,由于绕射的作用,会形成往各方向传播的波,称为散射。散射的结果使波的高频成分减少,这和吸收作用效果类似。

3. 地震波的运动学特点

目前,在生产实践中主要利用地震波波前的空间位置与其传播时间之间的关系,从空间几何形态方面去解决地质构造问题。地震波在传播过程中,波前的时空关系反映了质点振动位相(时间)随空间坐标及波速的分布特点,这种特点叫作地震波运动学特点。研究地震波运动学特点的理论叫作运动地震学。它的基本原理与几何光学很相似,所以又被称为几何地震学。

弹性波运动学在地震勘探中具有重大的实际意义,它是当前地震勘探资料解释中的主要依据。弹性波运动学的基本原理是惠更斯原理和费马原理。利用它可以确定波的传播时间与波前所在空间位置的关系。

下面介绍几个弹性波运动学的基本概念。

1) 时间场、等时面和射线概念

地震波在介质空间传播时,其中任意一点 $M(x,y,z)$ 都可以确定波前到达该点的时间值 $t$,因此波的传播时间可以看作坐标的函数,即

$$t = t(x,y,z,v) \tag{3-6}$$

也就是说,根据上述的函数,已知空间任意一点的坐标位置时,就可以确定波前到达该点的时间,所有这样的点就确定了波在介质中传播的标量场,称为时间场。它表明了波前传播时间与其空间位置的关系。时间场函数 $t(x,y,z,v)$ 是定量描述地震波运动学特点的工具。

和重力场、磁力场等概念相似,时间场是指这样一个空间,在这空间任意位置处都有地震波在 $t$ 时间通过。在时间场中,波前到达时间相等的点所构成的面称为等时面。显然,波前面就是等时面。如果依次给出不同的时间值 $t_1$, $t_2$, $t_3$, ……,根据给定的波速值,可确定出等时面簇 $Q_1$, $Q_2$, $Q_3$, ……的空间位置(如图3-7所示)。

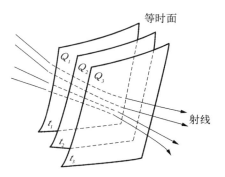

图3-7 等时面簇和射线簇

地震波的传播,除了可用波前来描述外,也可用射线来直观地表示。所谓射线,就是波从一点到另一点传播的路径,它代表了波传播的方向。因此,射线应与各等时面的法线方向一致,即射线与各等时面正交。等时面方程为:

$$f(x,y,z) = t_i \qquad (3-7)$$

在已知时间场内,可以有许多条射线,它们的集合就是射线簇。若已知空间射线簇位置和波沿其中任一条射线传播的时间,就可以确定这个波的时间场。所以,时间场可以用等时面簇或射线簇两种概念来描述,二者呈正交关系(如图3-7所示)。等时面和射线是时间场的两种表示方法,由于介质性质不同,波传播的时间场分布规律就不一样,因此研究等时面和射线的分布规律就可以了解波在介质中的传播情况。

图3-8 时间场的梯度方向

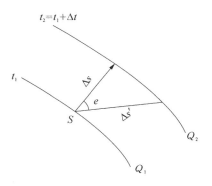

根据场论可知,任何一种场的分布,都可以用等值面和力线来表示,时间场也不例外,等时面就是等值面,而波射线则相当于力线,波射线的方向就是时间的梯度方向。如图3-8所示,假设地震波在某时刻$t_1$位于$Q_1$位置,经过$\Delta t$时间后于$t_2$时刻($t_2 = t_1 + \Delta t$)到达$Q_2$位置,之间垂直距离为$\Delta s$,波传播速度为$v$,按梯度定义可表示为:

$$\operatorname{grad} t = \frac{\mathrm{d}t}{\mathrm{d}s} = \frac{1}{v} \qquad (3-8)$$

在三维直角坐标中,上式梯度可写成矢量表达式为:

$$\text{grad}\, t = \frac{\partial t}{\partial x}\,\vec{i} + \frac{\partial t}{\partial y}\,\vec{j} + \frac{\partial t}{\partial z}\,\vec{k} = \frac{1}{v(x,\,y,\,z)} \tag{3-9}$$

实际上,速度 $v(x,y,z)$ 函数是空间各点的绝对值,方向是未知的,因此将矢量表达式(3-9)平方后可写成其标量式:

$$\left(\frac{\partial t}{\partial x}\right)^2 + \left(\frac{\partial t}{\partial y}\right)^2 + \left(\frac{\partial t}{\partial z}\right)^2 = \frac{1}{v^2(x,\,y,\,z)} \tag{3-10}$$

式(3-10)称为射线方程,是几何地震学中的基本方程式,它表示地震波在传播过程中所经过的空间与时间的关系。要求得此方程的解,首先必须知道地震波的传播速度、$t = t_0$ 时刻的初始条件和一定的边界条件。例如,在均匀各向同性介质中,波的传播速度是常数,该方程的解为:

$$t = \frac{1}{v}\left(x^2 + y^2 + z^2\right)^{\frac{1}{2}} \tag{3-11}$$

这是一个球面方程,说明在均匀各向同性介质中地震波的波前是一系列以震源点为中心的球面。

2)费马原理(射线原理)

波的传播除了用波前来描述外,还可以用射线来描述。所谓射线,就是波从这一点到另一点的传播路径,波沿射线传播的时间和其他任何路径传播的时间比起来是最小的,这就是费马的时间最小原理。用射线来描述波的传播,往往使问题的讨论更为简便了。

在均匀介质中,因为波的传播速度各处都一样,其旅行时间正比于射线路径的长短,波从这一点传播到另一点,其最短的射线路径是直线,所用的时间比其他任何路径都要小。在地震勘探中,在均匀介质的假设条件下,射线为自震源发出的一簇辐射直线,射线恒与波前垂直。对于平面波,它的射线是垂直于波前的直线。

用射线和波前来研究波的传播,是一种用几何作图来反映物理过程的简单方法,它只说明波传播中不同时刻的路径和空间几何位置,不能分析能量的分布问题,所以称之为几何地震学,在地震勘探的基本原理、方法及资料解释中常用这种方法来分析地震波场的特征。

3）惠更斯原理（波前原理）

为了进一步了解波前的运动过程，举例说明下列常见的现象。如图3-9所示，AB是一道长堤，中间有一桥涵洞a，当一系列水面波自堤外向堤内传播时，被堤阻挡不能通过，但堤内仍然可以激起水面波，可以看到这些水面波好像是以桥涵洞a为波源发出的半圆形波，称为元波前，它与原来波前的形状无关，这一现象称为波的绕射。所谓"波前原理"（也叫惠更斯原理），即介质中传播的波，其波前面上的每一个点，都可以看作是波向各个方向传播的波源（点震源）。

图3-9　波通过桥涵洞时的运动过程

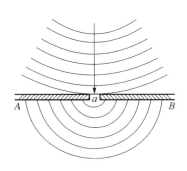

对于理解波的传播过程，惠更斯原理非常重要，并常用于绘制连续的波前。惠更斯原理的定义是，在波前面上的任意一个点，都可以看成是一个新的震源，其中隐含的物理意义是，在同一波前面上的每一个质点，都从它们的平衡状态开始，基本上以同一方式振动。因此，在其相邻质点上，弹性力会由该波前的振动产生变化，因而会迫使下一个波前的质点运动。这样，惠更斯原理就能解释扰动怎样在介质中传播。更具体一点说，对于给定的某时刻波前的位置，把该波前的每一个质点都作为新的震源，可以确定将来某一时刻波前的位置。在图3-10中，AB是在$t_0$时刻的波前。在时间间隔$\Delta t$内，波传播的距离为$v\Delta t$，其中$v$是地震波的传播速度（它可以随空间变化），在$t_0$时刻的波前上选一系列点$P_1, P_2, P_3, \cdots\cdots$，以这些点为圆心，以$v\Delta t$为半径画弧，只要选择了足够的点数，这些弧的包络就形成了新的波前，随着点数的增加，所绘制的波前也会达到任意精度，在该包络之外，波会产生相消干涉，使它们的效应相互抵消，当AB是一个平面，速度是一个常数时，只需要选两个点数，画两个圆弧，作一

条和两个圆弧相切的直线,就会得到新的波前位置。需要注意的是,惠更斯原理只给出相位信息,不能给出振幅的大小。

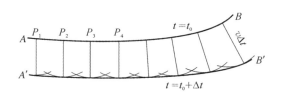

图3-10 利用惠更斯
原理确定新的波前面

第3章

4) 惠更斯-菲涅耳原理

在前面的讨论中,我们只研究了波前或射线的时空关系,未涉及波动的本性——波的干涉和衍射。从图3-10中可以看出:$t_0$时刻的波前$AB$上各点都是新震源,它们产生的子波向前传播,经过$\Delta t$时间间隔后形成$t_0 + \Delta t$时刻的新波前$A'B'$。同时,$AB$波前上各震源产生的子波也在向后传播,经过$\Delta t$时间后,似乎在$t$波前的后方也存在一个$t_0 + \Delta t$时刻的新波前$A''B''$。换言之,波在向前传播的同时,还存在一个向后传播的倒退波。然而,在实际上这个倒退波是观测不到的。可见,前面介绍的理论并不完全符合客观实际,它还存在一些缺陷,需要进一步加以解决。

19世纪初,菲涅耳以波的干涉原理弥补了惠更斯原理的缺陷,将其发展为惠更斯-菲涅耳原理。它的基本思想是:波在传播时,任意点$P$处质点的振动,相当于上一时刻波前面$S$上全部新震源产生的所有子波相互干涉(叠加)形成的合成波。这个合成波可以用积分进行计算。由对$P$点合成波进行的数学计算可以证明:波在传播时,$t$时刻波前上各新震源产生的子波在前面任意新波前处,发生相长干涉,而出观较强的合成波;在后面的任意点处,发生相消干涉,合成波振幅为零,使倒退波实际不存在,因而使理论终于与实际完全一致了。

根据惠更斯-菲涅耳原理,不但可以研究波的运动学特点(波前或射线的时空关系),而且可以研究波的动力学特点(波的能量随时空的分布规律)。这样全面地研究地震波的全部物理学特点的理论被叫作物理地震学。

生产实践和理论证明,在复杂的多断层地区,应用物理地震学可以提高地震勘探工作的精度。

在地震波波长 $\lambda$ 与弹性分界面的尺度 $a$(长度或宽度)及界面埋藏深度 $h$ 相比不能近似为无限小的情况下(即在 $a/\lambda \gg 1$, $h/\lambda \gg 1$ 的条件不成立时),几何地震学的一些定律(如波沿射线传播或波的能量沿射线传播等)就不是完全精确的。这时必须借助于惠更斯-菲涅耳原理,利用积分公式(3-12)去进行研究。

继菲涅耳之后,德国学者基尔霍夫导出了计算 $P$ 点合振动振幅公式。设 $S$ 为包含有震源 $O$ 的任意形状在 $t$ 时刻封闭的波前面,则在 $S$ 面以外任意点 $P$ 处,由 $S$ 面子波震源激起的合成波振幅 $A_P$,可用下式求出:

$$A_P = \frac{1}{4\pi} \frac{\omega}{v} \iint_S a e^{-j\frac{\omega}{v}(r+r')+\frac{1}{2}\pi j} \cdot (\cos\theta + \cos\theta') \cdot \frac{\mathrm{d}S}{rr'} \tag{3-12}$$

式中,$a$ 为震源 $O$ 处初振幅,$v$ 为介质中波速,$\omega$ 为波动圆频率,$r$、$r'$、$\theta$ 及 $\theta'$ 为如图 3-11 所示的距离及角度;$\vec{n}$ 为面积单元 $\mathrm{d}S$ 的法向量。

图 3-11　惠更斯-菲涅耳原理示意图

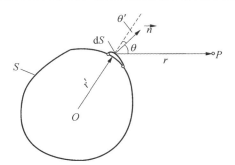

一般情况下,式(3-12)是一个相当复杂的积分,使用起来不是十分方便的。幸而在大部分情况下,地震勘探的施工地区能近似满足 $a/\lambda \gg 1$ 和 $h/\lambda \gg 1$ 的条件,用几何地震学作为物理地震学的一种近似,精度相当高,可以满足生产上的需要,而且这种近似大大简化了地震勘探的理论与方法。为此,在下面的叙述中,均只讨论与几何地震学(即运动地震学)有关的内容。

由惠更斯原理和费马原理可以推导出波动的斯奈尔定律(反射-折射定律),其内容早已为读者熟悉。因为它们是几何地震学中最常用的基本定律,所以这里只做简要的介绍。

5）斯奈尔定律

在几何光学中,当光线射到空气和水的分界面时,会发生反射和折射,并服从斯奈尔定律。地震波在地下岩层中传播,遇到弹性分界面时也会发生反射、透射和折射,从而形成反射波、透射波和折射波。地震勘探中所说的透射波是指透过界面的波（相当于几何光学中的折射波）,所说的折射波是一种在特殊条件下形成的波。

（1）反射波

如果地震波以 $\alpha$ 角入射到介质分界面,它的一部分能量经界面反射,以 $\alpha$ 角出射形成反射波,另一部分能量则透过界面,以 $\beta$ 角折射至下一个岩层,形成透射波,则称 $\alpha$ 角为入射角,$\alpha'$ 为反射角,$\beta$ 为透射角（如图 3-12 所示）。

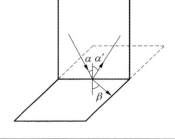

图 3-12 射线平面

① 反射定律

在几何光学中,用射线、平面波和惠更斯原理,证明入射波入射到界面时射线的变化规律,即反射定律。它告诉我们入射角等于反射角;入射线、反射线位于反射界面法线的两侧,入射线、反射线和法线同在一个平面内,此平面叫作射线平面,它和弹性分界面垂直（如图 3-13 所示）。在地震勘探中,当我们沿某一测线激发和接收地震波时,入射波和反射波都位于过测线并和反射界面相垂直的射线平面内。反射定律只说明了入射波和反射波之间的关系,并没有讨论在什么条件下弹性分界面才能产生反射。

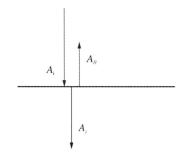

② 反射波的形成

反射系数：设入射波的振幅为$A_i$，反射波的振幅为$A_R$，反射波和入射波振幅之比叫作反射界面的反射系数，用字母$R$表示，写为：

$$R = \frac{A_R}{A_i} \tag{3-13}$$

根据反射理论，可证明当波垂直入射到反射界面上时，如图3-13所示，反射系数为

$$R = \frac{A_R}{A_i} = \frac{\rho_2 v_2 - \rho_1 v_1}{\rho_2 v_2 + \rho_1 v_1} = \frac{Z_2 - Z_1}{Z_2 + Z_1} \tag{3-14}$$

式中，$\rho_1$、$v_1$、$\rho_2$、$v_2$表示分界面上下两种介质的密度和波在两种介质中传播的速度，$\rho_1 v_1 = Z_1$，$\rho_2 v_2 = Z_2$表示上下介质的波阻抗。

反射系数写成一般式为：

$$R = \frac{A_R}{A_i} = \frac{\rho_n v_n - \rho_{n-1} v_{n-1}}{\rho_n v_n + \rho_{n-1} v_{n-1}} = \frac{Z_n - Z_{n-1}}{Z_n + Z_{n-1}} \ (n = 2,3,\cdots) \tag{3-15}$$

反射系数的物理意义是说地震波垂直入射到反射界面上后，被反射回去的能量的多少，这说明了在界面上能量的分配问题。

形成反射波的条件：当$R = 0$，即$Z_n = Z_{n-1}$时，不产生反射，这实际上是一种均匀介质，不存在弹性分界面，只有$Z_n \neq Z_{n-1}$，即$R \neq 0$时，才产生反射，所以形成反射波的

条件是地下岩层中存在着波阻抗分界面。在实际的沉积岩层中,密度随深度变化的数量级远比速度变化要小,可假设它为常量,这时反射系数可简化为:

$$R = \frac{v_n - v_{n-1}}{v_n + v_{n-1}} \qquad (3-16)$$

假设随深度增加,有波传播的速度分别为 $v_1 = 2\,500$ m/s、$v_2 = 3\,500$ m/s、$v_3 = 4\,500$ m/s 的岩层,则按上式计算出 $v_1$ 与 $v_2$ 层之间界面的反射系数为 0.17,$v_2$ 与 $v_3$ 层之间界面的反射系数为 0.12。虽然速度随深度增加而增大,按上式计算反射系数时,公式中分母随深度增加而增大,而分子却不相应地增长(都为 1 000 m/s),就出现随深度增加反射系数变小的现象,这是反射波振幅随深度增加而变弱的原因之一。

反射波强度:从式(3-14)可知反射系数与上下岩层的波阻抗差成正比,差值越大,$R$ 值越大,反射波越强;反之越弱。如果在陆相碎屑岩沉积中出现含油气构造,构造部位的储集层为含油气砂岩(如图 3-14 所示),砂岩一旦含油气,速度会明显降低,从而与围岩(泥岩)形成一个较强的波阻抗界面,出现较大的反射系数,在地震记录中会出现特强的反射波,说明反射系数的大小与地层的岩性及含油气直接有关,它是影响反射波振幅强弱的一个主要地质因素。

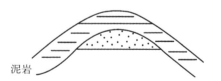

图 3-14 含油气的砂岩构造

泥岩

反射波的极性:$R$ 有正负值的问题,当 $Z_n > Z_{n-1}$ 时,则 $R > 0$,反射波与入射波的相位相同,都为正极性,在地震记录上认为初至波是上跳的(同相);反之,$R < 0$,为负值,反射波为负极性,入射与反射波反相,相位相差 180°。

$R$ 的取值范围:$R$ 值的定义域为 $-1 \leqslant R \leqslant 1$。在实际地层中,因沉积间断所形成的侵蚀面(不整合面)上,老地层直接与新地层接触,它们之间在密度和速度上往往存在着较大的差异,从而形成一个明显的波阻抗界面,产生较强的反射波。

（2）透射波

① 透射定律

当入射波透过反射界面形成透射波时，由于分界面两侧波传播的速度不同，透射波的射线要改变入射波射线的方向，而发生射线偏折现象，偏折程度的大小决定于透射定律。它告诉我们入射线、透射线位于法线的两侧，入射线、透射线、法线在同一个射线平面内；入射角的正弦和透射角的正弦之比等于入射波和透射波速度之比，或者说入射角、反射角和透射角的正弦与它们各自相应的波速的比值等于一个常数值，这常数值称为射线参数，写成数学式为：

$$\frac{\sin\alpha}{\sin\beta} = \frac{v_1}{v_2} \text{ 或} \frac{\sin\alpha}{v_1} = \frac{\sin\alpha'}{v_1} = \frac{\sin\beta}{v_2} = P \qquad (3-17)$$

上式为斯奈尔定律的数学表示式。它说明入射角与反射角、入射角与透射角之间的关系，也是反射和折射定律的一个统一表达式，故斯奈尔定律也称为反射－折射定律。

从上式可知，当 $v_1 > v_2$ 时，则 $\alpha > \beta$，透射波射线靠近法线偏折，这种现象就是几何光学中所讲的光从空气射到水中，射线发生折射的现象；当 $v_1 < v_2$ 时；则 $\alpha < \beta$，透射波射线远离法线，而向界面靠拢，在实际的地层中，波的透射多属于这种情况。

如果有三层或多于三层的介质，并假设波传播的速度是递增的，即 $v_3 > v_2 > v_1$，根据斯奈尔定律，波从第一层传播到第三层时，射线是一条折射线，即在层状介质中波传播的射线为折射线。

② 透射波的形成

透射系数：设透射波的振幅为 $A$，可得透射系数 $T$ 为：

$$T = \frac{A_t}{A_i} \qquad (3-18)$$

透射系数的物理意义是入射波的能量转换成透射波的能量的多少。

当波垂直入射时，据反射和透射系数公式，可得：

$$T + R = 1 \qquad (3-19)$$

则透射系数又可写为：

$$T = 1 - R = \frac{2\rho_{n-1}v_{n-1}}{\rho_{n-1}v_{n-1} + \rho_n v_n} = \frac{2Z_{n-1}}{Z_{n-1} + Z_n} \tag{3-20}$$

形成透射波的条件：从上式可知，当 $v_{n-1} \neq v_n$ 时，才能形成透射波，即形成透射波的条件是地下存在速度不同的分界面，简称为速度界面，而把波阻抗分界面简称为反射界面。对一般的沉积地层，反射系数一般为0.2，甚至更小，这时 $T \neq 0$，总可以形成透射波。

透射波的强度：当入射波振幅 $A_i$ 一定时，$T$ 越大（$R$ 越小），透射波越强（反射波越弱）；反之，$T$ 越小（$R$ 越大），透射波就越弱（反射波就越强）。

透射波极性：无论 $Z_n > Z_{n-1}$ 或 $Z_n < Z_{n-1}$，$T$ 总为正值，透射波和入射波同相。

在上述讨论反射波、透射波时，只简单假设两个界面，但在实际的沉积地层中，往往有多个分界面，地震波从激发入射到第一个界面，一部分能量被反射，另一部分能量透过界面成为透射波，该透射波到第二个界面，又发生反射与透射，这样进行下去，到了深部，反射波返回到地表，能量已变得很小，这样就出现了浅部界面的反射波能量较强，而深部由于反射界面的增多，使地震波的能量变得很小。

（3）折射波

① 折射波的形成

假设有一个 $v_2 > v_1$ 的水平速度界面，如图3-15所示，从震源发出的入射波以不同的入射角投射到界面上，据斯内尔定律可知，随着入射角 $\alpha$ 的增大，透射角也随着增大，使透射波射线偏离法线向界面靠拢，当 $\alpha$ 增大到某一角度时，可使 $\beta = 90°$，这时透射波以 $v_2$ 的速度沿界面滑行，形成滑行波，称使 $\beta = 90°$ 时的入射角为临界角 $i$，记为：

$$\sin i = \frac{v_1}{v_2}, \quad i = \arcsin \frac{v_1}{v_2} \tag{3-21}$$

如果已知 $v_1$、$v_2$，就可由上式求出临界角。

根据波前原理，高速滑行波所经过的界面上的任何一点，都可看作从该时刻振动的新点源，这样下伏介质中的质点就要发生振动，由于界面两侧的介质质点间存在着弹性联系，必然要引起上覆介质质点的振动，这样在上层介质中就形成了一种新的波动，在地震勘探中称它为折射波。它好比顺水航行的船，当船速大于水流速度时，在船头就会看到一种向岸边传播的水波，它就是折射波。

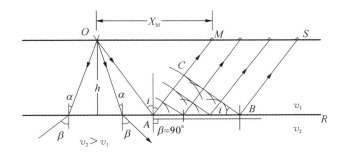

图3-15　折射波的形成

② 折射波的波前、射线和盲区

折射波的波前是界面上各点源向上覆介质中发出的半圆形子波的包线,从图3-15可见,滑行波自A点以速度$v_2$滑行了一段时间$\Delta t$,波前到达B点,则$AB = v_2\Delta t$,同时A点向上覆介质发出半圆形子波,其半径为$AC = v_1\Delta t$;从B点作A点发出子波波前圆弧的切线BC,就为该时刻的折射波的波前,可证明它与界面的夹角$\angle ABC$为临界角$i$,由$\triangle ABC$为直角三角形,可得:

$$\sin\angle ABC = \frac{AC}{AB} = \frac{v_1\Delta t}{v_2\Delta t} = \frac{v_1}{v_2} = \sin i \qquad (3-22)$$

折射波的射线是垂直于波前BC的一簇平行直线,并与界面法线的夹角为临界角。射线AM是折射波的第一条射线,在地面上从M点开始才能观测到折射波,所以称M点为折射波的始点,自震源到M点的范围内,在地面观测不到折射波(或说不存在折射波),称这个范围为折射波的盲区,表示为$X_M$,其数值为:

$$X_M = 2h\tan i = 2h\frac{\sin i}{\cos i} = 2h\left[\left(\frac{v_2}{v_1}\right)^2 - 1\right]^{-\frac{1}{2}} \qquad (3-23)$$

从式(3-23)可知,$X_M$随着$h$的减小和$v_2/v_1$比值的增大而减小。在一般情况下,假设取$v_2/v_1$为1.4时,则$X_M = 2h$,因此作为一条经验法则,折射波只有在炮检距大于两倍折射界面深度时才能观测到。

③ 折射波的形成条件

在上面的讨论中,简单地假设了只有一个界面的地层模型,这时要形成折射波,必须是下伏介质的波速大于上覆介质的波速。在实际的多层介质中，一般速度随深度增加而递增，因而可形成多个折射界面。但是上下地层速度倒转的现象在油气田、煤田等地层中也是经常发生的，即在地层剖面中，中间可以出现速度相对较小的地层，在这地层的顶面就不能形成折射波。用斯内尔定律可以证明，在多层介质中，要在某一地层顶面形成折射波，必须是该层波速大于上覆各层介质的速度。与形成反射波的条件相比，在同一沉积的一套地层中，折射界面的数目总小于反射界面，因此说形成折射波的条件比反射波要苛刻。

6）转换波

当纵波斜入射到反射界面时，由于介质质点振动可分为垂直和平行界面的两个分量，弹性介质受到两种应力与应变，在上下介质中可分别形成反射纵波 $R_P$、反射横波 $R_S$、透射纵波 $T_P$、透射横波 $T_S$。称与入射纵波波型相同的 $R_P$、$T_P$ 为同类波，与入射纵波波型不同的 $R_S$、$T_S$ 为转换波，根据斯内尔定律，各种波的传播方向与波速之间的关系为：

$$\frac{\sin\alpha}{v_{P1}} = \frac{\sin\alpha'}{v_{P1}} = \frac{\sin\alpha''}{v_{S1}} = \frac{\sin\beta}{v_{P2}} = \frac{\sin\beta'}{v_{S2}} = P \qquad (3-24)$$

式中，$\alpha$ 是入射角，$\alpha'$、$\alpha''$ 分别为纵波和横波的反射角，$\beta$、$\beta'$ 分别为纵波和横波的透射角，$v_{P1}$、$v_{S1}$ 分别为反射纵波和横波的速度，$v_{P2}$、$v_{S2}$ 分别为透射纵波和横波的速度。

在同一介质中，由于纵波的传播速度大于横波的传播速度，从式（3-24）可知有 $\alpha' > \alpha''$、$\beta > \beta'$ 的关系，据此可作出纵波斜入射到界面时波分裂和转换的示意图，如图 3-16 所示。从图中可看出，入射波在界面上被分裂为四个波的能量，从波动的理论可导出这些波的能量分配方程，不同波能量的大小主要与界面两侧介质的密度比、速度比和入射角大小有关，简称 AVO。当炮检距较小（入射角较小）时，由于质点振动水平分量很弱，使反射波振幅变化也很小。在实际的地震勘探中，炮检距相对深达数千米的反射界面来说，一般都是比较小的，这样从震源投射到界面再反射回地面的反射波是近似法线反射的，所接收的主要是纵波反射信息。近法线反射（或叫近法线入射）与小入射角、小炮检距的提法在物理意义上是等同的。当地震波垂直入射时，不产生转换波，可以从能量方程中导出上面所提到的反射和透射系数公式。

图3-16 纵波斜入射时波的
分裂和转换

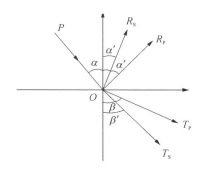

### 7）时距曲线

前面我们曾讨论了反射波和折射波的形成以及它们的波前、射线在空间的分布特点。实际上，对这些特点的观测工作，一般都不能到地下去进行，而只能在地面（沿测线）进行。我们沿测线各观测点可测得某种地震波的波前（或射线）到达时间 $t$ 与这些点的坐标 $x$ 之间的时空关系 $t(x)$，$t(x)$ 在 $t-x$ 直角坐标系中的图形称为时距曲线，如图3-17所示。它实际上反映了该种地震波时间场在测线上的分布规律。通过时距曲线资料的观测，可以分析波在地下介质中的传播规律，从而确定地震界面的深度及形态等特征，并解决地质问题。

图3-17 时距曲线（图中测
线以下为射线平面）

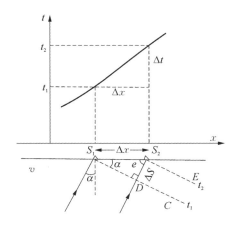

（1）反射波时距曲线

最简单的二维问题就是图3-18所画的水平地层，反射层AB离震源S距离为h，S点震源激发，沿方向SC传播，在界面上产生反射波，反射角与入射角相同。在C点反射角与入射角相等，根据这个特点可以确定反射路径CR。更容易的方法是利用虚震源（镜像点）I，I位于炮点S与反射面的垂线上，在反射层的另一面，与S点到反射界面的距离相等。将I与C点连接，并将直线延长到点R，CR就是反射路径（由于CD平行于SI，所有的角度都等于α）。

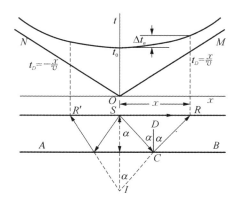

图3-18 水平反射层的旅行时间曲线

设v是平均速度，反射波的到达时间t是$(SC + CR)/v$。由于$SC = CI$，所以$IR$与波传播路径$SCR$的长度相等，因此，$t = IR/v$，如果变量x是炮检距，则

$$t = \frac{SC + CR}{v} = \frac{2}{v}\sqrt{h^2 + \left(\frac{x}{2}\right)^2} = \frac{1}{v}\sqrt{4h^2 + x^2} \tag{3-25}$$

或

$$\frac{v^2 t^2}{4h^2} - \frac{x^2}{4h^2} = 1 \tag{3-26}$$

所以，时距曲线是双曲线，如图3-18的上半部分所示。曲线顶点坐标为$(2h/v, 0)$，渐近线的斜率为：

$$\frac{2h/v}{2h} = \frac{1}{v} \tag{3-27}$$

这个斜率实际上就是直达波时距曲线的斜率，传播路径是SR。由于SR总是小

于 $SC + CR$，所以直达波总是先到。直达波的旅行时间是 $t_\mathrm{p} = \dfrac{S}{v}$，时距曲线是过原点的直线 $OM$ 和 $ON$，斜率为 $\pm 1/v$。当 $x$ 变得很大时，$SR$ 与 $SC + CR$ 之间的差别变小，反射波旅行时间与直达波旅行时间逐渐接近。利用在炮点的检波器记录到的旅行时间 $t_0$ 可以确定反射层的深度。设式（3-25）中的 $x = 0$，可以得到

$$h = \frac{1}{2}v t_0 \tag{3-28}$$

如果画出 $t_2$ 和 $x_2$ 的曲线取代图 3-17 的 $t-x$ 曲线，可以得到直线的斜率 $1/v_2$ 和截距，这就是确定速度的著名的 "$x_2 - T_2$ 方法" 的基础。

（2）正常时差

时距曲线在 $t$ 轴上的截距，在地震勘探中叫 $t_0$ 时间，即：

$$t_0 = \frac{2h}{v} \tag{3-29}$$

它表示波沿界面法线传播的双程旅行时，有时也叫回声时间，此时式（3-25）可以写成以下几种形式：

$$t = \frac{1}{v}\sqrt{x^2 + 4h^2} = \sqrt{\frac{x^2}{v^2} + \left(\frac{2h}{v}\right)^2} = \sqrt{\frac{x^2}{v^2} + t_0^2} = t_0\sqrt{1 + \frac{x^2}{t_0^2 v^2}} \tag{3-30}$$

可以从式（3-30）中由地震记录求出旅行时间 $t$。通常 $2h > x$，则可以用下面形式的二项式展开：

$$
\begin{aligned}
t &= \frac{2h}{v}\left[1 + \left(\frac{x}{2h}\right)^2\right]^{1/2} = t_0\left[1 + \left(\frac{x}{v t_0}\right)^2\right]^{1/2} \\
&= t_0\left[1 + \frac{1}{2}\left(\frac{x}{v t_0}\right)^2 - \frac{1}{8}\left(\frac{x}{v t_0}\right)^4 + \cdots\cdots\right]
\end{aligned} \tag{3-31}
$$

如果 $t_1, t_2, x_1, x_2$ 是两个不同的旅行时间和炮检距，则可以得到第一个估计值

$$\Delta t = t_2 - t_1 \approx (x_2^2 - x_1^2)/2v^2 t_0 \tag{3-32}$$

在特殊情况下，当一个检波器在炮点时，$\Delta t$ 是正常时差（NMO），用 $\Delta t_{\mathrm{NMO}}$ 来表示

$$\Delta t_{\mathrm{NMO}} \approx \frac{x^2}{2v^2 t_0} \approx \frac{x^2}{4vh} \tag{3-33}$$

有时,也保留展开式的另一项:

$$\Delta t_{\mathrm{NMO}}^* \approx \frac{x^2}{2v^2 t_0} - \frac{x^4}{8v^2 t_0^3} = \frac{x^2}{2v^2 t_0}\left[1 - \left(\frac{x}{4h}\right)^2\right] \tag{3-34}$$

从式(3-40)中可以看出,正常时差随炮检距 $x$ 的平方增加而线性增加,与速度的平方成反比,与炮点的旅行时间成反比(也就是与反射层的深度成反比),如式(3-28)所示。因此随着炮检距的增加,反射曲线的曲率快速增加,同时随着记录时间的增加,曲率的变化变小。

## 3.1.2　时间域预处理流程

地震信号处理在数字地震的发展中占有相当重要的地位,下面就介绍地震数字处理的基本内容。地震勘探资料数字处理的任务就是改造野外地震资料并从中提取有关地质信息,为地震勘探的地质解释提供可靠资料。地震勘探资料数字处理工作是在配备有数字电子计算机、地震勘探资料处理软件系统和有关仪器设备的计算站中完成的。地震勘探资料处理软件系统是由许多模块组成的,每个模块都用于一个具体的处理任务。人们灵活地调用各个模块以组成各种地震勘探资料数字处理的流程。任何一种流程都是由预处理、若干个实质性处理模块和显示三部分组成的。如图3-19所示是常规的地震勘探资料数字处理流程图。

下面以这个流程为中心,简单介绍一些概念和方法。

1. 预处理

预处理的目的是把野外磁带上的数据变得更适应于进行后面的逐项处理。预处理的结果往往重新记录在另外的磁带上。对数字磁带记录所进行的预处理包括:解编、真振幅恢复、不正常炮和不正常道的处理、切除、抽道集、提高地震记录信噪比、分辨率的处理和一些修饰处理。由于地震记录输入、输出计算机时的数据排列方式与

图3-19 常规地震数据处理流程

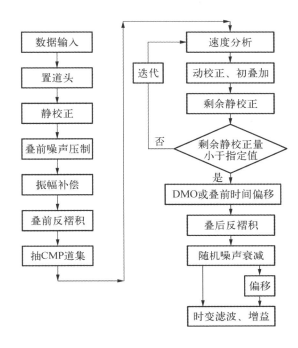

处理时要求的排列方式不同,所以在预处理中需要通过解编把数据重新排列。其实解编就是矩阵的转置。

观测系统:模拟野外,定义一个相对坐标系,将野外的激发点、接收点的实际位置放到这个相对的坐标系中。

置道头:观测系统定义完成后,可以根据定义的观测系统,计算出各个需要的道头字的值并放入地震数据的道头中。当道头置入了内容后,我们任取一道都可以从道头中了解到这一道属于哪一炮、哪一道,CMP号是多少,炮检距是多少,炮点静校正量、检波点静校正量是多少等。

不正常炮是指废炮或者缺炮。为了免除不正常炮记录对处理的影响,避免记录对应关系的混乱,在输入时把它们作为哑炮处理。目前,要求在记录输入计算机之前给出不正常炮的炮号。通过这项处理,把它们在计算机中对应的内存单元充零。不正常道指不正常工作道以及极性接反的道。目前一般要求在处理前给出这些道对应的炮号、道号。通过这项处理把不能正常工作的道所对应的数据充零,把极性接反的道所对应的数据符号颠倒过来。

地震记录的初至部分和尾部往往存在一些对于处理和解释有害的波。应该把它们"切除",即把相应的数据充零。抽道集是把地震记录按某种原则进行排列,以便于进行某些处理。

2. 动静校正与倾角时差校正

野外地震记录上的反射波波至时间不仅取决于反射面的构造,而且与观测时的炮检距以及地表因素有关。

1)静校正

静校正:利用测得的表层参数或利用地震数据计算静校正量,对地震道进行时间校正,以消除地形、风化层等表层因素变化对地震波旅行时间的影响。静校正是实现共中心点叠加的一项最主要的基础工作。它直接影响叠加效果,决定叠加剖面的信噪比和垂向分辨率,同时又影响叠加速度分析的质量。

静校正方法有:

(1)高程静校正;

(2)微测井静校正——利用微测井得到的表层厚度、速度信息,计算静校正量;

(3)初至折射波法;

(4)微测井(模型法)低频 + 初至折射波法高频。

由于低、降速带厚度往往测不准,并有地震波在表层传播时,射线路径是垂直的假设等因素,使得野外一次静校正后不能完全消除表层因素的影响,仍残存着剩余的静校正量。提取表层影响的剩余静校正量并加以校正的过程,称为剩余静校正。剩余静校正量不能由野外实测资料求得,只能用统计方法由地震记录中提取,故也称为自动统计静校正。

2)动校正

动校正,就是消除炮检距对于反射波波至时间的影响,获得能大致反映地下反射界面形态的时间剖面的一种处理方法。它是多次叠加和地震勘探地质解释的基础。在地表条件比较复杂的地区,为了获得高质量的时间剖面必须经过静校正处理。动校正的目的是消除正常时差的影响,使同一点反射信息的反射同相轴拉平,为共中心点叠加提供基础数据。

动校拉伸畸变：动校正前，远道的信息较近道少，浅层的远道只有几个采样点，甚至没有。但动校正后，远、近道的采样点数是相同的，多出来的样点只能靠波形拉伸产生。实际处理中解决拉伸畸变的直接办法就是切除。

3）倾角时差校正

倾角时差校正的必要性有以下两点。

（1）反射界面倾斜时，道集中同层反射信号并不是精确地来自同一个点，而是反射点发生了沿反射界面向上方向的离散。

（2）当不同倾角的倾斜界面同时存在时，在地震记录中，反射界面相互交叉。根据速度分析可知，叠加速度与倾角有关。此时两个反射同相轴的交点处的叠加速度是不同的，而实际提取速度时，同一点同一个反射时间只能使用一个速度，因此，只能舍弃其中的一个速度。速度被舍弃的反射同相轴叠加后能量被削弱，另一个反射同相轴能量被加强。

3. 速度谱、频谱和相关分析

速度谱和频谱处理的目的是从地震记录中提取地震波的速度和频谱信息。这些信息不仅为其他处理提供了参数，而且能直接用于资料解释。速度是地震勘探的重要资料。动校正、偏移、时深转换等处理都以它为参数，它还可以直接用来进行地质构造以及地层岩性的解释。以往求取速度的手段只有地震测井、声波测井、由观测到的时距曲线计算速度。由于共中心点多次叠加方法的问世及计算机在地震勘探上的应用，出现了速度谱。用它可以方便地进行速度分析，获得丰富、准确的叠加速度资料。

地震勘探所得到的记录中包含有效波和干扰波，这些波之间在频谱特征上存在很大差别。为了解有效波和干扰波的频谱分布范围，需要对随时间变化的地震记录信号进行傅里叶变换，得到随频率变化的振幅和相位的函数（地震记录的频谱－振幅谱和相位谱）。对地震波形函数进行傅里叶变换求取频谱的过程叫作频谱分析。

参数提取与分析的目的是为了寻找在地震数据处理中用的最佳处理参数及地震信息，如频谱分析、速度分析、相关分析等。这类数字处理还可为校正与偏移及各种滤波等处理提供速度和频率信息，并可以自成系统处理出相应的成果图件，如频谱、速度谱,通过相关分析进行相关滤波等。

一个地震道所接收到的振动图形 $f(t)$ 包含有效波 $s(t)$ 和干扰波 $n(t)$ 两部分,即 $f(t) = s(t) + n(t)$。要对信号进行频谱分析,只要对其进行傅里叶变换求其频谱 $f(\omega)$。对于地震信号,可看作是非周期函数的连续谱。具体计算时,需对地震信号 $f(t)$ 按 $\Delta t$ 采样间隔离散采样,得到时间序列 $f(n\Delta t)$,共有 $M$ 个离散值。

为更好地了解有效信号和干扰噪声的频谱范围,可分别选取信号和随机噪声时窗进行频谱分析。为分析浅层和中深层信号的频谱,可从浅至深不同时间处选取时窗进行频谱分析。

有效波与面波、微震等干扰波在频谱上存在很大差异,利用频率滤波可以压制这些干扰波。但有些波与有效波的频谱重叠较宽,如多次波、声波等,采用频率滤波不能有效地压制这些波。

地震波的相关性是指它们之间的相似程度及其内部联系的紧密程度。地震勘探中相关运算可作为线性滤波的手段,另外相关更多的是用于地震信息的提取,例如自动剩余静校正中用互相关求取道间时差,所以要进行相关分析。

4. 数字滤波

地震记录上的有效波与干扰波往往在频率、波数或者视速度方面存在差异,数字滤波是利用这些差异来提高记录信噪比的数字处理方法。

由于大地的滤波作用,在一般的反射地震记录上,每个反射波不是一个尖脉冲,而是延续几十毫秒的波。地下反射界面有时只相距几十米甚至几米,它们对应的反射波到达时间仅相差几十毫秒,甚至几毫秒。在记录上,这些反射界面对应的反射波彼此干涉,难以分辨。大地的滤波作用降低了反射地震记录的分辨率。反滤波是压缩反射波延续度,可提高地震记录纵向分辨率的数字处理方法。它还可以用来压制多次波。数字滤波与反滤波都是地震勘探资料数字处理的重要内容。它们叠加前、后都可以使用。常规处理的核心是校正和叠加处理,它们可将野外获得的记录处理成能直接用于地质解释的水平叠加时间剖面。由于野外数据采集过程中不可避免地存在许多干扰,地震有效信息被它们所掩盖,因此必须对资料进行提高信噪比的数字滤波处理。

目前突出有效波、压制干扰波的数字滤波,仍然是根据有效波和干扰波的频谱特性和视速度特征方面的差异,利用频率滤波和二维视速度滤波来区分它们。由于频率滤波只需对单道数据进行运算,故称为一维频率滤波。根据视速度差异设计的频波域滤波需同时处理多道数据,故又称为二维视速度滤波。

一个原始信号通过某一装置后变为一个新信号的过程称为滤波。原始信号称为输入,新信号称为输出,该装置则叫作滤波器。当一个信号输入滤波器后,输入信号中的某些频率成分受到较大的损耗,这种输出和输入信号的相应关系,就是滤波器特性的体现。

数字滤波可以在时间域内进行,也可以在频率域内进行。频率域滤波的表示方法是把地震信号分解成各种不同频率成分的信号,让它们通过滤波器,然后观测各种不同频率的信号在振幅和相位上的变化。这种随频率的变化关系称为滤波器的"频率特性"或"频率响应"。例如,振幅随频率的变化关系,称振幅频率特性;相位随频率的变化关系,称相位频率特性。

时间域内滤波特性的表示方法,是把一个单位脉冲通过滤波器,然后观测滤波器对单位脉冲的影响。滤波器的输出称为滤波器的"脉冲响应",又称为"时间特性"或"滤波因子"。

脉冲响应是一个振幅随时间变化的函数,它的傅里叶变换就是滤波器的频率响应。对滤波器的描述可用脉冲响应,也可用频率响应,它们都是等价的。当输入信号为有限,输出信号也为有限时,这种滤波器就是稳定的。

5. 去噪处理

去噪处理贯穿于整个地震资料处理过程,在处理的很多步骤都可以针对不同的中间成果采用相同或不同的去噪技术,简要介绍如下。

1)叠前噪声压制

干扰波严重影响叠加剖面的效果。因此,必须在叠前对各种干扰波进行去除,为后续资料处理打好基础。常见的地震资料干扰有:面波、折射波、直达波、多次波、50 Hz工业电干扰以及高能随机干扰等多种情况。不同的干扰波有其不同的特点和产生的原因,根据干扰波与一次反射波性质(如频率、相位、视速度等)上的不同,把干扰波和有效波分离,从而达到干扰波的去除,提高地震资料叠加效果。如图3-20所示为去除线性干扰噪声前后的单炮记录对比图。

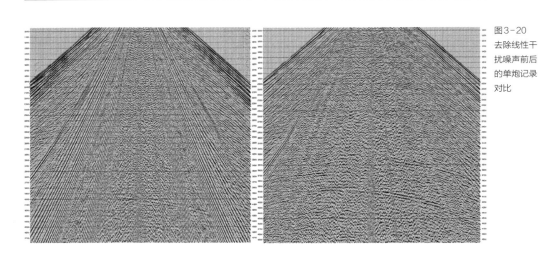

图 3-20
去除线性干
扰噪声前后
的单炮记录
对比

2）叠后噪声压制

叠后噪声压制的原因和目的如下。

（1）虽然叠前进行了各种噪声压制，但对于一些能量相对较弱的噪声，仍难以识别和彻底压制，因此，叠加地震记录中仍然会有一些噪声存在，需要进一步压制，从而进一步提高地震记录的信噪比，也可以为进一步提高地震记录的分辨率奠定基础。

（2）经过叠后提高分辨率处理的剖面，会使一些高频噪声的能量抬升，降低地震资料的信噪比。因此，需要对高频噪声进一步压制。

（3）某些低信噪比资料，叠加后的地震记录难以追踪解释，需要提高信噪比，增强连续性，以满足解释的需要。

常用的叠后噪声压制方法有很多种，这里只介绍常用的四种。

（1）随机噪声衰减——提取可预测的线性同相轴，分离出噪声，达到提高信噪比的目的。

（2）F-K 域滤波——主要用于压制线性相干干扰。在 F-K 域中，线性相干干扰分布比较集中，范围较小，可以将其切除，达到压制线性相干干扰的目的。类似的还有 F-X 域滤波等。

（3）多项式拟合——基于地震道数据有横向相干性的原理，假设地震记录同相轴时间横向变化可用一高次多项式表示，沿同相轴时间变化的各道振幅变化也可以用一待定系数的多项式表示。首先通过多项式拟合，求出地震信号的同相轴时间、标准波形和振幅加权系数，然后将它们组合成拟合地震道。

（4）径向滤波——在定义的倾角范围和道数内，通过时移求出最大相关值所对应的倾角，然后沿这个倾角对相邻道加权求和，从而增强该倾角范围内的相干同相轴，虚弱随机噪声和倾角范围以外的同相轴，提高地震记录的信噪比。

### 6. 反褶积

反褶积也称反滤波，是将反射波处理成孤立的波，有抑制多次反射的作用。由于反射波被处理成孤立的波，有可能使分辨率提高。反褶积的效果取决于时窗长度和滤波长度，这两个参数也由有代表性的CDP集合试验确定。如图3-21所示是反褶积处理效果示意图。

图3-21　反褶积处理效果

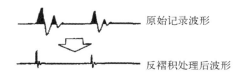

原始记录波形

反褶积处理后波形

实际上，由于吸收作用，地震激发的尖脉冲会变成一定延续时间的地震子波。地震子波到达地面同一接收点时将不能分开，相互叠加，形成复波，即实际反射地震记录。如地面某点接收的地震记录写成褶积形式为：

$$x(t) = \delta(t) \times [R(t) \times b(t)] = R(t) \times b(t) \qquad (3-35)$$

上式表明：实际地震记录是反射系数与地震子波的褶积。反褶积的目的是为了压缩地震波的时间长度，提高分辨率，从实际反射记录中去掉大地滤波器的作用，使之变为理想的地震记录。其关键是设计反滤波因子$a(t)$，确定地震子波$b(t)$。

反滤波数学表达式为：

$$x(t) \times a(t) = R(t) \times b(t) \times a(t) = R(t) \qquad (3-36)$$

式中，$b(t) \times a(t) = \delta(t)$，$x(t)$是实际的反射地震记录。

### 3.1.3　　保幅高分辨率地震资料处理技术

地震勘探中,地震波经激发在地下传播接收,经历了地表、近地表的低、降速带的衰减,传播过程中的波前扩散和地层介质的吸收,地质界面的反射,地下存在的多次波等各种干扰波的干涉,地面接收时来自地表和空间的各种干扰波的干涉等。即:勘探得到的地震单炮是经过数项"改造"后的地震波。在资料处理时把这些"改造"消除的同时而其他处理不"改造"地震波的振幅特征,这就是地震资料的保幅处理。由此可知,地震资料的保幅处理含有三个方面的内容:① 在恢复(或者补偿)地震波传播过程中被衰减、吸收和反射的那部分信息时,地震波的振幅特性保持不变;② 对地震波进行消除或衰减噪声干扰时,保持地震波的振幅相对关系不变;③ 在对资料进行其他处理时,不损害地震波的振幅相对关系。

地震剖面不能真正反映地下地质结构的细节,而需要进行后续的各种地震属性的提取。在这个过程中,振幅的真实性起着十分关键的作用。实际上,资料处理时保不保幅对构造解释而言关系不大,但对储层解释关系很大。但保幅不是保证振幅不变,而是保证空间相对振幅关系不做人为改变,这样,在岩性研究和储层预测解释时就不需要考虑处理"陷阱"了。地震资料噪声的存在和传播过程中分辨率的降低破坏了地震资料的保幅,因此,不进行去噪和提高分辨率处理的资料是谈不上保幅的。保幅处理可以获得分辨率较高、振幅特性良好的地震资料。将高分辨率地震资料中目的层段的地震反射结构与地质背景相结合,可以有效预测沉积微相。对波阻抗和层速度的研究可进一步评价储集性能。正、反极性瞬时相位剖面以及层拉平技术有助于对沉积微相反射结构的识别。这对页岩气等非常规能源的储集层识别和描述十分关键。

保幅处理是一个比较理想的处理流程。所谓保幅处理指的是经某个或某些处理过程之后,地震资料的振幅保持不变或成正比。对模型而言,模型中反射界面理论反射率与处理后同一界面的反射率相等或成正比。处理过程中,后面的处理能够有效地补偿前面缺失的有效振幅或地质层位,也应认为这种处理是保幅的,例如反褶积、时差校正、相位校正、速度修正、静校正与剩余静校正等。

实际资料处理中的提高信噪比与分辨率以及叠加偏移成像都应为保幅处理。但是绝对的保幅处理在地震资料处理中难以实现,因此,现行的实际资料处理都是相对保幅处理的概念。

1. 影响真振幅偏移的主要因素

1)传播效应

偏移就是要去掉传播效应,要进行真振幅偏移,就是要对几何扩散和反射系数随入射角的变化和透射损失等进行补偿。研究波场衰减为仪器设计和参数设置提供了参考、对高保真和高分辨率地震信息的精确接收十分有价值。反射波的波场损失主要包括三方面:发散损失、透过损失和非弹性衰减损失。波场传播衰减的研究对于指导爆炸和保真接收均有实际意义。

2)采集效应

对于复杂地区的三维地震数据采集有许多限制,常采用一些不规则的观测系统。对于盐丘或是采集观测系统比较复杂的情况,还存在一些问题。不规则采集观测系统的采样是波场穿过地下构造复杂地区的扭曲相互作用而产生的。Chemingui 和 Biondi 说明了不规则采样在偏移成像剖面上会留下印痕,消除印痕有两种不同的方法:一种是局部方法,它是权函数基于等效数据理论;另一种是全局方法,是加权真振幅偏移核的反演。为了计算合适的保幅叠前深度偏移的权函数,Philippe 等提出了地面道位置的几何研究。由此把上述两种方法综合成3D保幅叠前深度偏移方法。在这种方法中,保幅偏移的权函数包含了振幅补偿和采集观测系统补偿两大部分。对于采集观测系统补偿应该考虑道密度和采集效应。把一特定的密度权函数因子直接包含在偏移核中,这样就考虑了不规则采集的影响,由此能提高最终的保幅成像结果。

3)地震波的散射

利用统计不均匀二维介质研究对振幅的影响是依据广义的O' Doherty Anstey 理论,这种方法是把散射损失引入到基尔霍夫(Kirchhoff)积分的权函数中,从而消除散射损失。权函数依赖于覆盖层的统计参数、信号的主频和其传播路径的长度。最复杂的是散射衰减系数的计算,它直接依赖于传播路径的长度。

4)真振幅权函数

真振幅偏移公式与叠前深度偏移公式相似,但真振幅核项与积分加权项不同。

反射点 $M$ 的成像积分式为：

$$u(M) = \frac{1}{2\pi} \iint\limits_{A} \mathrm{d}^2\xi K_{\mathrm{DS}}(\xi,\ M)\ \frac{\partial u(\xi,\ t)}{\partial t}\bigg|_{t} = \tau_{\mathrm{D}}(\xi,\ M) \qquad (3-37)$$

真振幅的计算核为：

$$K_{\mathrm{DS}}(\xi,\ M) = \frac{2h_b(\xi,\ M)}{M_{\mathrm{D}}^2(\xi,\ M)} L_{\mathrm{SM}} L_{\mathrm{MG}} \qquad (3-38)$$

Schleicher 于 1993 年给出了三维真振幅有限偏移孔径偏移，它是基于绕射叠加原理提出的。由于三维基尔霍夫型真振幅叠前深度偏移通常采用动力学射线追踪计算真振幅权函数，所以计算量特别大。利用运动学射线追踪可以很简单地计算射线变换子矩阵和分支射线的焦散数目，并给出了新的真振幅共炮权函数的计算公式。该权函数公式如下：

$$W(P,\ r_{\mathrm{g}}) = \frac{\cos^2\theta_{\mathrm{g}}}{v(r_{\mathrm{g}})\cos\theta_{\mathrm{s}}} \exp(-i\phi) \qquad (3-39)$$

依据以上理论，对一个盐丘模型分别进行了基尔霍夫叠前深度偏移和真振幅基尔霍夫叠前深度偏移，如图 3-22 所示。

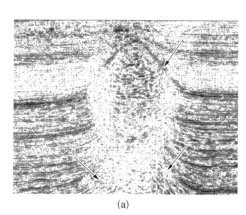
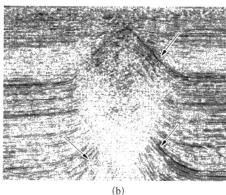

(a)           (b)

图3-22
（a）常规基尔霍夫型叠前深度偏移剖面；（b）基尔霍夫型真振幅叠前深度偏移剖面

5）薄互层效应

在调谐频率以下，薄层的透射响应是低通的。一系列薄层，不管是否是周期性沉积，都存在一个相应的低通透射效应。薄层的反射响应是高通的，而透射响应是低通的。因此要想做到真振幅偏移必须考虑薄互层效应。薄层的波动方程法中，真振幅偏移是通过考虑薄层效应的改进型匹配滤波来消除AVA和相位畸变从而实现没有频散图像的真振幅偏移。由积分法与波动方程法之间的关系，可以在基尔霍夫型真振幅偏移中，通过考虑薄层效应，从而消除波的频散和振幅相位畸变，达到真振幅偏移的目的。

2. 保幅处理技术

资料处理过程中的处理步骤很多，保幅处理贯穿于整个处理过程。根据前面所述的地震资料的保幅处理含有的三方面的内容，提出如下几点在处理过程中应注意的保幅问题。

1）振幅补偿与恢复

对于振幅补偿与恢复处理，常用指数增益和球面扩散补偿。分析认为指数增益法，采用改变指数系数值，根据系列值的计算，以视觉效果确定增益值，这一补偿方法依据视觉效果计算简单、约束参量少，缺乏保幅依据，所以不能作为保幅处理使用。球面扩散补偿计算时考虑了时间与速度的关系等，体现了地层岩性不同速度的差异，因其保幅程度较高，在振幅补偿与恢复处理时应采用该方法。进行地表一致性振幅补偿时，要重点考虑振幅平台的选择。当需要多区块拼接时，应采用在整个资料内计算振幅平台，这样有利于区块间的振幅一致性。

2）面波的衰减

低频面波干扰的处理是噪声处理中的重要内容。目前采用的方法有很多种，例如高通滤波法将低频成分滤掉，区域滤波法相当于区域内的高通滤波，这两种方法能够有效地滤除低频面波，但存在将有效的低频成分也被滤除的缺陷，对于保幅处理是不提倡使用的。频率波数域噪声衰减法（FXCNS）对消除面波很有效，但对面波以外的条件接近面波特征的成分也被消除了，这些成分往往也是地震有效成分，所以使用时应慎重。对于面波使用区域约束的频率波数域噪声衰减法和能量统计分解减去法既能较好地消除面波影响又能做到相对保幅，是提倡推广的方法。现提出了二维小波变换方法来去除面波。该方法能更好地保存记录中的有用信号,特别是无面波部分有效信号得到最大限度的保持,为后续能量补偿和振幅保真处理提供了保障,值得大家研究使用。

3)异常振幅的衰减

对于较强振幅的噪声采用区域异常噪声衰减(ZAP)十分有效。该方法是基于地震数据的振幅统计计算,有绝对振幅、平均振幅、均方根振幅和绝对极大振幅4种振幅统计计算方法。处理时可以选择充零处理、高切处理、压缩平滑处理等。应根据资料存在的噪声特点合理地选用处理方式,当存在高强振幅的噪声时可采用充零处理,进行振幅相对小的噪声时可采用压缩平滑处理等,这样有利于相对振幅保持。

4)随机噪声衰减

三维随机噪声衰减(3DRNA)和 $\tau-p$ 处理对资料存在的随机噪声衰减和增强波组连续性有较好的处理效果,但对资料的振幅存在一定的改造作用,保幅处理时应尽量避免使用。对于信噪比较低的资料,可考虑使用三维随机噪声衰减方法,但应尽量降低参与比率。$\tau-p$ 处理能够降低噪声增强同相波组的连续性,但对波形改造较大,更谈不上相对振幅保持了。小波阈值去除随机噪声方法值得探索。它是首先选择小波基和小波分解的层次,把信号 $f(i)$ 变换到 SWT 域;在 SWT 域对高频小波系数做阈值收缩处理;最后是根据第 $n$ 层的低频系数和第 1 层到第 $n$ 层的经过修改的高频系数,进行平稳小波反变换重建信号。

5)滤波与增益

在资料处理中间过程中,尽量不使用 8~120 Hz 内的高低截频处理,因为滤波可使波形特征发生变化,该变化虽小但也能影响资料振幅的相对保持。在过去的偏移成像前自动增益均衡使用较多,由于增益处理不是相对保幅的,所以在现行的叠前时间或深度域成像时是不应使用的。叠后资料的滤波及增益均衡处理是必需的。均衡处理对层间的振幅修饰作用很大,但又不能不进行均衡处理。所以使用何种均衡方法以及均衡的参量,需要同地质解释专家进行结合与探讨,尽可能做到符合地质层系的特征。

6)褶积与保幅

有人认为,资料经过褶积处理后,资料的波组和相位等会发生变化,那么反褶积是否可以保幅呢？前面提到了资料处理过程中，后面的处理能够有效地补偿前面缺失的有效振幅或地质层位，所以应认为这样的处理也是保幅的。因为处理过程中的反褶积不是单纯提高分辨率，而是对原始子波的恢复，是补偿记录中被吸收、扩散、衰减的那些频率成分。只要提取的子波是准确的，那褶积处理就认为是保幅的。褶积方法有多种，如子波反褶积、地表一致性子波反褶积、预测反褶积、脉冲反褶积、同态反褶积等。实际资料处理不论采用哪种方法，都要保证使用的子波是合理的。实际资料中存在噪声，影响反褶积算子的求取，子波分辨的幅度是不保真的。反褶积过程中真实的地震子波和反射系数都是未知的。所以反褶积对子波的求取是非常重要的。有人研究出了盲反褶积方法，从一定程度上解决了子波求取相对准确的问题。基于井约束的子波反褶积方法，采用测井资料计算求取子波来约束修正地震处理子波，这一方法从振幅保持和有效提高资料分辨率来讲，是值得采用和深入研究的。

7）保幅叠前偏移

叠前时间或深度偏移成像从理论上讲比叠后时间或深度偏移成像保幅性好。波动方程的偏移计算方法的保幅特性优于其他的计算方法，该方法是重点考虑使用的。另外值得注意的是，通常在进行叠前时间或深度偏移时，要考虑本方法是否使用了保持振幅的球面扩散处理，如果采用了并且在数据内已经进行了该项处理，必须将前面使用的球面扩散减掉，或者在偏移处理时调整有关参数，不要重复使用球面扩散处理。

3. 高分辨率资料的处理原则

为了处理好一条高分辨率的地震剖面，我们尽量遵循以下9条处理原则。

（1）照顾高频：在整个处理过程中要照顾高频，分频处理更好。

（2）统一波形：激发、接收的子波波形要统一，否则胖瘦不一样的波形谈不上时间的对齐。这主要采用两步法反褶积（作AVO时可用地表一致性反褶积），还有反Q滤波等。千万不要用单道反褶积。

（3）对齐时间：做好静校正及动校正，要上下一个样点都不错。需要注意的是，只有波形一致，时间对齐了，才能使用去噪手段。

（4）提高信噪比：在不损害信号（尤其是高频信号）的基础上，尽量使用各种去噪手段，来提高各频段中的信噪比。倾角平缓时，尽量使用相邻道信息来抬信压噪。

（5）展宽频带：要用分频扫描来调查各频段在各处理阶段的信噪比的实际情况，并将信噪比大于1（能看到同相轴影子）的频带，通过反褶积或谱白化尽量拉平抬升起来。

（6）零炮检距：可用多项式拟合$t_0$，最好用"剔除拟合法"求纵波入射剖面，或用AVO流程求P波剖面。

（7）从井出发：对反射系数有色成分作补偿纠正，检查极性，试求子波，正确确定低频分量，做好波阻抗标定工作。

（8）零相位化：做好子波剩余相位校正。

（9）阻抗反演：波阻抗反演是高分辨率资料处理的最终表达形式。

## 3.2　　　地震偏移成像技术

地震偏移成像技术是现代地震勘探数据处理的三大基本技术之一，是在过去的古典技术上发展起来的，而另外两大基本技术（叠加、反褶积）是从其他相关学科中移植而来的。因此，地震偏移成像技术始终伴随着地震勘探技术而发展，从某种程度上说，标志着地震勘探技术的发展水平。从本质上说，地震偏移成像技术是利用数学手段使地表或井中观测到的地震数据反传播，消除地震波的传播效应得到地下结构图像的过程。地震勘探在很大程度上依赖于地震偏移成像技术的发展，即现代地震偏移成像技术的每一次革命，都会引发地震勘探技术跨越式的进步。因此，研究地震偏移成像技术的发展史，不仅有利于了解偏移成像本身的理论和技术进展，而且对于整个地震勘探发展史也会有更深入的认识。地震偏移成像技术在20世纪60年代以前是用手工操作的一种制图技术，只是用于求取反射点的空间位置，而不考虑反射波的特点；至20世纪60—70年代，发展为早期计算机偏移成像技术，用于定性和概念性地对反射波运动学特征进行成像；自20世纪70年代以来，地震偏移成像技术发展迅速，能够定量地对反射波运动学和动力学特征进行成像，并发展了各种偏移算法。下面按照地震偏移成像技术发展的三大阶段分别进行阐述。

### 3.2.1　偏移成像进展与分类

1. 偏移成像进展

在20世纪60年代以前为古典偏移成像阶段。该阶段是勘探地震学初创并缓慢发展的阶段。地震偏移成像技术是一种手工操作的制图技术,只能求得地下反射点的空间位置,而不考虑反射波的特点。其间经历了以下历程。

1)地震波成像的探索阶段

1923—1953年,勘探地震学处于初创期,勘探地震学缓慢发展,人们对地震波成像的认识还处于探索和尝试阶段,勘探地震学家对地震波传播等概念有了较为贴切的认识,其标志性事件是Rieber首次阐明了地震波传播过程、地震波速度和反射界面之间的关系。

2)波传播概念解释地震波成像阶段

1954—1959年,勘探地震学进入用波传播概念解释地震波成像的时期,其标志性事件是Hagedoorn提出地下任何一点都可以看作一个二次震源,地表记录就是地下所有二次震源产生的绕射波叠加的理念。

3)早期的计算机偏移成像阶段

20世纪60—70年代期间为早期的计算机偏移成像阶段。在该阶段随着计算机技术的出现,在古典的偏移成像方法基础上,发展了早期的计算机偏移成像技术,其中符合地震波传播原理的那些方法获得了成功。尽管这些方法使用了波前、绕射等地震波传播的Huygens原理,但只是定性的、概念性的。

4)波动方程偏移成像阶段

自20世纪70年代以来,地震偏移成像技术进入波动方程偏移成像阶段。波动方程偏移成像技术在最近40年间迅速发展并不断完善,其间发生了以下标志性事件:1971年Clearbout利用有限差分法解单程波动方程的近似式,并提出成像条件的概念;1976年,Loewnthal等提出爆炸反射面的概念,对于理解叠加剖面的偏移成像具有实际价值;1977年,Hubral提出成像射线的概念,对认识深度偏移的本质具有实际意义;1978年,Schneide在绕射偏移法的基础上使用了波动方程解的Kirchhoff积分公式,并发展为地震偏移的波动方程积分法,使绕射偏移建立在波传播的基本原理之上,因而改善了偏移剖面,取得了良好的效果。另外,波动方程偏移技术的发展和完善与前人的努力密不可分。如马在田提出了高阶方程的分裂算法,对于提高有限差分法的偏移精度有很大贡献;Yilmaz 等提出的双平方根法为叠前偏移奠定了基础。

进入21世纪以来,随着计算机技术的飞速发展以及理论研究的深入,地震偏移成像技术进入空前发展的新阶段,由波动方程偏移方法衍生出各种有效的方法技术。逆时偏移再次成为地球物理学界的热点,利用双程波动方程对波场进行延拓,避免了对波动方程的近似,将波动方程的解直接用于波场延拓中,因此在成像过程中不需对速度做近似,无倾角限制,从原理上讲可以对回转波、棱柱波等成像,并使多次反射波收敛聚焦。高斯束偏移作为 Kirchhoff 偏移准确而有效的替代方法,不但具有接近于波动方程偏移的成像精度,同时还保留了积分法偏移灵活、高效的特点以及对非规则观测系统良好的适应性,为焦散区、阴影区等复杂地区成像提供了便利。共聚焦点偏移能够依据等时原理和差异时移检验所用偏移速度场的正确性和成像的聚焦性,实现保幅偏移成像及 AVO/AVA 分析等。此外,还有很多波动方程偏移成像方法技术,此处不再介绍。

2. 偏移技术分类

偏移技术由于使用计算机技术而引起了许多革命性的变化——从研究简单探测目标的几何图形发展成研究反射界面空间的波场特征、振幅变化和反射率等。反射地震方法是根据在地面上以一定方式进行弹性波激发,并在地面的一定范围(孔径)内记录来自地下弹性分界面的反射波来研究地下岩层结构及其物性特征的一种方法。因此,也可以把反射地震方法看作是一种反散射问题。就反射地震观测方式的特点而言,其成像分为两步:第一步是按照一定的方式记录到达地面的反射波;第二步是用计算机按一定的计算方法对观测数据进行处理,使之成为反映地下地质分层面位置及反射系数值的反射界面的像。地震偏移技术就是在第二步的过程中使反射界面最佳地成像的一种技术。可根据不同的标准对目前的地震偏移成像技术进行简单分类:按照所依据的理论基础,可以分为射线类偏移成像和波动方程类偏移成像;根据输入数据类型,可以分为叠前偏移和叠后偏移;根据实现的时空域,可以分为时间偏移和深度偏移;按照维数,可以分为二维偏移和三维偏移等;根据地表情况,可以分为非起伏地表偏移和起伏地表偏移;根据介质的复杂程度,可以分为声波介质偏移、弹性波偏移和各向异性介质偏移等。

1）射线类偏移成像和波动方程类偏移成像

射线类偏移成像技术和波动方程类偏移成像技术均以波动方程为理论基础，不同之处在于：前者利用几何射线理论计算波场的振幅以及相位信息，从而实现波场的延拓成像；后者则是基于波动方程的数值解法。两类方法各具特点，一般来说，波动方程偏移具有更高的计算精度，而射线偏移则具有更高的计算效率和灵活性。射线类偏移方法可分为 Kirchhoff 偏移和束偏移等。波动方程类偏移方法可分为基于双平方根（DSR）方程的单程波偏移、基于单平方根（SSR）方程的单程波偏移以及基于双程波动方程的逆时偏移。除此之外，近年还出现了一种介于偏移与反演之间的最小二乘偏移方法，利用反演原理对偏移成像的过程和结果进行修正，得到一个保幅的偏移结果，笔者将在下文进行详细介绍。

2）叠前偏移和叠后偏移

地震偏移可以在叠前进行，也可以在叠后进行。叠前偏移是把共炮点道集记录或共炮检距道集记录中的反射波归位到产生它们的反射界面上，并使绕射波收敛到产生它的绕射点上。在上述过程中要去掉传播效应，如扩散和衰减等，最后得到能够反映界面反射系数特点并正确归位的地震波形剖面（偏移剖面）。叠后偏移是在水平叠加剖面的基础上进行的，针对水平叠加剖面上存在的倾斜反射层不能正确地归位和绕射波不能完全收敛的问题，采用爆炸反射面的概念解决上述问题。对比这两种偏移方法可知：叠后偏移可以处理低信噪比数据，适用于水平层状介质或者小倾角地层；叠前偏移能够解决倾角不一致地层的成像问题，但是在数据信噪比较低的情况下可能会出现成像效果较差的现象。

3）时间偏移和深度偏移

时间偏移是假设横向介质速度不变，仅仅把绕射波收敛到绕射顶点上的成像技术。在介质存在横向变速的情况下，时间偏移给出的变速层下反射界面的成像结果是畸变的。深度偏移假设介质速度任意变化，把接收到的绕射波收敛到产生它的绕射点上，在任意介质分布情况下，深度偏移给出的地下反射界面的偏移结果都是正确的。为了更好地说明时间偏移与深度偏移的区别和联系，可利用成像射线的概念来诠释两者的区别。在横向速度不变的情况下，绕射时距曲线的顶点与地下绕射点具有相同的横向坐标点。但当横向速度变化时，横向变速层下的绕射点对应的绕射时距曲线的顶点与地下绕射点不具有相同的横向坐标位置，绕射顶点的横向坐标位置向倾斜速度分界面的上倾方向偏移，偏移量的大小与横向速度变化量有关。Hubral提出了成像射线的概念：成像射线是从绕射曲线的顶点对应的地表处的横向坐标位置出发达到地下绕射点的射线。当横向速度不变时，成像射线是垂直向下的，此时绕射时距曲线顶点的横坐标位置是正确的，否则收敛后的绕射时距曲线顶点的横向位置是错误的，此时时间偏移结果也是错误的。这从理论上进一步说明了时间偏移仅适用于水平层状介质情况，而在横向变速介质情况下有必要应用深度偏移进行成像。

4）二维偏移和三维偏移

三维偏移与二维偏移相比，其优势非常明显：首先，地球介质本身就是三维的，二维偏移仅仅是对地球介质信息量和处理方式的一种简化处理，要想达到对地球介质的最佳成像效果，需要应用全三维采集方式和处理方式；其次，对于地下某一成像点来讲，三维偏移能够提供来自更多方位角的数据信息，不容易产生偏移假象；再者，对于某些特殊构造，二维偏移成像很难，必须通过三维偏移才能进行准确成像，例如盐丘的侧向反射问题。当然，从计算成本和实现难度来讲，三维偏移比二维偏移的计算成本和研究成本均要高很多。因此，在某个探区使用何种偏移方法，需要综合考虑各方面的影响因素来选择。

5）非起伏地表偏移和起伏地表偏移

陆上地震勘探往往会遇到复杂的地表条件，如沙漠、戈壁、山地等地区，此时近地表速度的横向变化以及起伏的地表对地震数据采集和处理造成了很大困难。在常规处理中，通常采用高程基准面静校正方法消除地形起伏的影响，这种方法隐含着一个明显的基本假设条件——地表一致性假设，即在地表起伏不大，低速带横向速度变化缓慢的地区，地下浅、中、深层的反射经过低速带时，几乎遵循同一路径近乎垂直入射至地表，这时它们的静校正量基本相等，用简单的垂直时移进行校正，其处理精度是足够的。在地表起伏剧烈且横向速度变化较大的山地等地区，地表一致性假设不满足，地震波经地下地层的反射在到达地表时的射线将不再垂直地表，因此这种简单的时移不能消除地形的影响，因而在偏移成像时就不能准确地反映地下地质构造，尤其对于斜层和陡倾的反射层，将造成过偏移或欠偏移的现象。在实际地震资料处理中，常常采用修改偏移速度场的方法应对这种情况,这仅仅是一种权宜之计,没有操作标准,只能凭借处理人员的经验。由此可见,基准面校正加非起伏地表偏移的成像精度有待商榷。此外,复杂的近地表形态、剧烈的横向速度变化和较高的近地表速度,会使地下反射记录发生畸变,使用非起伏地表偏移方法不能进行精确的深度成像,导致成像结果产生较大偏差。在这种情况下,一般需要考虑采用针对起伏地表的偏移成像方法和技术。

6) 声波介质偏移、弹性波偏移和各向异性介质偏移

当今业界使用的大部分偏移算子都是基于地球介质为均匀、各向同性的声介质的假设下经过一定的近似得到的,因此其应用有一定的局限性。大量的研究已经证实地球介质存在各向异性,不考虑介质各向异性的偏移算子必然会带来一些在反射点归位方面的不可估计的错误。因此,研究弹性波以及各向异性介质偏移十分必要。在时间偏移中,利用各向同性算法对各向异性模型进行成像后我们发现:在叠后时间偏移剖面上,倾斜反射层在横向上存在定位误差,定位误差是上覆层各向异性平均非椭圆率、反射层倾角和上覆各向异性层厚度的函数;绕射没有完全收敛,在反射界面的端点上有绕射尾巴。随后,我们进一步给出如下结论:在极化各向异性介质中,所有纵波的时间域处理可以只用两个成像参数(水平层的时差速度和非椭圆率)来实现,从而为规模化应用带来方便。在各向异性介质条件下,采用传统的各向同性深度偏移算法会引起偏移误差,如用各向同性算法对横向各向同性(TI)介质的物理模型数据进行构造成像会产生误差,在大倾角情况下误差更大。此外,各向异性成像方法还有许多问题需要探讨与研究,如各向异性介质中相速度与群速度表征、频散关系的建立、均匀各向异性弹性波成像算子的求取以及非均匀各向异性介质成像问题等。

### 3.2.2　　　射线类偏移成像技术

同时间偏移相比,深度偏移可以对地下地质构造进行更为精确的成像。自20世纪90年代在墨西哥湾的成像实验取得巨大成功之后,叠前深度偏移引起了地球物理界的广泛重视,并很快在全球范围内得到了推广应用。深度偏移方法在过去的几十

年里得到了快速发展,并产生了许多具有各自优势的成像算法,主要可以分为射线类偏移方法以及波动方程偏移方法两大类。下面介绍几种应用较为广泛的叠前深度偏移方法,并以经典的Marmousi速度模型(如图3-23所示)为例来对比各方法的成像效果。

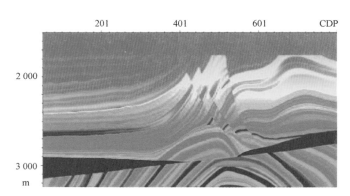

图3-23 经典Marmousi
速度模型

### 1. Kirchhoff 偏移

Kirchhoff偏移是最常用的射线类偏移方法,源于20世纪60年代的绕射扫描叠加方法,利用波动方程的Kirchhoff积分解来实现地震波场的反向传播及成像。自20世纪80年代以来,人们对Kirchhoff偏移进行了广泛的研究,衍生出一系列真振幅偏移算法以及与之相关的地震波走时算法,并因其灵活、高效的特点,在西方工业界得到了广泛应用。

Kirchhoff偏移的理论出发点是地震记录的加权绕射叠加,如共炮集Kirchhoff积分偏移可以表示为

$$I(x, x_S) = \int \mathrm{d}x_R \int \mathrm{d}t\, W\, \frac{\partial U(x_R, x_S, t)}{\partial t} \delta\big[t - (t_S + t_R)\big] \qquad (3-40)$$

式中,$x$, $x_S$, $x_R$ 分别为成像点、炮点以及接收点位置;$U(x_R, x_S, t)$ 为接收波场,其中 $t_S$, $t_R$ 分别为震源和接收点到成像点的走时;$W$ 为加权函数;$\delta[\ ]$ 为狄拉克函数;单炮成像值 $I(x, x_S)$ 为所有道成像贡献的叠加。

由式（3-40）不难看出Kirchhoff偏移的灵活性。首先，可以任意选定成像点位置波，因而可以很容易地实现局部目标的成像；其次，可以任意选定成像输入道，也就是说可以任意定义对应地下成像点的偏移孔径；再次，如果走时是通过射线追踪来求取，那么便可以通过控制地下射线的角度信息选定参与成像的数据采样；最后，还可以利用上述角度信息计算地下的偏移张角以及地质构造的倾角。除了上述特点之外，Kirchhoff偏移还具有很高的计算效率以及对观测系统的良好适应性，可以适应复杂的地表条件以及不规则的观测系统（如图3-24所示）。

图3-24　Kirchhoff叠前深度偏移原理

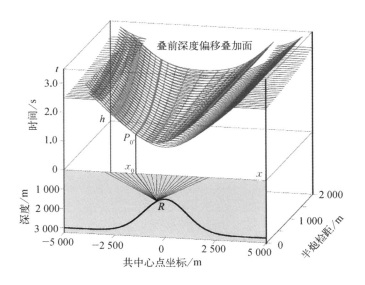

由于Kirchhoff偏移依赖于地震射线方法计算地震波的旅行时间，因此也存在缺陷，表现为：一方面，常规的射线方法存在射线的焦散区及阴影区，使得由射线振幅参数表示的真振幅加权函数的可靠性大打折扣；另一方面，若地下介质复杂，则在震源、接收点和地下成像点之间往往存在多次波至。现今大部分Kirchhoff偏移算法只选择其中的单次波至（最小走时或最大振幅），单次波至往往难以对复杂构造进行有效成像，由此引起的偏移算子的截断会造成大量的偏移噪声。虽然基于多值走时的Kirchhoff偏移算法可明显提高成像质量，但会造成计算效率明显降低，且编程计算

的复杂性大大提高。图3-25为Marmousi模型和 *M* 探区实际资料的Kirchhoff叠前深度偏移结果。

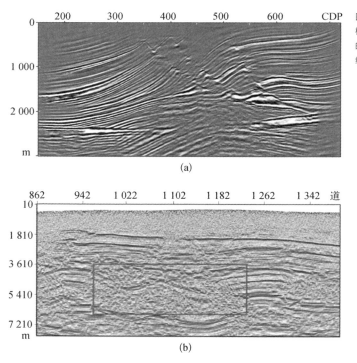

图3 -25 （a）Marmousi
模型与（b）*M* 探区实际资料
的Kirchhoff叠前深度偏移
结果

第 3 章

## 2. 束偏移

作为射线类偏移方法的另一个分支,束偏移是一种改进的Kirchhoff偏移方法,不但可以对多次波至进行成像,而且往往具有潜在的效率优势。

Hill和Sun等奠定了此类方法的理论基础,此后一系列衍生的束偏移方法得以出现。束偏移的基本实现过程大致可以分为三步:

(1)将地震数据划分为一系列局部的区域;

(2)利用倾斜叠加,将局部区域内的地震记录分解为不同方向的平面波(也就是束);

(3)利用射线走时和振幅将平面波进行映射成像。

由于不同方向平面波的映射成像过程是相互独立的,因此束偏移可以自然地对多次波至进行成像,其成像效果往往优于常规的基于单值走时的Kirchhoff偏移。此外,束偏移往往还具有Kirchhoff偏移的高效性和灵活性,并且适用于复杂的地表条件。

作为积分法偏移的改进,高斯束偏移所使用的格林函数是一系列高斯束的叠加,每条高斯束代表地下的局部波场且处处正则,从而可以自然地对多次波至进行成像,且不存在波场的奇异性区域,其成像精度优于常规的Kirchhoff偏移,并且接近于波动方程偏移(如图3-26所示)。高斯束偏移最早由Hill提出,其基本思想为将相邻的输入道进行局部倾斜叠加,并分解为局部平面波,然后通过高斯束将局部平面波分量反传至地下局部的成像区域进行成像。由于对应每条高斯束的成像过程是相互独立的,因而可以自然地实现多次波至的成像。直接将叠后高斯束偏移的思想应用于叠前,计算效率往往较低,Hill成功地解决了上述计算效率问题,提出了适用于共炮检距、共方位角数据的叠前高斯束偏移方法。随后,Gray等对上述方法进行了拓展,将高斯束偏移用于共炮集、真振幅以及各向异性介质的偏移成像,不但适用于不同道集的叠前数据以及复杂的地表条件,还可以用于弹性波多分量叠前资料的偏移成像处理,并能够抽取不同类型的成像道集进行偏移速度分析。高斯束偏移具有较高的计算效率和成像精度,尤其适用于三维深度域偏移成像,并作为一种三维迭代速度建模的有效工具。

图3-26 高斯束偏移示意图

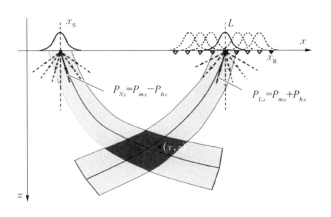

此外，CGG Vertitas公司提出控制束叠前深度偏移方法，与高斯束偏移需对$\tau-p$域内每一个采样点进行偏移不同，控制束偏移只需对$\tau-p$域内满足假定条件的采样点进行偏移（如图3-27所示）。

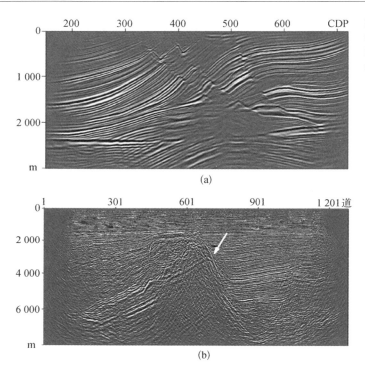

图3-27 （a）Marmousi模型与（b）中国东部$S$区实际资料的高斯束叠前深度偏移结果

## 3.2.3　波动方程叠前偏移成像技术

波动方程偏移以波动方程的数值解法为基础，通过递归波场延拓进行成像，波动方程类偏移方法可分为基于单平方根（SSR）单程波动方程的共炮集偏移、基于双平方根（DSR）单程波动方程的炮检距域偏移以及基于双程波动方程的逆时偏移。这三种波动方程偏移的波场延拓算子都是由标量波动方程推导出来的。

## 1. SSR 单程波偏移

SSR波动方程偏移采用以标量波动方程因式分解得到的上、下行波方程为基础:

$$\left[\frac{\partial}{\partial z} + i\frac{\omega}{v}\sqrt{1 + \frac{v^2}{w^2}\left(\frac{\partial^2}{\partial x^2} + \frac{\partial^2}{\partial y^2}\right)}\right] U = 0 \qquad (3-41)$$

$$\left[\frac{\partial}{\partial z} - i\frac{\omega}{v}\sqrt{1 + \frac{v^2}{w^2}\left(\frac{\partial^2}{\partial x^2} + \frac{\partial^2}{\partial y^2}\right)}\right] D = 0 \qquad (3-42)$$

式中,$U$为上行波,代表由地表向地下延拓的接收波场;$D$为下行波,代表震源波场。对于不同频率分量的上、下行波场,沿深度方向逐层进行延拓,然后在地下成像点对延拓波场利用成像条件提取成像值(如图3-28、图3-29所示)。

图3-28 SSR单程波偏移示意图

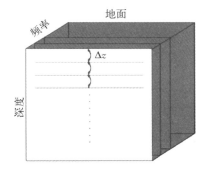

SSR波动方程偏移算法有很多种,主要分为以下几类:① 有限差分偏移,分为显式有限差分算法和隐式有限差分算法;② 频率-波数域偏移及相移偏移;③ 空间-波数双域算法,包括裂步傅里叶(SSF)偏移、傅里叶有限差分(FFD)偏移、广义屏(GSP)偏移等。一般来说,SSR波动方程的成像精度高于Kirchhoff偏移,但是计算效率相对较低,且存在两个固有缺陷:一方面,单程波偏移难以对倾角大于90°的陡倾地层进行成像;另一方面,单程波偏移难以用于真振幅成像。为此,国内外学者提出了相应的解决方法。针对陡倾地层成像问题,有人利用相移法偏移首先进行向下延拓,并保存每层近似平行传播的能量,然后再由下至上延拓以实现陡倾地层的成

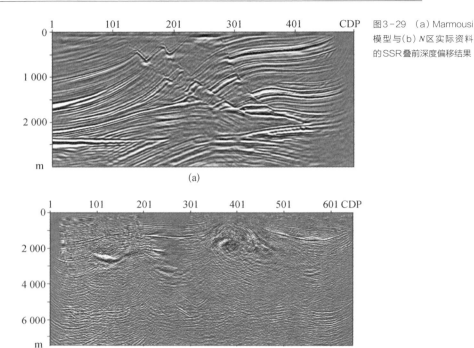

图3-29 （a）Marmousi
模型与（b）N区实际资料
的SSR叠前深度偏移结果

像。此外，倾斜坐标系下的波场延拓方法也可以在一定程度上解决上述问题。针对真振幅成像问题，基于更为准确的上、下行波方程，后人提出了真振幅单程波方程偏移方法，如利用反褶积成像条件可以得到真振幅的炮域共成像点道集，利用互相关成像条件则可以得到真振幅的角度域共成像点道集。

2. DSR单程波偏移

基于DSR算子的炮检距域偏移采用"沉降观测"的成像概念，将炮点和接收点波场交替延拓，然后提取零炮检距、零时刻波场作为成像值，由DSR波动方程（式3-43）作为传播算子（如图3-30、图3-31所示）。

$$\frac{\partial P}{\partial z} = \left[ \sqrt{\frac{1}{v_S^2} - \left(\frac{\partial t}{\partial S}\right)^2} + \sqrt{\frac{1}{v_R^2} - \left(\frac{\partial t}{\partial R}\right)^2} \right] \frac{\partial P}{\partial t} \qquad (3-43)$$

式中，$S$和$R$分别为炮点、接收点坐标矢量；$v_S$和$v_R$分别为炮点、接收点的介质速度。

图3-30 DSR单程波偏
移示意图

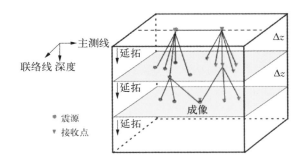

图3-31 （a）Marmousi
模型与（b）B区实际资料
的DSR叠前深度偏移结果

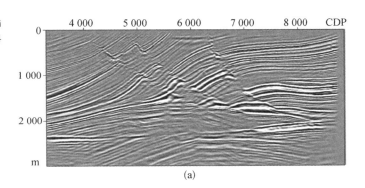

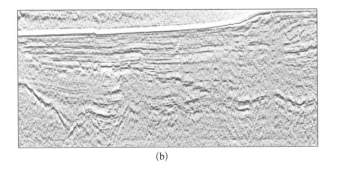

　　DSR偏移理论是由Ylimaz等建立起来的。为了处理横向变速问题，Popovici把裂步傅里叶算子引入DSR方程偏移中，提出了中点-半炮检距坐标系下的DSR方程叠前深度偏移方法。随后，有人将广义屏波场延拓算子应用于DSR方程叠前偏移成

像中。由于三维DSR方程全偏移的波场延拓过程是在五维空间上进行的，对计算机内存要求很高，而且计算量非常大。为解决上述问题，出现了专门针对具有某种特征三维"限定数据体"的DSR方程偏移方法，如Biondi等提出的共方位角DSR偏移技术及随后有人提出的窄方位角DSR偏移技术。

### 3.2.4 逆时偏移成像技术

逆时偏移，也就是所谓的双程波偏移，以地表接收到的地震记录为输入，利用逆时波场延拓重建地下波场，然后通过与震源波场的互相关而求取成像值。逆时偏移直接对波动方程进行求解，不存在射线类偏移的高频近似假设以及单程波偏移的传播角度限制，因而具有很高的成像精度（如图3-32、图3-33所示）

$$\left(\frac{1}{v^2}\frac{\partial^2}{\partial t^2} - \frac{\partial^2}{\partial x^2} - \frac{\partial^2}{\partial y^2} - \frac{\partial^2}{\partial z^2}\right) P(x, t) = 0 \qquad (3-44)$$

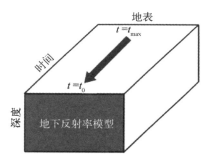

图3-32 逆时偏移示意图

逆时偏移最早由Baysal等提出，但直到现在才逐渐在实际生产中得到应用，其主要原因在于逆时偏移计算效率很低，且往往需要很大的计算机内存。国内外学者对提高逆时偏移的实用性方面做了很多工作，如：Hayashi等提出在有限差分计算过程中利用变网格降低存储需求；Vigh等利用平面波逆时偏移提高计算效率；

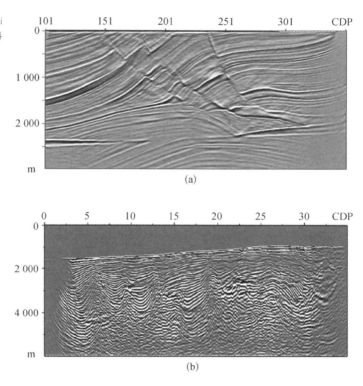

图3-33 （a）Marmousi 模型与（b）C区实际资料的逆时偏移结果

Zhang等将一种平方根算子引入到逆时偏移中，从而可以用一个类一阶偏微分方程表示双程波动方程，在时间方向求解时使用稳定的显式外推法，并在空间和波数域处理横向变速，不但计算效率高而且不会遇到频散等数值不稳定问题；Xu等应用频域外推实现逆时偏移，避开了磁盘存储以及输入/输出等问题，降低了计算成本。此外，基于不同硬件平台的逆时偏移技术也得到了迅速发展和应用。

除了上述提高计算效率等实用性方面的研究外，前人还对逆时偏移中的偏移噪声压制以及弹性、各向异性介质的偏移成像进行了深入研究，如：利用有限差分法实现了弹性波逆时偏移；利用混合算子实现了各向异性逆时偏移；使用伪谱法实现了三维TTI介质逆时偏移；使用Poynting矢量或者应用小时窗内的互相关，可确定波场的传播方向，通过改进成像条件压制成像噪声；通过微分滤波、拉普拉斯滤波以及误差预测最小平方滤波等一系列滤波方法试验,提出了在波数域压制噪声的方法。

频域逆时偏移在近几年得到了迅速发展。Kim等提出一种带震源估计的频域逆时偏移,并且用实例证明了由估计的震源子波可得到更好的逆时偏移效果。Chung等利用波场分离实现了弹性波频域逆时偏移,首先利用Helmholtz分解获得解耦的虚拟震源波场和反传波场,然后进行零延迟反褶积,得到了更为精确的成像效果。Lee等提出了利用波场L1模的频域逆时偏移,随后进一步开发了利用波场对数和L1模的频域逆时偏移,消除了在互相关成像条件下波场存在噪声时出现的扭曲成像现象。Liu等利用上、下行波场分离实现了井中频域逆时偏移,能够减少不进行波场分离的常规逆时偏移中产生的成像假象。图3-34为频域逆时偏移实例。

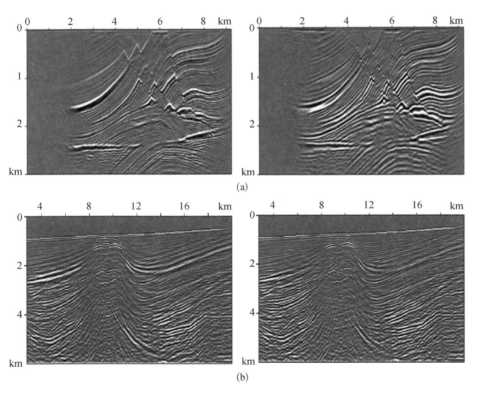

图3-34
频域逆时偏
移实例

(a)

(b)

(a) Marmousi模型无震源估计(左)和带震源估计(右)频域逆时偏移结果;(b)某探区常规(左)和带L1模(右)频域逆时偏移结果

　　保幅逆时偏移也取得了一定的进展。Phadke等针对海上地震数据，发现了一种适合声介质和弹性介质的保幅逆时偏移方法。Qin等根据保幅Kirchhoff共炮反演公式，提出一种保幅共炮逆时偏移方法，在没有低频自相关噪声时效果较好（如图3-35所示）。

图3-35 偏移结果

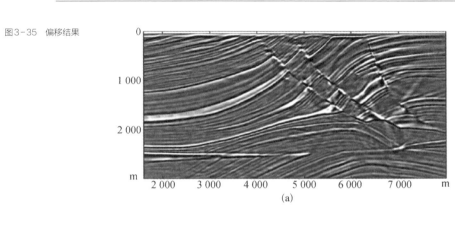

(a)

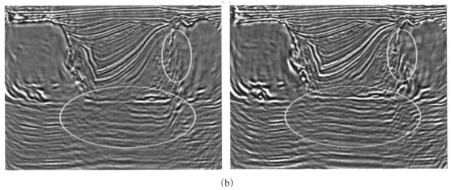

(b)

（a）改进Marmousi模型保幅逆时偏移结果；（b）探区宽方位角数据各向同性（左）和TTI（右）建模场逆时偏移结果

　　前人还针对不同介质的逆时偏移方法进行了深入研究。Duveneck等利用胡克定律和牛顿运动学方程推导了声波VTI介质正演和逆时偏移方程。Zhang等提出了一种稳定的TTI声波波动方程系统，并利用高阶有限差分进行求解，得到了能够适应工业生产的稳定的TTI逆时偏移算法，对岩下区域的成像效果较好。Fletcher等提出了一种新的TTI介质稳定波动方程，并用于TTI介质逆时偏移。Tessmer、Crawley等分别利用伪谱法实现了TTI逆时偏移，得到了高质量的成像结果。Kang等展示了一种能够描述TI介质P波、SV波和SH波的标量波动方程，并将其用于TI介质叠前标量逆时偏移，获得了较好的应用效果。

为了提高计算效率，Foltinek等在图形处理器（Graphic Processing Unit, GPU）平台上实现了逆时偏移，阐述了GPU平台下逆时偏移的优势。Sun等将TTI介质的逆时偏移算法由中央处理器（Central Processing Unit, CPU）平台推广到GPU，获得了较高的加速比，降低了计算成本。

综上所述，随着计算机软、硬件水平的发展，地震偏移已经进入了以逆时偏移和反演偏移为代表的崭新时代，束偏移仍然是业界最为青睐的实用方法，有关道集提取的研究为速度分析和建模提供了有力工具，绕射波成像促进了裂缝的识别和检测。地震偏移总的发展趋势可以概括为：

（1）叠前深度偏移已经成为地震偏移的研究主流；

（2）逆时偏移逐渐由理论研究步入工业化应用；

（3）地震偏移成功地从二维走向三维；

（4）起伏地表偏移受到广泛关注；

（5）TI、VTI和TTI介质偏移成为研究热点；

（6）反演偏移已经作为偏移领域的新宠登上历史舞台。

地震偏移成像是在一定的数学物理模型（声介质、弹性介质等）基础上，利用相应的地球物理理论，将地面观测到的多次覆盖数据反传，消除地震波的传播效应得到地下介质模型图像的过程。地震偏移的最终效果由三方面因素决定：偏移数据、偏移速度以及偏移算法。文中阐述的主要是偏移成像算法，而高质量的偏移数据以及准确合理的偏移速度也是偏移成像成功实现必不可少的条件。此外，有不同地球物理理论，对应不同偏移成像方法。可以说，几乎没有一种万能的偏移成像方法对所有地区、所有介质都适用，因此在研究偏移成像方法的同时，一定要明确方法的假设条件和适用范围，以便针对实际地震资料的特点进行具体问题具体分析，权衡计算效率和成像精度，选取适用的偏移成像方法。

### 3.2.5 全波形反演技术

早期地震反演主要是利用地震走时信息，即基于地震射线理论的反演方法。从20世纪70年代开始，由于波场模拟技术和观测技术的发展，地震学家开始研究基于波动方程的反演方法，即波形反演。波形反演完全利用了地震记录中的振幅和走时（在频率域中为相位）信息，从理论上说可大大提高地震反演分辨率。由于受限于当时的计算条件，该方法在提出之后并未被广泛研究应用，而与此理论同时发展起来的偏移方法在近几十年却逐渐成为标准的地震处理流程。随着计算机技术的高速发展，原先无法实现的全波形反演逐渐成为可能；更由于地震偏移遇到了速度建模这个技术瓶颈，近年来，越来越多的研究人员重新开始投入波形反演的理论和应用的研究。波形反演可以在时间域和频率域两个数据域中实现。时间域方法有更长的研究历史，其算法核心是逆时偏移算法，随着近年逆时偏移技术逐渐被应用，时间域波形反演实用化研究也得到很大进步。频率域方法由于其理论上的优越性，受到更多的理论研究的关注。本书中针对近地表速度建模的early-arrival反演主要采用时间域波形反演方法，而针对复杂速度模型速度建模方法主要采用频率域波形反演方法。

1. 波形反演基本理论

1）时间域和频率域

波形反演最早由Lailly和Tarantola等提出，其思想是建立一个反演目标函数使观测记录的波场数据和理论模拟波场的残差达到最小二乘。

Lailly最早提出波形最小二乘拟合反演在时间域的实现方法：作为模型扰动方向的目标函数梯度可以通过从源出射的正向传播波场和波场残差的逆向传播波场的互相关而得到，其算法与逆时偏移具有相同的算法结构，不同点在于逆时偏移逆时传播接收点记录波场，而波形反演逆时传播观测波场和模拟波场的残差。频率域波形反演公式最早由Shin推导得到。Pratt等人系统论述并实现了频率域波形反演。其思路是将波动方程变换到频率域后，对于某一单频点，时间域的逆时传播可以通过频率域波动方程的伴随方程实现，其优点主要表现在两个方面。

（1）对于某一单频点，频率域波动方程求解最后归结为一个大型稀疏矩阵方程的求解，在完成该稀疏矩阵的LU分解之后，不同炮点计算只是不同右端项的一个快速回代过程,如此对于多炮记录大大提高了计算效率。

（2）利用波场频率和模型尺度的内在联系,选择先低频后高频的反演策略,只需少数离散的频点即可完成反演,同时这种自然的多尺度实现方式减少了反演的非线性特征,提高了解的稳定性。

随着计算机技术的发展,多处理器多核并行集群的使用,时间域波形反演多炮正演很容易实现并行计算。而频率域正演求解大规模问题LU分解并行越来越困难,加速比无法随着处理器数量的增加而显著提高；更甚者,对于三维问题当前计算机内存很难满足直接LU分解的要求,其多炮快速正演的优点正在逐渐丧失。而单频多尺度的优点在时间域也很容易通过滤波方法实现。

因此,有了对时间域波形反演和频率域波形反演孰优孰劣的问题。表3-1列出了两种实现方法在解决实际问题上的一些表现。由表可见对于两种方法的计算效率不仅仅依赖方法本身,主要还依赖计算机技术的发展。频率域方法的LU分解需要更多的内存,而时间域方法为解决多炮问题需要更多的处理器。时间域方法容易实现数据的预处理和与时窗相关的各种处理,但是很难实现子波估计,而频率域方法正好相反。

表3-1 波形反演时间域和频率域实现方法对比

| 处理问题类型 | 方 法 | |
| --- | --- | --- |
| | 时 间 域 | 频 率 域 |
| 2D问题 | 计算时间依赖炮数和记录长度,效率不高,并行效率依赖处理器数量,容易实现,加速比和处理器数量近似线性 | 利用LU分解计算时间,不依赖炮数和记录长度,效率高,并行效率依赖内存,不容易实现,但可借助开源求解器,处理器数量到一定数量后,加速比很难再提高 |
| 3D问题 | 可计算,效率低 | 无法再用LU分解方法,迭代法效率低 |
| 正 演 | 精度高,依赖模型网格和时间采样,方法多样 | 声波方程实现简单,精度高,依赖模型网格 |
| 预处理 | 容易实现 | 实现困难 |
| 子波估计 | 实现困难 | 容易实现 |
| 多尺度方法 | 可以实现分频、容易时窗方法 | 实现方式多样,时窗法实现困难 |

2）时间域算法原理和实现

（1）时间域标量波动方程

时间域标量波动方程如式（3-45）所示。

$$\frac{1}{\kappa^2(x)} \frac{\partial^2 p(x, t; x_s)}{\partial t^2} - \nabla \cdot \left( \frac{1}{\rho(x)} \nabla p(x, t; x_s) \right) = s(t)\delta(x - x_s) \quad (3-45)$$

式中，$\kappa(x) = \rho(x)v^2(x)$ 为体积模量，$v(x)$ 为模型速度，$\rho(x)$ 为模型密度，$x$ 为模型网格位置；$p(x, t; x_s)$ 为波场；$s(t)$ 为震源，$\delta(\cdot)$ 为 Dirac 函数，$x_s$ 为震源位置。式（3-45）可使用有限差分、有限元等数值解法方便求解。本文采用16阶交错网格有限差分公式。式（3-45）的解可写成如下形式：

$$p(x, t; x_s) = G(x, t; x_s, 0) * s(t) \quad (3-46)$$

式中，$G(x, t; x', 0)$ 为 Green 函数，$*$ 为褶积。由式（3-46）得到的波场记为 $p_{cal}$，实际观测的波场记为 $p_{obs}$，时间域波形反演即求取使目标函数极小的模型 $m$：

$$C(m) = \frac{1}{2} \sum_{s \in S} \sum_{r \in R_s} \int_0^T \left[ p_{obs}(x_r, t; x_s) - p_{cal}(x_r, t; x_s) \right]^2 \quad (3-47)$$

由式（3-47）推导得到：

$$g_v = \frac{1}{v^3(x)} \sum_{s \in S} \sum_{r \in R_s} \int_0^T \frac{\partial p(x, t; x_s)}{\partial t} \frac{\partial p_b(x, t; x_s, x_r)}{\partial t} \mathrm{d}t \quad (3-48)$$

式（3-48）为本文计算所用的速度校正梯度方向。由式（3-48）可见，波形反演校正梯度方向公式和逆时偏移成像具有完全相同的算法结构，不同之处在于波形反演将波形残差而非观测波场逆时传播，其成像条件为正传波场和逆传波场对时间一阶导数的零延迟互相关。计算得到梯度方向之后，可用如下的最速下降法公式更新模型。

$$m_{k+1} = m_k - \alpha_k (g_m)_k \quad (3-49)$$

式中，下标 $k$ 为迭代次数；$m$ 为模型参数，对于我们研究的速度建模问题即速度 $v$；$\alpha$ 为需要优化选取的校正步长。

（2）early-arrival 反演

early-arrival 特指地震初至后几个子波长度的波场信息。early-arrival 反演就是只利用 early-arrival 信息的波形反演。Pratt 最早在井间地震波形反演中使用了该方法。Sheng 等研究该方法进行表层速度建模，研究认为 early-arrival 反演相比走时初至反演利用了更多的波场信息，反演结果具有更高的分辨率。另一方面 early-arrival 反演相比全波形反演，其目标函数局部极值较少，反演结果更稳定。early-arrival 反演实现首先利用在时间域记录上切除 early-arrival 之外的地震信息，然后用时间域波形反演实现。

（3）频率域算法原理和实现

频率域单频标量声波方程可写成如式（3-50）所示形式：

$$\frac{\omega^2}{\kappa(x,z)}\widetilde{p}(x,z,w) + \frac{\partial}{\partial x}\left(\frac{1}{\rho(x,z)}\frac{\partial \widetilde{p}(x,z,\omega)}{\partial x}\right) +$$

$$\frac{1}{\partial z}\left(\frac{1}{\rho(x,z)}\frac{\partial \widetilde{p}(x,z,\omega)}{\partial z}\right) = -\widetilde{s}(x,z,\omega) \tag{3-50}$$

式中，$\omega$ 为频率，$\kappa$ 为体积模量，$\rho$ 为密度，$\widetilde{p}$ 为频率域波场，$\widetilde{s}$ 为单频震源形式。利用有限差分或者有限元法求解上式可简化为

$$A(\kappa,\rho,\omega)\widetilde{p} = \widetilde{s} \tag{3-51}$$

由于矩阵 $A$ 只和频率和模型参数相关，所以对于同一频率多炮数据具有相同的矩阵 $A$，对矩阵 $S$ 进行 LU 分解有

$$LU\begin{bmatrix} \widetilde{p}_1 & \widetilde{p}_2 & \cdots & \widetilde{p}_n \end{bmatrix} = \begin{bmatrix} \widetilde{f}_1 & \widetilde{f}_2 & \cdots & \widetilde{f}_n \end{bmatrix} \tag{3-52}$$

利用公式（3-52）正演多炮记录，算法时间复杂度和炮数无关，大大提高了多炮数据的正演计算效率，为频率域反演打下了良好的基础。

（4）模型试算

为了验证波形反演结果对复杂近地表模型的建模效果，这里对 Marmousi 模型进行了试算。选取模型表层一段，由一组逆冲断层构成，结构复杂，常被用来作为深度偏移方法的测试模型，该模型最低速度为 1 500 m/s，最高速度为 5 500 m/s；原始模型网格间距 $d_x = 12.5$ m，$d_z = 4$ m；网格数 $n_x = 737$，$n_z = 750$。试算对模型进行重新采样，横向网格间距和网格数不变，纵向重采样后 $d_z = 12.5$ m，$n_z = 240$。重采样使用 su 软件中的 unisam2 命令。模拟数据观测系统为炮距 50 m，共计 184 炮，全排列接收。

为了突出对比表层速度建模效果,用ximage命令显示最低速度1 500 m/s,最高速度2 200 m/s。图3-36显示了反演结果,其中图3-36(a)显示了真实Marmousi模型的表层结构,图3-36(b)为走时层析反演的初始速度,是一个1 500 m/s～500 m/s线性变化模型,图3-36(c)为利用时间域波形反演方法反演早震数据的结构,由图可见,波形反演精细刻画了真实速度模型的表层结构,具有很高的反演分辨率。

图3-36 Marmousi 模型表层反演结果

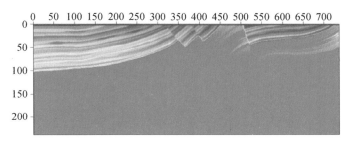

(a) 真实模型

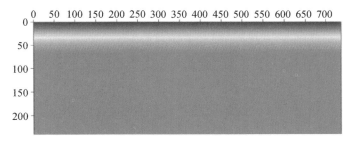

(b) 初始模型

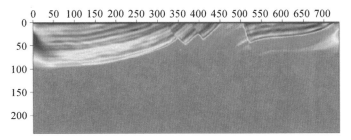

(c) 时间域波形反演结果

频率域反演算法：从线性变化初始模型开始，应用单频顺序反演频点：0.3～18 Hz，频率间隔0.3 Hz，共计60个频点，每个频点最多迭代10次，如图3-37所示。

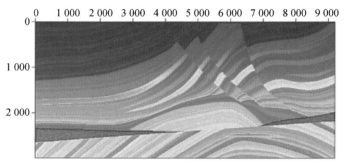

图3-37　Marmousi模型波形反演结果

(a) 真实模型

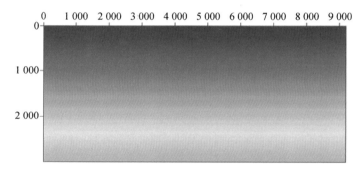

(b) 初始模型

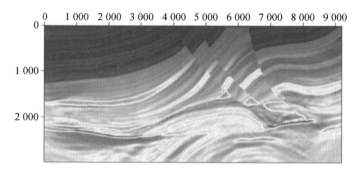

(c) 18 Hz反演最终结果

## 3.3　　　　全方位各向异性偏移成像技术

早在17世纪，就有人提出各向异性的概念，各向异性的理论基础之一是广义胡克定律。到19世纪，人们开始对各向异性进行较为广泛的研究。20世纪20—30年代，各向异性的概念被引入地震学领域，当时在进行横波勘探中已经遇到利用现有地震波理论不能解释的横波分裂等现象，由此提出了地下存在各向异性介质的假设。进一步的研究发现，各向异性介质是普遍存在的。地下介质广泛存在各向异性的特性，地层各向异性与油气田的勘探开发及地球深部动力学系统等都有密切的关系。各向异性介质是一种具有使弹性波的传播随方向而异的物性介质。

同时，全方位地震数据在近几年也取得了长足的进步和应用。地表地震数据在页岩气成藏勘探中扮有十分重要的作用。近来，通过提高成像质量、分辨率以及新的采出方式等手段可以获得丰富和广泛方位的地震工区。虽然石油天然气工业在这些丰富的地震采集的地表采样中取得了极大的进步，但是却没有在地下采样中获得相同的成绩。为了适应在传统和现代陆上和海上采集所具有的丰富的方位角信息，石油天然气工业已经开始依靠对记录的地震数据的采集划分，以及随后独立的处理和成像环节。不幸的是由于部分划分方法的局限性，那些我们需要保护的地下方向数据、分辨率以及成像的完整性都进行了折中处理。结果在这些丰富的地震采集资料中所获得的回报就打了个折扣。

为了克服这些限制，给地质科学家和工程学家们提供了一个具有新数据和新观点的完全不同的新方法，这一方法可以对他们的勘探和开发项目造成影响。到目前为止，一项新的技术——全方位角分解与成像技术被建议应用到页岩气储层中，以确保对地下应力的方向和强度有一个更好的理解。这一技术是设计用来在地下的各个方向按连续的方式进行采样的。这一技术的运用结果是可以以一种新颖的方式为解释人员提供与地震数据交互的新的数据图像，并且使得解释人员在描述页岩油气藏时具有更多的数据和信心。通过应用完整记录的波场信息，可以为生成地下全方位、依赖角度的成像提供一种新的方法。这一方法形成了全方位反射的角道集资料，这一资料符合经由直接观测和在一个有效的速度媒介中进行

HTI 参数反演过程所确定的结果。

## 3.3.1　各向异性与全方位基本概念

广义上讲,当介质的特性在同一点处随方向发生变化时,则认为介质是各向异性介质。利用地震资料研究裂隙裂缝发育的方向和密度意义重大。对于油气勘探而言,碳酸盐岩是一个有利的高产油气层,世界上约有60%的油气来自碳酸盐岩储层,而碳酸盐岩储层与裂隙裂缝的关系极为密切。对于煤矿开采而言,研究裂隙裂缝的作用更为重要,主要表现在煤层底板突水和瓦斯突出两个方面。华北大部分矿区的煤系地层基底为奥陶系灰岩,区内张裂性、张剪性断裂及陷落柱非常发育,奥灰水往往借助于小断层或岩溶陷落柱等导水通道突破煤层底板涌入工作面,造成矿井涌水量的增加甚至淹井的煤矿灾害,简称"水害"。瓦斯突出是指煤矿生产过程中,从煤层、岩层及采空区放出的各种有害气体在工作面上富集并涌出,从而引起瓦斯爆炸的煤矿灾害,简称"火灾"。无论是"水害"还是"火灾",其罪魁祸首都是岩层中的裂隙裂缝。由于裂隙裂缝是水及瓦斯富集、存储、运移的场所,因此查明采区内断层、裂隙裂缝的分布有利于预防煤层底板突水和瓦斯突出,直接涉及煤矿的安全生产。

大量的研究工作和观测数据表明,含裂隙裂缝介质的性质可以用各向异性介质理论进行解释,而传统的地震理论仅研究各向同性介质。本章讨论各向异性介质中弹性波传播理论的意义也在于此。

1. 地震各向异性

在地震勘探中,各向异性是指在地震波长的尺度下介质弹性特征随方向发生变化。图3-38给出各向同性介质与各向异性介质的地震波速度变化。

一般来说,引起地震各向异性的主要因素为:

(1)结构各向异性;

(2)地层中方向应力导致的各向异性;

(3)岩性各向异性;

（4）地层中岩石晶体定向排列导致的各向异性；

（5）岩石定向裂隙裂缝导致的各向异性。

图3-38　各向同性
介质与各向异性介质
的地震波速度变化

 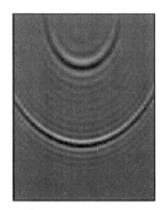

(a) 各向同性介质　　　　　　　　　(b) 各向异性介质

## 2. 各向异性介质的类型

各向异性介质按其弹性性质变化的程度可进行以下分类。

1）极端各向异性介质

如果介质中任一点处沿任意方向的弹性性质都是不同的，则这种介质称为极端各向异性介质，具有21个独立弹性参数。

2）正交各向异性介质

如果介质中存在一个平面，在平面对称的方向上弹性性质是相同的，则该平面称为弹性对称面，垂直弹性对称面的方向称为弹性主方向。

如果介质中有三个相互正交的弹性对称面，且它们的弹性主方向上的弹性性质互不相同，则这种介质称为正交各向异性介质，具有9个独立弹性参数。

3）横向各向同性介质

如果介质中存在一个弹性对称面，在平面内沿所有方向的弹性性质都是相同的，而垂直平面各点的轴向都是平行的，则称该平面为各向同性面，垂直各向同性面的轴为对称轴。

具有各向同性面的介质称为横向各向同性介质,简称TI(Transverse Isotropy)介质。

当TI介质的对称轴垂直时,称其为VTI(Transverse Isotropy with a Vertical axis of symmetry)介质,即具有垂直对称轴的横向各向同性介质。它近似地表示水平层状介质周期性沉积的薄互层各向异性介质,因此VTI介质也称为PTL(Periodic Thin-Layer)各向异性介质。图3-39为PTL介质示意图。

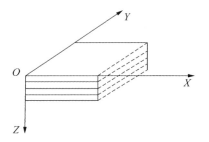

图3-39 PTL(VTI)介质示意图

当TI介质的对称轴水平时,称其为HTI(Transverse Isotropy with a Horizontal axis of symmetry)介质,即具有水平对称轴的横向各向同性介质。HTI介质近似地表示空间排列垂直裂隙而引起的各向异性,也称为扩容各向异性介质,简记EDA(Extensive Dilatancy Anisotropy)介质。EDA介质是典型的方位各向异性介质,图3-40为EDA介质示意图。

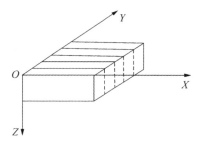

图3-40 EDA(HTI)介质示意图

根据各向异性介质的对称特性，Crampin于1981年将各向异性介质分为8类，其矩阵形式如下。

（1）三斜对称各向异性介质

$$C = \begin{bmatrix} c_{11} & c_{12} & c_{13} & c_{14} & c_{15} & c_{16} \\ c_{21} & c_{22} & c_{23} & c_{24} & c_{25} & c_{26} \\ c_{31} & c_{32} & c_{33} & c_{34} & c_{35} & c_{36} \\ c_{41} & c_{42} & c_{43} & c_{44} & c_{45} & c_{46} \\ c_{51} & c_{52} & c_{53} & c_{54} & c_{55} & c_{56} \\ c_{61} & c_{62} & c_{63} & c_{64} & c_{65} & c_{66} \end{bmatrix} \tag{3-53}$$

（2）单斜对称各向异性介质

$$C = \begin{bmatrix} c_{11} & c_{12} & c_{13} & 0 & c_{15} & 0 \\ c_{21} & c_{22} & c_{23} & 0 & c_{25} & 0 \\ c_{31} & c_{32} & c_{33} & 0 & c_{35} & 0 \\ 0 & 0 & 0 & c_{44} & 0 & c_{46} \\ c_{51} & c_{52} & c_{53} & 0 & c_{55} & 0 \\ 0 & 0 & 0 & c_{64} & 0 & c_{66} \end{bmatrix} \tag{3-54}$$

（3）正交对称各向异性介质

$$C = \begin{bmatrix} c_{11} & c_{12} & c_{13} & 0 & 0 & 0 \\ c_{21} & c_{22} & c_{23} & 0 & 0 & 0 \\ c_{31} & c_{32} & c_{33} & 0 & 0 & 0 \\ 0 & 0 & 0 & c_{44} & 0 & 0 \\ 0 & 0 & 0 & 0 & c_{55} & 0 \\ 0 & 0 & 0 & 0 & 0 & c_{66} \end{bmatrix} \tag{3-55}$$

（4）四方对称各向异性介质

$$
C = \begin{bmatrix}
c_{11} & c_{12} & c_{13} & 0 & 0 & c_{16} \\
c_{12} & c_{11} & c_{13} & 0 & 0 & -c_{16} \\
c_{13} & c_{13} & c_{33} & 0 & 0 & 0 \\
0 & 0 & 0 & c_{44} & 0 & 0 \\
0 & 0 & 0 & 0 & c_{44} & 0 \\
c_{16} & -c_{16} & 0 & 0 & 0 & c_{66}
\end{bmatrix}
\tag{3-56}
$$

$$
C = \begin{bmatrix}
c_{11} & c_{12} & c_{13} & 0 & 0 & 0 \\
c_{12} & c_{11} & c_{13} & 0 & 0 & 0 \\
c_{13} & c_{13} & c_{33} & 0 & 0 & 0 \\
0 & 0 & 0 & c_{44} & 0 & 0 \\
0 & 0 & 0 & 0 & c_{44} & 0 \\
0 & 0 & 0 & 0 & 0 & c_{66}
\end{bmatrix}
\tag{3-57}
$$

（5）三角对称各向异性介质

$$
C = \begin{bmatrix}
c_{11} & c_{12} & c_{13} & c_{14} & -c_{25} & 0 \\
c_{12} & c_{11} & c_{13} & -c_{14} & c_{25} & 0 \\
c_{13} & c_{13} & c_{33} & 0 & 0 & 0 \\
c_{14} & -c_{14} & 0 & c_{44} & 0 & c_{25} \\
-c_{25} & c_{25} & 0 & 0 & c_{44} & c_{14} \\
0 & 0 & 0 & c_{25} & c_{14} & 0.5(c_{11}-c_{12})
\end{bmatrix}
\tag{3-58}
$$

$$
C = \begin{bmatrix}
c_{11} & c_{12} & c_{13} & c_{14} & 0 & 0 \\
c_{12} & c_{11} & c_{13} & -c_{14} & 0 & 0 \\
c_{13} & c_{13} & c_{33} & 0 & 0 & 0 \\
c_{14} & -c_{14} & 0 & c_{44} & 0 & 0 \\
0 & 0 & 0 & 0 & c_{44} & c_{14} \\
0 & 0 & 0 & 0 & c_{14} & 0.5(c_{11}-c_{12})
\end{bmatrix}
\tag{3-59}
$$

（6）六方对称各向异性介质

$$
\boldsymbol{C} = \begin{bmatrix}
c_{11} & c_{12} & c_{13} & 0 & 0 & 0 \\
c_{12} & c_{11} & c_{13} & 0 & 0 & 0 \\
c_{13} & c_{13} & c_{33} & 0 & 0 & 0 \\
0 & 0 & 0 & c_{44} & 0 & 0 \\
0 & 0 & 0 & 0 & c_{44} & 0 \\
0 & 0 & 0 & 0 & 0 & 0.5(c_{11}-c_{12})
\end{bmatrix} \tag{3-60}
$$

（7）立方对称各向异性介质

$$
\boldsymbol{C} = \begin{bmatrix}
c_{11} & c_{12} & c_{12} & 0 & 0 & 0 \\
c_{12} & c_{11} & c_{12} & 0 & 0 & 0 \\
c_{12} & c_{12} & c_{11} & 0 & 0 & 0 \\
0 & 0 & 0 & c_{44} & 0 & 0 \\
0 & 0 & 0 & 0 & c_{44} & 0 \\
0 & 0 & 0 & 0 & 0 & c_{44}
\end{bmatrix} \tag{3-61}
$$

（8）各向同性介质

$$
\boldsymbol{C} = \begin{bmatrix}
c_{11} & c_{12} & c_{12} & 0 & 0 & 0 \\
c_{12} & c_{11} & c_{12} & 0 & 0 & 0 \\
c_{12} & c_{12} & c_{11} & 0 & 0 & 0 \\
0 & 0 & 0 & c_{44} & 0 & 0 \\
0 & 0 & 0 & 0 & c_{44} & 0 \\
0 & 0 & 0 & 0 & 0 & c_{44}
\end{bmatrix} \tag{3-62}
$$

3. 各向异性介质中的弹性理论

弹性波在各向异性介质中与在各向同性介质中遵循不同的传播规律，满足不同的波动方程，具有不同的波型、极化、相速度、群速度等波动特征。对于各向异性介质，通常利用广义胡克定律来描述应力与应变之间的关系，即介质的本构方程：

$$\sigma_{ij} = \sum_{k=1}^{3} \sum_{l=1}^{3} c_{ijkl} \varepsilon_{kl} \quad (i, j, k, l = 1, 2, 3) \tag{3-63}$$

式中，$\sigma_{ij}$ 为应力张量；$c_{ijkl}$ 为弹性劲度常数，简称弹性系数，也称刚度张量或刚度矩阵；$\varepsilon_{kl}$ 为应变张量。因为式（3-63）中包含9个方程（下标 $ij$ 所有可能的组合），每个方程中有9个应变变量，故有81个弹性系数。当应力满足对称（$\sigma_{ij} = \sigma_{ji}$）时，可以增加条件：

$$c_{ijkl} = c_{jikl} = c_{ijlk} = c_{jilk}$$

这样81个弹性系数减少到36个，广义胡克定律有如下形式：

$$\begin{bmatrix} \sigma_{xx} \\ \sigma_{yy} \\ \sigma_{zz} \\ \sigma_{yz} \\ \sigma_{zx} \\ \sigma_{xy} \end{bmatrix} = \begin{bmatrix} c_{11} & c_{12} & c_{13} & c_{14} & c_{15} & c_{16} \\ c_{21} & c_{22} & c_{23} & c_{24} & c_{25} & c_{26} \\ c_{31} & c_{32} & c_{33} & c_{34} & c_{35} & c_{36} \\ c_{41} & c_{42} & c_{43} & c_{44} & c_{45} & c_{46} \\ c_{51} & c_{52} & c_{53} & c_{54} & c_{55} & c_{56} \\ c_{61} & c_{62} & c_{63} & c_{64} & c_{65} & c_{66} \end{bmatrix} \begin{bmatrix} \varepsilon_{xx} \\ \varepsilon_{yy} \\ \varepsilon_{zz} \\ \varepsilon_{yz} \\ \varepsilon_{zx} \\ \varepsilon_{xy} \end{bmatrix} \tag{3-64}$$

式中，$c_{ij}(i, j = 1,2,3,4,5,6)$ 为弹性系数。

由于弹性系数是应变的单值函数，即 $c_{ij} = c_{ji}$。因此，描述一个复杂的弹性介质需要21个弹性系数。

4. 全方位基本概念

全方位采集是在墨西哥湾对基性岩进行勘探的基本工具。在那里，它多次呈现出高保真度的地震成像，这是传统的海洋三维窄方位地震图像（NAZ）技术无可比拟的。在墨西哥海湾，迄今为止，大部分利用全方位采集技术的勘探已使用多个震源船和多次记录船来采集直线航行线路集的数据。Moldoveanu 于2008年引入了环形激发技术，它可以在航线是曲线甚至是圆的情况下采集全方位（FAZ）三维地震数据（如图3-41所示）。该技术只使用一只采集船就可以工作，这就使得在某些不能同时调用数只地震船的地区，使用FAZ数据采集技术在方法上有效而且在经济上可行。此外，和直线航行比较，地震船环形激发可以获得更好的方位采样。

图3-41 环形激发采集的原理

自2006年以来的试验和2008年的首次商业运用表明,环形激发技术是一种高效可行的方法。它可以在测区通过炮点变化采集360°全方位的数据(图3-42,Ross,2008)。从墨西哥和世界其他地区的项目结果表明,全方位采集技术可以对某些复杂地质环境进行成像,比NAZ更具有优势。它潜在的好处包括它可以更好地进行噪声压制,多重衰减,研究水平层的连续性和断层成像。除了已证明对盐岩周围及其下面成像有用外,该技术有望改善玄武岩下沉积物和碳酸盐层的成像。这将是一个挑战,尤其在深水中或潜在的油气盆地中(如图3-43所示)。多方位的数据分析也可用于描述各向异性,以提供断裂位置、超压层和储层的应力方向。

图3-42 方位上偏移距对采集的相对贡献(从紫到红代表道数增多)

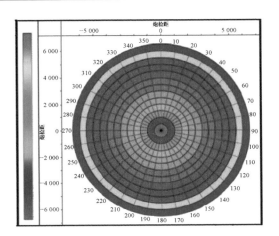

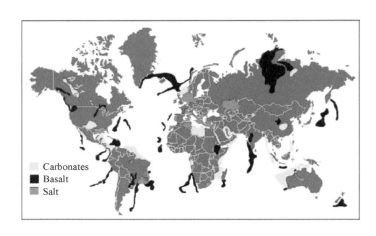

图3-43 全方位地震采集对各地的盐岩玄武岩和碳酸盐探测

采用全方位地震采集数据的最重要的好处是可以提高如盐岩及其四周沉积物等复杂地质的信息强度。尤其是在某个方向明显占优势的情况下，地震射线路径可能会漏掉一部分地表附近的记录。在这种情况下，全方位地震数据采集比 NAZ 勘探更具优势。如果没有足够的强度，复杂地质体产生的声学扭曲在成像过程中就得不到校正。因此，即使有足够保真度的地表附近成像也不能准确确定与勘探有重要关系的构造要素，以致油藏描述出错。为了达到最大强度，数据集密度要大，覆盖次数要多，要通过炮点变化获得尽可能宽的角度范围。这样就可以在超覆层和目标构造之间进行有效的成像。该数据集也应该在频谱的高、低两端有尽可能宽的带宽，以得到高分辨率、深穿透的和更准确的地震反演。

采用全方位采集，运用先进的处理流程，可以在成像质量和了解各向异性方面获得进一步的突破。除此之外，采用全方位测量与其他地震的和非地震的测量手段相结合，可以建立更多约束条件的模型，然后用双因子波动方程方法进行更精确地偏移。全方位技术具有以下几种优势。

1）真方位角的获取

多次反射波产生于具有高的声阻抗差的界面之间，如海面和海底，或海面和盐岩顶界。它的抑制非常难，主要是因为它们往往具有复杂的三维射线路径。采用模拟多次反射，然后采用三维相关表面多次波压制技术（3D-SRME）和波形预测技术可以减弱多次反射（如图3-44所示）。环状发射技术所具有的高密度和FAZ覆盖技术为真正的3D-SRME技术的应用提供了理想的数据类型。

图3-44 （a）处理前的多次波和(b)处理后的原始反射波能量图

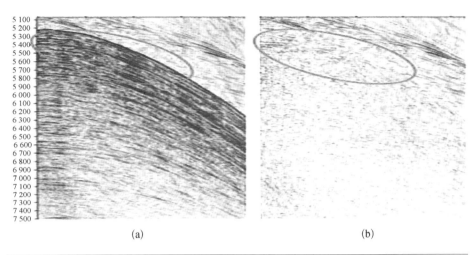

(a)                    (b)

简单地讲，3D-SRME衰减算法建立了一个自由表面的模型。它包含了大量的携带一次反射波信息的道来准确反映自由表面。一个三维相关表面多次波，理论上可以来自震源和检波器中点附近任何有裂隙的地方。在实践中，裂隙内的每个三维网格节点被认为是一个可能的下行波反射点（DRP）。要使三维相关表面多次波衰减技术最有效，震源和检波器最好放在所有可能的下行波反射点上，以精确地建立多次波模型。

2）精确成像

利用FAZ方法采集的数据，结合其他地震和非地震测量手段，可以构建出更高限制条件的和更准确的并且适合准确成像算法的模型。Western Geco于2009年使用该方法建立模型来研究基性岩地区的各向异性参数 $\varepsilon$ 和 $\delta$。这两个参数结合井的信息可以获得由叠加速度校正为垂直速度的不同校正量。VTI或TTI泥-盐岩模型能够满足需要，也是因为使用潜水波和反射地震层析成像技术，采用全方位采集的结果。通过改变垂向纵波速度$vp$或同时改变垂向纵波速度 $vp$、$\varepsilon$、$\delta$ 和井参数的组合，可进行多次地震层析成像。井雾和垂直地震技术（VSP）旅行时间测量可用作基本参数,扫描可以调整 $\varepsilon$ 和 $\delta$。

3)更好的速度模型

在复杂地质区,现有的建立速度模型的方法在提供精确成像模型上存在缺陷。用更多的测井的、VSP 的、重力和大地电磁测量的地质力学模型以及盆地模拟研究,对建立的模型方法进一步进行数据限制,可提高基性岩成像模型的准确性和达到其他复合目的。如果数据不能限制模型的话,整体迁移可能是有用的。此外,多方位网格成像可以确定地震各向异性模型中的不确定性,从而避免进入构造成像的误区。

4)新的机遇

从早期反射地震成像技术开始,新的采集技术就往往先于相应的处理方法发挥出其巨大的潜力。事实上,多年来,由于无法进行充分的数据处理,一些采集技术不得不被弃用。如今,全方位采集既给我们发出了挑战,同时也提供了机遇。好消息是,现有的处理技术已经可以显著地改善成像质量。更令人兴奋的是,合适的计算机性能和先进的处理方法正在迅速发展。如此一来,我们将可以从不同频率、不同方位、不同偏移距的数据信息中获得更多益处。

## 3.3.2 各向异性层析成像速度建模

众所周知,速度建模是地震资料成像处理的核心。多年来人们还是在依据不同域的道集拉平、能量叠加来判断最佳速度,产生新的速度分析手段、判别准则比较难,这就迫使人们转向求助综合地质判断正确分析速度。

这里我们从初始的时间域速度建模开始,重点介绍深度域的速度建模,简述一下整个各向异性速度建模的流程及相关技术。

1. 时间域速度建模

复杂地区地震成像的关键问题是低信噪比和复杂地表情况下如何准确估计偏移速度。为此我们提出的时间域偏移速度建模思想是:对偏移速度进行常规垂向速度分析进行优化,借助于层速度与构造约束的理念开展时间偏移速度建模研究;初始时间域层速度来源于较高质量的均方根速度模型,利用约束反演的方法得到并优化时间域层速度;利用剩余速度分析和层位约束进行速度优化;利用弯曲射线叠前时间偏移方法开展叠前偏移。这里我们把叠前时间偏移作为一种偏移速度分析工具,利用它可以得到较为准确的初始速度模型。流程如图3-45所示。

图3-45 叠前时间偏移
均方根速度建模流程

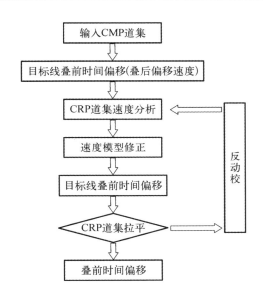

## 2. 深度域速度建模

叠前深度偏移处理技术是目前解决山前带复杂构造精确成像的最佳手段。从初始模型的获得到层速度建模再到网格层析以及每个步骤的优化,都需要精细的雕刻和反复的实验,在建立好工作流程的同时注意每个细节是精确成像的关键。这里我们着重讲深度域各向异性层析成像的速度建模,其基本流程是:用层析法进行速度优化得到最终的时间域层速度模型。在此基础上开展深度域层速度模型建立与优化,同时利用井资料建立深度域各向异性参数体,并利用叠前深度偏移进行速度优化与比较。

在此,我们主要讲述Kirchhoff速度建模的方法,它是一个逐步渐进的过程,与偏移密不可分,需要通过多伦偏移迭代,每一轮生成不同的剩余量来对速度进行校正。

叠前深度偏移速度建模所需数据准备包括：精细处理后的CMP道集，叠加数据体和时间偏移数据体，叠加速度和时间偏移速度。深度域速度建模的主要思路是：

（1）以地震资料精细处理道集成果为基础，与处理解释相结合，利用叠前时间偏移数据体建立构造模型；

（2）利用叠前时间偏移建立的速度场进行转换得到深度域初始层速度－深度模型，准备初始目标线叠前偏移；

（3）根据初始层速度模型，通过试验确定偏移孔径，在此基础上开展目标线叠前深度偏移，得到共反射点成像道集；

（4）基于生成的共反射点道集，利用剩余速度延迟分析和层析成像等技术迭代修改和优化层速度－深度模型；

（5）最后用优化后的最终速度模型开展后续的各向异性速度建模。

也可以不采用沿层速度建模，尤其对于构造复杂的地质目标体，对于分层明显的地区，沿层建模具有很好的优势，对于复杂地区，我们也可以直接对全局进行网格层析，来应对分层不明显的问题，并克服沿层速度建模的层与层之间速度差别较大，层内部速度变化尤其垂向变化较小的技术不足的问题。

以沿层建模为基础，速度建模具体展开实现的步骤如下。

1）时间域构造模型建立

叠前深度偏移速度建模需要建立一个准确的构造层位模型对速度－深度地质模型的建立进行约束。为此，首先要在时间偏移数据上进行构造层位解释，时间域构造层位是否正确将直接影响层速度求取的精度和成像效果。由于叠加剖面上绕射波、断面波等纵横交错，很难拾取时间层位，故应在时间偏移剖面上尽量选取强能量的速度界面，进行构造层位解释。当然这些构造层位模型建立要基于井资料标定后开展解释，且是一个具有地质含义的层位构造模型。为了准确建立速度模型，首先由浅层到深层通过解释层位按照构造变化建立构造模型，因为它直接影响速度模型的建立精度。构造解释要遵循以下原则：通过构造解释来控制浅层－深层构造平面分布；沿界面开展层析法速度反演，将会取得界面速度分布；为了考虑地层速度分析精度，尽量选强构造层位,以此控制层速度横向变化;层位之间间隔应在300~500 ms,由浅到深控制层位空间变化。

2)初始层速度-深度模型的建立

层速度求取是借助于构造层位、CMP道集、时间偏移速度模型等综合完成的。层速度求取分为层速度相干反演法、叠加速度反演法、层速度转换三种。在水平层状或平缓地层的情况下,常用偏移速度转换层速度;当工区信噪比低时,速度反演是一个比较好的选择;而相干反演法不受地层倾角的限制,有比较高的精度,但是同时也需要资料有较高的信噪比。对信噪比低的地震资料常常把三种方法相结合来求取层速度。

3)目标线叠前深度偏移

有了初始层速度模型,可以进行目标线的叠前深度偏移。目标线的选择一般要求能够控制速度的纵横向的变化,其目的是为了产生用于模型修正的CRP道集。叠前深度偏移若采用Kirchhoff积分法,其旅行时间计算方法有:Fermat法、球面Eikonal程函和波前重建等。其中Fermat法使用了直角坐标网格;而球面坐标系网格接近于真正的波前传播,提供更好的成像效果。球面Eikonal方法给出了Eikonal方程解。波前重建方法对地震波场进行重新建造,原理上它支持多路径或多到达时,但运算量巨大,目前它仅支持最短路径。偏移方法同时包括最短路径与最短时间选项,后者是缺省值。如何选择,需要依具体情况而视。

4)层析法速度模型迭代优化

叠前深度偏移是以模型为出发点,目的是得到更清晰的地下模型,其成像过程实际上是一个不断迭代与优化的过程。利用初始的速度模型作为输入,以几条条线为间隔对每一条目标线进行叠前深度偏移,得到深度域成像道集与目标线深度偏移剖面。如果速度模型正确,则CRP道集被拉平;反之,则CRP道集存在一定的时差,深度延迟谱中存在一定的延迟量。深度延迟量是用于速度模型修正的依据,因此延迟量的计算及延迟量的拾取非常重要。延迟量计算时应慎重选取切除线及时窗大小。拾取延迟谱时,应尽量平滑,沿趋势拾取。我们主要选择沿层速度优化思路。

层析成像法速度模型优化:层析成像法是优化深度速度模型的一种全局方法,

它利用每一层的剩余误差作为输入,寻找一个最优的速度模型,从而使误差最小。当层速度模型与实际情况比较接近时,进一步精细优化需要采用该方法。该方法耗费大量机时,需要做并行运算。通过同时对速度和深度进行修改,得到最终速度模型。经过模型优化后得到新的深度偏移结果,可帮助重新认识工区的地质情况,验证所采用的模型是否合理,通过进一步修改模型,使偏移成像结果更符合地下地质情况,以确保取得较好的成像效果。偏移结束后,经过做垂向剩余深度延迟分析,产生深度延迟数据体,进一步做剩余叠加;同时在成像道集上精细选取切除线,重新叠加得到最终深度偏移结果。

以上是各向同性速度建模的建议流程,在此基础上,通过井资料我们可以进行VTI各向异性速度建模。

各向异性介质是指弹性波的传播速度随方向而异的物性介质。其中VTI介质是具有垂直对称轴的横向各向同性介质。其主要特征表现在具有垂直对称轴和水平平行各向同性面。可以看出,VTI各向异性的假设较各向同性的假设更接近于实际地下介质。

Thomsen于1986年给出了表征VTI介质弹性性质的5个参数$C_{11}$,$C_{33}$,$C_{44}$,$C_{13}$,$C_{66}$,其中描述P波各向异性的参数有3个:$v_{p0}$,$\varepsilon$ 和$\delta$。只要求出这3个参数,就可以利用 VTI 各向异性叠前深度偏移算法进行各向异性偏移。流程如图3-46所示。

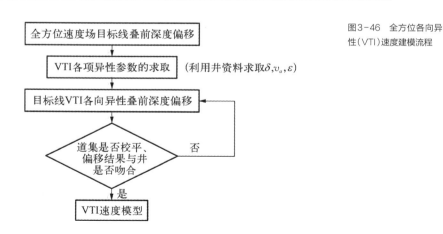

图3-46 全方位各向异性(VTI)速度建模流程

各向异性参数可通过以下公式求取。

（1）计算$\delta$

根据井分层与构造层位厚度统计，则

$$\delta = \frac{1}{2}\left[\left(\frac{\Delta Z^I}{\Delta Z^A}\right)^2 - 1\right] \tag{3-65}$$

式中，$\delta$为P波在垂直方向上的差异，针对VTI各向异性介质，P波横向速度比垂向速度快；$\Delta Z^I$代表地层厚度；$\Delta Z^A$代表井分层厚度。测井速度是垂向方向分量，地震波速度包括垂向和横向方向分量的速度，因此当不考虑各向异性介质时，测井速度小于地震速度。通常$\delta$的范围为$-0.2\sim0.5$。

（2）垂向速度体计算公式

得到$\delta$值后，代入下面的公式获得初始的各向异性层速度：

$$v_0^a = \frac{v_0}{\sqrt{1 + 2\delta}} \tag{3-66}$$

式中，$v_0^a$为各向异性层速度；$v_0$为各向同性层速度。

（3）确定$\varepsilon$参数

$\varepsilon$代表P波水平方向和垂直方向上的关系，一般操作中Epsilon值通过假设$\varepsilon = \delta$获取。

通过上面的一系列公式，可以得到各向异性三个参数的初始模型，同时也可以看出，这三个参数相互关联，其中后两个参数都是要通过$\delta$值求取的，而要想获得正确的$\delta$值，必须有准确的测井曲线建立的地质分层数据。通过各向异性参数求取偏移，从各向异性偏移得到的连井地震剖面和速度可看出误差得到有效消除，同时速度和井速度基本吻合。

求取完三个VTI参数后，VTI速度建模基本完成，真正的各向异性速度建模还需要进行TTI建模，需要再次求取方位角各倾角参数才能得以进行，这两个参数一般可以从已偏移得到的数据体中提取出来，这里不再详述。

为了增强对大的速度体模型和复杂地质体速度的层析成像的精度，网格层析成像支持多方位角更新、各向异性参数更新以及各个反射层和剩余延迟的自动拾取。该方法所有的运算（包括数据分配、自动拾取、网格层析成像运算时形成矩阵和解矩阵)均采用了PPF模式以确保庞大的运算量能高效的运行(如图3-47所示)。该方法可以克服层速度建模中同层内部纵向速度变化缓慢、横向变化较大的问题,更加适应复杂构造成像,使得速度模型与地质体更加温和。

基于网格层析的成像技术是基于层位的层析成像技术和基于实体模型的层析成像技术的有力补充,致力于把每个深度偏移CRP道集的每个较强同相轴拉平,不论同相轴是处于层位位置还是处在两层之间。

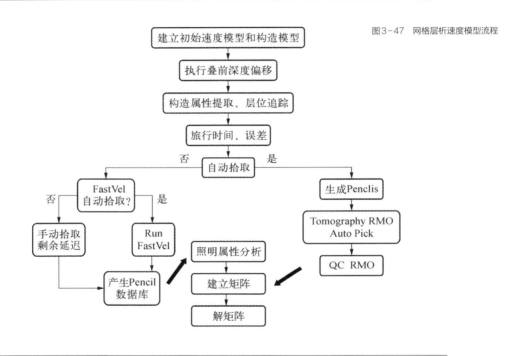

图3-47  网格层析速度模型流程

### 3.3.3　地下局部角度域分解技术

1. 全方位地下角度域波场分解与成像原理

该方法也遵循各向同性/异性地下模型局部角度域成像与分析的基本原理。成像系统涉及两个波场：入射波场和散射波场（反射和绕射）。每个波场可以分解为局部平面波（或射线），代表波传播的方向。入射和散射射线的方向，一般用它们各自的极角描述，每个极角包含两个分量：倾角和方位角。这里射线的方向指慢度或相速度的方向。成像阶段涉及合并众多代表入射和散射的射线对，每个射线对将采集的地表记录的地震数据映射到地下四维局部角度域空间，如图3-48所示，射线对法线的倾角 $v_1$ 和方位角 $v_2$，射线对反射开面的开角（或称为张角）$\gamma_1$ 和开面的方位角 $\gamma_2$（与正北方向夹角），这4个标量角度意味着入射与反射射线的方向与地下局部角度域的4个角度相关联。

图3-48 地下成像点的入射与散射射线对及其地下局部角度域的4个角度示意图

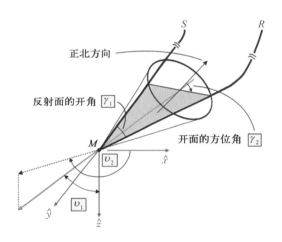

从成像点向上到地表，射线路径、慢度矢量、旅行时间、几何扩散和相位旋转因子等可计算得到，这就形成一个成像体系，将地表记录地震数据映射到地下成像点的局部角度域。这个成像体系的优势主要在于能够构建不同类型的高质量角度域共像点道集（Angle-Domain Common-Image Gathers, ADCIG）来表示实际三维空间中连续的、全方位的、角度依赖的反射系数。

首先将地震记录数据分解到方向角度道集。注意到，对于每个倾角方向，地震数据同相轴对应的射线对具有相同视反射面方向但开角不同，用一个加权和的形式来表示。倾角道集包含关于镜像和散射能量的方向依赖信息。

在全方位地下局部角度域分解与成像体系中，对在全方位方向角度道集中获得的总散射场进行镜像（反射）和绕射能量分解，是技术核心。它基于对倾向性依赖的镜像属性的估算，该镜像属性衡量沿着3D方向道集在计算的局部菲涅耳带内反射能量的大小。而倾向性依赖的菲涅耳带则用预先计算的绕射射线属性进行估算，比如旅行时间、地表位置，以及慢度矢量。实际工作中，计算镜像反射方向道集的目的是为了从相应的地震方向道集中提取地下局部反射/绕射面的构造面属性（例如倾角、方位角和镜像性/连续性）。

全方位地下角度域波场分解：倾向（或方向）和反射角度道集。全方位地下角度域分解与成像方法包括三个主要过程：射线追踪、全方位角度域分解和最终成像。

射线追踪过程涉及从地下成像点向上到地面发射一系列扇形单程绕射射线。向上进行射线追踪的角度围绕背景反射界面的局部法向方向进行测算。每一条射线的有关属性，如旅行时间、射线坐标、慢度矢量、振幅和相位因子等，都要记录存储。

全方位角度域分解过程涉及构造入射和反射（绕射）射线对的组合。每一个射线对将采集地表记录的地震数据同相轴映射到地下4D局部角度域空间，即射线对法线的倾角和方位角，射线对所在开面的开角和开面的方位角（如图3-49所示）。这里所谓的射线对方向是指基于各向同性或各向异性的速度模型，即入射和散射的慢度方向已知，采用Snell定律计算的视法线方向（也叫作偏移倾向矢量）。当射线对方向的方向与物理反射界面的法向方向一致时，射线对的法向方向才是所谓的镜像方向。

如图3-49所示，炮点和检波点地面的4个坐标（炮点2个，检波点2个）可以用移位矢量（地下成像点的地面投影点和炮检中点之间的水平距离，也称为偏移孔径距离）和偏移距矢量（炮点和检波点之间的距离）来定义，而移位矢量和偏移距矢量均采用水平距离大小和方位方向来定义。理论上4个地表参数完全取决于地下4个局部角度域的角度，反之亦然。但是，倾向角度道集和移位矢量之间的依赖关系更强些，开角角度和偏移距矢量之间的依赖关系更浅一些，尤其是对于一些适度复杂的速度模型来说，更为明显。

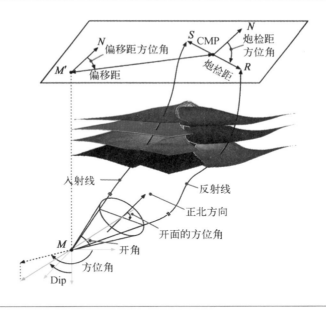

图3-49 基于地下到地面和
地面到地下射线的空间映射

地表地震数据$U$到地下角度域的映射可以表示为：

$$U(S, R, t) \rightarrow I(M, \upsilon_1, \upsilon_2, \gamma_1, \gamma_2) \qquad (3-67)$$

式中，$S = \{S_x, S_y\}$，$R = \{R_x, R_y\}$分别为地表炮点和检波点的坐标；$M$为地下成像点。从地面5D地震数据向地下映射，将会生成7D角度域数据（每个地下界面反射点包括4个角度），这就意味着整个的映射过程需要大容量的计算机内存和海量磁盘空间存储计算结果。尽管上述映射（分解）过程对于提高地震成像和数据分析能力具有极大的价值，但是即使拥有最大的可利用的计算机资源，我们也认为不具有可行性。因此，提出将整个分解过程分裂为两个互补的角度域道集：方向角度域道集和反射角度域道集。在地下每个成像点，通过对其中两个角度进行积分，这些成像角度道集各自仅是两个角度函数。这里我们按照广义拉东变换成像方法的推导过程进行阐述。

2. 倾向（或方向）角度道集和反射角度地震道集的求取

在方向角度地震道集中，地下成像点的反射/绕射率$I_0$为射线对法向的倾角$\upsilon_1$和方位角$\upsilon_2$的函数：

$$I_v(M, v_1, v_2) = \int K_v(M, v_1, v_2, \gamma_1, \gamma_2) H^2 \sin \gamma_1 \mathrm{d}\gamma_1 \mathrm{d}\gamma_2 \qquad (3-68)$$

式中,$K_v$ 是倾向积分的核函数,

$$K_v(M, v_1, v_2, \gamma_1, \gamma_2) = W_v(M, v_1, v_2, \gamma_1, \gamma_2) \cdot L(M, v_1, v_2, \gamma_1, \gamma_2) \qquad (3-69)$$

式中,$W_v$ 是方向角度道集的积分权重,$L$ 是经过滤波和振幅加权的输入数据,

$$L(M, v_1, v_2, \gamma_1, \gamma_2) = \frac{D_3(S, R, \tau_D)}{A(M, S) A(M, R)} \qquad (3-70)$$

$H$ 是倾斜度因子,主要由开角 $\gamma_1$ 决定;这里用到的术语"绕射率"是指在非镜像方向的反射率。在反射角度道集中,地下成像点的反射率为开角 $\gamma_1$ 和开面方位角 $\gamma_2$ 的函数:

$$I_\gamma(M, \gamma_1, \gamma_2) = \int K_\gamma(M, v_1, v_2, \gamma_1, \gamma_2) H^2 \sin v_1 \mathrm{d}v_1 \mathrm{d}v_2 \qquad (3-71)$$

式中,$K_\gamma$ 是反射积分的核函数,

$$\begin{aligned} K_\gamma(M, v_1, v_2, \gamma_1, \gamma_2) &= W_\gamma(M, v_1, v_2, \gamma_1, \gamma_2) \cdot \\ &\quad L(M, v_1, v_2, \gamma_1, \gamma_2) \end{aligned} \qquad (3-72)$$

式中,$W_\gamma$ 是反射角度道集的积分权重,$L$ 是经过滤波和振幅加权的输入数据,如式(3-70)所示。在倾向和反射角度道集中,积分项都包含有核函数、倾斜度因子和球形面上的面积单元。对于倾向角度道集,积分界限从0到最大的开角 $\gamma_{1\max}$,对于反射角度道集,积分界限从0到最大的射线对法线倾角 $v_{1\max}$,当然两个积分的上限角度都小于 $\pi$。对于两个积分中的方位角维度 $v_2$ 和 $\gamma_2$ 的积分界限均为全方位,即0到 $2\pi$。式(3-68)和式(3-71)中倾斜度因子 $H$ 定义为入射和反射射线慢度求和,即双程旅行时梯度的绝对值,它随开角 $\gamma_1$ 的增大而减小。

$$H = \frac{\sqrt{v_S^2(M) + v_R^2(M) + 2v_S(M) v_R(M) \cos \gamma_1}}{v_S(M) v_R(M)} = |\nabla \tau_D| \qquad (3-73)$$

式中,$v_S(M)$ 和 $v_R(M)$ 分别是入射和散射射线在成像点的相速度。对于各向同性介质,这两个速度是相同的,则倾斜度因子 $H$ 简化为:

$$H = \frac{2}{v(M)} \cos \frac{\gamma_1}{2} \tag{3-74}$$

也可以看到,当两个射线之间的开角变为直线,即 $\gamma_{1\max} \to \pi$,式(3-73)倾斜度因子变为:

$$\lim_{\gamma_1 \to \pi} H = |v_S^{-1}(M) - v_R^{-1}(M)| \tag{3-75}$$

进一步分析,当开角为直线时意味着入射和反射射线沿着同一个直线,对于一般的各向异性介质,在成像点它们的相速度相等,即 $v_S(M) = v_R(M)$。

这里,假设入射和反射射线均是地表到地下成像点,与成像点对应的采集地表坐标位置可表示为:

$$S = S(M, v_1, v_2, \gamma_1, \gamma_2), \quad R = R(M, v_1, v_2, \gamma_1, \gamma_2) \tag{3-76}$$

通过对联结成像点与给定炮点和检波点的单程波绕射射线进行追踪,获得这些采集地表的坐标位置。由于地表炮点和检波点位置的确定与背景速度模型和每个成像点的一组局部角度域的角度密切相关,使得这种输出驱动方法的实现十分困难。式(3-70)中的参数为:

$$A(M, S) = \frac{1}{4\pi} \cdot \sqrt{\frac{\sin \beta_1^S(M)}{v_S(M) |J(M, S)|}}, \quad A(M, R) = \frac{1}{4\pi} \cdot \sqrt{\frac{\sin \beta_1^R(M)}{v_R(M) |J(M, R)|}} \tag{3-77}$$

为格林函数的幅值,其中 $J$ 为射线的 Jacobian 矩阵,

$$J = \frac{\mathrm{d}X}{\mathrm{d}\sigma} \cdot \frac{\mathrm{d}X}{\mathrm{d}\beta_1} \times \frac{\mathrm{d}X}{\mathrm{d}\beta_2} \tag{3-78}$$

$\sigma$ 是沿着射线的积分变量,单位 $[\sigma] = \mathrm{m}^2 \cdot \mathrm{s}^{-1}$,而单位 $[J] = \mathrm{m} \cdot \mathrm{s}$,$[A] = \mathrm{m}^{-1}$,$\beta_1$ 和 $\beta_2$ 分别是成像点射线出射方向的倾角和方位角。式(3-77)中数据滤波公式为:

$$D_3[S, R, \tau_D(S, M, R)] = \frac{1}{2\pi B} \int_{-\infty}^{+\infty} i\omega U(S, R, \omega) \exp(i\Phi_3) \mathrm{d}\omega \tag{3-79}$$

其中 $\omega$ 是瞬时频率，$\varPhi_3$ 是相位，定义如下：

$$\varPhi_3 = \omega\tau_D(S, M, R) - \frac{\pi}{2}K(S, M, R)\mathrm{sgn}(\omega) \qquad (3-80)$$

$U(S, R, \omega)$ 是频率域输入地震道，

$$U(S, R, \omega) = \int_0^\infty U(S, R, t)\exp(-i\omega t)\mathrm{d}t \qquad (3-81)$$

设时间域记录波场的单位是 $[U]$，则频率域的波场单位则为 $[U]\cdot\mathrm{s}$。式 (3-79) 中的因子 $B$ 为点源的振幅，表示频率域的入射波场和相应的格林函数之间的常数比，单位是 $[B] = [U]\cdot\mathrm{m}\cdot\mathrm{s}$，这样滤波后的数据单位 $[D_3] = \mathrm{m}^{-1}\cdot\mathrm{s}^{-2}$。式 (3-70) 中振幅加权数据的单位为 $[L] = \mathrm{m}\cdot\mathrm{s}^{-2}$，与核函数 $K_v$ 和 $K_y$ 单位相同。式 (3-68) 和式 (3-81) 中估算的反射率的单位为 $[I] = \mathrm{m}^{-1}$。估算的反射率可以解释为 $I = R\delta(s - s_0)$，$R$ 是实际的反射率，$\delta(s - s_0)$ 是来自位于 $s_0$ 的反射体，是法向带符号的距离 $(s - s_0)$ 处的一维 Diracdelta 函数。

参数 $K(S, M, R)$ 是 KMAH 指数，对沿追踪射线的焦散线个数进行记数，$\tau_D(S, M, R)$ 是绕射叠加时间。焦散线是指沿着射线，那些 Jacobian 行列式消失的点。有两种情形焦散线较为独特：秩为 2 的 Jacobian 行列式（在规则点而不是 3），即在射线管节面积缩变为一条线（KMAH 指数增量为 1）；秩为 1 的情形，射线管节面积缩变为一个点（KMAH 指数增量为 2）。式 (3-81) 是输入地震道从时间域到频率域、实数域到复数域的正傅里叶变换公式，根据傅里叶变换的性质，乘以 $i\omega$ 相当于时间域导数的傅里叶变换。这样在没有焦散情况下，式 (3-79) 表示的逆变换将输入地震道的导数的傅里叶变换从频率域再反变换回时间域，若有焦散，通过式 (3-80) 修正相位再进行从复数域到实数域的变换，绝对的 KMAH 指数并不是必要的，但是除以 4 的余数则是必须要给的，当余数是 0 和 2 时，得到数据的导数，分别冠以原来的正负号和相反的正负号；余数 1 和 3 时，则得到的是导数的 Hilbert 变换，根据傅里叶变换和 Hilbert 变换之间的关系，分别冠以原来的正负号和相反的正负号。

$$F[HT(P)] = -i\,\mathrm{sgn}(\omega)\cdot F[P], \quad HT(P) = F^{-1}[-i\,\mathrm{sgn}(\omega)\cdot F(P)] \quad (3-82)$$

式中,$P$是任意函数,这里$P = \partial U / \partial t$,函数经过Hilbert变换仍然是时间域的函数。函数$W_v(M, v_1, v_2, \gamma_1, \gamma_2)$和$W_\gamma(M, v_1, v_2, \gamma_1, \gamma_2)$是积分权重,与射线的照明度(射线数)成反比例关系。

图3-50给出了计算积分权重的方案。在对反射球面进行积分时,变化的反射双角度$\gamma_1, \gamma_2$(黑色虚线)是半径为$\beta_\gamma$的圆形范围的中心,$\tilde{\gamma}_1, \tilde{\gamma}_2$(红实线)是在此区域内多射线对的反射双角度。同样在方向球面进行积分时,变化的方向双角度$v_1, v_2$是半径为$\beta_v$的圆形范围的中心,$\tilde{v}_1, \tilde{v}_2$是该区域内多射线对的方向双角度。

$$\sin^2 \frac{\tilde{\gamma}_1 - \gamma_1}{2} + \sin \tilde{\gamma}_1 \sin \gamma_1 \sin^2 \frac{\tilde{\gamma}_2 - \gamma_2}{2} \leq \sin^2 \frac{\beta_\gamma}{2} = \frac{A_{\gamma, \text{solid}}}{4\pi},$$

$$\sin^2 \frac{\tilde{v}_1 - v_1}{2} + \sin \tilde{v}_1 \sin v_1 \sin^2 \frac{\tilde{v}_2 - v_2}{2} \leq \sin^2 \frac{\beta_v}{2} = \frac{A_{v, \text{solid}}}{4\pi} \tag{3-83}$$

上式的右端项是积分范围的面积(立体角)与整个球面的比值。

图3-50 立体角定义
了反射球面上圆形范围

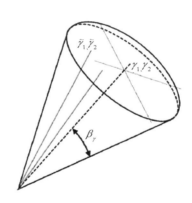

范围的中心方向见黑色虚线,在积分范围内,射线的起角度用红色实线表示

射线从成像点出射,均匀分布到各个方向,因此给定范围的面积与出射角度在范围半径内的固定射线数目是等价的。对于变化双角度的每个值,由于偏移孔径有限、观测系统以及背景速度模型的复杂性,在积分范围内的有些射线在一定的记录孔径内可以到达地球表面,而有些则不能到达。

### 3. 全方位照明技术

关于地震资料成像,每个地下成像点在一个给定的孔径内,把所有输入数据进行叠加而获得。为了得到一个准确的成像效果,成像点需要从所有方向进行照明,因此需要从地表到地下进行映射,即将在地面的观测数据映射到局部角度域,来控制成像质量。为了判断成像效果的好坏,我们需要一个系统来分析有关映射的大量参数。

全方位照明技术的目的像一个放大镜来研究QC成像情况。照明技术作为一个挖掘地震数据属性的工具,用于深度成像,能够指导偏移成像的参数选取、分析、判断成像效果。该工具同时能够验证复杂构造、观测系统及不确定解释层位。

照明技术利用的数据为射线扇,该射线扇是通过交互射线追踪得到的。射线扇包括射线路径和射线属性。射线属性是沿着射线的传播计算参数的集合,包括位移距、偏移距、旅行时间、几何因子等,是地下角度的函数。

## 3.3.4　全方位角度域成像与分析技术

全方位地下角度域波场分解与成像提出一种新的地下角度域地震成像机制,生成并提取地下角度依赖的反射系数。这一成像机制可使地球物理学家直接在地下局部角度域(Local Angle Domain, LAD)以一种连续的方式利用全部记录到的地震数据,产生两类互补的全方位共像点角度道集:倾向与反射成像角度道集。这种来自两类角度道集的完整信息,可确定出精确的高分辨率的可靠的速度模型以及储层表征。方向角度道集分解能够实现真实三维各向同性/异性地质模型下的镜像与绕射成像,可以同时突出强调连续的构造界面和不连续的地质对象,如断层和小尺度裂缝。在地下发射界面上的每个点的倾角、方位角和连续性等构造属性能够从方向角度道集中提取得到。而反射角度道集则把发射系数显示为反射面开角和反射开面的方位角的函数。这些角度道集在实际的局部反射界面附近特别有意义,因为在局部反射界面附近时反射角的计算与导出的背景镜像方向有关。反射角度道集用来自动拾取全方位角度域的剩余动校正量（Residual Moveouts, RMO），与导出的地下反射层位的背景方向信息一起为各向同性/异性层析速度建模提供一系列完整的输入数据。而全方位、入射角度依赖的振幅变化则可应用于可靠且精确的振幅随入射角和方位角变化分析（AVAZ）和储层表征。全方位地下角度域波场分解与成像技术对于复杂构造下部的成像与分析特别有效，如盐下和玄武岩下、高速碳酸盐岩下、浅层低速气口袋下部成像等；此外还可用于精确的方位各向异性成像与分析，为裂缝检测和储层表征提供最优的技术解决方案。

当前，地球物理学界和工业界研究与强调直接生成地下反射点的共像点角度道集的重要性，而不是广泛采用的地表偏移距成像道集，特别是在存在地下多值路径的复杂地质条件下，直接生成地下真正反射点的共像点角度道集尤其重要。

尽管角度域成像的有关理论已经相当完善，但是在数值实现方面，特别是适用于大尺度3D模型，或者用于高分辨率储层成像，仍然存在极大的挑战。Korenet等发展了共反射角度偏移（Common Reflection Angle Migration, CRAM）方法，在实际复杂3D地质条件下，提出一种基于射线的角度域真振幅偏移的一种GRT类型及其数值实现。不同于传统基于射线的成像方法，CRAM方法的射线追踪从地下成像点向上到地表，单程绕射射线向所有的方向追踪，形成一系列的射线对，用于将地表地震记录的数据映射为反射角度道集。

全方位地下角度域波场分解与成像方法是对CRAM方法的一个扩展，用于成像的数据在局部角度域分解成两个互补的全方位角度道集，它们互相结合，能够以一种连续的方式处理全方位信息，提供一种更加完善的地下角度域地震成像方法，并且能够生成与提取地下角度依赖反射系数的高分辨率信息。从两类角度道集中得到的完整的系列信息能够区分连续的构造界面和不连续的对象，比如断层和小尺度裂缝，也可以进行更加精确的高分辨率可靠的速度建模及储层表征。

本节论述全方位地下角度域波场分解与成像中方向与反射成像道集的生成与应用。首先给出方法原理，生成两个互补角度道集的出发点，重点强调两种道集的应用可以获得全新的信息。然后阐述全方位地下角度域分解方法，得到方向和反射角度域道集,给出两类角度道集生成的详细数学推导,并描述新的三维柱状道集如何构造,在油田实例部分,给出实际数据计算的例子,包括陆上和海上资料,展示采用方向角度道集进行不同类型加权能量叠加的效果,以及从全方位反射角度道集中提取丰富的信息,进行地震波运动学和动力学分析。最后给出有关结论。在全方位地下角度域波场分解与成像基础上,进一步定义地下局部角度域LAD的分量,推导出适用于一般各向异性介质和转换波的从入射和散射慢度矢量到局部角度的变换公式,或者反推公式。

### 1. 局部倾斜叠加和射线束控制

高斯束偏移方法已经成功得到实现,有效改善了复杂地质条件下基于Kirchhoff偏移的成像效果,特别是解决了多值路径问题。快速射线束偏移目前已普遍采用,尤其是用于只存储和使用能量束的速度建模。这些射线束偏移需要在偏移之前对记录的地震道进行预处理。

射线束的构造主要基于一种局部逐渐减弱的倾斜叠加方法,正常情况是在粗的网格上进行,主要取决于输入数据的主频。局部倾斜叠加方法通常可以提高信噪比,因此可以改善构造成像的连续性。注意,每一个射线束的同相轴都和旅行时间、炮点接收点面积及方向等相关联。本方法能同时实现射线束的生成与偏移。但是,在整个分解和成像的阶段,射线束是不断地在生成和偏移的,对于每个射线对,一系列在积分范围内的围绕源射线的炮点和相应的在接收射线附近的检波点都被读取,进行倾斜叠加。

图3-51给出高斯束的示意图,为简化,只显示单个炮点,实际上在每个源射线周围,需要处理一群炮点。每个射线的积分范围分别通过局部菲涅耳带进行估算。设菲涅耳带是围绕中心源射线和中心接收射线的圆形区域在地球表面的椭圆形投影,主半轴分别表示为:

$$R_{F\mathrm{maj}}(M,S), \quad R_{F\mathrm{maj}}(M,R)$$

$$R_{F\mathrm{maj}}(M,S) = \sqrt{\frac{\sigma'(M,S)}{f_D}},$$

$$R_{F\mathrm{maj}}(M,R) = \sqrt{\frac{\sigma'(M,R)}{f_D}}$$

$$(3-84)$$

图3-51 单个炮点高
斯束偏移示意图

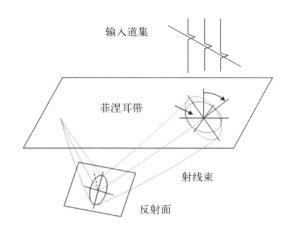

蓝色的圆圈（看上去是个椭圆）是中心射线到点处射线束的正常交叉剖面,而红色的椭圆则是蓝色圆圈在采集地表的投影,代表菲涅耳带,红色椭圆的主半轴等于蓝色圆圈的半径,次半轴取决于到达点中心射线的倾角$v_{1surf}$。

其中参数$\sigma'$近似几何扩散,单位是$[\sigma'] = \mathrm{m}^2/\mathrm{s}$。

$$\sigma'(M,S) = \sqrt{|J(M,S)|v^3(S)},$$
$$\sigma'(M,R) = \sqrt{|J(M,R)|v^3(R)}$$
$$(3-85)$$

对于每个射线(源与接收点),次半轴和主半轴之比由相速度在地表处的倾角$v_{1surf}$决定,$R_{Fmin}/R_{Fmaj} = \cos v_{1surf}$,椭圆区域的离心率为$\xi_F = \sin v_{1surf}$。这样,积分范围的面积$A_F = \pi R_{Fmin} R_{Fmaj}$可从每条射线的Jacobian矩阵$\boldsymbol{J}$和记录数据的主频进行计算。用于局部叠加的斜率分别从源射线$P_S$和接收射线$P_R$的慢度矢量获取。局部逐渐减弱的倾斜叠加同相轴可由下式构造:

$$U_{\mathrm{beam}}(S_0, R_0, t) = \frac{1}{N_f} \iint\limits_{\partial S \partial R} U(S_0 + \Delta S, R_0 + \Delta R, t + \Delta \tau) f_{\mathrm{taper}}(\Delta S, \Delta R) \mathrm{d}S \mathrm{d}R \quad (3-86)$$

其中$N_f$为归一化因子,$\Delta S = \{\Delta x_s, \Delta y_s, \Delta z_s\}$,$\Delta R = \{\Delta x_R, \Delta y_R, \Delta z_R\}$分别是沿着采集地表$z = z(x,y)$菲涅耳带范围里局部面积内叠加地震道对应的炮点和检波

点当前位置与中心位置之间的位移量。$U(S_0 + \Delta S, R_0 + \Delta R, t + \Delta \tau)$是记录的地震数据,$t = t(M, S_0, R_0)$是中心射线的双程旅行时,$f_{\text{taper}}(\Delta S, \Delta R)$是高斯锥,$\Delta \tau$是位置移动对应的旅行时间校正量,如式(3-87)所示。

$$\Delta \tau = \Delta \tau_s + \Delta \tau_R = p_{xS} \Delta x_s + p_{yS} \Delta y_s + p_{zS} \Delta z_s + p_{xR} \Delta x_R + p_{yR} \Delta y_R + p_{zR} \Delta z_R \qquad (3-87)$$

这样,在偏移之前统一先构造偏移射线束,采用构造的局部射线束对每个射线对和每个点进行偏移,理论上比标准的射线束偏移更加准确。射线束控制的方法又可用于衡量倾斜叠加之前待用子波的一致性(或相似性),确保只偏移有能量的同相轴。

2. 镜像性倾角道集

本方法的主要目的是能够提供一种方法沿地震倾角道集将反射能量和总的散射波场进行有效的分离。其基本思想是:一般认为在实际的镜像(反射)倾向中,$v_1^*$、$v_2^*$对于所有的开角$\gamma_1$和开面方位角$\gamma_2$沿反射同相轴的一致相干性(相似性)比其他非反射方向计算的相干性要大。为估算每个方向的相干性,要计算两个辅助的方向角度道集、能量和照明度。通过所有反射角度对核函数进行积分,计算能量方向角度道集:

$$E_v(M, v_1, v_2) = \int K_v^2(M, v_1, v_2, \gamma_1, \gamma_2) H^4 \sin \gamma_1 \mathrm{d}\gamma_1 \mathrm{d}\gamma_2 \qquad (3-88)$$

其中核函数$K_v$和倾斜度因子$H$分别由式(3-73)和式(3-72)定义。注意到三个方向角度道集:地震$I_v(M, v_1, v_2)$、能量$E_v(M, v_1, v_2)$和照明度$N_v(M, v_1, v_2)$都是在同一成像过程中计算得到的。镜像性道集则通过下式计算:

$$f_{\text{spec}}(M, v_1, v_2) = \frac{1}{N(M, v_1, v_2)} \cdot \frac{I_v^2(M, v_1, v_2)}{E_v(M, v_1, v_2)} \qquad (3-89)$$

3. 倾角道集的应用:高清构造成像

全方位方向角道集可以用来镜像叠加,提高地震资料成像的信噪比及精度,它是一个将真实反映地层倾角的CRP道集进行叠加的过程。也可以进行离散叠加成像,得到的成像体可以提供更加清晰的断裂成像,对寻找一些微小断裂有很大的帮助,从而实现高清构造成像。在进行高清构造成像前,我们需要针对数据做倾向分析,来查看地层大约在哪个倾角角度范围。实例详见第3.5节,这里简述一下高清构造成像的相干加权原理。

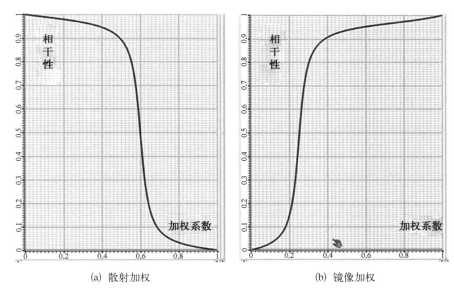

图3-52 倾角道集高清构造成像的两种方法

(a) 散射加权          (b) 镜像加权

镜像能量加权叠加是针对全方位共倾角道集的不同倾角道集进行加权叠加,其公式如下:

$$I_{\mathrm{spec}}(M) = \frac{\sum_{i=1}^{N_v} I_v(M, v_1, v_2) f_{\mathrm{spec}}^p(M, v_1, v_2)}{\sum_{i=1}^{N_v} f_{\mathrm{spec}}^p(M, v_1, v_2)} \qquad (3-90)$$

式中,$N_v$指方向球面上的面元数;$p$是振幅加权系数。

能量的相干性,我们可以类比一下时间域速度建模时的速度谱,相干性最强的点即是理论上准确的速度点,这里相干性最强的点理论上则是真正的反射点能量。镜像加权则是加强相干性强的能量,如图3-52(b)所示,可以提高地质构造成像的精度。散射叠加是镜像加权叠加的反过程,如图3-52(a)所示,通过散射加权叠加,可以突出地下地层的断层和细微断裂,以及碳酸盐的溶洞等特殊散射体。

简言之,全方位地下角度域分解与成像方法是一套全新的深度域成像方法,可以产生连续的全方位角度域成像道集。在地下局部角度域引入一套4个角度,描述入射和反射射线的方向与地下局部角度之间的正变换和逆变换。尽管这里给出的是基于射线的方法,但是这套理论对于波动方程偏移成像也是适用的。得到的两个互补的方向角度道集和反射角度道集,传递出地下模型高分辨率信息,尤其是创新的方向角度道集,能够自动提取地下地质体的几何属性,如倾角、方位角和连续性(镜像性)等,也能够通过加权镜像或绕射能量产生不同类型的偏移叠加成像结果。对每个成像点独立进行全方位角度域分解,可对研究区域和相应的地震数据的范围、局部性和方向等进行很好的控制和定制。因此,这套成像系统可以用于局部目标导向的直接高分辨率储层成像,也可用于全局全部数据体海量地震数据的偏移成像。

## 3.4    全方位各向异性反演技术

地震上很多的反演问题是欠定的,是由于在进行反演时的约束信息的缺乏或精准度不够或反演方法存在缺陷,导致反演问题的结果存在多解的情况。然而实际的地下介质情况却只仅有一种存在,即反演真实的解往往只有一种。为了使问题的求解更贴近地下真实情况,地质与地球物理学家一方面需要研究更精准的计算方法、建立更精确的流程,另一面则需要更多的约束信息来限制反演的多解性。

全方位技术提供了比传统三维技术更加全面和精准的信息,最重要的是增加了大量的方位信息,将传统三维技术或有限方位技术所采用的仅有两个或者有限个数的方位信息拓展为360°甚至更大的范围。应用上一节提到的全方位技术,在获得如此多且准确的地下介质信息的基础上,一方面,可以大大改进传统的技术,如为速度建模提供更多的剩余时差信息,从而在360°方位进行全局的速度优化;另一方面,可以进行传统技术无法实现或者准确度不高的技术工作,如裂缝、串珠的成像,裂缝的半定量预测,储层的精确描述等。下面我们将逐一加以介绍。

### 3.4.1 全方位速度各向异性反演

上一节讲述的速度建模中,有涉及层析成像的内容,简言之就是通过拾取的剩余时差或者剩余速度信息来对矩阵进行求解,进而求得最终的速度。全方位速度各向异性反演的基本原理与此相同,只是在技术流程上以角道集来拾取剩余时差,最重要的是在同一个CMP点可以在360°全方位上进行剩余时差的拾取,在每个方位上分别进行射线追踪来校正速度模型,也就是对速度的反演时增加了大量的方位信息约束,从而使得速度模型的求解更加精准。

在技术实现上,全方位各向异性速度反演采用网格层析成像,利用目标线叠前深度偏移产生的全方位共反射角道集,基于POSSION方法拾取全方位道集的剩余延迟,建立层析成像矩阵,修改速度模型及各向异性参数。流程类似于上一节所讲述的网格层析,但其中贯穿的是全方位的技术和方法,该方法能够利用全方位道集的信息,根据不同射线的路径,来修改地下真实的速度场。其具体流程如图3-53所示。

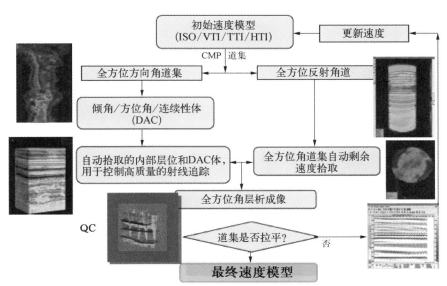

图3-53 基于全方位角的层析成像速度模型迭代流程

下面以一个简单模型实例来进行说明。

如图3-54所示为一个三维立体速度模型,在主测线40和联络线40处有一柱状速度异常体。在进行速度建模时,传统建模方法如图3-55(d)所示,会在一条线上整体拾取一个剩余时差值,作为反演的一个约束信息,整体的反演结果如图3-55(g)所示,而全方位的速度建模则把这条线分为很多不同的方位分别拾取剩余时差,如图3-55(a)(b)(c)所示,使得同一条测线在不同方位上均有剩余时差值,反演结果和模型十分吻合,如图3-55(e)所示。

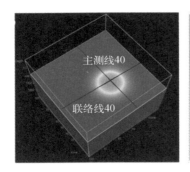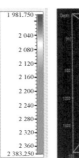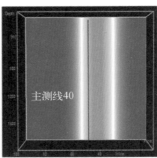

图3-54 三维速度模型

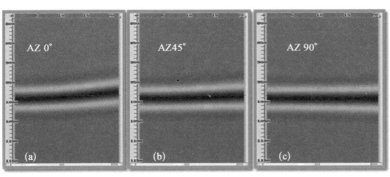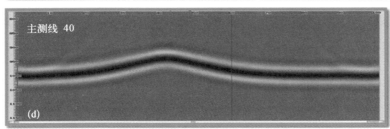

图3-55 速度模型优化对比

续图3-55

### 3.4.2  全方位各向异性反演的裂缝预测技术

裂缝是油气储层特别是裂缝性储层的重要储集空间,更是良好的渗流通道。系统地研究裂缝类型、性质、分布规律等对于裂缝性油气田的勘探和开发具有十分重要的意义。目前已经发展起来的裂缝性油气藏勘探技术有:横波勘探、P-S转换波、多分量地震、多方位VSP、纵波AVAZ等。其中最有效的方法是横波分裂技术。但横波采集和处理的费用极高,油田投资风险大,因此不能成为常用技术。多分量地震、多方位VSP、P-S转换波技术有不错的效果,但要么勘探成本高,要么是非常规地震采集项目,在国内现阶段难于广泛应用。因此AVAZ发展为商业化技术,这也是本章节利用讲述的地震振幅信息进行裂缝预测的方法。

#### 1. 裂缝分类

裂缝是指岩石发生破裂作用而形成的不连续面,或者说裂缝是由于岩石受力而发生破裂作用的结果。同一时期、相同应力作用产生的方向大体一致的多条裂缝称为一个裂缝组;同一时期、相同应力作用产生的两组或两组以上的裂缝组则称为裂缝系;多套裂缝组系联通在一起称为裂缝网络。

##### 1)力学分类

在三维空间中,应力状态可用三个相互正交的法向变量(即主应力)来表示,分量$\sigma_1$、$\sigma_2$、$\sigma_3$分别代表最大主应力、中间主应力、最小主应力,如图3-56所示,裂缝以力学成因可分为三类。

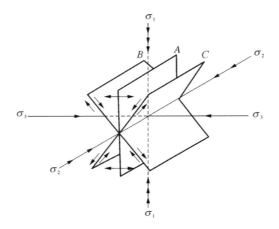

图3-56 裂缝的力
学成因类型

（1）剪裂缝

成因：三个主应力都为挤压应力时，派生的剪切应力大于岩石的抗剪强度时所形成的裂缝。

特征：位移方向与破裂面平行；一般为闭合缝；破裂面上可见擦痕和阶步；两组剪切缝共轭。

（2）张裂缝

成因：三个主应力派生的张应力大于岩石的抗张强度时所形成的裂缝。

特征：位移方向与破裂面垂直；一般为张开缝。

（3）张剪缝

成因：派生的剪应力和张应力先后作用于岩石所形成的裂缝。

特征：介于剪裂缝和张裂缝之间。

2）按地质成因及分布规律分类

裂缝按地质成因类型及分布规律可分为以下两类。

（1）构造裂缝

构造裂缝指由局部构造作用所形成的或与局部构造作用相伴生的裂缝，主要是与断层和褶曲有关的裂缝。与褶皱相伴生的裂缝发育程度主要取决于应力强度、岩性变化的不均匀性、地层厚度以及裂缝形成的多次性；与断层有关的裂缝，断层和裂缝的形成机理一致，裂缝是断层形成的雏形。对于正断层可形成高角度或垂直的张裂缝以及平行于断层和与断层共轭的剪裂缝。与逆断层相伴生的主要为近于水平的张裂缝以及平行于断层和与断层共轭的剪裂缝。

（2）非构造裂缝

包括区域裂缝和收缩裂缝，区域裂缝指的就是那些在区域上大面积内切割所有局部构造的裂缝。集合形态简单且稳定，裂缝间距相对较大，多为垂直缝。收缩裂缝指岩石总体积减小相伴生的张性裂缝。

2. 全方位各向异性裂缝预测方法

这种方法是本节重点介绍的裂缝预测方法技术。这里，我们将各向异性信息分为两种：速度的各向异性和地震叠前道集振幅所显示的各向异性。与之对应的全方位各向异性裂缝预测方法也分为两种：一种是利用速度各向异性信息，对比不同方位的剩余时差，再通过HTI分析，计算裂缝的发育方向和发育的密度；另一种则是之前提到的通过振幅信息利用AVAZ方法进行裂缝预测。

1）利用速度各向异性进行裂缝预测

地下地层各向异性特征是真实存在的，只不过我们在实际地震资料处理解释的过程中简化了。随着油田勘探开发的深入及难度的加大，各向异性介质的储层属性慢慢地引起人们的重视。目前我们假设的各向异性介质有三种：垂直各向异性（VTI）、倾斜各向异性（TTI）和水平各向异性（HTI），实际上垂直排列的断裂是造成HTI的重要原因。寻找碳酸盐岩、页岩等油气储层的重要手段就是求取碳酸盐岩储层的裂缝，这种裂缝的各向异性特征表现为HTI。图3-57显示的是HTI的应力场情况，其中沿着断裂方向的水平轴平行于最大应力场方向（$X_2$），而垂直断裂方向的水平轴是最小应力场方向（$X_1$）。

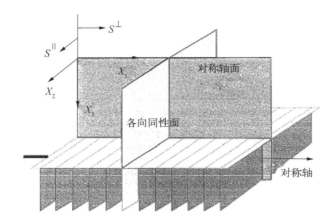

图3-57　HTI介质应力场显示

　　地震波穿过HTI介质时,平行于断裂方向的地震波速度快,而垂直断裂方向的地震波速度慢。P波的反射系数可以用如下公式来表示:

$$R(\theta, \varphi) = I + \left[ G + G_{aniso}\cos^2(\varphi - \beta) \right] \sin^2\theta \qquad (3-91)$$

　　该反射系数是反射角和方位角的函数,其中$\theta$是地震波的反射角,$\varphi$是地震波的方位角,$\beta$是HTI介质裂缝的方位角,$I$是截距,$G$是各向同性梯度,$G_{aniso}$是各向异性梯度。通过全方位共反射角道集叠前反演,可以求取各向同性梯度、各向异性梯度,其中$G/G_{aniso}$表示HTI介质裂缝的强度,$\beta$为断裂的方向。在进行全方位共反射角叠前反演时,必须进行道集预处理,通过剩余静校正,将道集拉平。

　　全方位共反射角叠前反演利用地震反射波振幅的强度不同来求取HTI介质的属性,也可以利用地震波的速度差异来分析HTI介质的参数。平行断裂方向的剩余延迟和垂直断裂方向的剩余延迟的差异代表断裂强度大小,剩余延迟大的方位角代表断裂的垂直方向。该方法首先是对某一地层的角道集进行交互分析,找出在哪一反射角出现不同方位角的道集剩余延迟差异比较大,也是HTI特征明显的反射角。

　　实例如图3-58所示: 在一CMP点的共反射角道集可以看出,从反射角度为7°开始,在同一反射角度内道集并未拉平,也就是说相同反射角的不同方位存在HTI各向异性,这种各向异性通常是由裂缝的存在造成的。我们可以利用这种未拉

平部分的剩余速度值,或者道集剩余量来进行裂缝预测,也就是通常所说的VVAZ
技术。

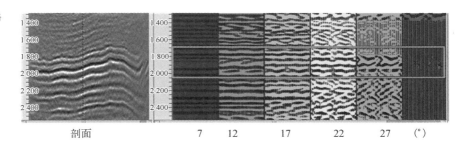

图3-58 HTI各
向异性分析

剖面　　　　　　7　　12　　17　　22　　27　　(°)

2)全方位AVAZ技术:利用振幅各向异性进行裂缝预测

全方位AVAZ反演利用全方位或宽方位角资料,不仅考虑纵向分辨率、横向
分辨率,还要考虑方向分辨率,因此其反演结果的分辨率较常规方位高。全方位角
AVAZ反演可以得到各向异性及裂缝密度、裂缝方向等参数,通过这些参数可以对存
在各向异性的储层(裂缝-孔洞型储层)进行识别及评价。

各向异性(主要是HTI)是衡量这些裂缝型储层的一个基本属性,它伴随方位角
变化,振幅表现为偏移角和反射角变化的一个方程,同时时差也伴随方位角变化。常
规的处理过程是利用可用的叠前偏移数据,尤其是叠前时间偏移数据在不同的方位
角区间内执行AVAZ分析。通过将不同的方位角数据轮流进行AVAZ转换获取标
准特征,可得到有限数量的二维道集数据。新的多方位角数据偏移算法由Korenet
于2008年研发,开创了方位角AVA分析的新视野。在这个算法中,使用了密集的
全方位三维角道集采样,在深度域中实现了AVAZ分析,并提供了基于真实地下
坐标的高分辨率、方位角角度域信息。这个方法还提供了精确的地下方位和反射
角估算,同时也提供了可靠的振幅保持和恢复算法,使得这些道集成为进行AVAZ
反演的理想数据。另外,对三维道集的密集采样的支持大大改善了转换处理的
精确性和稳定性,而使用多方位角的二维道集在应用AVAZ反演时是非常不稳定的。
AVAZ反演工作流程如下。

（1）预处理

数据预处理是AVAZ分析的关键步骤。输入的道集需要被拉平，道集的振幅必须体现真实的反射系数，因此其他的振幅影响因素必须从数据中消除。道集拉平是各向异性AVAZ计算的一个必需的步骤。由于速度各向异性的影响，多方位数据没有被拉平。没有高分辨率的道集拉平，AVAZ反演就无法实现基本的精度。在宽方位角测量中如果各个方位没有达到足够的采样率，这将是一个严重的问题。尽管偏移可以最小化这些假象并得到真实的振幅，但我们也知道，在距离、方向和方位上的低采样率也能导致最终道集的低相对振幅。假设如果偏移不能成功处理这个问题，我们使用照明道集（也由偏移处理产生）作为一个基本的振幅均衡。

（2）全方位AVAZ反演

得到一个保幅的全方位道集后，可以采用AVAZ反演产生AVA属性和各向异性属性。图3-59展示了裂缝型碳酸盐岩储层的垂直入射、梯度和各向异性梯度剖面。数据使用叠前深度偏移并且生成了全方位角三维角道集来作为AVAZ反演的输入数据。可以注意到各向同性和各向异性梯度反映了这样一个事实：这些属性测量了不同的地下特征。图3-60显示了裂缝走向和裂缝密度。裂缝密度的高值揭示了裂缝的存在。

 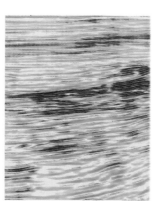 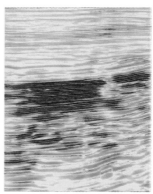

（a）垂直入射　　　　　（b）梯度　　　　　（c）各向异性梯度

图3-59
使用了三维全方位角道集的AVAZ属性剖面

图3-60 使用了三维全方位角道集的AVAZ属性平面

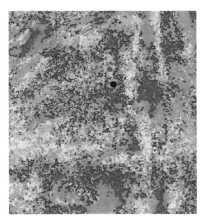 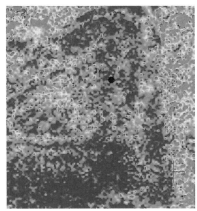

(a) 裂缝走向　　　　　　　　　　(b) 裂缝密度

本节所讲述的各向异性反演技术与传统方法最大的差别可以说是在全方位角度域分解与成像的基础上,利用共反射角道集和共倾角道集,充分利用大量且准确地反应真实地下成像点的方位和倾角信息。其优势在于全方位技术在数据利用上比传统技术更加精确和全面,但在速度反演与裂缝预测理论方面仍基于成熟的传统方法。该技术使得页岩油气的各向异性特征得以充分利用,从而在页岩油气的储层描述、裂缝预测等方面取得更加准确的成果。

## 3.5　页岩气全方位地震成像与反演一体化实例

本节将以中石化页岩气示范区四川涪陵页岩气区块为例,从初始速度建模开始,简述全方位地震成像与反演一体化的技术流程。

工区和资料概况如图3-61所示。

三维数据概况:面元网格20 m × 20 m,目的层深度约为1 700 m,时间1.2 s附近,覆盖次数:160次满覆盖,横纵比为0.6,最大偏移距:7 km,采样间隔:1 ms。

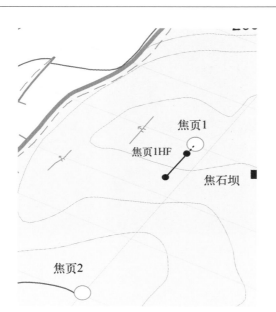

图3-61　涪陵工区概况：
龙马溪组志留系底构造

## 3.5.1　常规速度建模

在正式进入全（宽）方位的成像和反演之前，如果我们能拿到高质量的深度域速度模型和CMP道集是比较理想的，以此作为输入可以省去很多工作量。但全（宽）方位的成像和反演是前沿技术，在常规生产中，能拿到高质量的深度域速度模型和CMP道集是很少的情况。为此，我们必须进行常规的速度建模和深度偏移，并且与全（宽）方位的成像和反演一起，构成一套完整的成像和反演技术流程。

1. 初始速度模型

我们从时间域初始速度模型的建立开始，利用经过预处理的CMP道集，从初始的均方根（RMS）速度来逐步开展速度建模工作。首先任务是获得初始的深度域初始速度模型（如图3-62所示），因为该工区地层比较平缓，但浅层速度大，目的层之上出现低速层,所以采用沿层速度建模的流程。

图3-62 时间域层速度
建模向初始深度域速度模
型转化流程

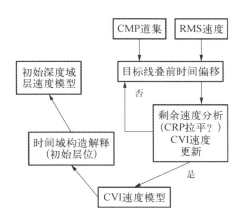

如图3-63所示,由于实际的地下介质为比较平坦的地层,我们由初始的叠加速度直接转化为RMS速度后,进行简单优化可得到均方根速度,再用过约束速度反演得到构造比较温和的CVI时间域层速度。

图3-63
时间域层速
度建模前后
速度对比

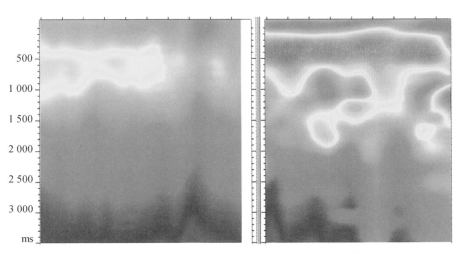

(a) 初始时间域层速度　　　　　　(b) 优化后时间域CVI层速度

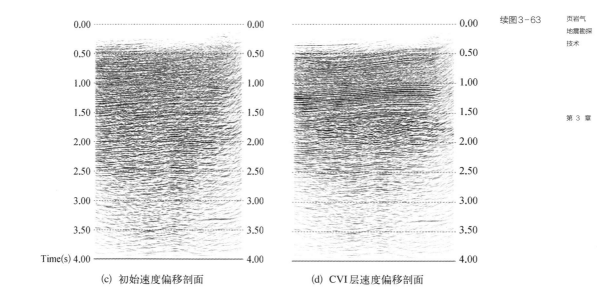

续图3-63

(c) 初始速度偏移剖面　　　　　　　　(d) CVI层速度偏移剖面

　　从图3-63中可以看出,在浅层约500 ms附近有一个低速层存在,且浅层速度很高。

　　图3-62的具体实现流程如下。

　　1)首先做目标线叠前时间偏移

　　叠前时间偏移采用Kirchhoff弯曲射线旅行时间计算的成像方法,该方法具有拉伸滤波和去假频的功能。影响偏移效果的参数主要有:偏移频率、孔径参数、弯曲射线、拉伸滤波、去假频等,需要通过多次参数实验和结合实际情况下的复杂情况综合考虑。

　　2)进行层速度模型优化与修改

　　利用初始速度模型进行目标线的叠前时间偏移之后,产生了两个数据体:偏移叠加数据体和时间偏移的CRP道集数据。速度模型修改就是根据偏移后CRP道集,通过沿层和垂向的剩余速度分析,利用剩余分析量来更新速度体,直到延迟量集中在零值附近为止。

　　具体效果如图3-63和图3-64所示。约束速度反演(CVI)的剩余速度值基本在零值附近且CRP道集拉平效果较好,信噪比提高。且时间域层速度与实际地下构造比较符合。

图3-64
约束速度反演拾取剩余速度

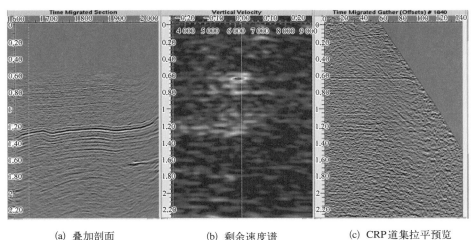

| (a) 叠加剖面 | (b) 剩余速度谱 | (c) CRP道集拉平预览 |

3）由时间域层速度转化为初始深度域速度

在此次流程设计中，我们先利用构造层位在叠前时间偏移层速度体中通过抽取和转换，得到初始深度域层速度模型；利用时深转换技术将时间域构造层位变换到深度域，把深度层位与速度层位结合，从而建立了初始的三维层速度模型。

2. 井数据加载与构造层位解释

在速度模型更新前，对初始层速度模型进行严格的质量控制。前期搜集相应的测井资料，声波测井资料反映了垂向速度变化，深度层速度应该与声波测井速度变化趋势基本一致。可以利用这一控制手段对深度初始层速度进一步控制。

叠前深度偏移速度建模需要建立一个准确的构造层位模型对速度-深度地质模型的建立进行约束。为此，首先要在时间偏移数据上进行构造层位解释，时间域构造层位是否正确将直接影响层速度求取的精度和成像效果。由于叠加剖面上绕射波、断面波等纵横交错，很难拾取时间层位，故应在时间偏移剖面上尽量选取强能量的速度界面，进行构造层位解释。当然这些构造层位模型建立要基于井资料标定后开展解释，且是一个具有地质含义的层位构造模型，如图3-65所示。

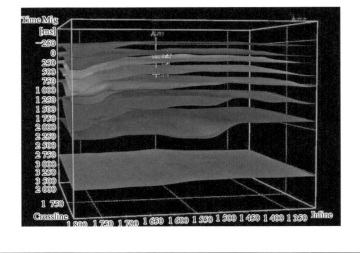

图3-65　工区构造层位的解释成果

### 3. 基于沿层层析成像的深度域速度建模

有了初始层速度模型,可以进行目标线的叠前深度偏移来达到层速度的优化。

层析成像深度层速度修正的方法是利用CRP道集内同相轴是否拉平作为判别标准,道集同相轴上翘速度偏低,道集同相轴下拉速度偏高。拾取道集内同相轴的剩余曲率信息,利用层析成像技术修正深度层速度体(如图3-66所示)。速度模型修正的方法是一个多次迭代的过程,具体过程是:利用初始速度模型进行叠前深度偏移,对CRP道集内的同相轴进行自动剩余曲率拾取,利用剩余曲率反映的深度速度误差信息运用网格层析成像技术修正速度体,再进行下一轮的迭代,直到道集被拉平。与初始深度速度模型建立一样,速度修正过程中,井资料是一种质量控制手段。经过修正后的速度模型,垂向的变化与声波测井的变化趋势更加吻合。通过多次迭代修正及利用层析成像技术修正层速度模型,建立最终精确的深度-层速度模型,如图3-67所示。叠前深度偏移是以模型为出发点,目的是得到更清晰的地下模型,其成像过程实际上是一个不断迭代与优化的过程。经过模型优化后得到新的深度偏移结果,可帮助重新认识工区的地质情况,验证所采用的模型是否合理,通过进一步修改模型,使偏移成像结果更符合地下地质情况,确保取得较好的成像效果。

图3-66
沿层速度建
模拾取剩余
速度

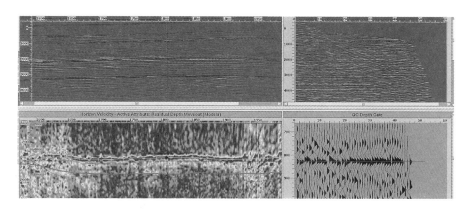

图3-67
沿层速度建
模结果

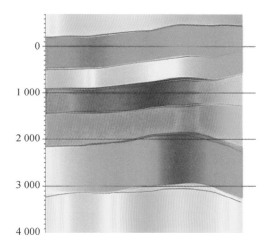

## 4. 网格层析速度建模

我们用网格层析技术,在大套的层内拾取很多小层,在这些小层内再对速度进行进一步优化,使得速度再次得到校正与收敛,效果如图3-68所示。由图可知,网格层析在沿层层析的基础上在同一层内以及对整个速度体再次进行优化,能够改善沿层层析同一层内垂向速度变化太小的缺陷。

常规速度建模完成后,我们可得到比较准确的深度域速度模型和地震偏移成像数据体。

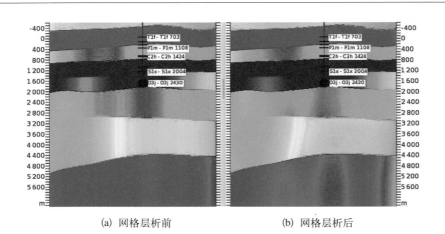

(a) 网格层析前　　　　　　　　(b) 网格层析后

图3-68
网格层析前
后过井点速
度剖面图
对比

### 3.5.2　基于全方位角的各向异性层析成像速度建模

　　类似于常规网格层析,全方位的网格层析利用多方位信息,拾取更多的剩余时差信息,如图3-69(a)所示,对速度进行再一次的优化,图3-69(b)和图3-69(c)为全方位层析与常规网格层析的效果对比,可见,速度得到了进一步的收敛。

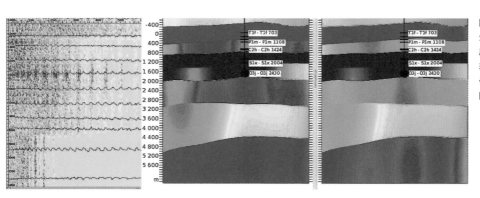

(a) 角道集全方位剩余时差拾取　　　(b) 全方位网格层析前　　　(c) 全方位网格层析后

图3-69
全方位网格
层析剩余时
差及速度优
化前后剖面
图对比

在各向同性的速度建模完成后,我们按照流程设计,进行VTI各向异性速度建模工作,效果如图3-70所示。目的层在1 450～1 900 m之间,全部位于蓝绿色低速层内,VTI校正前后目的层在深度和速度大小上均得到了较大的校正,层位与井匹配较好(如图3-70(b)所示),速度大小与井曲线测得的速度也十分接近(如图3-70(c)所示)。

图3-70
(a) VTI校正前速度,(b) VTI校正后速度,
(c) VTI后井速度与地震速度对比:地震速度曲线(绿色)与实际测得的井速度曲线(粉色)匹配较好

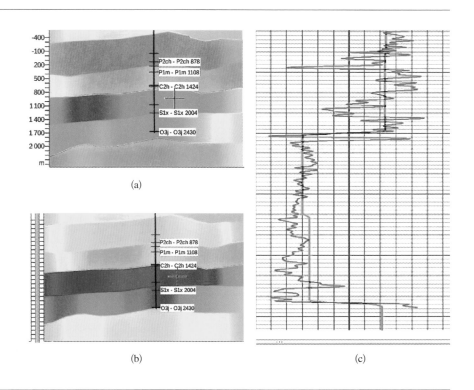

3.5.3　　全方位构造成像

高清构造成像主要基于上一节所提到的倾角道集,首先我们进行倾向分析,如图3-71所示。

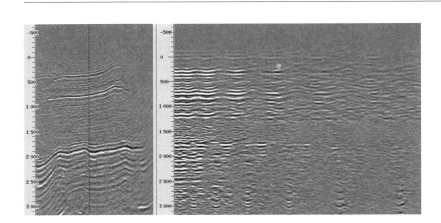

图3-71 在某一CMP点用倾角道集进行倾向分析

通过这种倾向分析,我们可以看到,倾角道集能量比较突出的部分就是较真实地反映地层倾向的部分,大多在10°以内,也就说该工区地层比较平坦,倾斜不大。根据镜像加权的原理,通过镜像振幅加权叠加能够提高地震资料的成像效果,我们进行高清构造成像前后的对比如图3-72所示,可知,镜像叠加剖面的信噪比较常规叠加高。散射加权与镜像加权原理相同,只是加权的是散射能量,对串珠溶洞等散射能量较强的地质体成像效果很好,由于本工区该类地质体不发育,这里暂不做介绍。

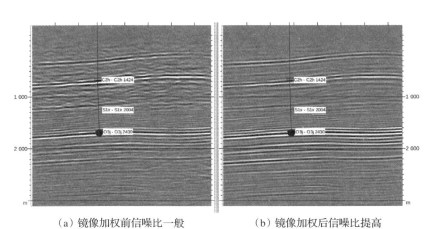

图3-72 镜像加权前后成像剖面对比

（a）镜像加权前信噪比一般　　　　　（b）镜像加权后信噪比提高

### 3.5.4　　全方位AVAZ裂缝预测

首先我们应用角道集进行HTI分析,如图3—73所示,在成像剖面某一CMP点的共反射角道集,不同颜色分别代表不同反射角,在同一反射角内我们可以看到同相轴的起伏变化,由此可见,地层存在明显的方位各向异性,即同一反射角内不同方位上的剩余时差差别很大。

图3—73　HTI
各向异性分析

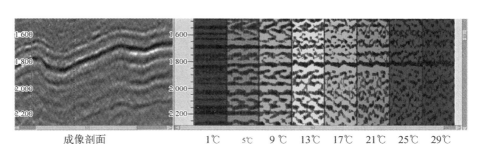

成像剖面　　　　　1℃　　5℃　　9℃　13℃　17℃　21℃　25℃　29℃

利用方位各向异性信息,将同相轴拉平后,我们进行AVAZ裂缝的预测结果如图3—74和图3—75所示。图3—74左边为通过AVAZ生成的目的层附近的裂缝分布情况,目的层是紫色拾取的层位部分;右边是成像剖面。

图3—74　纵向
查看裂缝密度发
育情况

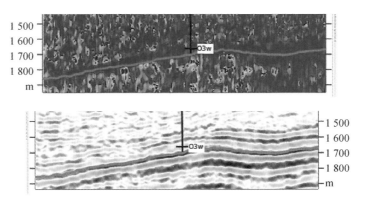

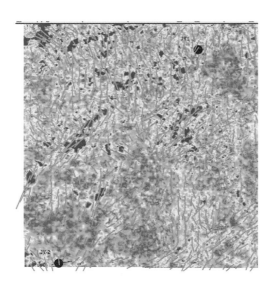

图3-75 利用AVAZ进行目的层裂缝预测结果矢量

在图3-75中,红色区域表示裂缝发育密度相对较大的地区,以及有可能作为页岩气"甜点"的存在区域。蓝色区域表示裂缝相对不发育的部分。红色棒棒图表示裂缝发育矢量,棒棒的长度代表裂缝发育的密度,密度越大,棒棒越长;棒棒的方向代表裂缝发育的方向。

### 3.5.5 裂缝体雕刻

现代计算机图形成像技术已经十分成熟,这里我们列举一项三维可视化技术,将裂缝的发育状况与地质体融合,从而使得技术人员能够很直观地看出裂缝发育的状态。

如图3-76(a)所示,以蓝绿色速度为背景,展示沿层的裂缝发育情况。其中,红黄色的点状表示裂缝发育的强弱(红强黑弱),镶嵌在速度背景中。如图3-76(b)所示,以蓝绿色速度为背景,展示1 450~1 900 m整个深度范围(目的层所在深度范围)的裂缝发育情况。其中,粉色点状表示裂缝发育,镶嵌在速度背景中。

图3-76
裂缝发育
状况

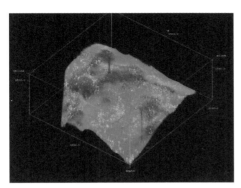 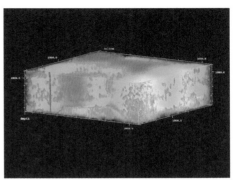

（a）裂缝沿层发育状况　　　　　　　　　（b）裂缝在地质体的发育状况

## 参考文献

［1］谢里夫.勘探地震学（上、下）.初英,等译.北京:石油工业出版社,1999.

［2］钱绍湖.地震勘探.2版.北京:中国地质大学出版社,1993.

［3］王振东.浅层地震勘探应用技术.北京:地质出版社,1988.

［4］王兴泰.工程与环境物探新方法新技术.北京:地质出版社,1996.

［5］陈仲侯,王兴泰,杜世汉.工程与环境物探教程.北京:地质出版社,1993.

［6］顾功叙.地球物理勘探基础.北京:地质出版社,1990.

［7］王学军.碳酸盐岩潜山有利储集层预测.北京:石油工业出版社,2008.

［8］王志章,等.裂缝性油藏描述及预测.北京:石油工业出版社,1999.

［9］刘建中,孙庆友,徐国明,等.油气田储层裂缝研究.北京:石油工业出版社,
2007.

［10］周英杰.裂缝性潜山油藏表征与预测.北京:石油工业出版社,2006.

［11］何樵登,张中杰.横向各向同性介质中地震波及其数值模拟.长春:吉林大学出

版社.

［12］何樵登.地震波理论.北京：地质出版社,1988.

［13］张建伟,陈天胜,宁俊瑞,等.利用纵波 AVA 进行裂缝储层和流体识别.物探化探计算技术,2009,31（6）：594-597.

［14］李振春,李娜,黄建平,等.裂缝介质横波分裂时差影响因素定量研究.地球物理学进展,2013,28（1）：240-249.

［15］刘定进,印兴耀.共炮检距道集波动方程保幅叠前深度偏移方法.地球物理学进展,2007,22（2）：492-501.

［16］张宇.振幅保真的单程波方程偏移理论.地球物理学报,2006,49（5）：1410-1430.

［17］张剑锋,卢宝坤,刘礼农.波动方程深度偏移的频率相关变步长延拓方法.地球物理学报,2008,51（1）：221-227.

［18］王华忠.地震波成像原理.上海：同济大学出版社,2009.

［19］李振春,等.地震叠前成像理论与方法.东营：中国石油大学出版社,2011.

［20］马在田.地震偏移成像.北京：石油工业出版社,1989.

［21］桂志先.裂缝性储层纵波地震检测方法研究.石油天然气学报（江汉石油学院学报）,2007,29（4）：75-79.

［22］季玉新.裂缝储层预测技术及应用.天然气工业,2007,27（增刊 A）：420-423.

［23］丁次乾.矿场地球物理.东营：中国石油大学出版社,2002.

［24］李振春.地震偏移成像技术研究现状与发展趋势.石油地球物理勘探,2014,49（1）：21.

［25］张平平.保幅偏移方法研究.北京：中国科学院地质与地球物理研究所,2005.

［26］常旭.地震正反演与成像,北京：华文出版社,2001.

［27］刘志远,常旭,刘伊克.基于 Chebyshev 多项式的非对称走时 Kirchhoff 叠前时间偏移角道集求取.地球物理学报,2013,56（8）：2783-2789.

［28］刘喜武,刘洪,刘彬.反假频非均匀地震数据重建方法研究.地球物理学报,2004,47（2）：299-305.

［29］董宁,许杰,孙赞东,等.泥页岩脆性地球物理预测技术.石油地球物理勘探,

2013,48(增刊1): 74.

[30] 许杰, 何治亮, 董宁, 等.含气页岩有机碳含量地球物理预测.石油地球物理勘探,2013,48(增刊1): 68.

[31] 刘振峰, 董宁, 张永贵, 等.致密碎屑岩储层地震反演技术方案及应用.石油地球物理勘探,2012,47(2): 304.

[32] 霍志周, 熊登, 张剑锋.预条件共轭梯度法在地震数据重建方法中的应用.地球物理学报,2013,56(4): 1321-1330.

[33] 李博, 刘红伟, 刘国峰, 等.地震叠前逆时偏移算法的CPU/GPU实施对策.地球物理学报,2010,53(12): 2938-2943.

[34] 卢回忆, 刘伊克, 常旭.基于MSFM的复杂近地表模型走时计算.地球物理学报,2013,56(9): 3100-3108.

[35] 徐果明.反演理论及其应用.北京: 地震出版社,2003.

[36] 刘伊克, 常旭.地震层析成像反演中解的定量评价及其应用.地球物理学报,2000,43(2): 251-256.

[37] 丁继才.地震数据波动方程反演方法研究.北京: 中国科学院地质与地球物理研究所,2007.

[38] 程玖兵.波动方程叠前深度偏移精确成像方法研究.上海: 同济大学,2003.

[39] 孔丽云, 王一博, 杨慧珠.裂缝诱导HTI双孔隙介质中的裂缝参数分析.地球物理学报,2012,55(1): 189-196.

[40] Alkhalifah. An acoustic wave equation for anisotropic media. Geophysics, 2000, 65: 1239-1250.

[41] Berkhout A J. Wave field extrapolation techniques in seismic migration, a tutorial. Geophysics, 1981, 46(12): 1638-1656.

[42] Brossier R. Two-dimensional frequency-domain visco-elastic full waveform inversion: Parallel algorithms, optimization and performance. Computers & Geosciences, 2011, 37(4): 444-455.

[43] Claerbout J F. Fundamentals of Geophysical Data Processing. McGraw-Hill, 1976.

[44] Claerbout J F. Imaging the earth's interior. Blackwell Scientific Publications, 1985.

［45］Gray S H. Frequency-selective design of the Kirchhorff migration operator. Geophys Prosp, 1992, 40: 565－571.

［46］Mora P. elastic wavefield inversion［D］. 1987.

［47］Schleicher J, Tygel M, Hubral P. 3－D true amplitude finite-offset migration. Geophysics, 58: 1112－1126.

［48］Yilmaz O. Seismic data processing. Society of Exploration Geophysicists, 1987.

［49］Yu Zhang, Houzhu Zhang. A stable TTI reverse time migration and its implementation［C］//79th Annual International Meeting, SEG, Expanded Abstracts, 2009: 2794－2798.

# 页岩气储层地震岩石物理技术

岩石物理学研究岩石各种物理性质之间的相互关系，比如，研究孔隙度、渗透率等储层参数是如何同地震波速度、电阻率、温度等物理参数相关联。而地震岩石物理特指研究弹性参数与储层参数之间的关系，是联系地震响应与地质参数的桥梁，是进行定量地震解释的基本工具，更是非常规页岩气储层研究的必需手段。岩石物理模型的选择与建立是其中重要的方面，使用岩石物理模型进行速度预测是岩石物理分析的重要任务。

根据泥页岩储层的特征，本章通过对比分析 Wyllie 方程、Gassmann 方程、Kuster-Toksöz 模型、Xu-White 模型这四个岩石物理模型的可应用性，在 Xu-White 岩石物理模型及其思路的基础上，结合 Voigt-Reuss 边界理论、微分等效介质理论、自适应模型、Gassmann 流体替代理论、Brown-Korringa 固体替代理论和三维复杂孔隙类型表述方式，将岩石组分分为复杂矿物、有机质、复杂孔隙，建立适用于页岩气储层的岩石物理模型。在岩石物理模型基础上，进行岩石物理分析，甄别遴选敏感弹性参数，进行页岩气储层"甜点"预测。

## 4.1 页岩气储层岩石物理性质

### 4.1.1 岩石物理基本概念

1. 岩石物理的基本概念及其作用

岩石物理学研究岩石的物理性质（包括储层参数和物理性质）及其相互关系。由于反射地震在石油勘探中的重要作用，近年来岩石物理的研究偏重于岩石的地震弹性特性，主要反映在地震波速度等弹性参数与岩石其他性质及岩石所处状态条件的关系，研究在油藏条件下和采油过程中流体与岩石的特征改变量及其对地震特性的影响，是连接地震与油藏工程的纽带，也是把地震特征转换为油藏特征的物理基础。简言之，岩石物理分析的目的就是建立地震特性与储层特性之间的关系。

　　岩石物理性质的研究成果为从地震数据中提取地下岩石及其饱和流体的性质奠定了物理基础(地震反演过程)。另一方面,了解地震波特性与岩石、流体性质的关系可以帮助我们模拟地震波在复杂地表下的传播(地震正演),理解地球物理响应特征。图4-1为岩石物理作用的示意图。岩石物理在储层特性与地震特性之间的桥梁作用主要体现如下。

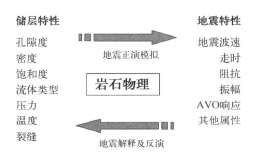

图4-1　岩石物理架起储层特性与地震特性之间的桥梁

1）地震反演

　　地震属性参数及反射率受控于储层矿物、岩性、流体类型、孔隙度、孔隙形状、渗透率、饱和度、韧性和裂隙、压力、温度等导致的弹性与力学参数。而地震资料直接得到的地震属性参数为时间、振幅、波形、频率、入射角、方位角等,需要将这些属性进行地震反演得到弹性与力学参数,再通过岩石物理桥梁得到储层参数。地震反演有各种各样的算法和实现策略,这里不再一一罗列。

2）地震正演

　　基于以矿物、岩性、流体类型、孔隙度、孔隙形状、渗透率、饱和度、韧性和裂隙等为参数的储层地质模型,通过岩石物理建模与分析,能够得到储层弹性参数,进行储层地球物理参数建模,从而可以进行地震波场正演模拟,得到以时间、振幅、波形、频率、入射角、方位角为参数的地震合成记录,岩石物理依然是桥梁和纽带。

2. 岩石物理理论基础

　　表示岩石地震弹性物理特征的参数主要有:弹性模量、密度、纵波速度、横波速度、衰减等,它们是地震定量解释储集层的重要地震参数(通过反演得到),基本概念介绍如下。

1)弹性模量

弹性模量是反映岩石在外力作用下发生伸缩剪切和体积变化的特征参数,是联系应力应变关系的常量。正应变模量 $\lambda$ 是正应力与正应变的比例系数(可以反映流体的变化);剪切模量 $\mu$ 表示切应力与切应变之比,是阻止剪切应变的一个度量,流体无剪切模量(反映岩性的变化);体积模量 $K$ 反映在外力作用下岩石体积发生的变化,反映岩石的可压缩性;杨氏模量 $E$ 是物质对受力作用的阻力的度量,固体介质对拉伸力的阻力越大,弹性越好,$E$ 越大;泊松比 $\sigma$ 是反映岩性和含气性的重要参数,用岩石纵向拉伸和横向压缩的比值来表示,与纵、横波速度存在如下关系:

$$\sigma = \frac{\frac{1}{2}\gamma^2 - 1}{\gamma^2 - 1} \qquad (4-1)$$

式中,纵、横波速度比 $\gamma = v_P/v_S$。实验表明,不同岩石的泊松比分布范围是不同的,它对于区分水饱和和气饱和岩石有特殊意义。综合泊松比和纵、横波速度波可以较好地区分砂岩和泥岩。

上述弹性参数存在一定关系,已知任意两个可求得其余三个,具体关系如下:

$$E = \frac{\mu(3\lambda + 2\mu)}{\lambda + \mu}, \ \lambda = \frac{E\sigma}{(1 + \sigma)(1 - 2\sigma)},$$
$$\sigma = \frac{\lambda}{2(\lambda + \mu)}, \ \mu = \frac{E}{2(1 + \sigma)}, \qquad (4-2)$$
$$K = \lambda + \frac{2}{3}\mu, \ K = \frac{E}{3(1 - 2\sigma)}$$

2)纵、横波速度 $v_P$、$v_S$

根据弹性波动方程理论,在均匀各向同性完全弹性介质中,密度 $\rho$ 反映单位体积岩石的质量,纵波速度 $v_P$ 和横波速度 $v_S$ 可用密度 $\rho$、体积模量 $K$ 与正应变模量 $\lambda$ 和剪切模量 $\mu$ 表示如下:

$$\begin{cases} v_P = \sqrt{\dfrac{\lambda + 2\mu}{\rho}} = \sqrt{\dfrac{K + \dfrac{4}{3}\mu}{\rho}} \\ v_S = \sqrt{\dfrac{\mu}{\rho}} \end{cases} \tag{4-3}$$

实际应用中,理论计算纵、横波速度需要知道 $K$、$\mu$、$\rho$ 三个参数,岩石物理建模就是建立一种计算这三种参数的岩石骨架和孔隙流体的模型。

3)岩石骨架模型

岩石模量求取之前,首先要判断岩石的骨架模型。因为,不同的骨架模型,求取的岩石模量具有一定的差异。常用到的骨架模型主要有 Voigt 和 Reuss 模型、Hashin-Shtrikman(HS)边界模型、Kuster-Toksöz 模型以及 Gassmann 方程模型,后面详细阐述。

4)岩石模量的求取方法

干岩石的体积模量是包含流体岩石物理模型的 Gassmann 方程中采用的重要参数,而 Gassmann 方程对理解孔隙流体对地震波的效应具有重要价值,因此正确估计干岩石体积模量,对岩石物理的理论研究及一些模型的实际应用十分重要。

(1)直接测定法

直接在实验室测定干岩石的特性是获得干岩石弹性模量最常用的方法,也是最为可靠的方法。当利用超声波法(或低频测量法)测定干岩石弹性模量时,直接测量结果为纵、横波速度,干岩石的体积模量 $K_d$ 和剪切模量 $\mu_d$ 可由下述公式换算得到,即:

$$K_d = \rho\left(v_P^2 - \frac{4}{3}v_S^2\right)$$
$$\mu_d = \rho v_S^2 \tag{4-4}$$

式中,$\rho$ 为干岩石的密度;$v_P$、$v_S$ 分别为干岩石的纵波速度和横波速度。直接测量需要专门的岩石物理实验室,且需要岩心样品。当不具备实验条件或所研究工区内无岩心样品时,必须考虑其他方法。下面总结了几种具有相当应用价值的干岩石体积模量 $K_d$ 的计算方法。

（2）Gassmann 方程法

① 已知饱和（或部分饱和）岩石的纵波速度和横波速度的情形

不管用测量还是用计算的方法，如果得到饱和（或部分饱和）岩石的纵波速度和横波速度，则可以推导出后向 Gassmann 方程 $K_d$，形式如下：

$$K_d = \frac{K_w\left(\dfrac{\phi K_o}{K_f} + 1 - \phi\right) - K_o}{\dfrac{\phi K_o}{K_f} + \dfrac{K_w}{K_o} - 1 - \phi} \tag{4-5}$$

$$K_w = \rho\left(v_P^2 - \frac{4}{3}v_S^2\right) , \ \rho = (1 - \phi)\rho_o + \phi\rho_f \tag{4-6}$$

式中，$K_o$ 和 $K_f$ 分别为岩石矿物颗粒的有效体积模量和孔隙流体的有效体积模量；$\rho$、$\rho_o$、$\rho_f$ 分别为岩石、固体矿物颗粒、孔隙流体的平均密度；$\phi$ 为岩石孔隙度。

② 已知饱和或部分饱和岩石的纵波速度而缺少横波数据的情形

当已知饱和或部分饱和岩石的纵波速度而缺少横波数据时，计算所需的输入参数是不够的，需要补充输入参数。补充参数方法可利用前人提出的经验关系，如纵、横波速度关系等。

（3）Xu-White 模型法

Kuster 和 Toksöz 方程是在假设孔隙度足够小的情况下推导出来的，Xu 和 White 应用微分等效介质（Differential Effective Medium, DEM）的方法克服了这种限制。首先把孔隙空间分为很多套，每套孔隙均满足 Kuster 和 Toksöz 方程的条件。从坚固岩石开始，运用 Kuster 和 Toksöz 方程计算在基质上加一小套孔隙的有效介质，然后把结果作为下次计算的基质，如此重复，直到总的孔隙体积都加到岩石上。

Keys 和 Xu 将基于 DEM 理论的 Kuster 和 Toksöz 方程转化为求解线性常微分方程组的问题，得到了泥质砂岩干岩石体积和剪切模量的简单解析表达式：

$$\begin{aligned} K(\phi) &= K_m(1 - \phi)^p \\ \mu(\phi) &= \mu_m(1 - \phi)^q \end{aligned} \tag{4-7}$$

$$p = \frac{1}{3}\sum_{l=s,\,c} C_l T_{iijj}(\alpha_l) , \ q = \frac{1}{5}\sum_{l=s,\,c} C_l F(\alpha_l) \tag{4-8}$$

式中，$K(\phi)$ 和 $\mu(\phi)$ 分别是孔隙度为 $\phi$ 时的干岩石体积和剪切模量；$C_l$ 是砂岩和页岩占岩石基质的体积百分比；$T_{iijj}(\alpha_l)$ 和 $F(\alpha_l)$ 参见 Kuster-Toksöz（KT）模型部分。初始基质的模量计算采用下述方程：

$$\frac{1}{v_{\text{pma}}} = \frac{1 - C_{\text{clay}}}{v_{\text{psand}}} + \frac{C_{\text{clay}}}{v_{\text{pclay}}}, \quad \frac{1}{v_{\text{sma}}} = \frac{1 - C_{\text{clay}}}{v_{\text{ssand}}} + \frac{C_{\text{clay}}}{v_{\text{sclay}}},$$

$$K_{\text{m}} = v_{\text{pma}}^2 \rho_{\text{m}} - \frac{4}{3} v_{\text{sma}}^2 \rho_{\text{m}}, \quad \mu_{\text{m}} = v_{\text{sma}}^2 \rho_{\text{m}}, \quad \rho_{\text{m}} = C_{\text{clay}} \rho_{\text{clay}} + (1 - C_{\text{clay}}) \rho_{\text{sand}}$$

式中，$C_{\text{clay}}$ 为泥质含量；$v_{\text{psand}}$ 和 $v_{\text{pclay}}$ 分别是砂和泥的纵波速度；$v_{\text{ssand}}$ 和 $v_{\text{sclay}}$ 分别是砂和泥的横波速度；$\rho_{\text{sand}}$ 和 $\rho_{\text{clay}}$ 分别为砂和泥的密度；$K_{\text{m}}$、$\mu_{\text{m}}$ 和 $\rho_{\text{m}}$ 分别是岩石骨架的体积模量、剪切模量和密度。用这种方法计算泥质砂岩的干岩石模量，需要已知砂、泥的基质纵、横波速度和密度等。在缺乏岩心的实验室测量数据时，这种方法是可行的。

（4）经验公式法

① Geertsma 和 Smit 根据测量得到了一个可适用于纯砂岩的干岩石体积模量 $K_{\text{d}}$ 与岩石基质模量 $K_{\text{m}}$ 和孔隙率 $\phi$ 的经验公式：

$$K_{\text{d}} = \frac{K_{\text{m}}}{1 + 50\phi} \tag{4-9}$$

② Kief 等参照一些实际数据，提出了如下的经验公式：

$$K_{\text{d}} = K_{\text{o}} (1 - \phi)^{\frac{3}{1-\phi}} \tag{4-10}$$

③ Nur 基于临界孔隙度 $\phi_{\text{c}}$ 的概念，提出了如下线性的模量与孔隙度的关系：

$$K_{\text{d}} = K_{\text{o}} \left( 1 - \frac{\phi}{\phi_{\text{c}}} \right) \tag{4-11}$$

④ Han 依据实验数据，提出了如下的关系（$D$ 为经验系数）：

$$K_{\text{d}} = K_{\text{o}} (1 - D\phi)^2 \tag{4-12}$$

⑤ Murphy 等通过对气饱和纯石英砂和砂岩样品的超声波测量数据（测量有效压力为 50 MPa）的统计分析发现，干岩石骨架模量表现出对孔隙度的明显依赖性，并

给出了最佳经验拟合公式。当 $\phi \leqslant 0.35$ 时,有

$$K_{\rm d} = 38.18(1 - 3.39\phi + 1.95\phi^2),$$
$$\mu_{\rm d} = 42.65(1 - 3.48\phi + 2.195\phi^2)$$

$$(4-13)$$

当 $\phi > 0.35$ 时,有

$$K_{\rm d} = \exp(-62.60\phi + 22.58), \mu_{\rm d} = \exp(-62.69\phi + 22.73) \quad (4-14)$$

上述二式对于泥质砂岩构成一个上边界。

⑥ Han-Eberhart-Phillips(HEP)模型是 Eberhart-Phillips 利用 Han 的实验室测量数据,运用回归算法得到的。这个模型显示出模量是孔隙度、有效压力和泥质含量的函数。有效压力是围压跟孔隙压力的差值。干骨架体积模量的表达式如下:

$$K_{\rm d} = \alpha_0 + \alpha_1 P_e^{e_1} + \alpha_2\phi + \alpha_3\phi^2 + \alpha_4\phi_e^{e_2} + \alpha_5\sqrt{C} \quad (4-15)$$

当 $\phi = 0.0$ 时,岩石骨架体积模量为:

$$K_{\rm m} = \alpha_0 + \alpha_1 P_e^{e_1} + \alpha_5\sqrt{C} \quad (4-16)$$

类似地,剪切模量的表达式如下:

$$\mu_{\rm d} = \alpha_0 + \alpha_1 P_e^{e_1} + \alpha_2\phi + \alpha_3\phi^2 + \alpha_4\phi_e^{e_2} + \alpha_5\sqrt{C} \quad (4-17)$$

回归系数如表4-1所示:

| 模型参数 | $K_{\rm d}$ 回归系数 | 模型参数 | $\mu_{\rm d}$ 回归系数 |
|---|---|---|---|
| $\alpha_0$ | 35.854 | $\alpha_0$ | 29.619 |
| $\alpha_1$ | 10.614 | $\alpha_1$ | 19.544 |
| $\alpha_2$ | -98.644 | $\alpha_2$ | -103.09 |
| $\alpha_3$ | 47.584 | $\alpha_3$ | 96.169 |
| $\alpha_4$ | 0.209 | $\alpha_4$ | -8.167 |
| $\alpha_5$ | -8.229 6 | $\alpha_5$ | -17.933 |
| $e_1$ | 1/3 | $e_1$ | 1/3 |
| $e_2$ | 1/3 | $e_2$ | 1/3 |

表4-1 Han-
Eberhart-
Phillips(HEP)
模型回归系数

在回归系数中,数值单位是GPa。

毫无疑问,最简便的方法是统计法或称经验公式法,特别是当工区内无测井岩心资料以及岩石物理实验资料时,该方法具有较大的优越性。但遗憾的是,现有的可以利用的经验公式很少,而且大多是针对纯石英砂岩提出的,公式中仅考虑了孔隙度的影响,从而大大限制了这一方法的应用。

### 4.1.2　　　　页岩气储层岩石物理建模

对于页岩气储层来说,地震波速度主要受矿物、孔隙度、裂缝等孔隙空间结构及有机质的影响,对于前三者,前人都有大量的讨论(Kuster 和 Toksöz, 1974; Sun 等, 1991, 2004; Anselmetti 和 Eberli, 1993, 1999; Baechle 等, 2008; Sun 等, 2012),而对于有机质对地震波速度的影响则很少见到。在岩石中存在的有机质,其弹性模量与矿物差距较大,接近于流体,表现为柔性,但是由于剪切模量不为零,又不同于流体。这给泥页岩的岩石物理建模造成了很大的困难。本节在对储层特征分析的基础上,讨论了工业界常用的岩石物理模型在泥页岩中的适用性,针对性地提出了包括矿物、孔隙度、孔隙类型、有机质、流体的页岩气储层岩石物理模型。

1. 经典岩石物理模型

岩石可视为一种由固体骨架和流体充填的孔隙所组成的饱和多孔介质。目前已有很多种方法描述多孔介质中储层物理参数和岩石性质之间的关系,其中包括边界方法、经验公式和物理模型等。在地球物理中,这些岩石物理模型不仅在测井分析、地震反演、属性分析及储层和流体识别等各个方面都起着重要的理论基础作用,并且在油藏动态监测中也逐渐得到人们的重视。

进行速度预测的岩石物理模型需要包括三部分内容: ① 岩石中的各个组成部分(矿物、孔隙、流体); ② 各个组成部分的弹性模量; ③ 各个组成部分之间的几何细节。工业界常用来做速度预测的模型从简单到复杂依次有Wyllie时间平均公式(Wyllie, 1956)、Gassmann理论(Gassmann, 1951)、Kuster-Toksöz模型(Kuster 和 Toksöz, 1974),以及针对砂泥岩的 Xu-White 模型(Xu 和 White,1995)。

1）Voigt-Reuss-Hill 平均

最简单且最常用的等效介质模型是Voigt和Reuss模型。Voigt模型给出了$N$种矿物组成的复合介质的有效弹性模量$M_V$：

$$M_V = \sum_{i=1}^{N} f_i M_i \qquad (4-18)$$

式中，$f_i$是第$i$种组分的体积分数；$M_i$是第$i$种组分的弹性模量。Voigt有效弹性模量是一个代数平均，它代表上边界。Reuss模型给出了有效弹性模量的下边界$M_R$：

$$\frac{1}{M_R} = \sum_{i=1}^{N} \frac{f_i}{M_i} \qquad (4-19)$$

数学上，Voigt和Reuss公式中的$M$可以表示任何模量，如体积模量$K$、剪切模量$\mu$、杨氏模量$E$等。但是，它仅用来计算剪切模量和体积模量的Voigt和Reuss平均，然后由这两个量来计算其他模量，这使得Voigt和Reuss平均更有意义。

Hill曾建议利用对它们进行平均的方法来提供岩石有效模量的更实际的评价。这个方法对于含有不同矿物成分的岩石骨架的弹性模量的评价十分有效。

$$M_{vrh} = \frac{M_V + M_R}{2} \qquad (4-20)$$

2）Hashin-Shtrikman 边界

各向同性弹性复合介质的最佳范围是Hashin-Shtrikman（HS）边界，它给出尽可能窄的弹性模量上下限范围，且不需要具体说明组成成分的几何形状。对于由两种成分组成的复合介质，Hashin-Shtrikman边界为：

$$K^{HS\pm} = K_1 + \frac{f_2}{(K_2 - K_1)^{-1} + f_1(K_1 + 4\mu_1/3)^{-1}} \qquad (4-21)$$

$$\mu^{HS\pm} = \mu_1 + \frac{f_2}{(\mu_2 - \mu_1)^{-1} + 2f_1(K_1 + 2\mu_1)/[5\mu_1(K_1 + 4\mu_1/3)]} \qquad (4-22)$$

式中，$K_1$，$K_2$是单相的体积模量；$\mu_1$，$\mu_2$是单相的剪切模量；$f_1$，$f_2$是单相的体积分数。

上下界限是通过交换相的下标1和下标2计算出来的。一般地，当刚性较大的相的下标是1时，上面的表达式给定上限；当刚性小的相的下标是1时，则给定下限。

因为许多有效介质模型假设矿物模量是单相的,当把混合矿物表示成一种"平均矿物"的模量时,它等于由 HS 计算的混合矿物的边界之一或它们的平均。另一方面,当组分差别很大时,例如矿物和孔隙流体,那么上下限差别很大,会丢失一些预测值。

3)Gassmann 方程

1951 年,Gassmann 提出预测岩石体积模量的 Gassmann 方程。它建立了岩石基质模量、孔隙度、流体和干岩石模量之间的关系,为孔隙流体与地震波速的联系架起了桥梁。据统计,有关岩石物理的文献,三分之一以上都涉及了 Gassmann 方程,可见其重要性。比较常用的 Gassmann 方程的形式如下:

$$K = K_d + \frac{\left(1 - \dfrac{K_d}{K_s}\right)^2}{\dfrac{\phi}{K_f} + \dfrac{1 - \phi}{K_s} - \dfrac{K_d}{K_s^2}} \tag{4-23}$$

式中,$K$ 是饱和孔隙流体时的岩石体积模量;$\phi$ 是孔隙度;$K_d$ 是干岩石的体积模量;$K_s$ 是岩石基质的体积模量;$K_f$ 是孔隙流体的体积模量。Gassmann 方程的基本假设条件是:① 岩石(基质和骨架)是各向同性、弹性、单矿物和均质的;② 孔隙空间具有很好的连通性,并保持压力均衡;③ 孔隙空间充满流体(液体、气体或混合物);④ 岩石是一个封闭的系统,没有穿越边界的孔隙流体运动;⑤ 流体和岩石骨架之间没有化学作用(剪切模量不受流体的影响)。

Gassmann 方程假设岩石相同的矿物模量和孔隙空间是统计性各向同性的,但不考虑孔隙形状的变化。更重要的是,式(4-23)适用于低频情况,当频率足够低,使得孔隙流体有足够的时间流动并没有波动诱发产生孔隙压力梯度时才成立,这也就说明了该公式非常适用于地震资料频带(<100 Hz)。

Gassmann 方程中干岩样的体积模量一般是未知的,需要通过实验室测量得到,也有很多人提出了一些简单的计算公式,如 Biot(1956)提出了 $K_d$ 与 $K_{ma}$ 之间的关系:

$$K_d = (1 - B) \cdot K_m \tag{4-24}$$

$$\mu_d = (1 - B) \cdot \mu_{ma} \tag{4-25}$$

式中，$B$ 也被称为 Biot 系数。对于 $B$ 的取值，一般看成是孔隙度的函数近似求得，采取 Nur 等（1991）提出的公式：

$$B = \phi / \phi_{\text{crit}} \qquad (4-26)$$

式中，$\phi$ 是孔隙度，$\phi_{\text{crti}}$ 是临界孔隙度，灰岩一般取 60%。

4）Brown-Korringa 固体替代理论

Brown-Korringa（1975）方程是利用岩体弹性张量表示流体替代的理论，也称为各向异性的流体替代。经过简单的改造则可以用来进行固体替代计算含干酪根岩石的体积模量和剪切模量，即

$$s_{ijkl}^{\text{eff}} = s_{ijkl}^{\text{dry}} - \frac{(s_{ijmn}^{\text{dry}} - s_{ijmn}^{\text{gr}})(s_{klpq}^{\text{dry}} - s_{klpq}^{\text{gr}})}{[\phi(s^{\text{TOC}} - s^{\phi}) + (s^{\text{dry}} - s^{\text{gr}})]_{mnpq}} \qquad (4-27)$$

式中，$\phi$ 是可以转换成 TOC 的干酪根占有的体积分数；$s_{ijkl}^{\text{gr}}$，$s_{ijkl}^{\text{dry}}$，$s_{ijkl}^{\text{eff}}$ 分别为基质、干岩石、饱和岩石的四阶张量；$s^{\phi}$，$s^{\text{TOC}}$ 分别表示孔隙空间及孔隙空间填充的 TOC 的柔度张量。

5）Kuster-Toksöz 模型

Kuster 和 Toksöz 利用散射理论建立了一个应用很广泛的两相介质的模型，把孔隙度和孔隙纵横比与岩石的体积和剪切模量联系起来。根据这一模型，多孔岩石用整体各向同性固体骨架以及随机分布的孔隙和孔隙流体来表征，并假设孔隙形状为椭圆形，通过孔隙的纵横比来描述孔隙形状的变化。孔隙纵横比定义为椭圆短轴与长轴之比，一般在 0 ～ 1 之间，越接近于 0 表示孔隙越扁，越接近于 1 表示孔隙越圆，从而建立了孔隙度和孔隙纵横比与纵横波波速的联系。Kuster-Toksöz 模型假设：① 等效介质由具有不同性质的两相组成；② 单相（骨架）是连续的统一体而另一相是随机嵌入的内含物；③ 内含物（孔隙）非常稀疏，它们彼此间无相互联系、不重叠；④ 波长远大于内含物的尺寸。Kuster-Toksöz（KT）方程的表达式如下：

$$K - K_{\text{m}} = \frac{1}{3}(K' - K_{\text{m}})\frac{3K + 4\mu_{\text{m}}}{3K_{\text{m}} + 4\mu_{\text{m}}}\sum_{l=s,c} T_{iijj}(\alpha_l)$$

$$\mu - \mu_{\text{m}} = \frac{(\mu' - \mu_{\text{m}})}{5}\frac{6\mu(K_{\text{m}} + 2\mu_{\text{m}}) + \mu_{\text{m}}(9K_{\text{m}} + 8\mu_{\text{m}})}{5\mu_{\text{m}}(3K_{\text{m}} + 4\mu_{\text{m}})}\sum_{l=s,c} \phi_l F(\alpha_l) \qquad (4-28)$$

式中，$K'$ 为孔隙内含物的体积模量；$\mu'$ 为孔隙内含物的剪切模量；$K$ 为有效体积模量；$\mu$ 为有效剪切模量；$K_m$ 和 $\mu_m$ 分别为骨架体积模量和剪切模量；$\alpha_1$ 为孔隙纵横比。式（4-28）需要 $\phi/\alpha \ll 1$。泥页岩孔隙纵横比的典型值是 0.035，砂岩为 0.12，因此该方程仅适用于小孔隙。KT方程中 $T_{iijj}(\alpha_l)$ 和 $F(\alpha_l)$ 的计算公式为：

$$T_{iijj}(\alpha_l) = \frac{3F_1}{F_2}$$

$$F(\alpha_l) = \frac{2}{F_3} + \frac{1}{F_4} + \frac{F_4 F_5 + F_6 F_7 - F_8 F_9}{F_2 F_4} \tag{4-29}$$

其中

$$F_1 = 1 + A\left[\frac{3}{2}(g + \theta) - R\left(\frac{3}{2}g + \frac{5}{2}\theta - \frac{4}{3}\right)\right]$$

$$F_2 = 1 + A\left[1 + \frac{3}{2}(g + \theta) - \frac{R}{2}(3g + 5\theta)\right] + B(3 - 4R) + \frac{A}{2}(A + 3B)(3 - 4R)\left[g + \theta - R(g - \theta + 2\theta^2)\right]$$

$$F_3 = 1 + \frac{A}{2}\left[R(2 - \theta) + \frac{1 + a^2}{a^2}g(R - 1)\right]$$

$$F_4 = 1 + \frac{A}{4}\left[3\theta + g - R(g - \theta)\right]$$

$$F_5 = A\left[R\left(g + \theta - \frac{4}{3}\right) - g\right] + B\theta(3 - 4R)$$

$$F_6 = 1 + A\left[1 + g - R(\theta + g)\right] + B(1 - \theta)(3 - 4R)$$

$$F_7 = 2 + \frac{A}{4}\left[9\theta + 3g - R(5\theta + 3g)\right] + B\theta(3 - 4R)$$

$$F_8 = A\left[1 - 2R + \frac{g}{2}(R - 1) + \frac{\theta}{2}(5R - 3)\right] + B(1 - \theta)(3 - 4R)$$

$$F_9 = A\left[g(R - 1) - R\theta\right] + B\theta(3 - 4R)$$

$$A = \frac{\mu'}{\mu_m} - 1, \quad B = \frac{1}{3}\left(\frac{K'}{K_m} - \frac{\mu'}{\mu_m}\right), \quad R = \frac{3\mu_m}{3K_m + 4\mu_m},$$

$$\theta = \frac{a}{(1 - a^2)^{3/2}}(\cos^{-1}a - a\sqrt{1 - a^2}), \quad g = \frac{a^2}{1 - a^2}(3\theta - 2)$$

Kuster-Toksöz模型计算等效体积模量时，如果所有孔隙为球形（纵横比为1），则变为Gassmann方程，有效剪切模量不受饱和流体影响。但是，纵横比较小的孔隙求得的干岩石的有效剪切模量远小于饱含水情况下的模量。Kuster-Toksöz方法经常用来计算干岩石模量。它的局限性在于孔隙纵横比必须已知而且它仅适用于各向同性岩石。

Berryman(1995)根据Kuster-Toksöz理论定义了球形、针形、盘形和硬币状裂缝四种三维孔隙形状下岩石的有效体积模量$K_{kt}$、$\mu_{kt}$,定义式如下:

$$(K_{kt} - K_{m})\frac{K_{m} + \frac{3}{4}\mu_{m}}{K_{kt} + \frac{3}{4}\mu_{m}} = \sum_{i=1}^{L} x_{i}(K_{i} - K_{m})P^{mi} \qquad (4-30)$$

$$(\mu_{kt} - \mu_{m})\frac{\mu_{m} + \frac{3}{4}\zeta_{m}}{\mu_{kt} + \frac{3}{4}\zeta_{m}} = \sum_{i=1}^{L} x_{i}(\mu_{i} - \mu_{m})Q^{mi} \qquad (4-31)$$

式中,$P^{mi}$、$Q^{mi}$的值对于不同的孔隙类型是不同的。

Kuster-Toksöz模型假设背景相(骨架)是各向同性的,而另一相(孔隙或孔隙流体)随机嵌入其中,即各个孔隙之间是孤立的、不连通的,孔隙尺寸远远小于波长;同时,要求孔隙具有稀疏性,即满足:

$$\frac{\phi}{\alpha} \leqslant 1 \qquad (4-32)$$

式中$\phi$为孔隙度,$\alpha$为孔隙纵横比,说明Kuster-Toksöz模型只适用于孔隙度较低的岩石。

另外,KT模型是一个高频模型,适用于实验室超声条件下,所以通常用该模型来计算不含流体的干岩石的体积模量,再用Gassmann方程理论来往空腔中加入流体。

6) 微分等效介质(DEM)理论

微分等效介质(DEM)岩石物理模型通过往固体相中逐渐加入填入物来模拟双相混合物(Norris,1985;Zimmerman, 1991),固体相是相1,之后逐步加入相2的材料。此过程一直进行到需要的各成分含量达到为止。DEM理论并不是对称地对待每个组成成分,被当成固体矿物或主相的成分可以有不同的选择,且最终的等效模量会依赖于达到最终混合物所采用的路径。用相1作为主相并逐渐加入材料2,与以相2作为主相并逐渐加入材料1，会导致不同的等效属性。公式可以表示为：

$$(1 - y)\frac{\mathrm{d}}{\mathrm{d}y}[K_\mathrm{d}^*(y)] = (K_i - K_\mathrm{d}^*)P^{(*2)}(y) \qquad (4-33)$$

$$(1 - y)\frac{\mathrm{d}}{\mathrm{d}y}[\mu_\mathrm{d}^*(y)] = (\mu_i - \mu_\mathrm{d}^*)Q^{(*2)}(y) \qquad (4-34)$$

式中，$K_\mathrm{d}^*$，$\mu_\mathrm{d}^*$ 分别代表所求的干岩石的体积模量和剪切模量；$K_i$，$\mu_i$ 分别代表填入物的体积模量和剪切模量；$y$ 代表相2所占的百分比；$P$，$Q$ 为孔隙因子。

7）自适应（SCA）理论

Hill（1952）与 Budiansky（1965）提出了自洽模型（Self-consistent Approximation，SCA），其基本建模思想为：将要求解的多相介质放置于无限大的背景介质中，且背景介质的弹性参数任意可调。通过调整背景介质的弹性参数，使背景介质的弹性参数与多相介质的弹性参数相匹配，当有一平面波入射时，多相介质不再引起散射，此时背景介质的弹性模量与多相介质的有效弹性模量相等。该方法既考虑到孔隙形状的影响，又能够适用于孔隙度较大的岩石。这种方法仍然是计算的内含物的变形，但是该方法中不再选用多相材料中的一相作为背景介质，而是用要求解的有效介质作为背景介质，通过不断改变基质来考虑内含物之间的相互作用。因为该方法考虑了内含物的相互作用，所以能适用于孔隙度较大的岩石。

$$\sum_{i=1}^{N} x_i(K_i - K^{\mathrm{SCA}})P^i = 0 \qquad (4-35)$$

$$\sum_{i=1}^{N} x_i(\mu_i - \nu^{\mathrm{SCA}})Q^i = 0 \qquad (4-36)$$

式中，$i$ 代表第 $i$ 种材料，$x_i$ 为第 $i$ 种材料的含量；$P$、$Q$ 为表征孔隙相弹性性质的系数。

8）Xu-White 岩石物理模型

Wyllie 方程将岩石中的各个组成部分等效为层状，不考虑几何细节，是最简单的岩石物理模型；Gassmann 方程将岩石等效为颗粒与球体状的孔隙组成，不考虑孔隙形状的变化；Kuster-Toksöz 模型在假设孔隙形状为椭球体的前提下通过引入可以任意调整的二维孔隙表面比将各种尺寸的孔隙考虑到模型计算中，理论上可以考虑孔隙形状的变化，但是它作为高频的模型要求岩石内的孔隙是稀疏且孤立的，这就限制了孔隙和孔隙内流体之间的相互作用。

　　Xu-White 模型是在上述三种岩石物理模型的基础之上，再加上微分等效介质理论（DEM）得到的合成模型，是目前应用最为广泛的岩石物理模型，它将岩石孔隙划分为大孔隙表面比（约0.12）的砂岩孔隙和小孔隙表面比（约0.02～0.05）的泥岩孔隙，同时利用微分介质理论将每种孔隙再划分为多达上百个小孔隙以满足 Kuster-Toksöz 模型中对孔隙稀疏性的要求，同时，使用 Gassmann 方程往干岩石中加入流体，计算饱和流体岩石的弹性模量，使其兼具 Kuster-Toksöz 模型和 Gassmann 方程考虑孔隙流体影响的优点。但是这个模型也有缺点：首先，它使用固定的二维孔隙表面比，不能够很好地描述复杂的孔隙类型，对于裂缝，尤其是表面比很小（甚至趋于零）的裂缝，该模型不能很好地描述；其次，它将岩石中的泥岩孔隙、砂岩孔隙的表面比固定，限制了其描述速度的范围。通过将这四种岩石物理模型应用于泥页岩储层中（如图4-2所示），可以发现，在非目的层段，四种岩石物理模型得到的速度预测结果基本都能与实测结果相吻合，但是在目的层段差距都比较大，其中 Xu-White 模型得到的结果相对其他较好。

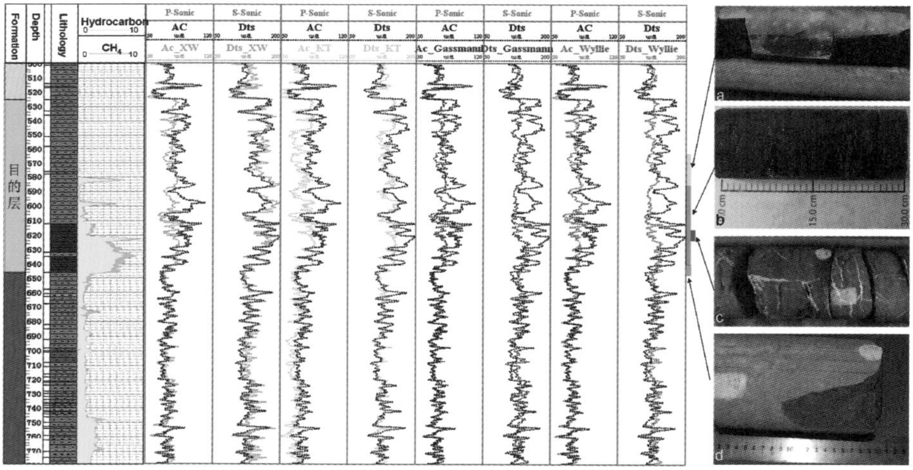

图4-2　常用岩石物理模型在泥页岩速度预测中的应用效果

（黑色曲线为实测纵波时差（AC）与横波时差(Dts)，彩色曲线为预测结果，其中下画线后的文字代表方法，分别为 Xu-White(XW)、Kuster-Toksöz(KT)、Gassmann 方程，以及 Wyllie 方程；右侧为箭头所指示深度段的典型岩心图，其中 a. 深灰色含灰泥岩为主，夹灰色粉砂质泥岩、灰色介壳灰岩、深灰色页岩；b. 灰黑色含介壳页岩为主，夹薄层介壳灰岩；c. 灰黑色含介壳页岩，夹薄层介壳灰岩，网状方解石脉及孔洞发育；d. 灰色含泥细砂岩）

通过与岩心的对比发现,在常规的岩石中,比如含泥细砂岩中,各种常规的岩石物理模型都可以得到较好的效果,其中Xu-White模型的效果最好,纵横波速度都能与实测的相吻合。但是在含气层、页岩层段,这些岩石物理模型预测效果都较差,而这些层段的岩心有比较明显的特征,具体为:① 含有比较复杂的孔隙系统,比如生物孔隙、网状的裂缝系统等;② 页岩及泥岩中富含一定的有机质;③ 赋存天然气。这些因素综合起来使得在目的层的泥页岩储层中,常规岩石物理模型不适用。因此,需要发展能够描述复杂孔隙、有机质及能够更加精确地描述含气裂缝的岩石物理模型。

2. 页岩气储层岩石物理模型

1) DEM-Gassmann岩石物理模型

DEM-Gassmann模型是基于Berryman(1992)微分等效介质理论(简称DEM)、Gassmann(1951)方程及Wu(1966)的任意孔隙表面比、Berryman(1995)三维特殊孔隙的划分上构建了该岩石物理模型。其建模思想及流程为:① 使用Voigt-Reuss-Hill模型求取混合固体矿物的弹性模量;② 使用DEM理论,计算干岩石的弹性模量;③ 使用Gassmann方程往孔隙中加入流体,计算饱和流体岩石的弹性模量;④ 利用纵横波速度与弹性模量、密度之间的关系式求得最终的饱和流体岩石的纵波速度$v_P$和横波速度$v_S$。DEM中的$P$、$Q$为表征孔隙相弹性性质的系数,其取值方式有两种,一是Wu(1966)的任意孔隙表面比方式,二是Berryman(1995)的四种特殊三维孔隙的方式。两种取值方式分别对应的计算步骤如下。

(1) Wu(1966)的任意孔隙表面比取值方式

设定孔隙表面比$a$的初值,当结果与实测结果不匹配时需要不断地调整$a$的值。孔隙表面比$a$是速度预测的重要参数,一般$a$在0 ~ 1,越接近于0表示孔隙越扁(裂缝),而接近于1则表示为圆形孔(孔洞)。

(2) Berryman(1995)的三维特殊孔隙取值方式

Berryman(1995)提出将实际岩石孔隙等效模拟成球形孔隙、针形孔隙、碟形孔隙、裂缝型孔隙,如表4-2所示,研究岩石物理模型只选取四种特殊三维孔隙形状中的三种,即球形(表征溶蚀洞)、针形(表征溶蚀孔)、碟形或便士状裂缝(表征缝)。主导孔隙所占相应岩性总孔隙的比例系数为$C_D$(一般在0.6 ~ 1.0取值),第一个次要孔隙占相应岩性总孔隙的比例系数为$C_S$,则后面两种孔隙所占的比例依次是$0.1C_S$、$0.01C_S$。再将这种多种孔隙类型进行微分化加入岩石中,可以通过调整比例系数及泥质中裂缝纵横比而达到与实测结果较好地吻合。同时主导三维孔隙的假设符合实际的砂质、灰质和泥质孔隙空间的抽象形态,因此能够保证在调整参数时不会背离实际的地质情况。

| 3D 孔隙 | $P_{mi}$ | $Q_{mi}$ | 砂岩 | 泥岩 |
|---|---|---|---|---|
| 球形 | $\dfrac{K_m + \dfrac{4}{3}\mu_m}{K_i + \dfrac{4}{3}\mu_m}$ | $\dfrac{\mu_m + \dfrac{4}{3}\zeta_m}{\mu_i + \dfrac{4}{3}\zeta_m}$ | $C_D$ | $0.01C_S$ |
| 针形 | $\dfrac{K_m + \mu_m + \dfrac{1}{3}\mu_i}{K_i + \mu_m + \dfrac{1}{3}\mu_i}$ | $\dfrac{1}{5}\left( \dfrac{4\mu_m}{\mu_m + \mu_i} + 2\dfrac{\mu_m + \gamma_m}{\mu_i + \gamma_m} + \dfrac{K_i + \dfrac{4}{3}\mu_m}{K_i + \mu_m + \dfrac{1}{3}\mu_i} \right)$ | $C_S$ | $0.1C_S$ |
| 碟形 | $\dfrac{K_m + \dfrac{4}{3}\mu_i}{K_i + \dfrac{4}{3}\mu_i}$ | $\dfrac{\mu_m + \zeta_i}{\mu_i + \zeta_i}$ | $0.1C_S$ | $C_S$ |
| 无限裂缝形 | $\dfrac{K_m + \dfrac{4}{3}\mu_i}{K_i + \dfrac{4}{3}\mu_i + \pi\alpha\beta_m}$ | $\dfrac{1}{5}\left[ 1 + \dfrac{8\mu_m}{4\mu_i + \pi\alpha(\mu_m + 2\beta_m)} + 2\dfrac{K_i + \dfrac{2}{3}(\mu_i + \mu_m)}{K_i + \dfrac{4}{3}\mu_i + \pi\alpha\beta_m} \right]$ | $0.01C_S$ | $C_D$ |

表4-2 四种三维孔隙的几何尺寸常量$P$、$Q$及其在砂岩与泥岩孔隙中的比例系数

其中,
$$\beta = \mu\frac{3K + \mu}{3K + 4\mu}, \; \gamma = \mu\frac{3K + \mu}{3K + 7\mu}, \; \zeta = \frac{\mu}{6}\frac{9K + 8\mu}{K + 2\mu}$$

利用最优化测井解释了黏土、石英、方解石和干酪根,在此基础上研究干酪根的添加方式对岩石物理建模和速度预测的影响,分两种情况,即干酪根作为基质与干酪根作为类孔隙物进入岩石。如图4-3所示,AC_c_tff表示干酪根作为基质矿物添加进入岩石所得到的速度预测结果;AC_c_K、AC_c_P表示干酪根作为类孔隙颗粒加入岩石,其中AC_c_K是首先在干岩石中按照DEM-Berryman理论依次加入干酪根、

孔隙,随后利用Gassmann方程加入流体,使其成为饱和岩石,而AC_c_P是首先在干岩石中按照DEM-Berryman理论依次加入孔隙、干酪根,随后利用Gassmann方程加入流体,使其成为饱和岩石。

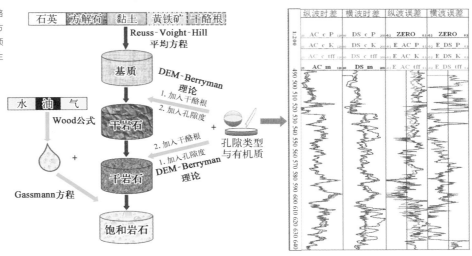

图4-3 干酪根的添加方式对速度预测结果产生的影响

通过 AC_c_K、AC_c_P、AC_c_tff曲线对比可以看出,添加干酪根的方式对速度预测结果会产生一定的影响,而干酪根添加的先后顺序对速度预测的结果基本没有影响。其中,在非储层段,把干酪根作为基质矿物添加进去时速度预测效果相对较好,而在储层段干酪根作为类孔隙颗粒加入时效果好。

上述研究发现:从理论上来讲,泥页岩矿物组分解释的精细程度越高,其所建立的岩石物理模型可信度越高,从而使速度预测的结果越接近实际结果。在非储层段,该结论得到验证,但是在储层段,使用精细矿物分析的结果反而不如使用非精细岩性分析法得到的结果,这是由页岩气储层段的复杂性、测井解释中的微小误差、岩石物理建模过程中参数的选择共同决定的,对于使用多矿物分析结果进行速度预测,还需要进一步深入研究。有机质既不同于基质,又不同于流体,在岩石物理建模过程中,采用何种方式加入,对于页岩气储层的岩石物理建模非常重要。通过不同的加入方式及顺序的测试，认为将有机质作为类孔隙颗粒，以微分（DEM）方式加入干岩石中，可以得到更好的效果。对于关于有机质的岩石物理模型，还需要进一步的研究。

2）改进的 Xu-White 岩石物理模型

针对 Xu-White 模型的缺点以及页岩气储层的特征，将岩石等效为矿物、含流体孔隙及干酪根颗粒组成，其中矿物包括黏土、石英、方解石。孔隙可分为两种：① 砂质与灰质孔隙；② 泥质孔隙。在砂质中，孔隙多为砂质颗粒间的粒间孔，使用以球体等刚性孔隙类型为主的、以硬币状裂缝等柔性孔隙为次的孔隙谱来描述；在灰质中，孔隙多表现为孔洞状及生物孔，因此使用与砂质孔一样的孔隙谱进行描述。而泥质中的孔隙多为裂缝及微裂缝，因此，使用以裂缝状的柔性孔隙为主，以球体等刚性孔隙为次的孔隙谱来描述。对于干酪根，由于其在岩石中属于柔性成分，既不同于矿物，又不同于流体，因此使用硬币状及裂缝状的柔性颗粒来描述，由于孔隙及有机质的赋存方式为稀疏性存在，因此将干酪根及孔隙以微分方式逐渐加入，每次加入后，新的岩石都作为背景，直到加入的量达到要求。图4-4 为具体等效方法的示意图。

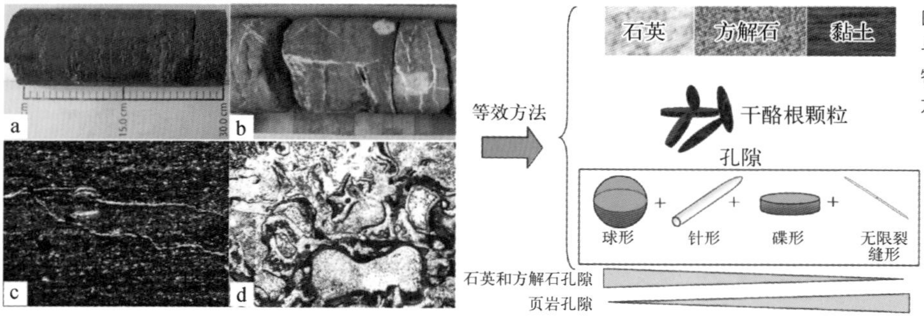

图4-4 宏观与微观储层特征及等效方法

（岩心特征：a.灰黑色含介壳页岩为主，夹薄层介壳灰岩；b.灰黑色含介壳页岩，夹薄层介壳灰岩，网状方解石脉及孔洞发育；c.泥岩中裂缝发育；d.海绵）

图4-5 为含有机质模型页岩气储层岩石物理模型建模流程图。

图4-5 含有机质多
孔岩石物理模型建
模流程

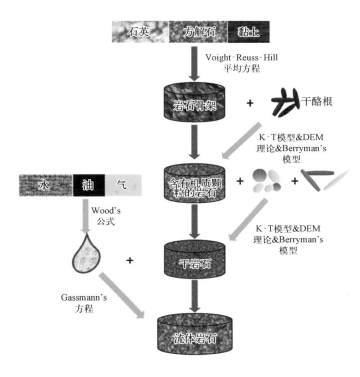

核心思想及计算流程表述如下。

（1）类似于Xu-White模型将砂岩和泥岩孔隙分开考虑的办法，将岩石孔隙$\phi_{total}$划分为砂质和灰质孔隙$\phi_{quartz+calcite}$及泥质孔隙$\phi_{clay}$，并假设两种孔隙所占的比例正比于两种岩石成分的含量，即：

$$\phi_{total} = \phi_{clay} + \phi_{quartz+calcite} \tag{4-37}$$

$$\phi_{clay} = V_{shale} \frac{\phi_{total}}{1 - \phi_{total} - \phi_{kerogen}} \tag{4-38}$$

$$\phi_{quartz+calcite} = V_{quartz+calcite} \frac{\phi_{total}}{1 - \phi_{total} - \phi_{kerogen}} \tag{4-39}$$

式中，$V_{shale}$、$V_{quartz+calcite}$分别代表岩石中泥质、砂质与灰质所占的体积分数。

将岩石固体部分与孔隙分开考虑,则对于纯固体部分,泥质所占的体积分数可由下式得到:

$$V'_{shale} = \frac{V_{shale}}{1 - \phi_{total} - V_{kerogen}} \qquad (4-40)$$

$$V'_{quartz} = \frac{V_{quartz}}{1 - \phi_{total} - V_{kerogen}} \qquad (4-41)$$

$$V'_{calcite} = 1 - V'_{quartz} - V'_{clay} \qquad (4-42)$$

(2)使用 Voigt-Reuss-Hill 模型求取混合固体矿物的弹性模量。

(3)使用 DEM 理论,计算干岩石的弹性模量。

不同于 Xu-White 模型将泥质和砂质孔隙分别设定二维孔隙表面比的做法,在该改进模型中,根据对砂岩和泥岩孔隙形状的主次性统计特征(Cheng 和 Toksöz,1979),并将灰质孔隙等同于砂质规律考虑,分别将砂质与灰质、泥质孔隙进一步划分为有一种孔隙占主导的四种三维孔隙。具体的做法是:假设砂岩与灰质孔隙的主导孔隙是球形,次要孔隙依次是针形、碟形和裂缝形;假设泥质的主导孔隙是无限裂缝形(表面比可无限小),次要孔隙依次是碟形、针形和球形。

(4)使用 DEM 理论,将有机质颗粒作为柔性颗粒方式加入岩石中,计算含有机质颗粒的岩石的弹性模量。

(5)使用 Wood 公式计算流体的弹性模量。

(6)使用 Gassmann 方程往孔隙中加入流体,计算饱和流体岩石的弹性模量。

(7)利用纵横波速度与弹性模量、密度之间的关系式求得最终的饱和流体岩石的纵波速度 $v_P$ 和横波速度 $v_S$。

将修正的岩石物理模型应用到页岩气速度预测中,如图 4-6 所示,整体来说,改进岩石物理模型的速度预测结果要好于 Xu-White 模型,尤其在储层段,新模型的纵波、横波预测结果与实测结果相比较都要更加吻合。

图4-6 使用改进的
岩石物理进行速度
预测与Xu-White模型
结果的对比

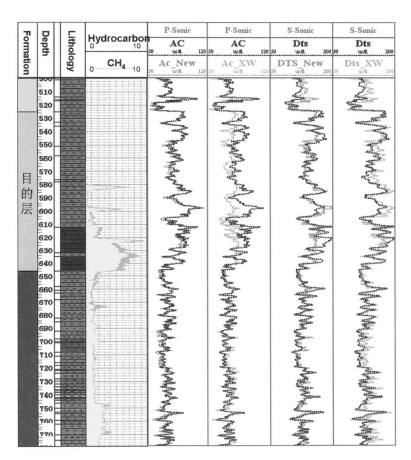

3）三维SCA-DEM岩石物理模型

SCA模型虽然既考虑到孔隙形状的影响，又能够适用于孔隙度较大的岩石，但是临界孔隙度的存在使得SCA模型的应用受到一定的限制，因为对于固体相和流体相（孔隙相）组成的混合岩石，当流体相的体积分数大于60%时，SCA模型计算的剪切模量趋向于0（Berryman，1980），这意味着当流体相的体积分数大于60%时，固体相失去了连续性。由于在SCA模型中，岩石中的各相是对等的，也就是说双相介质中流体饱和孔隙度在40%～60%时，能保证双相介质中的两相都是互相连通的。所以在使用SCA模型计算岩石有效弹性模量时要注意。Agnibaha Das（2009）认为由于SCA理论中的假设是在无限大背景条件下，因此固体相和流体相具有对称性，那么反过来当固体相的体积分数达到60%左右时，由SCA模型计算得到的剪模量也为0，即流体相的体积分数必须落在40%～60%时，固体相和流体相组成的有效介质是双连通的，即SCA模型适用的有效孔隙度范围在40%～60%之间，这与绝大部分储层的孔隙度范围是不相适应的。为了解决SCA模型受限的问题，通常的做法是将SCA模型与微分等效介质模型相结合(Hornby, 1994; Agnibaha Das, 2009)，这有效地解决了SCA模型存在临界孔隙度的限制问题。

在SCA模型和微分等效介质模型的基础上，引入Berryman三维孔隙形态，模拟不同孔隙形状对于SCA模型临界孔隙度与岩石速度的影响。在泥页岩中有机质固体充填的思想基础上，利用Brown-Korringa方程将有机质作为固体充填物，建立了富有机质泥页岩三维SCA-DEM模型。基于研究区HF-1井，利用测井解释、分析得到的矿物组分分布及孔隙度分布特征，结合建立新的岩石物理模型，其主要流程如下所述（如图4-7所示）。

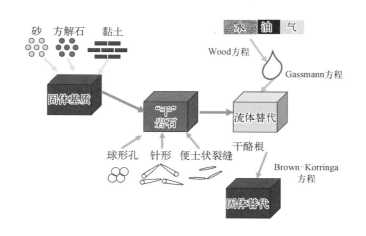

图4-7 富有机质泥页岩3D SCA-DEM模型建模流程

（1）给定临界孔隙度，利用SCA理论计算临界孔隙度时的干岩石的体积模量和剪切模量；

（2）利用DEM理论逐步调整孔隙度至真实孔隙度时的干岩石的体积模量和剪切模量；

（3）利用Gassmann方程计算饱和流体岩石的体积模量和剪切模量；

（4）利用Brown-Korringa方程进行固体替代计算含干酪根岩石的体积模量和剪切模量；

（5）最后再利用纵横波速度与弹性模量、密度之间的关系式求得最终的饱和流体岩石的纵波速度 $v_P$ 和横波速度 $v_S$。

图4-8是采用3D SCA-DEM模型对某页岩气井进行纵横波速度预测并与实测纵横波速度及常规岩石物理模型预测的结果（粉红色为3D SCA-DEM模型预测结果，绿色为Xu-White模型预测结果，蓝色为KT模型预测结果）进行对比，讨论该模型在实际页岩气储层中的预测效果。从图中可以看出，预测的纵横波时差3D SCA-DEM 与实测的纵横波时差AC、Dts达到了很好的吻合，相对于Xu-White模型及KT

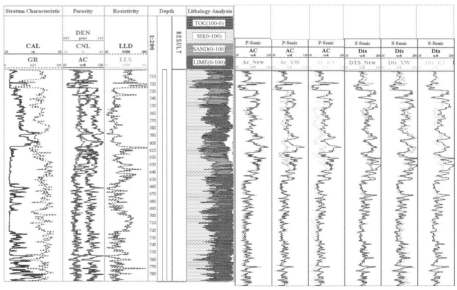

图4-8
基于3D SCA-DEM模型的纵横波速度预测结果与实测纵横波及常规岩石物理模型预测结果的对比

（以HF-1井为例，左侧为实际测井曲线，右侧为岩性解释剖面，黑色曲线为实测纵横波曲线，粉红色为3D SCA-DEM模型预测结果，绿色为Xu-White模型预测结果，蓝色为KT模型预测结果）

模型,此模型预测效果更佳,这就保证了3D SCA-DEM模型的适用性及可靠性。因此,这样建立在精细测井分析和岩石物理模型预测技术上得到的纵横波速度数据就为在无横波测井区同样实现叠前反演、时移地震等需要纵、横波信息联合的储层预测或监测手段带来了可能性。

速度预测的结果与常规的岩石物理模型(KT模型、Xu-White模型)对比表明,三维SCA-DEM模型预测结果与实测纵横波时差吻合得很好,相对于常规岩石物理模型效果更佳。

## 4.1.3　　敏感弹性参数岩石物理分析

页岩气储层的勘探关键在于找到脆性、富有机质、含气、容易压裂的区域。这些储层特征对弹性性质的影响如何,对泥页岩储层的勘探与开发非常重要。地震属性反演和分析是当前地震方法进行储层含油气性检测和流体识别的通用技术。其中,根据速度与密度的相对变化得到的流体因子是关键,从岩石物理角度看,各种不同的流体因子都是使用不同的弹性参数或者近似参数对储层与非储层进行区分,其思想和方法可以应用于页岩气储层中。本节在纵、横波速度及密度这三个参数的基础上,计算出一系列弹性参数,结合储层参数,对含气泥、页岩段和非含气泥、页岩段进行岩石物理敏感分析。

1. 敏感弹性因子选择

1)单弹性因子分析

对不同岩性及含气性情况下的弹性参数[纵波阻抗(PI),横波阻抗(SI),纵横波速度比($v_P/v_S$),杨氏模量,泊松比,$\lambda\rho$,$\mu\rho$,$\lambda/\mu$]和储层参数[TOC含量,脆性,破裂压力,最小闭合应力系数$\lambda/(\lambda+2\mu)$]进行直方图统计分析,如图4-9所示,对于泥岩(含气泥岩与非含气泥岩),弹性参数都可以将其区分开来,其中含气泥岩表现为低PI,低SI,低$v_P/v_S$,低杨氏模量,低泊松比,低$\lambda\rho$、$\mu\rho$和$\lambda/\mu$,低闭合应力系数以及低破裂压力;而通过TOC含量与脆性不能很好地将含气泥岩与不含气泥岩分开,这说明储层含气与否与有机质的高低没有直接的关系,同时,脆性层段、低闭合应力层段、低破裂压力层段都可以分为含气与不含气两种情况。含气页岩与不含气页岩的差别不如含气泥岩和不含气泥岩之间的差别明显。其中PI,SI,杨氏模量,$\lambda\rho$、$\mu\rho$具有较好的区分度,而其他的弹性参数叠合区域较大。

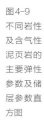

图4-9
不同岩性
及含气性
泥页岩的
主要弹性
参数及储
层参数直
方图

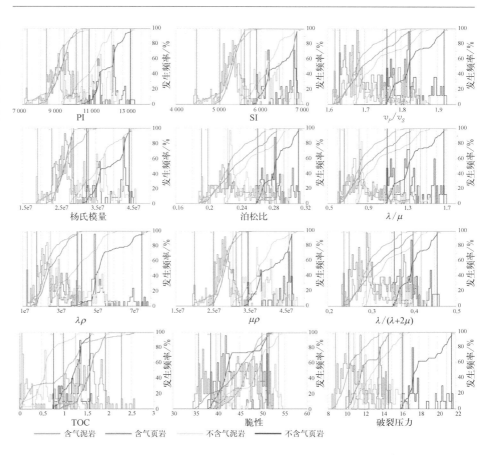

2）双弹性因子分析

将上述弹性因子配对并进行交会图分析,如图4-10所示,可以发现部分在一维时区分度较差的参数,在交会图上可以将岩性及含气性区分开来。选择与岩石脆性直接相关的杨氏模量和泊松比,以及可以表征岩石应力的$\lambda\rho$-$\mu\rho$对页岩气储层进行进一步的分析。

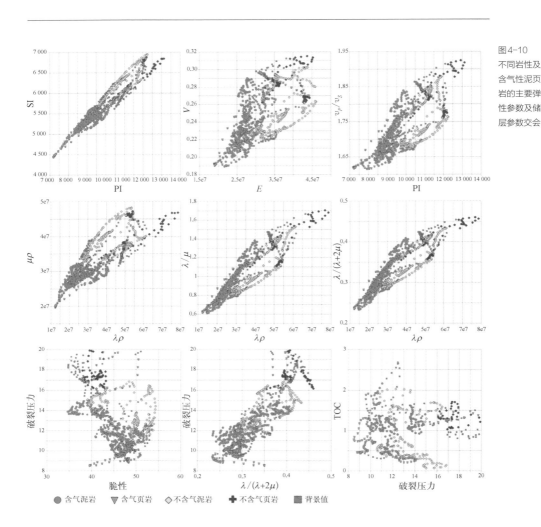

图4-10
不同岩性及
含气性泥页
岩的主要弹
性参数及储
层参数交会

### 2. 基于岩石物理模型的敏感弹性参数分析

基于构建的岩石物理模型,通过设定不同的输入参数,可得到不同的矿物组成时的不同弹性参数的变化图,如图4-11所示,分别以石英、方解石、黏土、干酪根为端元点,含量每10%为变化。由图可见,纯的矿物的弹性特征表现为:PI,方解石>石英>黏土>干酪根;SI,石英>方解石>黏土>干酪根;$v_P/v_S$,黏土>方解石>干酪根>

石英；泊松比，黏土＞方解石＞干酪根＞石英；杨氏模量，黏土＞方解石＞干酪根＞石英；$\lambda\rho$，石英＞方解石＞黏土＞干酪根；$\mu\rho$，石英＞方解石＞黏土＞干酪根。当含有干酪根后，不同的端元矿物向加入矿物的弹性参数方向变化。

图4-11
基于岩石物理模型的泥页岩组成物质弹性参数变化

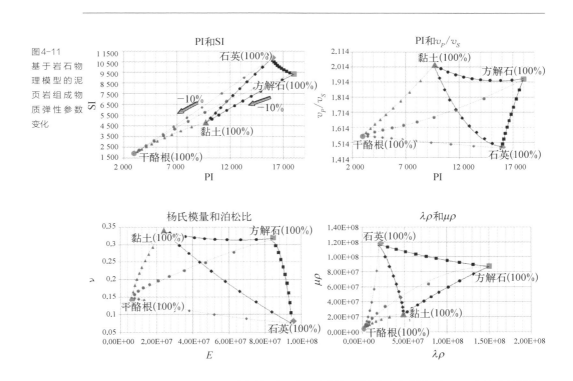

### 3. 基于实际测井资料的岩石物理分析

实际的岩石都是各种复杂矿物的混合体，因此选取纯的岩石并提取其参数进行分析有一定的难度，本研究通过录井资料，将数据点分为砂岩、泥岩、页岩、砂质页岩、泥质砂岩、含气泥岩、含气砂岩、含气页岩，进行不同的弹性参数交会分析。如图4-12所示，砂岩、泥岩、含泥砂岩和含砂泥岩等的主要弹性参数的规律表现为：PI，砂岩＞含气砂岩＞泥质砂岩（砂质泥岩）＞含气泥岩（含气页岩）；SI，砂岩＞含气砂岩＞泥质砂岩（砂质泥岩）＞含气泥岩（含气页岩）；$v_P/v_S$，含气页岩＞泥岩＞含气泥岩＞砂质泥岩（砂质页岩）＞含气砂岩＞砂岩；泊松比，含气页岩＞泥岩＞含气泥岩＞砂质泥岩

（砂质页岩）>含气砂岩>砂岩；杨氏模量，砂岩>含气砂岩>泥质砂岩（砂质泥岩）>
泥岩>含气泥岩（含气页岩）；$\lambda\rho$，砂岩最小，其次为含气砂岩、砂质泥岩、泥质砂岩等
重叠区域较大；$\mu\rho$，砂岩>含气砂岩>泥质砂岩（砂质泥岩）>含气泥岩（含气页岩）。
其中砂岩含气后与泥质砂岩（砂质泥岩）重叠区域较大；泥页岩含气后，相对纯的泥
页岩，PI、SI、泊松比、纵横波速度比、$\lambda\rho$、$\mu\rho$ 降低，杨氏模量变化不明显。在单纯选择
气层或者其他岩性的岩石物理弹性参数时，应该以这种规律来确定各种不同目标的
弹性参数。

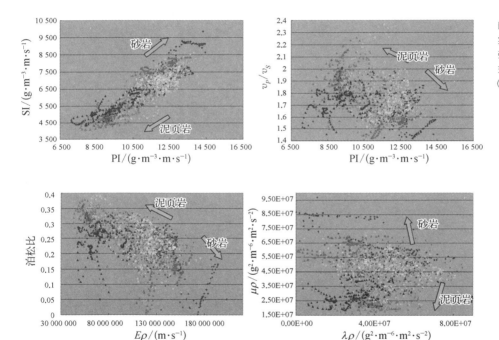

图4-12
实测数据
弹性参数
交会分析
（全井段）

由于泥页岩"甜点"实际是在泥页岩中寻找优质的泥页岩储层，因此，单独对泥
岩、页岩，以及含气泥、页岩进行分析，如图4-13所示，含气后泥、页岩的弹性规律表
现为PI、SI、$v_p/v_s$、泊松比、$\lambda\rho$ 降低，$\mu\rho$ 基本不变。

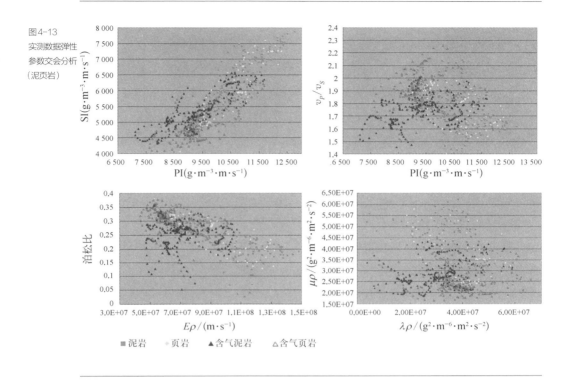

图4-13
实测数据弹性
参数交会分析
（泥页岩）

■ 泥岩　　页岩　　▲含气泥岩　　△含气页岩

## 4.2　　　页岩气储层岩石力学性质

### 4.2.1　　脆性

脆性是指岩石在外力作用下发生破裂的程度。塑性是指岩石在外力作用下不容易发生破裂的程度。脆性页岩在储层改造时容易破裂形成比较好的裂缝网络，而塑性页岩在储层改造中不容易发生破裂，且消耗压裂能量，使得储层压裂的效果变差，效率变低（如图4-14所示）。评价页岩的脆性对压裂的效果和开发成本意义较大。

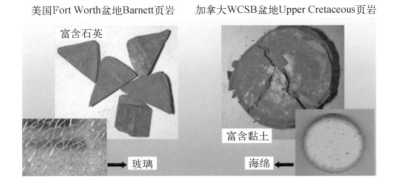

美国Fort Worth盆地Barnett页岩　　加拿大WCSB盆地Upper Cretaceous页岩

富含石英

富含黏土

玻璃　　　　　　海绵

图4-14　脆性页岩
与塑性页岩示意图
（Bustin等，2009）

　　脆性的表征方式对评价脆性的高低极为重要。本质上，脆性由岩石的组成物质决定，当岩石中脆性矿物（石英和方解石）的含量比较多时，岩石较脆(Rickman等，2008; Dan等，2010)。当然，在矿物一定的情况下，岩石中塑性物质（黏土、流体等）的含量及其分布形式对脆性的影响比较复杂。

　　在测井评价及使用叠前反演数据寻找页岩气"甜点"时，在生／含气能力符合一定条件的基础之上，必须重点考虑脆性及应力条件，也就是判断在工程开发的过程中哪里容易形成大规模的裂缝网络。使用弹性参数表征的脆性与矿物表征相似性较高，且弹性参数相对矿物成分容易求算，且准确度较高，证明了在一定地质条件下，可以通过弹性参数对最小闭合应力系数进行判定。但是在具体的操作过程中，应该如何去选择优质泥页岩，这需要在岩石物理上形成一定的认识与结论，并建立一定的解释模板，为准确地进行优质泥页岩的储层评价提供理论依据。

　　页岩的脆性主要由杨氏模量和泊松比表示，杨氏模量高，泊松比低，则脆性高。且含有石英、方解石等脆性矿物多的岩石脆性高。但是，我们所研究的页岩，其成分都是复杂的，不同的矿物组成，具有一定的弹性参数值，同时对应着一定的脆性。在岩石物理模型正演的基础上，得到了不同的矿物组成的弹性模量，并且计算得到其脆性指数。在杨氏模量-泊松比交会图上分析脆性随矿物组成及弹性参数的关系，如图4-15所示，以石英、方解石、黏土、干酪根为端元点，不同的矿物质的含量按照10%的规律递减或递增；直线连接着物质成分变化的两个端元点；颜色表示脆性指数，按照脆性值的范围，设计平均变化的10个量级。杨氏模量由高到低的顺序为：石英>方解石>黏土>干酪根；泊松比由高到低的顺序为：黏土>方解石>干酪根>石英；脆性由高到低的顺序为：石英>方解石>干酪根>黏土。这证明了石英、方解石的脆性高，黏土、干酪根的脆性低的认识。研究人员常常将方解石与石英同称为脆性矿物，但实际上，这两种矿物的脆性相差较大，在同一标准下，石英的脆性显示在0.8～0.9，而方解石的脆性在0.5～0.6，干酪根的脆性在0.3～0.4，黏土的脆性在0.1～0.2。因此，富石英的岩石脆性比富灰质的岩石脆性高，当黏土含有40%石英时，其脆性即与方解石相同。

将实际的测井数据引入理论交会图中，如图4-16、图4-17所示，由砂岩、泥质砂岩、砂质泥岩、泥页岩沿着石英-黏土的曲线发生规律性的变化，证明了物质组成规律的正确性。同时，实测数据显示，当砂岩含气、页岩含气后，泊松比都有比较明显的降低，而杨氏模量降低程度不大，这导致了脆性的升高。即砂岩含气、泥岩含气后，其脆性增大。

图4-15　杨氏模量-泊松比-脆性理论关系

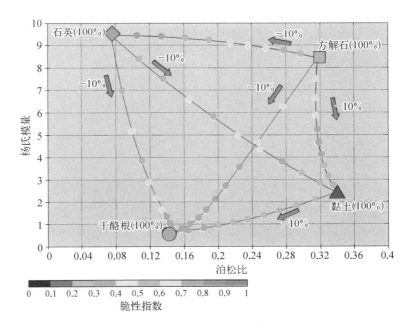

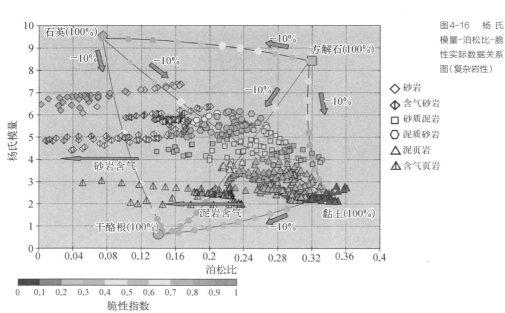

图4-16 杨氏
模量-泊松比-脆
性实际数据关系
图(复杂岩性)

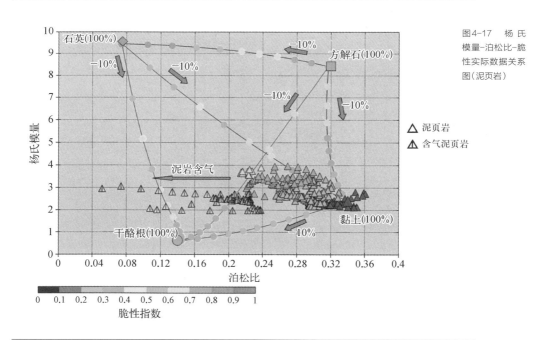

图4-17 杨氏
模量-泊松比-脆
性实际数据关系
图(泥页岩)

由于实际数据的单薄，且通过物质的组成成分研究不能给出某一岩性/储层的弹性参数的标准，也不能定量化地区分所需要的有利岩性/储层，只能趋势性地解释。在建立标准与定量化判断的要求下，将其他不同的弹性参数引入解释量版中，在图4-17的基础上，我们引入了拉梅常数（$\lambda$与$\mu$，分别以黑色线、棕色线表示），纵波模量（$\rho v_P^2$，以蓝色线表示），以及杨氏模量与泊松比的比值（$E/\nu$，以金黄色曲线表示），也就是第三种脆性表示方法，形成了图4-18。在最小与最大值曲线旁边用数字方式标明其所对应的值大小。其中$\lambda$数值范围为6～60，每隔6画线；$\mu$范围为5～45，每隔5画线；$\rho v_P^2$范围为16～160，每隔16画线；$E/\nu$范围为2.5～152.5，每隔10画线（从52.5后每隔20画线）。通过这个综合的弹性解释图版，可以较为容易地选取有利岩性/储层带，比如，由测井分析，含气页岩参数表现为：$\rho v_P^2$在16～32，$\lambda$小于12，$\mu$在5～15，杨氏模量小于3，泊松比小于0.24。将这种标准/规律应用到其他井中，或者应用到地震反演得到的弹性参数中，就可以比较简单地选择有利脆性区域。

图4-18 杨氏模量-泊松比-弹性参数-脆性实际数据关系

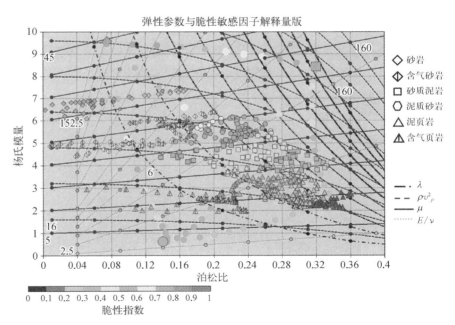

## 4.2.2    地应力

### 1. 地应力及其评价方法

页岩气储层开发的关键在于水平井和水力压裂技术的应用,而水平井和水力压裂技术的关键在于对地下应力场的认识,当沿最小水平主应力方向钻进时钻井容易,且在之后的储层改造中容易形成与井轴垂直的裂缝面(如图4-19(a)所示),这是一种最好的开发方式;而在压裂过程中,控制合适的泵压及排量对压裂的成功至关重要(如图4-19(b)所示)。

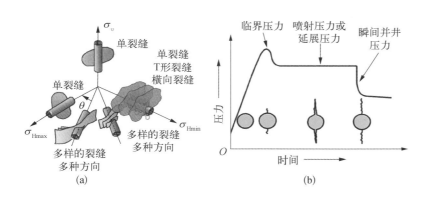

图4-19 (a)水平井方向、压裂裂缝与地下应力关系;(b)水力压裂过程示意图

在使用测井信息求解地下应力的过程中,无论是简单的单轴应力模型,还是复杂的莫尔-库伦模型和黄氏模型,杨氏模量和泊松比都是最为关键的输入数据,其准确与否直接决定了应力求解的准确性。在有偶极子测井资料时,可以比较准确地得到纵横波速度,进而得到杨氏模量和泊松比。但是,由于成本的限制,大部分井中是不测偶极子的,尤其是在一些老的开发区中,基本是没有横波资料的。通过常规测井资料得到横波资料的办法有两种:经验公式法与岩石物理模型法。一般来说,经验公式都是从某些地区的数据中拟合出来的结果,由于地质情况的复杂性,这些公式代表的仅是特定区域的特征,因此利用经验公式进行速度预测时必须非常谨慎。关于这一点,许多学者都从不同角度进行了阐述(Xu和White,1995;Wang等,2009)。使用基于一定假设的表征岩石本质弹性模量的岩石物理模型,可以求得比较准确的岩石

纵、横波速度（Wang 等,2011;Sun 等,2012）。

地应力既有大小、又有方向；既有垂直地应力，又有水平地应力。描述水平地应力时用到最大水平地应力、最小水平地应力、水平地应力方向三个地质概念。

地应力方向很难由地震资料、测井资料通过数值方法求得，只能通过岩心的变形、井壁的崩塌、成像测井资料上裂缝的信息、地层倾角测井等得到。而地应力的数值主要可以通过实验室的应力测量及模型计算得到。理论上来说，实验室测量可以得到精度较高的应力数值，但是却存在明显的不足，即岩心的稀缺性和测量费用的高昂，不能够得到井中的应力剖面。而根据地应力分布规律和影响它的诸多因素分析，充分利用测井资料，基于一定的模型，可以方便、迅速地得到沿深度连续分布的地应力剖面，而且节约了昂贵的地应力测试费用，具有明显的经济意义和实用价值。测井计算的地层应力是原地层应力或扰动地层应力，从时间上看则为现今地层应力。计算的基本方法是：首先得到反映岩石应力的岩石力学弹性参数；其次应用密度测井积分估算出垂直应力；最后根据地层特点选择适当的模型计算水平地层应力。

2. 地层应力计算

1) 上覆地层压力与孔隙压力

上覆地层压力指地下一点所受的垂直压力，通过对地层密度进行积分计算得到。典型的地层密度通过电缆测井得到，也可以利用岩心的密度（丁世村,2010）：

$$\sigma_v = \int_0^H \rho(z) g \, \mathrm{d}z \qquad (4-43)$$

式中，$\sigma_v$ 为上覆压力，MPa；$\rho(z)$ 为密度测井值，g/cm$^3$；$g$ 为重力加速度，m/s$^2$。

孔隙压力评价的目的是为了确定不同深度的地层孔隙中的流体所承载的压力。对于已钻井，可用重复地层测试仪或模块式地层动态测试仪等测得孔隙流体压力，也可由试井得到孔隙流体压力。这种方法得到的数据直接、可靠，但数据点很少，不能得到连续的剖面。这里采取经验公式计算地层孔隙压力（张晋言,2012）：

$$p_p = 9.806\,55 \times 10^{-3} \times 1.437H \qquad (4-44)$$

式中，$H$ 为采样点深度值，m。

2）水平主应力

估算水平应力的模型方法是以垂直压力、孔隙压力和弹性参数为基础,分别根据不同的理论假设来计算的。计算水平主应力的模型主要有多种,分别为多孔弹性水平应变模型法、双轴应变模型法、单轴应变模型法、莫尔-库伦应力模型法、一级压实模型、组合弹簧经验关系式、黄荣樽模型(黄氏模型)、单轴应变模型法。其中,莫尔-库伦应力模型法是常用的模型。通过对比研究,页岩气储层选择黄荣樽模型进行应力计算效果较好,并给出该模型与莫尔-库伦应力模型的计算原理和结果的差异。下面进行简单介绍。

（1）莫尔-库伦应力模型

该模型以最大、最小主应力之间的关系给出。其理论基础是莫尔-库伦破坏准则,即假设地层最大原地剪应力是由地层的抗剪切强度决定的。在假设地层处于剪切破坏临界状态基础上,给出了地层应力经验关系式:

$$\sigma_1 - P_p = C_0 + (\sigma_3 - P_p)/N_\phi \tag{4-45}$$

式中,$\sigma_1$ 和 $\sigma_3$ 为最大和最小主应力;$C_0$ 为岩石单轴抗压强度;$N_\phi$ 为三轴应力系数。当忽略地层强度 $C_0$(认为破裂首先沿原有裂缝或断层发生),且垂向应力为最大主应力时,有:

$$\sigma_1 - P_p = (\sigma_3 - P_p)/N_\phi \tag{4-46}$$

进而有:

$$\sigma_h = \left(\frac{1}{\tan\gamma}\right)^2 + \left[1 - \left(\frac{1}{\tan\gamma}\right)^2\right]P_p \tag{4-47}$$

$$\sigma_H = K_h\sigma_h \tag{4-48}$$

以上式中,$N_\phi = \tan^2\gamma$,$\gamma = \frac{\pi}{4} + \frac{\phi}{2}$;$\phi$ 为岩石的内摩擦角。

在使用该模型求取最大、最小水平主应力的时候需要确定两者之间的关系,使用研究区内的三个点进行拟合,最小应力与最大应力有比较好的线性关系,如图4-20所示。

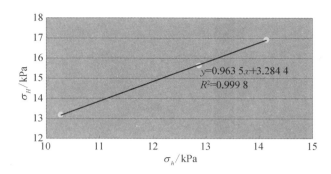

图4-20　最大与最小
水平主应力关系

其关系式为：

$$\sigma_H = 0.963\,5\sigma_h + 3.284\,4 \qquad (4-49)$$

（2）黄荣樽模型

黄荣樽等（1996）提出使用地质构造应力系数计算主应力，该模型认为地下岩层的地层应力主要由上覆地层压力和水平方向的构造应力产生，考虑这两方面的因素，即可得到最小和最大水平主应力：

$$\sigma_h = \frac{\nu_s}{1.0-\nu_s}(\sigma_v - \alpha p_p) + B_1(\sigma_v - \alpha p_p) + \alpha p_p \qquad (4-50)$$

$$\sigma_H = \frac{\nu_s}{1.0-\nu_s}(\sigma_v - \alpha p_p) + B_2(\sigma_v - \alpha p_p) + \alpha p_p \qquad (4-51)$$

式中，$B_1$，$B_2$为地质构造应力系数；$\alpha$为Biot系数；$p_p$为地层孔隙压力，MPa；$\sigma_v$为垂向应力，MPa；$\sigma_H$为最大水平应力，MPa；$\sigma_h$为最小水平应力，MPa；$\nu_s$为静泊松比。该模型可以得到较为准确的水平主应力。但是，构造应力系数要在实测数据的基础上确定。

（3）多孔弹性水平应变模型法

该模型是水平应力估算最常用的模型，它以三维弹性理论为基础。

$$\sigma_h = \frac{\nu_s}{1.0-\nu_s}(\sigma_v - \alpha_{vert} p_p) + \alpha_{hor} p_p + \frac{E_s}{1-\nu_s^2}\xi_h + \frac{\nu_s E_s}{1-\nu_s^2}\xi_H \qquad (4-52)$$

$$\sigma_H = \frac{\nu_s}{1.0 - \nu_s}(\sigma_v - \alpha_{\mathrm{vert}} p_p) + \alpha_{\mathrm{hor}} p_p + \frac{E_s}{1 - \nu_s^2}\xi_H + \frac{\nu_s E_s}{1 - \nu_s^2}\xi_h \quad (4-53)$$

式中，$\sigma_v$ 为垂向应力，MPa；$\sigma_H$ 为最大水平应力，MPa；$\sigma_h$ 为最小水平应力，MPa；$\alpha_{\mathrm{vert}}$ 为垂直方向的有效应力系数（Biot 系数）；$\alpha_{\mathrm{hor}}$ 为水平方向的有效应力系数（Biot 系数）；$\nu_s$ 为静态泊松比；$p_p$ 为孔隙压力；$E_s$ 为静态杨氏模量；$\xi_h$ 为最小水平主应力方向的应变；$\xi_H$ 为最大水平主应力方向的应变。

（4）单轴应变经验关系式

此类经验关系式发展最早，假设由于水平方向无限大，地层在沉积过程中只发生垂向变形，而水平方向的变形受到限制，无应变，水平方向的应力是由上覆岩层重力产生的。主要有尼克经验关系式、Mattews & Kelly 经验关系式、Anderson 经验关系式、Newberry 经验关系式等。近年来，有些研究者试图通过在单轴应变公式的基础上添加校正相来提高最小水平地层应力的预测精度，即

$$\sigma_h - \alpha p_p = \frac{\nu_s}{1.0 - \nu_s}(\sigma_v - \alpha p_p) + \sigma_T \quad (4-54)$$

式中，$\alpha$ 为 Biot 系数；$\sigma_T$ 为构造应力作用的附加项，通过地层应力实测值与按上式计算得出的值的差来校正，且认为在一个断块内 $\sigma_T$ 基本上为一个常数，不随深度的变化而变化。但由实测数据来看，不同深度处的 $\sigma_T$ 是不同的。

本节选取比较常用的莫尔-库伦应力模型法以及单轴应变关系式进行分析，并尝试由极为有限的测量数据求取构造项，进而使用黄荣樽法求取地应力。

图 4-21 为地应力计算结果，其中水平主应力分别使用黄氏模型和莫尔-库伦应力模型进行分析，莫尔-库伦应力模型还对比了忽略地层强度系数与保持地层强度系数时的结果。可以看出，三个计算结果在整个井剖面上基本趋势一致。不考虑地层强度系数的结果数值上小于考虑地层强度系数的结果；考虑地层系数的莫尔-库伦应力模型计算结果与黄氏模型得到的结果大部分层段数值是一致的，而黄氏模型的数值细节更加丰富，且与该井中的一个实测点（808.8 m）的应力能够比较好地对应。而莫尔-库伦应力模型得到的结果只能反映大范围内的应力变化趋势，细节变化较少。选择黄氏模型作为进一步的研究资料，其准确性需要在更大量的实测数据基础上进行评价。

图4-21
某研究区
某井地下
应力计算
结果

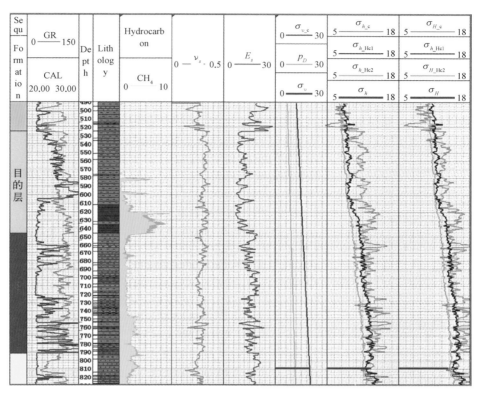

自左至右依次为：地层；地层岩性曲线；深度；录井岩性；气测结果；泊松比（$\nu_s$）；杨氏模量（$E_s$）；上覆地层压力（$\sigma_v$为实测值，$\sigma_{v\_c}$为计算结果）与孔隙压力（$p_p$）；最小水平应力（$\sigma_{h\_c}$黄氏模型计算结果，$\sigma_{h\_Mc1}$考虑地层系数莫尔-库伦应力模型计算结果，$\sigma_{h\_Mc2}$未考虑地层强度系数莫尔-库伦应力模型计算结果）；最大水平应力（$\sigma_{H\_c}$黄氏模型计算结果，$\sigma_{H\_Mc1}$考虑地层系数莫尔-库伦应力模型计算结果，$\sigma_{H\_Mc2}$未考虑地层系数莫尔-库伦应力模型计算结果）

### 3）地层破裂压力

当井内钻井液柱压力过大时，井壁会出现张性应力，导致井壁岩石发生拉张破裂，出现井漏事故。这种拉张破裂时的井内液柱压力称为地层破裂压力。用拉张破裂准则来描述井壁岩石的拉张破裂，即当井壁上的1个有效主应力达到岩石的抗拉强度时便发生地层破裂，即$\sigma^* = -ST$。由拉张破裂准则求得直井地层破裂压力计算模型（朱玉林，2007）：

$$p_F = 3D_{min} - D_{max} - \alpha p_p + F_{co}/4.0 \qquad (4-55)$$

式中，$p_F$ 为破裂压力；$ST$ 为抗拉强度；$F_{co}$ 为内聚力。

内聚力是在同种物质内部相邻部分之间的相互吸引力，这种相互吸引力是同种物质分子之间存在分子力的表现。内聚力的计算模型为：

$$F_{co} = 1.02 \times 10^{-3} \times 3.26 \times S_c \times K \qquad (4-56)$$

式中，$S_c$ 为抗压强度，$K$ 为体积模量。

最终得到包括静态杨氏模量、泊松比、单轴抗压强度、固有剪切强度、岩石抗张强度、上覆地层压力、孔隙压力、最大和最小水平主应力、破裂压力的综合应力评价图（如图4-22所示）。

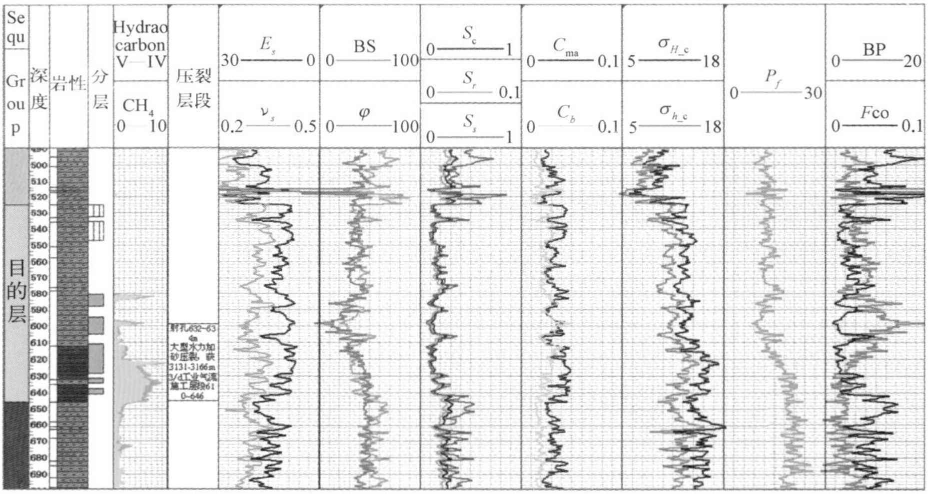

图4-22
某页岩气
储层研究
区某井应
力及弹性
强度评价

其中自左至右依次为：地层；深度；录井岩性；分层；气测结果；压裂情况；泊松比（$v_s$）& 杨氏模量（$E_s$）；出砂指数（BS）& 内摩擦角（$\phi$）；抗压强度（$S_c$）& 抗拉强度（$S_T$）& 固有剪切强度（$S_s$）；体积压缩系数（$C_b$）& 基质体积压缩系数（$C_{ma}$）；最大水平主应力（$\sigma_{H\_c}$）& 最小水平主应力（$\sigma_{h\_c}$）；破裂压力（$P_f$）；地层坍塌压力（BP）& 内聚力（$F_{co}$）

### 4.2.3　　最小闭合应力

1. 基本概念

在勘探中,一般不需要知道具体的最大与最小水平主应力,而只需要知道岩石破裂的最小压力,即最小闭合应力。其完整的表达式(Goodway,2010)为:

$$\sigma_{xx} - p_p = \frac{\lambda}{\lambda + 2\mu}(\sigma_{zz} - p_p) + \frac{\lambda}{\lambda + 2\mu}2\mu\left(\frac{\varepsilon_{yy}^2 - \varepsilon_{xx}^2}{\varepsilon_{yy}}\right) \tag{4-57}$$

式中,$p_p$是孔隙压力,$\sigma_{xx}$为水平最小闭合应力,$\sigma_{zz}$为垂直应力,$\lambda$、$\mu$为拉梅系数。

在这个式子里,需要输入的参数有:① 闭合应力系数$\lambda/(\lambda+2\mu)$,也可以表达为$\upsilon/(1-\upsilon)$,其中$\upsilon$指泊松比,可以由速度(测井)、反演数据(地震)得到;② 有效上覆压力及地层孔隙压力,可以通过测井密度资料、当地的有效压力梯度及速度计算;③ 式中的最后一项,即与构造有关的项,可以通过横波各向异性参数近似求得。常用的计算最小闭合应力的方法是在上式的基础上略去构造项,如式4-58所示。

$$\sigma_{xx} - p_p = \frac{\nu}{1 - \nu}(\sigma_{zz} - p_p) \tag{4-58}$$

式中,$\nu$为泊松比。在比较稳定的盆地中使用该公式可以得到较好的结果。需要说明的是,这种方法得到的是地下应力的上限值,可反映趋势,但与实际应力值有一定的数值差异。

在已知最大与最小应力的情形下,可以计算出地层破裂压力,这是可以直接作为指导压裂的参数。Goodway等(2006,2010),Perez等(2011)分析得到结论:在地震中不能计算出实际值时,最小闭合应力可以通过$\lambda\rho$、$\mu\rho$、$\lambda/\mu$、最小闭合应力系数$\lambda/(\lambda+2\mu)$定性指示,即低$\lambda\rho$、高$\mu\rho$、低$\lambda/\mu$、低$\lambda/(\lambda+2\mu)$代表较小的闭合应力。

2. 最小闭合应力系数量版建立及实际数据解释

当不使用构造项(各向异性项)时所计算的应力与使用构造项时所得到的结果

有一定的一致性，可以定性地反映地下最小水平闭合应力；当构造变化不显著且均质的假设下，最小闭合应力系数$\lambda/(\lambda+2\mu)$可以定性地表示最小闭合应力的大小。因此，使用$\lambda\rho-\mu\rho-\lambda/(\lambda+2\mu)$表示最小闭合应力；建立不同矿物成分的$\lambda\rho-\mu\rho-\lambda/(\lambda+2\mu)$变化规律图版，如图4-23所示，石英、方解石、黏土、干酪根四个端元点及其组成物质规律性变化。端元点的弹性特征表现为：$\lambda$，方解石＞黏土＞石英＞干酪根；$\mu$，石英＞方解石＞黏土＞干酪根；最小闭合应力系数，黏土＞方解石＞干酪根＞石英。优质储层表现为最小闭合应力系数小，$\lambda$小，$\mu$大，也就是在外力作用下容易发生开裂，同时，由此交会图也可以看出，需要选择高$\mu$、低$\lambda$的趋势。

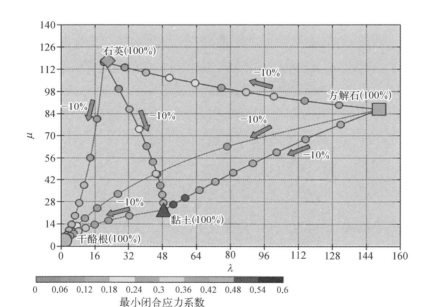

图4-23
$\lambda-\mu-$最小闭合应力系数应力解释图版

将实际测井数据引入交会图版中，如图4-24、图4-25所示，砂岩、泥质砂岩、砂质泥岩、泥页岩沿石英-黏土趋势线发生规律性变化，最小闭合应力系数也发生规律性变化；当砂岩、泥岩含气后，表现为$\lambda\rho$降低，$\mu\rho$在一定程度上升高，最小闭合应力系数降低。

图4-24
λρ-μρ-最
小闭合应力系
数实际数据关
系（复杂岩性）

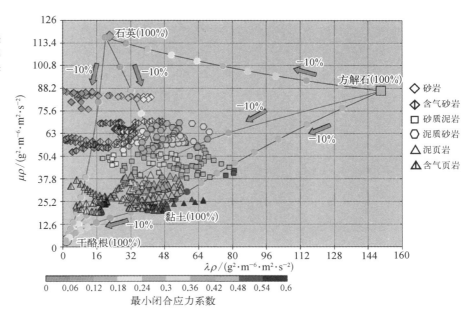

图4-25
λρ-μρ-最
小闭合应力系
数实际数据关
系（泥页岩）

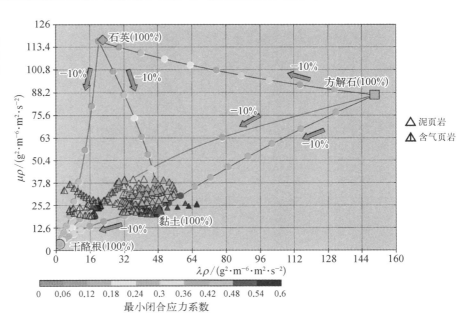

与脆性弹性解释量版类似，将弹性参数引入 $\lambda$-$\mu$-最小闭合应力系数解释量版中，如图4-26所示；这里分别引入泊松比（$\nu$，黑色线表示），纵波模量（$\rho v_p^2$，以棕色线表示），以及 $\lambda/\mu$，在最小与最大值曲线旁边用数字方式标明其所对应的值的大小，其中，$\nu$ 的范围为 0.01 ～ 0.46，每隔 0.05 画线；$\rho v_p^2$ 的范围为 16 ～ 144 g·m$^{-3}$·m·s$^{-1}$，每隔16画线；$\lambda/\mu$ 的范围为 0.02 ～ 2.42，每隔0.2画线。使用这种方式，也可以较为容易地选取有利岩性/储层并建立标准，比如含气页岩特征为：$\nu$ 小于0.16，纵波模量在16 ～ 32，$\lambda/\mu$ 在 0.02 ～ 0.82。将这种标准/规律应用到其他井中，或者地震叠前反演得到的弹性参数中，就可以比较简单地选择有利有效闭合应力区域。

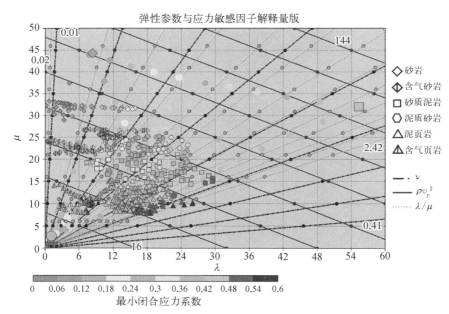

图4-26 $\lambda$-$\mu$-弹性参数-最小闭合应力系数实际数据关系图

## 4.3 岩石力学参数与弹性参数关系

### 4.3.1 地应力与弹性参数

#### 1. 岩石弹性力学参数计算

与地应力密切相关的信息为岩石弹性力学参数,这也是可以通过地球物理方法观测到的信息。岩石弹性力学参数主要通过动态法和静态法获得。静态法是通过对岩样进行应力加载测其变形得到的,其参数称之为静态弹性力学参数,与地下原地应力场更加接近;动态法则是通过声波在岩样中的传播速度计算得到的,其参数称之为动态弹性力学参数,可以克服静态弹性参数不连续、费用高的缺点,但是需要使用实测资料确定关系转换到静态参数域内。

根据弹性波动理论,可以得出地层的弹性模量与声波纵、横波速度的关系:

$$E_{d} = \frac{\rho v_{s}^{2}(3v_{p}^{2} - 4v_{s}^{2})}{(v_{p}^{2} - v_{s}^{2})} \tag{4-59}$$

$$\nu_{d} = \frac{(v_{p}^{2} - 2v_{s}^{2})}{2(v_{p}^{2} - v_{s}^{2})} \tag{4-60}$$

$$\alpha = 1.0 - \frac{\rho_{b}(3v_{p}^{2} - 4v_{s}^{2})}{\rho_{ma}(3v_{pma}^{2} - 4v_{sma}^{2})} \tag{4-61}$$

$$C_{b} = \frac{1}{K_{b}} = \frac{3(\Delta t_{s})^{2}(\Delta t_{p})^{2}}{\rho_{b}[3(\Delta t_{s})^{2} - 4(\Delta t_{p})^{2}]} \tag{4-62}$$

$$C_{ma} = \frac{1}{K_{ma}} = \frac{3(\Delta t_{sma})^{2}(\Delta t_{pma})^{2}}{\rho_{b}[3(\Delta t_{sma})^{2} - 4(\Delta t_{pma})^{2}]} \tag{4-63}$$

式中,$E_{d}$ 为动态杨氏模量,GPa;$\nu_{d}$ 为动态泊松比,量纲一;$\alpha$ 为Biot系数,量纲一;$C_{b}$ 为总体积压缩系数;$C_{ma}$ 为基质体积压缩系数。

利用横波资料计算的弹性力学参数是动态弹性参数,即在岩石快速形变过程中得到的弹性参数。而地下应力场,或者说井眼的变形和破坏是相对较慢的静态过程。在地应力计算的过程中应该使用能够反映岩石受载条件的静态弹性参数,这通常采用实际资料与计算资料的拟合经验关系式。由于没有实际资料,动静态参数的转换采用的是地区经验公式(张晋言和孙建孟,2012)。但是,这个关系式极不稳定。

$$E_s = 0.37E_d + 0.655 \qquad (4-64)$$

$$\nu_s = 0.44\nu_d + 0.446 \qquad (4-65)$$

式中,$E_s$ 为静态弹性模量,GPa;$\nu_s$ 为静态泊松比。

2. 岩石弹性强度

岩石固有强度包括抗压强度、抗张强度和抗剪强度。它们反映了岩石承受各种压力的特性。岩石的抗压强度是指试样在承受单向压缩而破坏时的应力值;岩石的抗张强度是指试样在单向拉伸作用下发生破坏时的应力值,一般抗张强度比其抗压强度低得多,前者为后者的 $\frac{1}{10}$、$\frac{1}{20}$ 甚至 $\frac{1}{50}$;岩石的抗剪强度是岩石力学性质中最重要的特性之一,它反映着岩石抵抗剪切滑动的能力,确切地说,它是岩石样品产生剪断时的极限强度,在数值上等于剪裂面上的切向应力值,即剪裂面上形成的剪切力与破坏面积之比。这三种岩石的固有强度参数可以在实验室测量得到。除此之外,内摩擦角也是确定井眼稳定性的关键参数之一(闫萍等,2006)。利用岩石弹性模量、泥质含量可以确定岩石抗压强度,岩石抗拉强度为抗压强度的函数,利用 Biot 系数确定内摩擦角。对应的经验公式为(闫萍等,2006;丁世村等,2010;张晋言和孙建孟,2012):

$$\theta = \frac{\pi}{12}\left[2\left(1 - \frac{\alpha_s}{1 - \alpha_s}\right) + 1\right] \qquad (4-66)$$

$$S_c = E\left[0.008V_{sh} + 0.0045(1 - V_{sh})\right] \qquad (4-67)$$

$$C = 0.025S_c/C_b \qquad (4-68)$$

$$S_t = \frac{1}{12}S_c \qquad (4-69)$$

$$B = K + \frac{4}{3}G \qquad\qquad (4-70)$$

式中, $\theta$ 为内摩擦角; $\alpha_s$ 为Biot系数,量纲一; $E$ 为杨氏模量; $C$ 为固有剪切强度; $C_b$ 为体积压缩系数; $S_t$ 为抗拉强度,MPa; $S_c$ 为岩石单轴抗压强度,MPa; $V_{sh}$ 为泥质含量; $B$ 为出砂指数; $K$ 为体积模量; $G$ 为剪切模量。

### 4.3.2　　　脆性参数与应力参数关系

先计算杨氏模量和泊松比,再由杨氏模量和泊松比计算得到脆性指数;或先计算拉梅参数,再由拉梅参数计算得到最小闭合应力系数,都可以对优质的页岩储层进行判断。这两种评价方法本质是一样的,因为杨氏模量与泊松比、拉梅参数都必须由纵、横波速度及密度计算得到。图4-27分析了两者大小趋势的变化,以 $\lambda\rho$ 为横轴, $\mu\rho$ 为纵轴做交会图,将整数值的泊松比( $\nu$ )、杨氏模量( $E$ )、最小闭合应力系数( $m$ )投到交会图上,观察其规律,发现当 $\lambda\rho$ 减小, $\mu\rho$ 增大时,泊松比减小,杨氏模量增大,也就是脆性增大,同时最小闭合应力系数减小,即所需要的压裂能量降低;也就是说,脆性与最小闭合应力系数是一致的。从物理上可以解释这种现象,即脆性增大时,岩体在外力作用下容易开裂,也就是开裂时的最小闭合应力降低。这也就是我们所需要的优质页岩气储层。因此,从理论上来说,在进行弹性数据解释的时候,需要使用低 $\lambda\rho$ 、高 $\mu\rho$ 、高杨氏模量、低泊松比,也即用高脆性和低闭合应力系数的弹性规律选择有利的页岩气储层位置。

弹性参数的本质是矿物组成成分,矿物组成决定了物体的弹性参数,这两者也是一致的。如图4-28所示,(a)为脆性关系图,(b)为有效闭合应力系数关系图。矿物脆性大小关系为:石英>方解石>干酪根>黏土,即岩石含石英越多,在压裂过程中越容易发生破碎并产生裂缝,当石英含量一定时,含方解石越多脆性越高;最小闭合应力系数关系为:石英>干酪根>方解石>黏土,即岩石含石英越多,压裂所需能量越小,当石英与干酪根含量一致时,方解石的含量越高,压裂所需要的能量越少。因此,从脆性角度来说,我们应当选择石英含量最高的部位压裂,当石英含量一致时,选择方解石含量高的部位,泥岩、页岩含量高的部位不适合压裂;从所需能量少的方

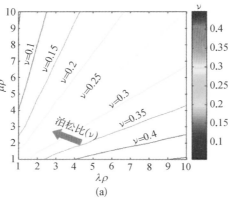

(a)

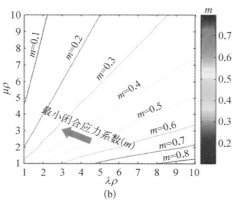

(b)

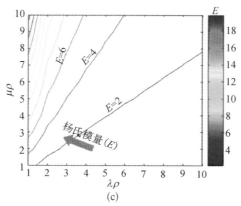

(c)

图4-27 弹性参数、最小闭合应力系数及脆性参数之间的关系

(a) 泊松比;(b) 最小闭合应力系数;(c) 杨氏模量

图4-28 不同矿物组成时脆性、最小闭合应力系数与弹性参数的关系

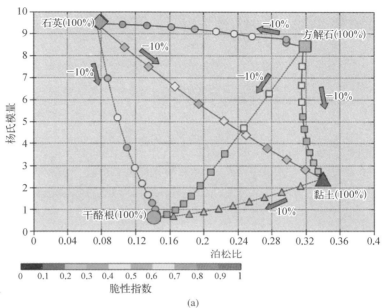

(a)

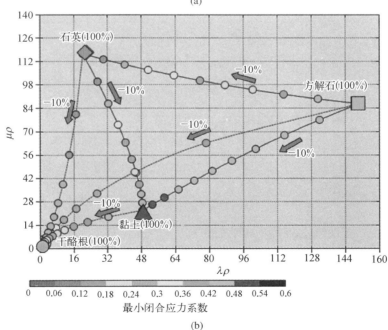

(b)

（a）杨氏模量-泊松比-脆性-矿物关系图；（b）λρ-μρ-最小闭合应力系数-矿物关系图

面来说,需要选择石英含量高的位置作为压裂区域,其次选择干酪根多的位置,当石英和干酪根含量一致时,选择方解石含量高的位置,含黏土高的位置不适合压裂。

## 4.3.3 弹性参数与储层参数关系综合评价

前面给出了理论及实际数据中的弹性参数-矿物与脆性和最小闭合应力系数的关系。关于有利页岩气储层的位置,认为需要选择富石英的,表现为具有低$\lambda\rho$、高$\mu\rho$、高杨氏模量、低泊松比,也即高脆性和低闭合应力系数规律的岩体。这里采用实测数据对页岩气储层的其他主要性质,比如有机质、破裂压力等的弹性变化规律进行分析。如图4-29所示,图中将储层段分为泥岩(不含气)、页岩(不含气)、含气泥岩、含气页岩四种,分析优质层段与弹性参数的关系。在图中,含气泥页岩表现为低$\lambda\rho$、低$\mu\rho$,而不含气泥、页岩表现为高$\lambda\rho$和$\mu\rho$;含气泥、页岩与不含气泥、页岩又都可以分为两种,在各图中表现为:(a)脆性与塑性;(b)低闭合应力系数与高闭合应力系数;(c)高TOC含量与低TOC含量;(d)低破裂压力与高破裂压力。脆性最优的区域,也就是交叉线的左上方区域,对应的最小闭合应力系数及破裂压力不是最好的,却又对应着较高的TOC含量,但是并非井上的气层;而较低的最小闭合应力系数及破裂压力,对应的是中等程度的脆性,中等的TOC含量,同时也是含气层段。同时,井上已知的含气层段,又并非都是脆性、闭合应力小、有机质高的。因此,在进行储层综合预测的过程中,不能单独根据某一个储层参数进行选择,而是必须联合多种因素综合判断,以既富气(含气高,含TOC高),又容易压裂(脆性高、有效闭合应力小、破裂压力小)的原则,选择由交叉线勾出的左下角的区域为优质储层段。

在此基础上,对某口井目标层位进行分析,使用$\lambda\rho$和$\mu\rho$与最小闭合应力系数交会进行分析,分别使用绿色与黄色多边形选择低最小闭合应力系数(不含气区)与低最小闭合应力系数(高含气区),并将所选数据以同样的颜色标示在井剖面上,如图4-30所示,交会图所选择的气层与油田解释的气层对应性较好。该井在612 m深度钻水平井,并压裂,得到较好的效果,由图可见,在此处,表现为较高的有机质、低的最小闭合应力及闭合应力系数、破裂压力、较高的脆性,证实了这种方法的有效性。

图4-29
不同矿物组
成时脆性、
最小闭合应
力系数与弹
性参数的关
系

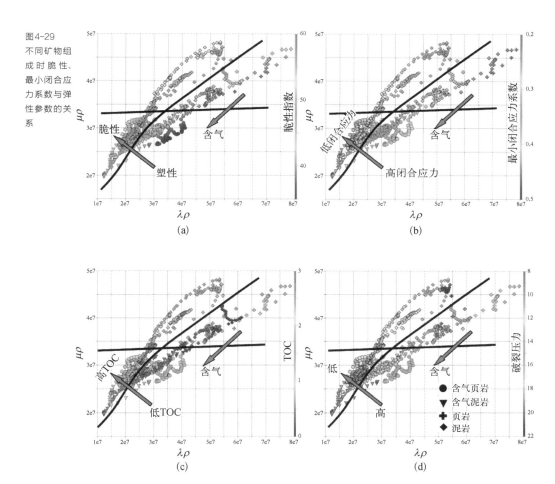

（a）$\lambda\rho$-$\mu\rho$-脆性-矿物关系图；（b）$\lambda\rho$-$\mu\rho$-最小闭合应力系数-矿物关系图

（c）$\lambda\rho$-$\mu\rho$-TOC-矿物关系图；（d）$\lambda\rho$-$\mu\rho$-破裂压力-矿物关系图

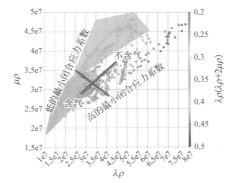

图4-30 λρ-μρ-闭合应力系数交
会(上)与井低应力性和含气性
评价(下)

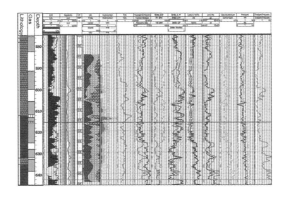

井剖面图中自左至右为：录井岩性；油田解释气层；深度；地层测井曲线；电阻率曲线；深度；岩性（XRD分析）；气测显示；TOC；杨氏模量与泊松比；杨氏模量脆性与泊松比脆性；脆性（三种方法）；$\lambda/\mu$ 与 $v_p/v_s$；$\lambda\rho$ 与 $\mu\rho$，最小闭合应力系数；最大与最小水平应力；破裂压力

# 参考文献

［ 1 ］ Bustin R M, Bustin A, Ross D, et al. Shale gas opportunities and challenges. Search
and Discovery Articles, 2009, #40382.

［ 2 ］ Quirein J, Witkwsky J, Truax J, et al. Integrating core data and wireling geochemical data for formation evaluation and characterization of shale gas reservoirs. SPE 134559, 2010.

[ 3 ] Ross D, Bustin R M. Impact of mass balance calculations on adsorption capacities in microporous shale gas reservoirs. http: //www. Sciencedirect. com, 2007, 86: 2696－2706.

[ 4 ] Ross D, Bustin R M. Shale gas potential of the Lower Jurassic Gordondale Member, northeastern British Columbia, Canada. Bulletin of Canadian Petroleum Geology, 2007, 55(1): 51－75.

[ 5 ] Ross D J K, Bustin R M. Shale gas reservoir systems: insights from north of the border. AAPG Search and Discover Article, 2007, #90063.

[ 6 ] WEO (World Energy Outlook). Intenational energy agency, 2009.

[ 7 ] WEO (World Energy Outlook). Intenational energy agency, 2012.

[ 8 ] Roth M, Thompson A. Fracture interpretation in the Barnett shale using macro and microseismic data. Oral.

[ 9 ] Presentation at AAPG Annual Convention, Denver, Colorado. Search and Discovery Article, 2009, #110094.

[ 10 ] Sondergeld C H, Newsham K E, Comisky J T. Petrophysical consideration in evaluating and producing shale gas resources. 2010, SPE 131768.

[ 11 ] Jarvie D M, Hill R J, Ruble T E, et al. Unconventional shale-gas systems: the Mississippian Barnett Shale of north-central Texas as one model for thermogenic shale-gas assessment. AAPG Bulletin, 2007, 91(4): 475－499.

[ 12 ] Ross D, Bustin R M. The importance of shale composition and pore structure upon gas storage potential of shale gas reservoirs. Marine and Petroleum Geology, 2009, 26: 916－927.

[ 13 ] Han S Y, Kok J C L, Tollefsen E M, et al. Shale gas reservoir characterization using LWD in real time. Canadian Unconventional Resources & International Petroleum Conference, CSUG/SPE 137607, 2010.

[ 14 ] Vanorio T, Mukerji T, Mavko G. Emerging methodologies to characterize the

rock physics properties of organic-rich shales. The Leading Edge, 2008, 27(6): 780−787.

[ 15 ] Vanorio T, Mukerji T, Mavko G. Emerging methodologies to characterize the rock physics properties of organic-rich shales. The Leading Edge, 2008, 27: 780−787.

[ 16 ] Zhu Y P, Liu E R, Martinez A, et al. Understanding geophysical responses of shale gas plays. The Leading Edge, 2011, 30(3): 332−338.

[ 17 ] Grigg M. Emphasis on mineralogy and basin stress for gas shale exploration. SPE meeting on Gas Shale Technology Exchange, 2004.

[ 18 ] Dan B, Simon H, Jennifer M, et al. Petro-physical evaluation for enhancing hydraulic stimulation in horizontal shale gas wells. SPE Annual Technical Conference and Exhibition, 2010, SPE 132990.

[ 19 ] Mark N, Wayne H, David C, et al. Surface seismic to microseismic: an integrated case study from exploration to completion in the Montney shale of NE British Columbia, Canada. 80th SEG Annual International Meeting, 2010: 2095−2099.

[ 20 ] Close D, Stirling S, Horn F, et al. Tight gas geophysics: AVO inversion for reservoir characterization. CSEG Recorder, 2010, 35(5): 29−35.

[ 21 ] Goodway B, Varsek J, Abaco C. Practical applications of p-wave AVO for unconventional gas resource plays. Recorder, 2006, 31(4): 52−65.

[ 22 ] Abousleiman Y, Tran M, Hoang S, et al. Geomechanics field characterization of Woodford Shale and Barnett Shale with advanced logging tools and nano-indentation on drill cuttings. The Leading Edge, 2010, 30(3): 274−282.

[ 23 ] Schepers K C, Gonzalez R J, Koperna G J, et al. Reservoir modeling in support of shale gas exploration. 2009, SPE 123057.

[ 24 ] Rushing J A, Perego A D, Blasingame T A. Applicability of the Arps rate-time relationships for evaluating decline behavior and ultimate gas recovery of coalbed methane wells. CIPC/SPE Gas Technology Symposium Joint Conference, 2008, SPE 114515.

[ 25 ] Song B. Pressure transient analysis and production analysis for New Albany ahale

gas wells. Texas A&M University, 2010.

[26] Bader AI-Matar, Majdi AI-Mutawa, Muhammad A. 多级压裂方法及其应用. 油田新技术, 2008.

[27] Han S Y, Kok J C L, Tollefsen E M, et al. Shale gas reservoir characterization using LWD in real time. Canadian Unconventional Resources & International Petroleum Conference, 2010, CSUG/SPE 137607.

[28] Montgomery S L, Jarvie D M, Bowker K A, et al. Mississippian Barnett Shale, Fort Worth basin, north-central Texas: Gas-shale play with multi-trillion cubic foot potential. AAPG Bulletin, 2005, 89(2): 155-175.

[29] Warpinski N R, Kramm R C, Heinze J R, et al. Comparizon of single and dual array microseismic mapping techniques in the Barnett Shale. 2005, SPE 95568.

[30] Waters G, Dean B, Downie Robert. Simultaneous hydraulic fracturing of adjacent horizontal wells in the woodford shale. 2009, SPE 119635.

[31] Brannon H D, Starks II T R. Maximizing return on fracturing investment by using ultra-lightweight proppants to optimaize effective fracture area: can less really deliver more. 2009, SPE 11938.

[32] Jarvie D M, Hill R J, Ruble T E, et al. Unconventional shale-gas systems: the Mississippian Barnett shale of north-central Texas as one model for thermogenic shale-gas assessment. AAPG Bulletin, 2007, 91(4): 475-499.

[33] Sondergeld C H, Newsham K E, Comisky J T. Petrophysical consideration in evaluating and producing shale gas resources. 2010, SPE 131768.

[34] Wang F P, Reed R M, John A, et al. Pore networks and fluid flow in gas shales. SPE Annual Technical Conference and Exhibition, 2009, SPE 124253.

[35] 郭影文. 自然伽马能谱测井在黏土矿物含量分析中的应用. 石油天然气学报, 2008, 30(6): 268-270.

[36] 刘菁华. 利用自然 γ 能谱测井资料确定黏土矿物的含量及其应用. 吉林大学学报, 2010, 40(1): 215-221.

[37] 雍世和, 张超谟, 高楚桥. 测井数据处理与综合解释. 北京: 中国石油大学出版

社, 2007: 203－204.

[ 38 ] 邢培俊, 孙建孟, 王克文. 利用测井资料确定黏土矿物的方法对比. 中国石油
大学学报: 自然科学版, 2008, 32(2): 53－57.

[ 39 ] 陈钢花. 利用常规测井资料确定黏土矿物含量的方法研究. 岩性油气藏, 2010,
23(2): 109－113.

[ 40 ] 石强. 利用自然伽马能谱测井定量计算黏土矿物成分方法初. 测井技术, 1998,
22(5): 349－352.

[ 41 ] Serra O. Fundamentals of Well-Log Interpretation. The Acquisition Logging Data
vol. 1. Elsevier, 1986, 679.

[ 42 ] Herron S L. Source rock evaluation using geochemical information from wireline
logs and cores (abs). AAPG Bulletin 72, 1988: 1007.

[ 43 ] Schmoker J W. Determination of organic-matter content of Appalachian Devonian
shales from gamma-ray logs. AAPG Bulletin 65, 1981: 2165－2174.

[ 44 ] Schmoker J W, Hester T C. Organic carbon in Bakken Formation, United States
portion of Williston Basin. AAPG Bulletin 67, 1983, 2165－2174.

[ 45 ] Dellenbach J, Espitalie J, Lebreton F. Source Rock Logging. Transactions of 8th
European SPWLA Symposium, 1983, paper D.

[ 46 ] Hussain F A. Source rock identification in the state of Kuwait using wireline logs.
1988, SPE 15747: 477－488.

[ 47 ] Mendelson J D, Toksoz M N. Source rock characterization using multivariate
analysis of log data. Transactions of the Twenty-Sixth SPWLA Annual Logging
Symposium, paper UU, 1985.

[ 48 ] Herron S L. Source rock evaluation using geochemical information from wireline
logs and cores (abs). AAPG Bulletin72, 1987: 1007.

[ 49 ] Passey Q R, Creaney S, Kulla J B. A practical model for oganic richness from
porosity and resistivity logs. AAPG Bulletin, 1990, 74(12): 1777－1794.

[ 50 ] 朱振宇. 神经网络法在烃源岩测井评价中的应用. 地球物理学进展, 2002(1):
137－140.

［51］王贵文，朱振宇，朱广宇. 烃源岩测井识别与评价方法研究. 石油勘探与开发，2002, 29(4): 50－52.

［52］刘超，卢双舫，黄文彪. ΔlgR 技术改进及其在烃源岩评价中的应用. 大庆石油地质与开发，2011, 30(3): 27－31.

［53］刘俊民，彭平安，黄开权. 改进评价生油岩有机质含量的CARBOLOG 法及其初步应用. 地球化学，2008, 37(6): 581－586.

［54］Carpentier B, Huc A Y, Bessereau G. Wireline logging and source rocks-estimation of organic carbon by the CARBOLOG method. Log Anal, 1991, 32(3): 279－297.

［55］Rickman R, Mullen M, Petre E, et al. A Practical use of shale petrophysics for stimulation design optimization: all shale plays are not clones of the Barnett shale. SPE Annual Technical Conference and Exhibition, 2008, SPE 115258.

［56］Xu S, White R E. A new velocity model for clay-sand mixtures: geophysical prospecting. 1995, 43: 91－118.

［57］Wang H Y, Sun S Z, Li Y W. Velocity prediction models evaluation and permeability prediction for fractured and caved carbonate reservoir: from theory to case study. SEG Expanded Abstract, 2009: 2194－2198.

［58］Wang H, Sun Z, Yang H, et al. Velocity prediction and secondary-pores quantitative inversion for complex carbonate reservoir. 73rd EAGE Conference & Exhibition incorporating SPE Europec 2011 Vienna, Austria, 2011: 23－26.

［59］Sun S Z, Wang H, Liu Z, et al. The theory and application of DEM-Gassmann rock physics model for complex carbonate reservoirs. The leading edge, 2012, 31(2): 152－158.

［60］Kuster G T, Toksöz M N. Velocity and attenuation of seismic waves in two-phase media. Geophysics, 1974, 39: 587－618.

［61］Sun S Z, Stretch S R, Brown R J. Borehole velocity-prediction models and estimation of fluid saturation effects. CREWES Research Report, 1991, 3(18): 274－290.

［62］Sun S Z, Stretch S R, Brown R J. Comparison of borehole velocity-prediction models and estimation of fluid saturation effects: from rock physics to exploration problem. Journal of Canadian Petroleum Technology, 2004, 43 (3): 18－26.

[ 63 ] Anselmetti F S, Eberli G P. Controls on sonic velocity in carbonates. Pure and Applied Geophysics, 1993, 141: 287－323.

[ 64 ] Anselmetti, Eberli. The velocity-deviation log: a tool to predict pore type and permeability trends in carbonate drill holes from sonic and porosity or density logs. AAPG Bulletin, 1999.

[ 65 ] Baechle G T, Eberli G P, Boyd A, et al. Oomolid carbonate: pore structure and fluid effects on sonic velocity. SEG Expanded Abstract, 2008: 1660－1664.

[ 66 ] 张晋言,孙建孟.利用测井资料评价泥页岩油气"五性"指标.测井技术, 2012, 36(2): 146－153.

[ 67 ] 闫萍,孙建孟,苏远大. 利用测井资料计算新疆迪那气田地应力. 新疆石油地质, 2006, 27(5): 610－614.

[ 68 ] 丁世村.偶极横波资料在低孔低渗储层改造中的应用. 工程地球物理学报, 2010, 7(6): 704－709.

[ 69 ] 黄荣樽,邓金根,王康平. 利用测井资料计算三个地层压力剖面//测井在石油工程中的应用. 北京: 石油工业出版社, 1996: 43－44.

[ 70 ] 朱玉林. 测井资料在地应力研究中的应用. 东营: 中国石油大学, 2007.

[ 71 ] Goodway B, Varsek J, Abaco C. Practical applications of p-wave AVO for unconventional gas resource plays. Recorder, 2006, 31(4): 52－65.

[ 72 ] Goodway B, Perez M, Varsek J, et al. Seismic petrophysics and isotropic-anisotropic AVO methods for unconventional gas exploration. The Leading Edge, 2010, 29(12): 1500－1508.

[ 73 ] Perez M, Close D, Goodway B, et al. Workflows for integrated seismic interpretation of rock properties and geomechanical data. Part 1－Principles and Theory: CSEG－CSPG－CWLS Convention Extended Abstracts, 2011.

[ 74 ] Perez M, Goodway B, Purdue G. Stress estimation through seismic analysis. 2012 SEG Abstracts, 2012.

［75］ Sayers C M. Geophysics under stress: geomechanical applications of seismic and borehole acoustic waves. DISC, 2010.

［76］ Martinez R D, et al. 墨西哥湾地震资料的地层压力预测. 陈开远, 译. 国外油气勘探, 1989, 1(5): 24－31.

［77］ Wyllie M R, Gregory A R, Gardner L W. Elastic wave velocities in heterogeneous and porous media. Geophysics, 1956: 41－70.

［78］ Gassmann F. Über die Elastizität poroser Medien. Vier. der Natur. Gessellschaft in Zürich, 1951, 96: 1－23.

［79］ Voigt W. Lehrbuch der Kristallphysik. Teubner, 1928: 1－20.

［80］ Reuss A. Berechnung der fliessgrense von mischkristallen auf grund der plastizitatsbedinggung fur einkristalle. Zeitschriftfur Angewandte Mathematic and Mechanic, 1929, 9: 49－58.

［81］ Hill R. The elastic behaviors of crystalline aggregate. Proceedings of the Physical Society, 1952, A65: 349－354.

［82］ Wood A W. A textbook of sound. New York: The MacMillan Co, 1955: 360.

［83］ Biot M A. Theory of propagation of elastic waves in a fluid saturated porous solid. The Journal of the Acoustical Society of America, 1956, 28: 168－191.

［84］ Nur A, Marion D, Yin H. Wave velocities in sediments//Hovem J M, Richardson M D, Stoll R D, ed. Shear waves in marine sediments. Dordecht, Netherlands: Kluwer Academic Plublishers, 1991: 131－140.

［85］ Brown R, Korringa J. On the dependence of the elastic properties of a porous rock on the compressibility of the pore fluid. Geophysics, 1975, 40: 608－616.

［86］ Berryman J G. Mixture theories for rock properties. A handbook of physical constants, America Geophysical Union, 1995: 205－228.

［87］ Norris A N, Sheng P, Callegari A J. Effective-medium theories for two-phase dielectric media. Appl Phys, 1985, 57: 1990－1996.

［88］ Zimmerman R W. Compressibility of sandstones. New York: Elsevier, 1991: 173.

［89］ Budiansky B. On the elastic moduli of some heterogeneous materials. Mech

PhysSolids, 1965, 13: 223－227.

[ 90 ] Wu T T. The effect of inclusion shape on the elastic moduli of a two-phase material. International Journal of Solids Structures, 1966, 2: 1－8.

[ 91 ] Berryman J G. Single-scattering approximations for coefficients in Biot's equations of poro elasticity. Journal of the Acoustical Society of American, 1992, 91: 551－571.

[ 92 ] Cheng C H, Toksoz M N, Inversion of seismic velocities for the pore aspect ratio spectrum of a rock. Journal of Geophysical Research, 1979, 84(B13): 7533－7543.

[ 93 ] Berryman J G. Long-wavelength propagation in composite elastic media-ii: spherical inclusions-ii: ellipsoidal inclusions. Journal of the Acoustical Society of America, 1980, 68: 1809－1831.

[ 94 ] Das A, Batzle M. A combined effective medium approach for modeling the viscoelastic properties of heavy oil reservoirs. 79th Annual International Meeting, SEG, Expanded Abstracts, 2009: 2110－2113.

[ 95 ] Hornby B E, Schwartz L M, Hudson J. Anisotropic effective-medium modeling of the elastic properties of shales. Geophysics, 1994, 59: 1570－1583.

[ 96 ] Ostrander W J . Plane wave reflection coefficients for gas sands at non-normal angles of incidence. Geophysics, 1984, 49: 1637－1648.

[ 97 ] Zoeppritz K, Erdbebenwellen VIIIB. On the reflection and propagation of seismic waves. Gottinger Nachrichten, 1919, 1: 66－84.

[ 98 ] Aki K, Richards P G. Quantitative seismology theory and methods. 1980: 144－154.

[ 99 ] Shuey R T. A simplification of the zoeppritz equations. Geophysics, 1985, 50(4): 609－614.

[ 100 ] Hilteman F. Seismic lithology. SEG-continuing education, 1983: 115.

# 页岩气储层地震识别与
# 综合预测技术

页岩气是指主要以吸附和游离状态赋存于泥页岩中的天然气,具有自生、自储、自保、储层致密的特点,在成因上具有生物成因、热成因及混合成因多种类型。页岩低孔低渗的特征使其具有非常低的自然产能,因此,利用工程压裂技术进行地层改造对页岩气的开采是必不可少的。除了低孔低渗透特征外,储层的非均质性和各向异性等突出问题给开发方案的制定提出了严峻的挑战。页岩气藏的这些特点决定了其勘探开发面临着与常规气藏不同的技术问题。

地球物理方法手段在页岩油气勘探开发过程中起到了重要的技术支持作用,它在研究储层的复杂特征方面具有独特的优势。测井技术具有比较高的纵向分辨率,对储层的刻画较为精细,而地震技术具有比较强的宏观控制能力,对于研究储层的横向非均质性非常有利。

地震技术主要用于页岩储层分布、厚度、物性、含气性等方面的研究。因此要根据储层的各向异性特征,运用地震信息中的弹性参数以及各种波场、速度资料研究储层的裂缝或裂隙特征、应力场分布等,尤其要采用三维地震解释技术设计水平井轨迹,通过沿垂直于裂缝发育方向钻井的方法来增加井筒与裂缝连接的可能性。以地震技术为主体的气藏描述是页岩气储层识别与评价的核心,具体地震勘探任务包括查明页岩层的深度、厚度、分布范围、产状形态,寻找页岩层内有机质丰度高、裂缝发育、渗透性好、脆性大、应力变化小的部位,即页岩气"甜点"区。

在勘探阶段,针对页岩气资源评价和核心区选择,需要落实页岩气藏的富集规律。无论是页岩气藏的特征,还是页岩气藏的形成机理,都与常规气藏有所不同,控制页岩气藏富集程度的关键要素主要包括页岩厚度、有机质含量和页岩储层空间(孔隙、裂缝)。页岩层在区域内的空间分布(包括埋深、厚度以及构造形态)状况是保证有充足的储渗空间和有机质的重要条件,而地球物理技术是探测页岩气空间分布的最有效、最准确的预测方法。有机质的含量和页岩气储层空间包含了有机质丰度、成熟度、含气性、孔隙度等物性参数,这些参数的确定除了通过岩心的实验分析,测井评价更是重要的手段。综合运用伽马、电阻率、密度、声波、中子、能谱及成像测井等方法可对页岩储层的矿物成分、裂缝、TOC以及含气性等参数进行精细解释,建立页岩气的储层模型;地震技术在测井的基础上进行区域预测,可为资源评价和页岩气开发核心区的优选奠定基础。

在开发阶段,应用地球物理技术对储层物性,特别是裂缝等各向异性特征进行精细刻画,可以为储层改造提供帮助。前文已提到,由于页岩储层本身的低孔、特低渗特征,页岩气井初始无阻流量没有工业价值,必须运用以水平井分段压裂、重复压裂等为主的储层改造手段提高页岩气开采效率。页岩气储层增产改造除了技术上的因素(包括压裂方式、压裂工具、压裂液等)外,关键的地质因素有页岩的矿物组成、脆性、力学性质和天然裂缝的分布。储层岩性具有明显的脆性特征是实现增产改造的物质基础,如果矿物组分以石英和碳酸盐岩两类为主,则有利于产生复杂缝网;储层发育有良好的天然裂缝及层理,是实现增产改造的前提条件。储层岩石力学特性是判断脆性程度的重要参数,通过对杨氏模量及泊松比的计算可以确定储层岩石脆性指数的高低,脆性指数越高越易形成缝网。应用地球物理技术可以准确描述这些参数。以宽方位甚至全方位三维地震资料为基础,通过叠前反演、分方位提取地震属性、各向异性速度分析等地震技术综合应用,可对断层、裂缝、储层物性、脆性物质分布和应力场进行预测。

## 5.1　页岩气储层厚度与埋深预测技术

在勘探阶段,应用页岩气地震技术主要解决资源评价和选区问题。首先从井震联合入手,准确标定和刻度页岩气层的顶底界面以及有效页岩的位置,分析目的层页岩层段的地震波响应特征,进而在地震剖面上识别和追踪页岩储层;然后通过常规资料解释,获得页岩层构造形态、断层展布以及沉积厚度特征等,圈出页岩的区域展布特征。

### 5.1.1　合成地震记录和层位标定

合成地震记录是联系地震资料和测井资料的桥梁,是构造解释和储层地震预测的基础,它是地震和地质相结合的一个纽带。

合成地震记录的精度直接影响到地震地质层位的准确标定,也影响到页岩储层解释的精度,通过制作高精度的合成地震记录,可以将研究的页岩气目的层准确标定在地震剖面上,在井资料与地震之间建立准确的对应关系,为页岩目标层和储层"甜点"预测打下基础。

目前的地震储层预测中,地震反演已成为最重要的手段,几乎所有的地震反演方法都要解决地震资料与钻测井资料相结合的问题,而最有效的井、震结合的桥梁是从井出发的合成地震记录。因此,合成地震记录的制作在地震储层预测中是非常重要的一环,可以说合成地震记录的制作是否合理是地震储层预测成败的关键。

1. 合成地震记录的制作

合成地震记录是用声波测井或垂直地震剖面资料经过人工合成转换成的地震记录(地震道)。合成记录的制作是一个简化的一维正演的过程,合成记录$F(t)$是地震子波$S(t)$与反射系数$R(t)$褶积的结果。

$$F(t) = S(t) * R(t) \tag{5-1}$$

合成地震记录制作的一般流程是:由速度和密度测井曲线计算得到反射系数,将反射系数与提取的地震子波进行褶积得到初始合成地震记录。根据较精确的速度场对初始合成地震记录进行校正,再与井旁地震道匹配调整,得到最终合成地震记录。

通常情况下,合成地震记录采用如下流程(如图5-1所示)来制作。

图5-1 合成地震记录制作流程

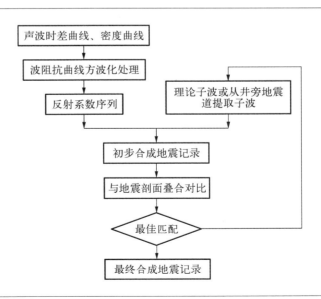

合成地震记录是一种非常理想的模型，因此由它与反射系数合成道与实际地震道必然有一定差异。对于储层的合成地震记录标定而言，最关键的是子波的提取和选用。好的子波应是能量接近零相位的尖脉冲。因此，子波要尽量短，但边界不能出现突然截止，以免反褶积时产生子波谱的边界效应。但是，为了实现使反演结果与测井资料匹配关系好，子波的长度又不能太短，因此，子波长度要通过试验来确定。一般来说，子波主瓣两侧应保留 1 ～ 2 个旁瓣的长度，一般为 64 ～ 128 ms。在求取合适的子波之后，按照反演流程，利用声波和密度曲线求出地层反射系数，与子波褶积生成合成地震记录，使其波形、频率和能量均与井旁地震道达到最佳吻合，从而达到对储层精细标定的目的。

如图 5-2 所示是中国南方某区一口井的合成地震记录，侏罗系东岳庙段泥页岩顶界面（J1M）标定在波谷位置，是上部马鞍山段高阻抗砂岩与下部东岳庙段低阻抗泥岩形成的地震反射界面；侏罗系东岳庙段泥页岩底界面（J1dy）大致标定在波峰位置，是低阻抗页岩与下伏珍珠冲段致密砂岩形成的强反射。泥岩与页岩的界面（J1dym）标定在波峰位置，是上部低阻抗泥岩与下伏相对高阻抗的页岩形成的反射。灰质页岩顶界面（J1jq）是页岩的内幕强反射。

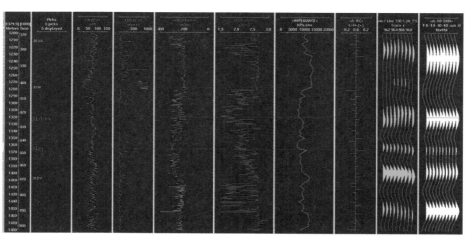

图5-2
合成地震
记录

## 2. 层位标定

层位标定是地震资料构造解释及储层预测的基础,层位标定正确与否直接影响到解释成果的可靠性。在地震储层预测中,目的层的层位解释是地震储层预测的基础,而在地震剖面上的地质(层位)标定,即在地震剖面上哪一个反射波同相轴与目的层相对应,是储层预测准确与否的关键。钻/测井资料是深度域的,而地震资料是时间域的,在地震储层预测中如何使两者相联系?在地震资料解释中地震层位的地质标定有三种方法:平均速度曲线(深-时转换尺)法,合成地震记录拟合法,及垂直剖面法(VSP)。从标定的精度来讲平均速度曲线法标定较粗,在各个井点处往往有误差;VSP标定最准确,但不可能每口井都做VSP;合成地震记录拟合法标定较为准确,可以每口井都做成为目前常用的地质(层位)标定方法。通过合成地震记录标定形成符合资料情况和地质背景的时-深关系,确定层位时-深关系,使深度域测井和地质资料与时间域地震资料相匹配,以便在地震同相轴上确定解释目的层。

精确层位标定和地震反射波组特征确认后,通过连井剖面的对比,在地震连井大剖面上识别出主要地震反射层的时间位置。

## 5.1.2  三维地震资料构造解释和成图

三维地震资料构造解释就是建立目的层的地层格架,判识断裂纵横向展布特征,研究构造演化,发现并描述各类构造圈闭;同时,它也是后续古地貌解析、沉积层序及地震相分析和储层预测的基础。

## 1. 地震资料解释的基本含义

依据位于测线或测线附近的钻井、录井所取得的地质和测井资料,结合地震剖面上各种反射层的特征(如时间深度、振幅、频率、相位、连续性等)推断各反射层所相当的地质层位。通过追踪目的层同相轴并达到闭合可以得到层位解释数据,分析地震资料上所反映的各种地质和构造现象,如断层、地层尖灭、不整合、古潜山等。最终确定地质构造的形态和空间位置,推测地层的岩性、厚度及层间接触关系,并完成二维或三维空间的构造解释,以及各种可能含油气圈闭的解释。确定地层含油气的可能性和储量的大小,并为钻探提供井位。

地震资料解释的关键在于,建立地震剖面上的反射特征与地质剖面的联系;分析地质现象及其变化规律的地震响应;善于识别和区分地震假象;正确认识和理解地震勘探的分辨率;准确理解沉积岩沉积地区,地震剖面上大多数反射是干涉复合的结果;地震资料解释的质量取决于解释人员的知识水平(地质学、地球物理学、油藏工程)、计算机应用能力、实践经验、形象思维和空间想象力,最终的成果体现在地质解释的合理性上。

如图5-3所示为中国南方某页岩气研究区过井的地震解释剖面。通过在合成地震记录标定的基础上,以4线×4道网格精细解释700 km² 三维地震工区,地震反射层位包括侏罗系东岳庙段泥页岩顶界面(J1M)和底界面(J1dy),内幕反射包括泥岩和页岩之间的反射界面(J1dym)。东岳庙段泥页岩顶界面(J1M)是连续的强波谷反射特征,J1dym和J1dy为连续的强波峰反射特征,无论是手工还是自动解释都比较容易。在地震层位精细解释时,以追踪地震反射波组特征和地层界面为原则,不仅仅是追踪强反射的波峰或波谷,而是根据沉积界面形成的机理,推测地层界面的位置,尽可能地使层位的解释接近地质界面。在剖面地震相变化的位置,由于岩性的变化引起同相轴的尖灭或相位反转,层位的解释依赖于相邻测线的层位解释趋势和全区测网的闭合。

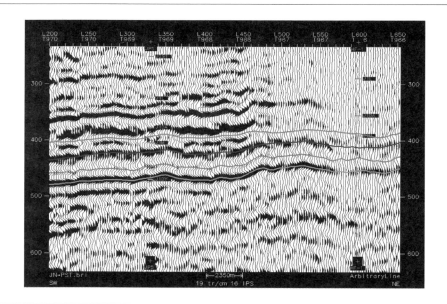

图5-3 过井
的地震剖面

通过合成记录标定和地层内部反射结构分析，工区东岳庙段页岩段顶底界面都是强波峰连续反射。在页岩段内部其含气页岩顶界面是灰质页岩的反射，该界面主要是不连续波峰反射，但在工区东北部由于页岩厚度的变化，反射界面不明显。为了较好地刻画含气页岩顶界面，使用了层位自动调整技术（如图5-4所示），即在页岩的顶底界面解释的基础上，自动追踪含气页岩波峰的位置（如图5-5所示）。

图5-4 地震层位自动调整技术示意图

**Signal Event Direction Order**

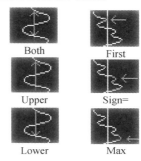

图5-5 利用地震层位自动调整技术解释的含气页岩顶界面

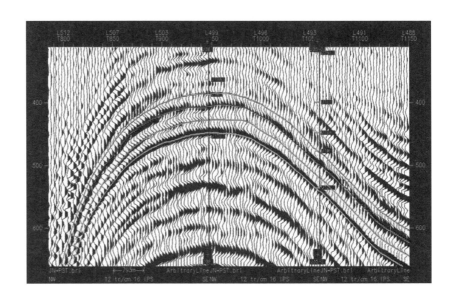

## 2. 地震构造图

地震构造图是以地震资料为依据作出的一种平面图件,它以等值线(等深线或等时线)以及一些符号(断层、超复、尖灭等)直观地表示出某一层的地质构造形态。它是地震勘探的最终成果图件,是为钻探提供井位的主要参考资料。因此,构造图的绘制是地震资料解释工作中一个十分重要的内容,与整个地震勘探工作的质量和效果关系重大。

根据等值线参数的不同,地震构造图可分为两大类:等T0图和等深度构造图。等T0图可由时间剖面的数据直接绘制,在地质构造比较简单的情况下可以反映构造的基本形态。等T0图必须经过时-深转换变成等深度构造图后,才能作为井位设计的依据。

绘制等深度构造图主要有以下两种方法。① 以水平叠加时间剖面为原始资料,直接读出某一层的T0值,作出等T0构造图,再利用研究区的平均速度曲线进行空间校正,得到真深度构造图。这是三维勘探普及前广泛采用的较好的方法。② 以经过三维偏移的三维数据体为基本资料,利用垂直剖面读取某一层的T0值,做出等T0构造图,或利用水平切片可以快速地作出等T0构造图,再由T0数据进行时-深转换(不再需要空间校正),作出真深度构造图(如图5-6所示)。这是目前绘制地震等深度构造图最常用的方法。

在进行时-深转换时,目的层以上地层的平均速度是一个非常重要的参数。一般情况下,平均速度不仅随着深度的增加而增大,而且在横向上也因地层厚度、异常体的分布而变化,这就存在着等T0图与构造等值线图转换过程中的变速问题。解决变速问题的方法之一是建立速度场。对每一个速度谱分析点,由速度谱资料获取叠加速度,根据叠加速度求取均方根速度,再利用均方根速度得到层速度,进而求取该点处每一个反射界面(旅行时间)的平均速度。这样对所有的速度谱分析点均作上述处理,即可得到对应于每一个$x$、$y$、$t$的平均速度值。在对等T0图进行时-深转换时,利用速度场可以对每一个$x$、$y$、$t$点提供一个平均速度值,实现变速转换。但是由速度谱建立的速度场分辨率低、深层误差较大,在实际工作中可根据井点的准确时-深关系进行校正。

图5-6 侏罗
系东岳庙段
页岩顶界面
深度

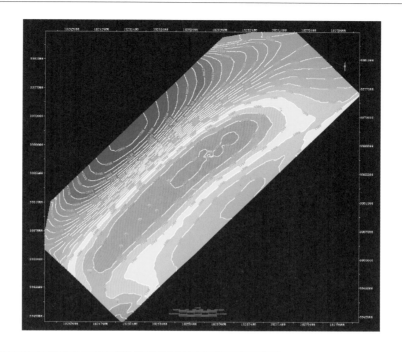

### 5.1.3　　　　储层厚度预测技术（地震属性分析、地震反演）

　　作为页岩气生成和赋存的主体，一定的含气页岩厚度是形成页岩气富集区的基本条件，也是页岩气资源丰度高低的重要影响因素。美国进入大规模商业开发的五大含气页岩系统毛厚度为31～579 m（页岩净厚度为9～91 m），其中目前页岩气单井产量和年产量较高的福特沃斯盆地Barnett页岩系统毛厚度为61～300 m（页岩净厚度为15～60 m）。因此参考国外标准，为了保证一定规模的页岩气资源量和压裂改造的需要，进行资源评价时应将含气页岩的厚度及最大单层厚度作为重要指标进行考虑。

　　页岩分布范围求取方法与普通砂岩基本一致，主要有3种方法，即顶底相减法、波阻抗反演法和地震振幅拟合法。当页岩厚度大于 $\frac{1}{4}\lambda$($\lambda$为波长)时,页岩顶、底在地震剖面有单独反射,可以识别追踪,在准确落实顶底构造之后,采用底、顶深度直接相减的方法求取页岩平面分布。当页岩厚度小于 $\frac{1}{4}\lambda$ 时,需要将波阻抗反演得到的页岩段波阻抗值与钻井厚度拟合,得到相关关系式,利用该关系式把波阻抗平面图转换成页岩平面分布图。也可以通过地震属性,一般是地震振幅属性,与钻井揭示页岩厚度来拟合振幅与厚度函数关系式,利用该关系式把地震属性图转换成页岩平面分布图。

1. 利用地震资料解释储层厚度的方法

主要适用于储层厚度大于 $\frac{1}{4}\lambda$ 的厚层。在精细地震层位解释基础上,可计算页岩厚度图(如图5-7所示)。厚度公式如下:

$$H = v \times ( T_2 - T_1 )/2 \qquad (5-2)$$

式中,$H$ 代表页岩厚度,$v$ 代表层速度,$T_1$ 代表底界面双程旅行时,$T_2$ 代表顶界面双程旅行时。

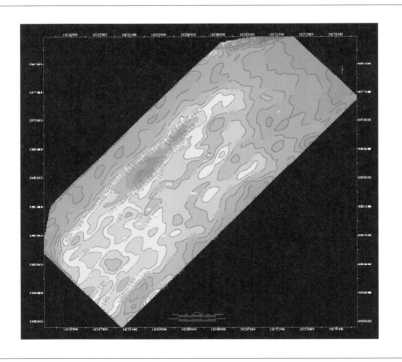

图5-7 侏罗系东岳庙段页岩厚度

2. 基于波阻抗反演的储层厚度预测

运用波阻抗信息进行厚度预测主要是通过地震反演获得分辨率较高的反映层信息的波阻抗或速度剖面,则可在具有较高分辨率的地层波阻抗或层速度剖面上,直接拾取储层的顶、底界面反射时间,进而由时差和层速度求取储层的厚度。也可以通过钻井岩性剖面与测井曲线的对比分析,建立岩性与阻抗的对应关系,确定岩性阻抗值的变化范围,然后分析各口钻井同一层段砂层厚度与其他岩性的波形特征,再利用反演的波阻抗剖面,建立不同级别储层识别模式,为拾取主要储层特征,寻找有利储层类型建立依据。不同岩性取不同门槛值,即可计算出目的层厚度。这种方法简单易行而且精度较高。

3. 基于地震属性的储层厚度预测方法

储层参数的变化会引起相应的反射波特征的变化,这样可以利用波形特征参数去预测储层参数,而单个反射特征往往对应着多种地质现象,利用单参数去预测储层不具有普遍意义,所以使用多种参数进行储层预测是合理的应用方法。但地震响应中所包含的地震属性种类很多,针对某一个问题如何选取合理的地震属性组合是问题的关键所在。通常使用神经网络模式识别的方法,来确定预测储层厚度的参数,一般采用的地震属性有:正振幅能量、中心频率、最大振幅、阻抗值、均方根振幅、求和振幅、弧长及自相关函数极小值与极大值之比等。

利用神经网络和专家优化法优选地震响应中所包含的地震属性信息,然后利用优选后的地震属性预测储层厚度。其目的在于选用多个地震属性,借助于神经网络的局部模式识别功能和专家优化法,建立地震属性与储层厚度之间的函数关系,达到计算储层厚度及提高储层厚度计算精度的目的。其基本思想是:先用井中储层厚度与井旁地震属性形成样本集,利用该样本集对神经网络进行学习,网络学习好后,再进一步利用专家优化法优选地震属性并输入给该网络,最后计算储层厚度。

储层厚度计算的流程为:① 目的层段的层位标定、追踪与属性提取;② 神经网络学习训练及模式识别;③ 专家优化法优选地震属性;④ 储层厚度预测及输出。

神经网络法不仅能够考虑到多种地震属性,同时也可从若干属性中通过模式识别判断出对储层厚度敏感的地震属性参数。具体操作过程中需注意以下几点。

(1)时窗选择要根据储层在时间剖面上的厚度确定。储层精细解释后要沿层开时窗提取特征参数,不能按时间段开时窗。另外时窗在储层相位上的纵向位置(波峰还是波谷），将直接影响储层预测精度，因此在做储层解释之前要弄清砂层的界面对应的是波峰还是波谷。

（2）一般砂岩储层的厚度较小，尤其是我国陆相沉积砂岩储层的厚度较小，在确定薄砂岩储层的厚度时，由于砂岩顶底反射互相叠加在一起形成复合波，这时不能利用顶、底面的反射波的时间间隔计算砂岩的厚度，而只能利用复合波的振幅按不同厚度叠加的规律来确定其厚度，利用神经网络技术可以较合理地给出振幅值，进而可能较准确地确定薄砂层储层厚度。

（3）图前数据网格的选择比较重要。网格过大，参数作图的数据量减少，虽然等值线圆滑好看，但是对预测的细节情况反映不出来；网格过小，会出现等值线形态沿测网跑的情况。网格的大小要通过试验确定，以能比较真实反映研究区已知井的储层厚度和等值线形态比较自然为准。

（4）另外，在网络的学习训练中对地震响应的噪声分析也十分重要。

## 5.2　　　页岩气储层TOC地震预测技术

在查明了页岩层的构造与沉积特征后，需要在页岩的构造-层序格架内寻找优质页岩发育区域，即圈定页岩有机质丰度、成熟度高的位置。页岩气的富集需要丰富的烃源物质基础，要求生烃有机质含量达到一定标准。相对于非烃源岩，作为"自生自储"类储层的页岩气储层，通常含有相当含量的有机质。当页岩中含有十分丰富的有机物质时，对它加热时可以驱出油气。因此对于页岩气储层，有机质丰度是评价一个层段是否有利于开发的重要指标，而总有机碳（TOC）含量是反映储层有机质丰度的主要指标。TOC含量是烃源岩丰度评价的重要指标，也是衡量生烃强度和生烃量的重要参数。

TOC含量是国内外普遍采用的有机质丰度指标，指烃源岩中油气逸出后，岩石中残留下来有机质中的碳含量，一般在实验室中测定其数值，又称剩余有机碳含量。TOC值可表征页岩气含气量大小，页岩气含量与TOC含量之间存在正相关关系，有机质中纳米微孔隙是页岩气吸附的重要载体。由于有机碳的吸附特征，其含量直接控制着页岩的吸附气含量,所以,要获得有工业价值的页岩气藏,有机碳的平均含量应达到一定门限值。很多学者都研究过页岩气藏形成的有机碳含量下限值,Schmoker(1981)认为产气页岩的有机碳含量平均下限值大约为2%;Barnett页岩Newark East气田岩心分析的平均有机碳含量较高,为4%～5%;Appalachian盆地Ohio页岩Huron下段的TOC含量为1%,产气层段的有机碳含量可达2%。美国大规模商业开发的五大含气页岩系统有机碳含量为0.3%～25%。

传统获取TOC含量的方法是基于地球化学测量,用极少量钻井取得的岩心以及大量的岩屑或井壁取心通过实验室分析获得。但是该方法受到岩心样品数量、岩屑分析的可靠性的限制与影响,而且其分析结果在纵向上是不连续的。此外,实验室测量分析周期长、价格昂贵。由于有机质具有独特的岩石物理性质,使得其测井响应相较非烃源岩层段有明显的差别,主要表现为高声波时差、高电阻率、高自然伽马、低密度的"三高一低"的特性,使得利用连续且分辨率很高的测井曲线求取有机质含量成为可能,在此基础上可以建立测井信息与有机质丰度之间的对应关系,直接获取烃源岩有机质丰度等评价参数,从而定性、定量地评价烃源岩。但是两种方法得到的都是地下局部信息,无法预测TOC的空间分布为水平井轨迹的设计提供支持。

那么,应该如何精确地在空间上预测TOC值呢?考虑到地震数据广阔的覆盖范围和空间上的连续性,通常通过基于岩石物理建模分析及实测数据的分析,构建TOC含量与地震参数间的量化关系,明确总有机碳敏感地震参数;研究TOC含量敏感参数地震预测技术,实现页岩气储层TOC含量地震预测。

## 5.2.1　TOC地球物理响应特征

为了得到有机质含量对岩石弹性性质的影响,需要建立反映微观的岩石特征与宏观的物理特征之间的对应关系的岩石物理模型。利用富有机质泥页岩3D SCA-DEM岩石物理模型,来分析有机质对于岩石弹性特征的影响。首先在固体背景条件下建立不同孔隙形状充填物的干岩石,然后利用Gassmann方程进行流体替代,最后利用Brown-Korringa方程进行固体替代将有机质充填到孔隙中。设计富有机质的石英–黏土组成的泥页岩,固定其孔隙度为15%,且为100%水饱和。图5-8为球形孔隙条件下,有机质对于岩石弹性性质的影响的交会图。从图中可以看出,黏土含量较低的情况下,岩石显示低纵横波速度比($v_P/v_S$)、高杨氏模量($E$)及低泊松比($v$)的特征;黏土含量较高的情况下,有机质对于纵横波速度比、杨氏模量、泊松比的影响降低。图5-9为便士状裂缝孔隙条件下(孔隙纵横比 = 0.1),有机质对于岩石弹性性质的影响的交会图,从图中可以看到,当黏土含量较低的情况下,与球形孔的情况类似,但影响幅度略显不同;当黏土含量很高的情况下,岩石显示出高纵横波速度比、低杨氏模量、高泊松比的特征。并且对于纵横波速度比与泊松比,在有机质含量达到一定程度时,黏土含量对于岩石弹性性质的影响会发生突变。通过以上的分析表明,有机质对岩石弹性性质会产生一定的影响,但这种影响敏感程度是黏土含量依赖与孔隙类型依赖的。有机质对于低黏土含量时的岩石弹性特征具有明显的影响,并且这种影响是孔隙类型依赖的;对于高黏土含量时,针对球形孔隙,固体有机质充填物一定程度上被黏土的影响所掩盖;但是对于便士状裂缝孔隙,其影响是不容忽视的。

同样,国外很多学者也进行了类似的研究工作。Zhu等(2011)对页岩有机质丰度和矿物组分引起的地球物理响应特征的变化进行了研究,其中地球物理响应特征选取了纵波阻抗和纵横波速度比,通过这种定性分析,能够直观地理解有机质和矿物组分对纵波速度以及纵横波速度比的影响。如果能从地震数据中提取出这些属性参数,就能够反过来直接推测页岩油气储层的有机质丰度分布情况。

Passey等(2010)证实页岩气储层的矿物组分变化非常大,如图5-10所示,对于富含硅质的岩石和富含黏土的岩石,黏土、石英和方解石的相对组分(质量分数)跨度非常大。Zhu等(2011)根据页岩矿物组分的不同将页岩分成了富含硅质页岩和富含黏土页岩两大类型。在进行岩石物理模拟时做了以下假设条件:① 对于富含硅质的页岩,TOC与石英含量成正比,而与黏土含量成反比。对于富含黏土的页岩,TOC与方解石含量成正比,与黏土和石英矿物成微弱的反比关系;② TOC与孔隙度具有一定的线性关系,其经验公式为:$\rho = 0.03+0.04 \times \text{TOC}/\text{TOC}_{max}$,其中$\text{TOC}_{max} = 8\%$,表示有机质最大的质量分数;③ 气饱和度为50%;④ 黏土矿物和有机质的体积模量与剪切模量在计算过程中保持不变。

图5-8
有机质对石
英－黏土组成
的岩石弹性性
质的影响，孔
隙类型为球形
孔，孔隙度＝
15%，水饱和
度＝100%

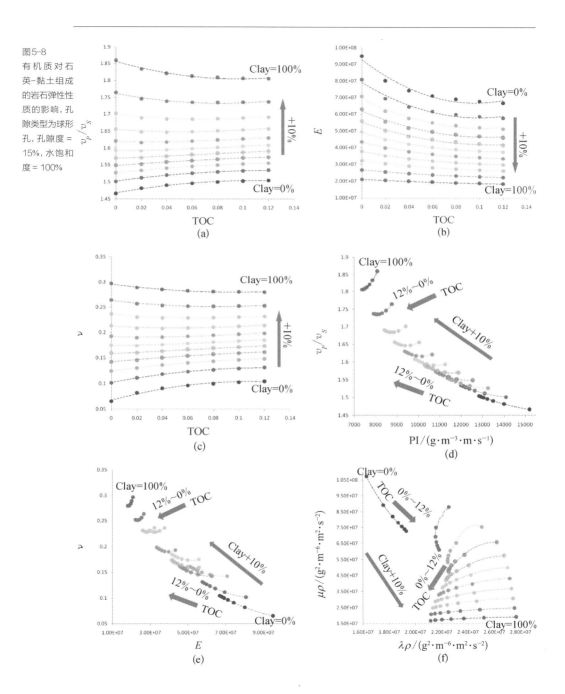

（a）TOC-$v_P/v_S$；（b）TOC-$E$；（c）TOC-$v$；（d）PI-$v_P/v_S$；（e）$E$-$v$；（f）$\lambda\rho$-$\mu\rho$

图5-9
有机质对石
英-黏土组成
的岩石弹性性
质的影响,孔
隙类型为便士
状裂缝(纵横
比 = 0.1),孔
隙 度 = 15%,
水饱和度 =
100%

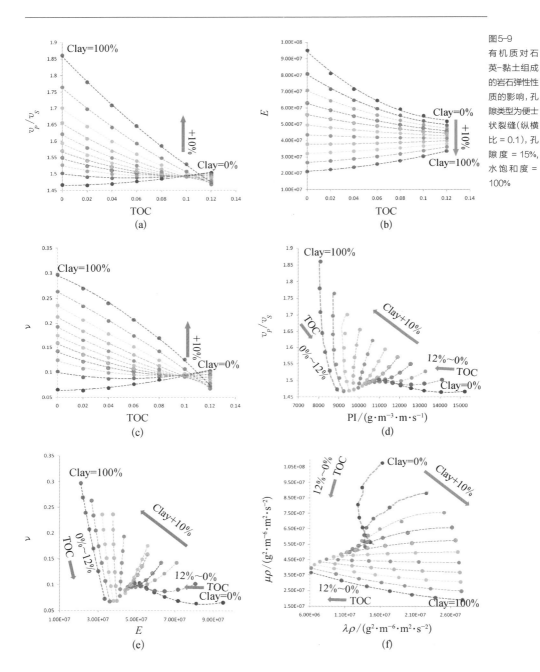

(a) TOC–$v_P/v_S$;(b) TOC–$E$;(c) TOC–$v$;(d) PI–$v_P/v_S$;(e) $E$–$v$;(f) $\lambda\rho$–$\mu\rho$

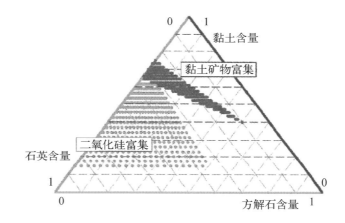

图5-10 不同页岩的三重矿物组分（Passey等,2010）

（图中标注：黏土含量、黏土矿物富集、二氧化硅富集、石英含量、方解石含量）

　　如图5-11所示是通过岩石物理模拟得到的两种不同种类页岩的等效纵波阻抗和纵横波速度比交会图,从图中能够分析矿物组分和TOC的影响。对富含硅质的页岩,TOC随着石英含量的增加而增大,当TOC达到最大值8%时,石英的质量分数达到85%,而黏土和方解石的质量分数分别为15%和0%,如图5-11(a)中b点位置所示。由于有机质相比石英和方解石等矿物具有较小的速度和密度,它的存在会降低纵波阻抗。因此,在TOC最大值的b点,其纵波阻抗会很小。但是该点对应石英含量的最高值,黏土矿物含量也非常少,在一定程度上弥补了部分波阻抗,使得纵波阻抗不会产生剧烈的下降。对于图中的a点,该点对应于黏土矿物含量最高的位置,由于富含硅质的页岩,TOC与黏土矿物成反比,因此a点对应TOC最小的位置。对于c点,该位置处TOC相对很小,而且含有非常少的黏土矿物,该点对应的纵波阻抗值最大。对于纵横波速度比,石英矿物的纵横波速度比相比黏土和方解石要小很多,因此,b点对应纵横波速度比最小的位置,而a点对应纵横波速度比最大的位置,c点的纵横波速度比处于两者之间。从图5-11(a)中可以看出,对于富含硅质的页岩,如果利用地震属性来判断页岩有机质是否发育,那么使用纵横波速度比要比纵波阻抗效果好。因为b点(有机质最为发育)和a点(有机质最不发育)的纵波阻抗差异相对较小,而纵横波速度比差异非常明显,有利于对比分析。

分析图5-11(b)所示的纵波阻抗和纵横波速度比交会结果,对于富含黏土的页岩,TOC与方解石含量成正比,与石英和黏土具有微弱的反比关系,因此,图中$f$点对应着TOC最大的位置,该点处方解石含量最高。与图5-11(a)不同,如果通过地震属性区别烃源页岩与非烃源页岩,纵波阻抗相比纵横波速度比具有一定的优势,因为烃源页岩与非烃源页岩具有更加明显的纵波阻抗差异。由于$f$点对应TOC的最大值,也就是烃源页岩的标志,它具有高的方解石含量,而且具有很高的黏土矿物含量,尽管方解石具有较高的纵波速度,但是有机质和黏土矿物的大量存在使得纵波阻抗发生非常明显的降低。对于非烃源页岩的$d$点,它具有较高的纵波阻抗,因此,使得$d$点和$f$点具有非常明显的纵波阻抗差异。对于富含黏土的页岩来讲,由于黏土矿物的含量不会很低,导致整体表现出较高的纵横波速度比,烃源页岩与非烃源页岩的纵横波速度比差异不会太明显。因此,对于图5-11(b),纵波阻抗属性是比较理想的地震属性,可用来预测页岩地层的有机质丰度。

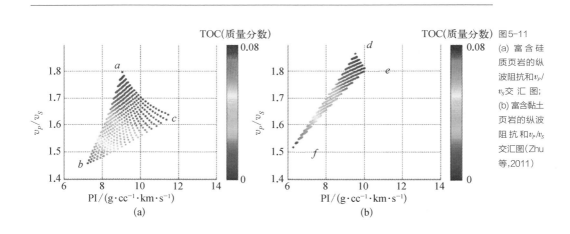

图5-11
(a) 富含硅质页岩的纵波阻抗和$v_P$/$v_S$交汇图;
(b) 富含黏土页岩的纵波阻抗和$v_P$/$v_S$交汇图(Zhu等,2011)

Helge等(2011)指出通过声学参数可以描述有机质如何影响地震响应,如纵波速度($v_P$)、横波速度($v_S$)、密度、各向异性和衰减。通过对位于英格兰的Norwegian Margin和Kimmeridge Clay地区,晚侏罗纪的Draupne(North Sea)、Spekk(Norwegian Sea)和Hekkingen(BarentsSea)地层的海相页岩(烃源岩)进行研究和测井资料分析表明,当TOC含量增大时,纵波阻抗非线性地减小(如图5-12所示)。通过测量得到干酪根的密度是1.1 ～ 1.4 g/cm³（Passey等，2010），大约是矿物质量（2.7 g/cm³）的一半。在石油和天然气成熟的烃源岩中，干酪根的密度也非常低，这是由于干酪根内部高达50%的孔隙度（Sondergeld等，2010）。因为泥岩中混合了低密度有机物，显著降低了纵波阻抗。因而，好的页岩（TOC>3% ～ 4%）纵波阻抗明显低于其他相类似非有机质泥岩，并且明显低于其他大多数的岩石类型。富含有机质泥岩和不含有机质泥岩的纵波阻抗随着深度的增加保持稳定的差异（如图5-13所示）。因此，富含有机质的泥岩地层顶底的纵波阻抗分别表现出明显的减小和增大的趋势。烃源岩的顶

图5-12　纵波阻抗
和TOC的交汇分析
（Helge等，2011）

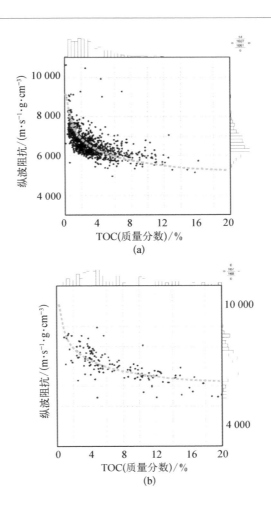

底界面的反射特征分别对应负和正的高振幅，TOC含量的多少影响顶底界面的反射振幅的大小。Vernik等（2011）对Bakken、Woodford、Bazhenov、Bossier和Niobrara页岩岩心密度和TOC的值进行了测量，通过对密度和TOC进行交汇分析（如图5-14所示），可以看出TOC和密度的负相关性。正是因为TOC的增大导致密度的降低，进而使纵波阻抗的值降低。因此，Helge指出可以利用地震数据，分析烃源岩的横向分布、厚度变化。如果地震数据被反演成纵波阻抗数据，通过建立纵波阻抗和TOC的关系和井的标定，可以将纵波阻抗数据转换成TOC含量，进一步得出TOC的空间变化（如图5-15所示）。

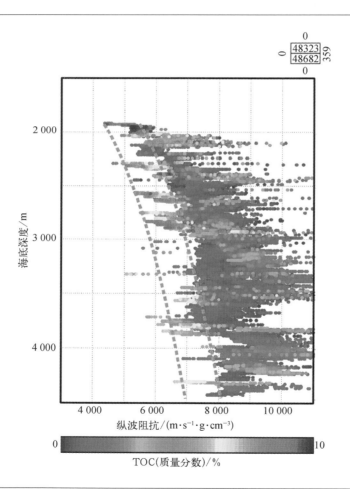

图5-13 纵波阻抗和TOC随深度变化（Helge等，2011）

图5-14 密度和TOC
随深度变化(Vernik
等,2011)

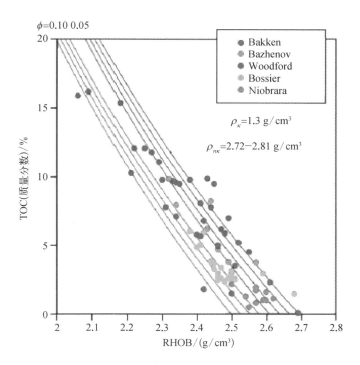

图5-15
(a) 地震剖
面;(b) 波阻
抗反演剖面;
(c) TOC反演
剖 面(Helge
等,2011)

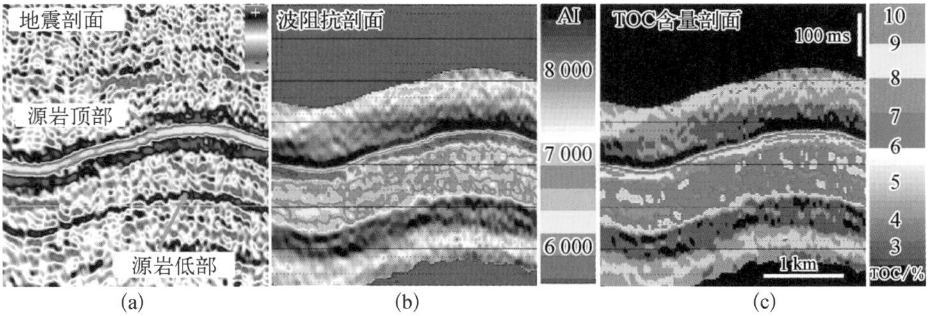

| 地震剖面 | 波阻抗剖面 | TOC含量剖面 |
| --- | --- | --- |
| 源岩顶部 源岩低部 | | 100 ms 1km |
| (a) | (b) | (c) |

## 5.2.2　　地震属性TOC预测方法

通过地震属性进行TOC的预测，需要建立地震属性和TOC的关系。通过岩石物理分析和测井资料分析，可以看出，纵波阻抗、密度、纵横波速度比等地震属性都与TOC有关。通常使用神经网络方法将这些地震属性与TOC联系起来用于TOC的预测，其目的在于选用多个地震属性，借助于神经网络的局部模式识别功能和专家优化法，建立地震属性与TOC之间的函数关系，达到预测TOC含量的目的。

人工神经网络是在研究生物神经系统启发下发展起来的一种信息处理方法，在解决非线性问题上表现出独特的优越性。人工神经网络在处理信息十分复杂、背景知识不太清楚、推理规则不够明确的问题方面，显示出其独特的优越性。它可以通过大量样本的学习来抽取隐含在样本中的因果关系，从数据中提取事物特征，在新情况或信息不准确、不完备的情况下依然能推理。它不仅具有强大的非线性映射能力，而且具有自适应、自学习和容错性等，能够从大量的历史数据中进行聚类和学习，进而找到某些行为变化的规律。因此，神经网络方法用于TOC含量的预测是完全可行的。

1985年，Powell提出了多变量插值的径向基函数（Radial Basis Function，RBF）方法。1988年，Broomhead和Lowe首先将RBF应用于神经网络设计，构成了径向基函数神经网络，即RBF神经网络。用RBF作为隐单元的"基"构成隐含层空间，对输入矢量进行一次变换，将低维的模式输入数据变换到高维空间内，通过对隐单元输出的加权求和得到输出，这就是RBF网络的基本思想。RBF神经网络是一种新颖有效的前馈式神经网络，它具有最佳逼近和全局最优的性能，同时训练方法快速易行，不存在局部最优问题，这些优点使得RBF网络在非线性时间序列预测中得到了广泛的应用。

RBF网络具有良好的逼近任意非线性函数和表达系统内在的难以解析的规律性的能力，并且具有极快的学习收敛速度。基于RBF网络的上述优点，我们将其应用于对非线性函数的模拟当中。可采用径向基函数神经网络建立地震属性（纵波阻抗等）与TOC之间的非线性关系，实现地震属性TOC的预测。

首先简单论述一下RBF神经网络的基本原理。假设训练数据含有$N$训练数据

样点,每个样点对应有 $M$ 个地震属性,地震属性可以用向量表示为:

$$s_i = (s_{i1}, s_{i2}, \cdots, s_{iM}), i = 1, 2, \cdots, N \tag{5-3}$$

训练样本可表示为地震属性向量的函数 $t(s_i)$,数学上,我们可以找到某些函数 $y$,使得:

$$y(s_i) = t(s_i), i = 1, 2, \cdots, N \tag{5-4}$$

式(5-4)中最直接的函数关系是多线性回归,可表达为:

$$t(s_i) = w_0 + \sum_{j=1}^{M} w_j s_{ij}, i = 1, 2, \cdots, N \tag{5-5}$$

式(5-5)包含 $M+1$ 个未知系数 $w_j$ 和 $N$ 个已知的值(训练样本值)。通常,训练样本值的个数 $N$ 远多于地震属性的个数 $M$,求解这个超定方程组有很多方法,这里就不赘述了。本方法中,多线性回归方法用于找到地震属性最佳的排序来反馈到神经网络中。式(5-4)的最小二乘解可表达为:

$$t(s_i) = \sum_{j=1}^{N} w_j \phi_{ij}, i = 1, 2, \cdots, N \tag{5-6}$$

这里非线性函数 $\phi_{ij}$ 称为基函数,不同于式(5-5),式(5-6)包含 $N$ 个未知的系数和 $N$ 个训练样本。

式(5-6)中的基函数可以有很多的形式,通常使用的有:高斯函数、多二次函数、逆多二次函数、薄板样条函数等。最常采用的形式是高斯函数:

$$\phi_{ij} = \exp\left( -\frac{|s_i - s_j|^2}{\sigma^2} \right) \tag{5-7}$$

基函数采用的高斯函数具备如下的优点:① 表示形式简单,即使对于多变量输入也没有增加太多的复杂性;② 径向对称;③ 光滑性好,任意阶导数均存在;④ 由于该基函数表示形式简单且解析性好,因而便于进行理论分析。

式(5-6)的解可表达成如下矩阵形式:

$$w = [\phi + \lambda I]^{-1} t \tag{5-8}$$

式中，$\lambda$表示预白因子，$I$表示单位矩阵。求解式（5-8）得到系数矩阵$w$。然后可以通过式（5-9）计算得出未知的属性数据。

$$y(x_l) = \sum_{j=1}^{N} w_j \exp\left(\frac{|x_l - s_j|^2}{\sigma^2}\right), \quad l = 1, 2, \cdots, L \qquad (5-9)$$

这里$L$表示未知值的数量。

针对中国南方某区优选出8口井页岩气井的TOC曲线参与神经网络的训练，并对训练结果进行井之间的相互交叉验证。图5-16展示了8口井利用多种地震属性数据（纵波阻抗、纵横波速度比、密度等），通过神经网络训练得出的TOC曲线和原始测井的TOC曲线的对比分析图，可以看出相关系数达到了0.908 6，平均误差为0.135 4%。图5-17展示了8口井交叉验证的结果。通过在神经网络训练时，被预测的井不参与训练而得到。图5-18（a）、（b）、（c）依次展示了地震剖面、波阻抗反演剖面和预测得到的TOC反演剖面。从图中可以看出，含有页岩气的储层段（地震层位J1dym以下30 ms之内），页岩的顶底反射界面在地震剖面上很容易就能识别。通常，

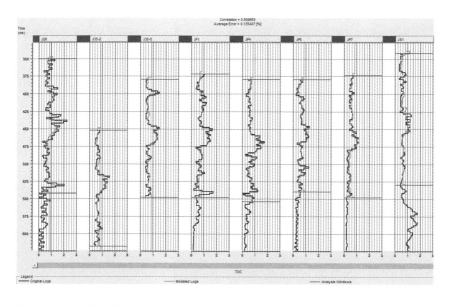

图5-16
8口井TOC曲线神经网络训练结果

随着有机质含量的增加,反射振幅的强度也会增加。在纵波阻抗剖面上可以看出,含气页岩的阻抗值明显低于上下围岩的阻抗值。同时在TOC剖面上可以看到,含气页岩段的TOC含量明显高于上下围岩。图5-19展示了工区内一条连井的TOC反演剖面,可以看出目的层的TOC在纵向和横向上的变化。

图5-17
8口井TOC曲线交叉验证结果

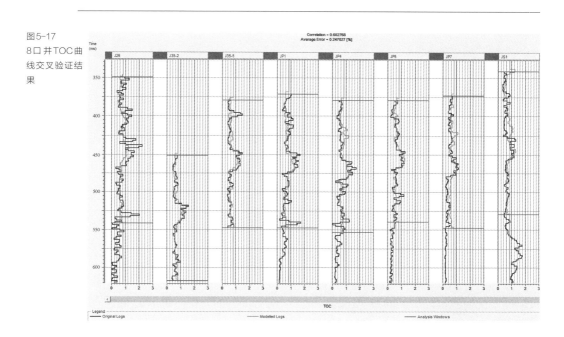

图5-18
(a)地震剖面;(b)波阻抗反演剖面;(c)TOC反演剖面

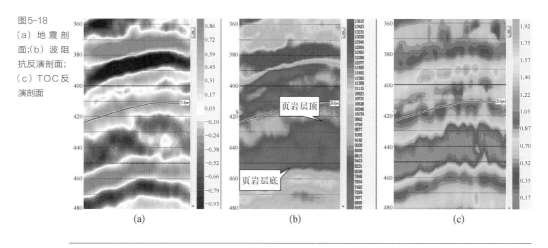

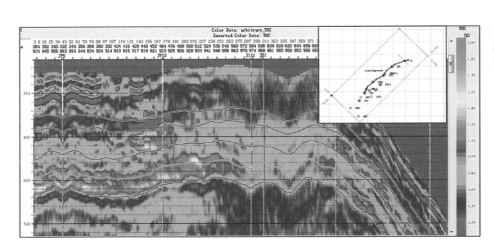

图5-19
连井TOC
反演剖面

### 5.2.3　　　地震各向异性TOC地震预测方法探索

　　Thomsen（1993）研究表明，在岩石界面上两侧的 $v_p/v_s$ 值和各向异性参数的差异可以确定反射波振幅随入射角变化的强弱。烃源岩的各向异性随着TOC含量的增加而增强，一般富含有机质的泥岩（3%<TOC<25%），地震波平行于层理的传播速度明显高于垂直于层理的传播速度（Vernik和Landis，1996；Sondergeld等，2000）。就像环氧树脂和玻璃的实验（Melia和Carlson，1984）一样，我们假设弱声学特性的有机物和强声学特性的有机物的混合分层的聚集物能引起强烈的各向异性。聚集物的分层尺度从厘米到米，并且有机物的含量也在变化，这样可以增加额外的各向异性。首先，利用一个各向同性模型计算得出烃源岩顶部反射的AVA响应，这种情况只考虑了纵波阻抗和 $v_p/v_s$ 差异，通常AVA响应是一个弱的变暗趋势。如果各向异性增加，那么变暗的趋势将会显著地增强。图5-20展示了源岩顶部反射明显减弱的趋势，叠加剖面上形成了负的强振幅特征，理论模型揭示了同样的规律。Castagna和Swan（1997）定义源岩的纵波阻抗明显减少和源岩顶部反射振幅随偏移距增加而减小为第四类AVO响应特征。当源岩的厚度大于20 m（高于调谐厚度）时，源岩底部高振幅

具有正反射特征，并且振幅随偏移距增加而增加，也就是第一类AVO响应特征。通常，第四类AVO反射特征并不常见。如果源岩是煤层，则具有这个反射特征。我们已经证实了浅层埋深的砂岩和一些泥岩的顶部反射是第四类的AVO反射特征。然而，我们没有研究所有的岩石类型，因此不能排除，可能还有其他岩性界面也有类似高振幅第四类AVO反射特征。

图5-20 振幅均衡前（b）和后（a）的叠加剖面对比图（Helge等，2011）（红色是伽马曲线，源岩的顶部反射显示出高的振幅值）

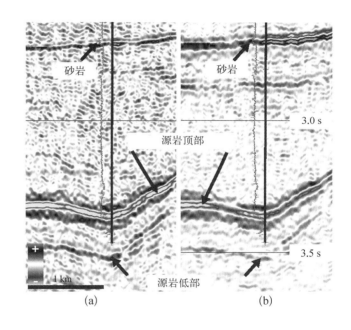

尽管Zhu等（2011）只研究了TOC和矿物组分对于纵波阻抗和纵横波速度比的影响，但他同时指出，其他的岩石物理参数，例如孔隙度和孔隙流体等，也会影响页岩的宏观地球物理响应特征，而且横波阻抗及速度各向异性强度等地震属性也可以用来预测页岩的储层相关特征。他们还指出，有机质丰度会影响页岩各向异性的强弱，有机质越丰富，页岩的各向异性越强，这可能是由于有机质的定向排列导致的。因此，利用速度各向异性强度也可以定性预测页岩的有机质丰度。Vanorio等（2008）在分析统计页岩岩心的基础上，总结建立了有机质的成熟度与页岩速度各向异性直接的关系。如图5-21所示，从图中可以看出，对于非成熟的页岩，各向异性强度较小，而且

各向异性对于压力的敏感性也较小。对于过成熟的页岩,各向异性强度也比较小,但是各向异性对于压力的敏感性却很高。这主要是由于不同成熟度阶段各向异性的主导因素不同。在非成熟阶段,各向异性主要受干酪根定向排列的影响,而在过成熟阶段,则主要受裂缝的影响。对于处于成熟阶段的页岩,无论是早期成熟阶段还是成熟峰值阶段,都具有较高的各向异性特征,成熟峰值阶段相比早期成熟阶段具有更高的各向异性压力敏感性特征。因此,如果能够从地震资料中提取出速度各向异性的强度,并且结合各向异性强度的压力敏感性大小,也能够定性反映页岩成熟度的变化。

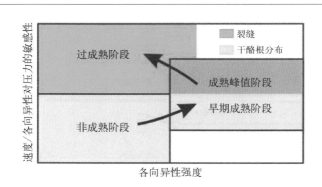

图5-21　各向异性强度与有机质成熟度的关系(Vanorio等,2008)

## 5.3　页岩气储层脆性地震预测技术

相比于常规储层,页岩气储层具有低孔、低渗的特征,需大规模压裂才能形成工业产能。除自身天然裂缝外,开发过程中需要考虑储层是否易于改造。生产页岩气的页岩一般厚度较大,约几十米甚至几百米厚;厚层页岩中岩性不是一成不变的,不同地区、不同层段页岩的可破裂性,即岩石的脆性是变化的,地质研究应选择脆性大的层段作为压裂层段,才能取得较好的压裂效果。因此,页岩的脆性对工程压裂裂缝的发育模式有非常重要的影响,页岩的脆性越高,越容易产生裂缝。岩石的脆性是页岩缝网压裂所考虑的重要岩石力学特征参数之一,因为页岩在压裂过程中只有不断产生各种形式的裂缝,形成裂缝网络,气井才能获得较高产气量。

在页岩储层寻找有利压裂区域时,分析页岩脆性是非常重要的一个方面。力学性质决定页岩的脆性,通常用杨氏模量和泊松比作为评价页岩脆性的标准。杨氏模量和泊松比表示岩石在外界应力作用下的反映,杨氏模量的大小标志了材料的刚性大小,杨氏模量越大,岩石越不容易发生形变。泊松比的大小标志了材料的横向变形系数大小,泊松比越大,说明岩石在压力作用下越容易膨胀。不同的杨氏模量和泊松比的组合表示岩石具有不同的脆性,杨氏模量越大、泊松比越低,页岩的脆性越高。这就为利用叠前弹性参数反演方法来预测页岩脆性提供了一定的理论依据。

### 5.3.1　脆性预测理论基础

页岩的渗透率极低,统计表明,仅有少数天然裂缝十分发育的页岩气井可直接投入生产,而90%以上的页岩气井需要采取压裂等增产措施沟通天然裂缝,以提高井筒附近储集层的导流能力。硅质含量高的岩石脆性好,压裂时易形成多分枝结构的空间体积密网,压裂效果明显;而黏土含量高的储层具有可塑性,易吸收能量形成双翼平面裂缝,且消耗压裂能量,使得储层压裂的效果变差,效率变低(如图5-22所示)。由此可见,页岩压裂效果与岩石的矿物组分密切相关,评价页岩的脆性对压裂的效果和成本意义较大。

图5-22　页岩脆性与应力分布示意图(斯伦贝谢,2009)

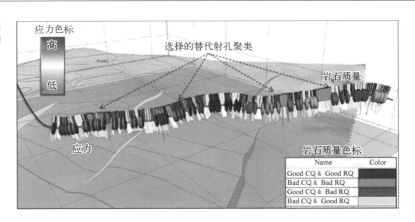

Rickman等（2008）对Barnett页岩区多口井进行统计，得到地层脆性与岩石矿物组分关系图谱。如图5-23所示，图中不同颜色实心圆代表不同的井，实心圆越大表示地层脆性值也越大。从图中可以看出泥质含量增加时，脆性降低；当石英含量增加时，脆性升高。

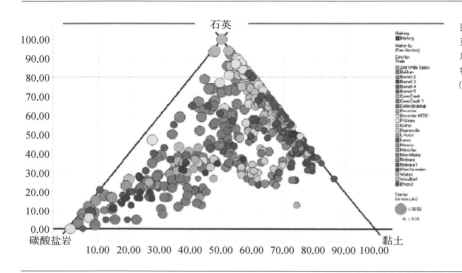

图5-23 Barnett页岩区多口井地层脆性与岩石矿物组分关系图谱（Rickman等，2008）

Sondergeld等（2010）提出地层脆性与岩石矿物组分之间的关系：

$$BI = \frac{c_{Qtz}}{c_{Qtz} + c_{Carb} + c_{Clay}} \qquad (5-10)$$

式中，BI为脆性指数；$c_{Qtz}$为石英含量，%；$c_{Carb}$为碳酸盐岩含量，%；$c_{Clay}$为黏土含量，%。由式（5-10）可知当泥质含量增加时，脆性降低；当石英含量增加时，脆性升高。

岩石的脆性还与其杨氏模量和泊松比有关。Rickman等（2008）介绍了利用杨氏模量和泊松比计算脆性指数的方法，计算公式如下：

$$BRIT_{YM} = \frac{E - E_{min}}{E_{max} - E_{min}}, \ BRIT_{PR} = \frac{\sigma - \sigma_{max}}{\sigma_{min} - \sigma_{max}}$$

$$BI = \frac{BRIT_{YM} + BRIT_{PR}}{2} \qquad (5-11)$$

式中，$E$为杨氏模量，单位为$10^4$ MPa；$BRIT_{YM}$为杨氏模量指数；$\sigma$为泊松比；$BRIT_{PR}$为泊松比指数；$BI$为脆性指数。

图5-24是综合泊松比和杨氏模量关于脆性的交会图。泊松比的低值对应更脆的岩石，随着杨氏模量的增加，岩石将会变得更脆。因为泊松比和杨氏模量的单位不同，在计算脆性前需将各个量归一化，然后以相同百分比的形式平均作用到脆性指数上。塑性页岩分布在交会图中的右上方，脆性相对高的岩石位于左下角。

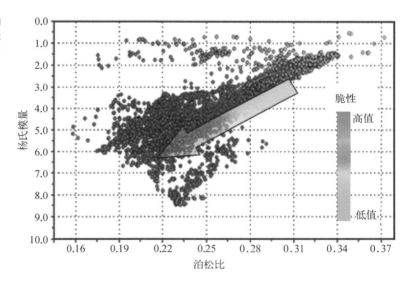

图5-24 泊松比和杨氏模量关于脆性的交会(Rickman等，2008)

Sondergeld等(2010)通过实际资料比较了脆性指数的两种计算方式的结果，如图5-25所示，第四道展示了由矿物成分得到的脆性指数曲线，第十道展示了由泊松比和杨氏模量计算得到的脆性指数曲线。第六道重叠显示了两种脆性曲线。两者是相似的，中间层比上层要更脆，但相比于下层的脆性要弱。脆性最好的页岩具有最多的石英和最少的黏土。两种脆性指数对岩石脆性的指示能力类似。

Barnett页岩气的成功开发推动了美国甚至是全球页岩气的工业革命，其成功的经验值得我们学习，但是我们应该注意所有的页岩储层不都是Barnett页岩的克隆，即使是Barnett页岩，本身的变化也相当大。岩石的硬度或脆性很大程度上取决于岩

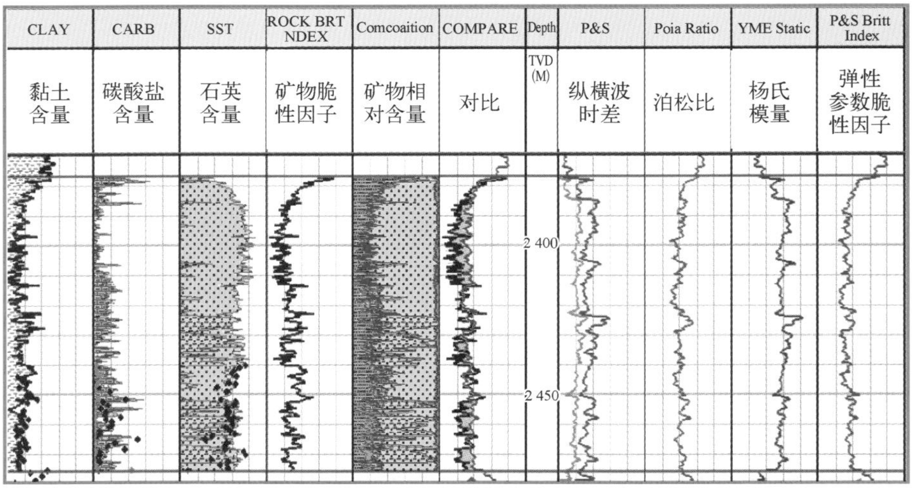

图5-25
基于成分和基于模量的两种脆性指数计算方法的比较（Sondergeld等,2010）

| CLAY | CARB | SST | ROCK BRT NDEX | Comcoaition | COMPARE | Depth | P&S | Poia Ratio | YME Static | P&S Britt Index |
|------|------|-----|---------------|-------------|---------|-------|-----|------------|------------|-----------------|
| 黏土含量 | 碳酸盐含量 | 石英含量 | 矿物脆性因子 | 矿物相对含量 | 对比 | TVD (M) | 纵横波时差 | 泊松比 | 杨氏模量 | 弹性参数脆性因子 |

石的矿物成分,我们应该根据工区特征因地制宜地构建一个矿物含量定义相对脆性指数,来帮助评估岩石的可压裂性。Jarvie等(2007)和Rickman等(2008)对Barnett页岩测量的脆性指数和矿物之间的关系进行了分析总结,发现石英-碳酸盐岩-黏土的含量影响着观测结果,Barnett页岩脆性最强的部分具有大量的石英,脆性最弱的部分富集黏土矿物,富集碳酸盐岩的页岩脆性一般。根据石英-碳酸盐岩-黏土含量定义脆性指数:脆性指数(%) = 石英/(石英+碳酸盐岩+黏土)。Buller等(2010)分析发现典型的Haynesville页岩中以碳酸盐岩为主,而不是硅质矿物(石英),提出相对脆性指数(Relative Brittleness Index, RBI),公式如下:

$$\left.\begin{array}{l} RBI = (\varphi_{\text{Brittle Mineral Proxies}})/(\varphi_{\text{Brittle}} + \varphi_{\text{ductile Mineral Proxies}}) \\ RBI = (ab\varphi_1 + ab\varphi_2 + \cdots)/(ab\varphi_1 + ab\varphi_2 + ab\varphi_3 + \cdots) \end{array}\right\} \quad (5-12)$$

$\varphi_n$是矿物体积分数;$a$是具体矿物的脆性因子;$b$是矿物分布因子。通过LIBS化学层序数据,可以准确求出每一种矿物元素相应的脆性因子和分布因子,代表各种矿物的力学性质、矿物颗粒之间的关系、岩石中所有矿物的分布。这里忽略颗粒间的关系,只考虑与脆性、塑性相关的代表矿物及含量,可以得到相对脆性指数:

$$RBI = (\varphi_{\text{Brittle mineral}})/(\varphi_{\text{Brittle mineral}} + \varphi_{\text{Ductile mineral}}) \qquad (5-13)$$

基于上述结论表明,脆性的表征方式对评价脆性的高低极为重要。使用杨氏模量和泊松比的比值,理论上也可以表示脆性,所以利用叠前弹性参数反演方法来预测页岩脆性是具有一定理论依据的。

### 5.3.2　　叠前 AVO 弹性参数反演

叠前地震反演的理论基础是描述平面波在水平分界面上反射和透射的 Zoeppritz 方程。尽管该方程早在 20 世纪初就已经建立,但由于其数学上的复杂性和物理上的非直观性,一直没有得到直接的应用。为了克服由 Zoeppritz 方程导出的反射系数形式复杂及不易进行数值计算的困难,许多学者对 Zoeppritz 方程进行了简化。Koefoed(1955)将原来 7 个独立变量简化为 5 个独立变量;Bortfeld(1961)详细论述了垂直入射的平面纵波反射系数近似计算方法,并给出了区分流体和固体的简化方程;Aki 和 Richard(1980)在假设相邻地层介质弹性参数变化较小的情况下对 Zoeppritz 方程进行了近似,给出了较为简单直观且精度较好的反射和透射系数的近似表达式。在此基础上,许多学者对 Aki-Richard 方程重新推导、归纳,分别以不同形式的参数变量表示 PP 波反射系数。其中,Shuey(1985)给出了突出泊松比的相对反射系数近似表达形式;Smith 和 Gidlow(1987)提出了在假设介质速度和密度满足经验公式条件下的加权叠加分析方法,并给出了近似式;Gidlow(1992)给出了以相对波阻抗变化表示的近似方法;Mallick(1993)给出了用射线参数表示的反射系数近似形式;Fatti(1994)等给出了以相对波阻抗变化表示的近似方法;Goodway(1997)利用拉梅常数对反射系数进行了近似;Xu 和 Bancroft(1997)给出了直接利用拉梅常数和剪切模量表示的反射系数近似方法;Gray(1999)利用体积模量、拉梅常数、剪切模量的相对变化量对 Richards 近似进行了变换,给出了一种与之不同的表达形式;Yanghua Wang(1999)利用岩性分界面两侧的速度、密度及慢度等关系给出了一种反射系数相对于炮检距的非线性近似。

在弹性阻抗反演方面,Yin 等(2004)提出利用Connolly 弹性阻抗方程从三个角度反演的结果中通过计算提取纵、横波速度和密度参数的方法,继而可以得到纵、横波阻抗,拉梅常数,泊松比等丰富多样的岩性参数,从而进行地下储层的展布情况及含油气性预测。李爱山等(2007)介绍了叠前AVA多参数同步反演技术,利用三个不同角度的叠加数据体同步反演出纵、横波阻抗和密度参数。为了得到更准确的岩石物性参数,减小计算的累计误差,人们希望从反演结果中直接提取岩石物性参数。王保丽等(2007)提出了基于Gray近似的弹性波阻抗反演方法,通过对Gray近似方程进行积分推导出新的弹性阻抗方程,表示为拉梅常数、密度和入射角的函数,通过反演和参数提取可以直接得到拉梅常数,减小了计算的累计误差。

叠前地震反演技术是油气勘探领域正在兴起的一项新技术,通过研究地下介质的地震反射波振幅随炮检距的变化来反映地下介质的岩性和孔隙流体的性质,进而直接预测储层。AVO叠前反演所依据的是岩石物理学理论和振幅随偏移距变化理论,通过借助Zoeppritz方程或近似式,最终导出泊松比$\sigma$、拉梅常数$\lambda$、体积模量$K$、剪切模量$\mu$和杨氏模量$E$等弹性参数,进而进行岩性识别。

下面简单回顾一下不同的Zoeppritz方程近似公式。

(1)Aki-Richard近似方程

Richard和Frasier研究了性质相近的反射场半空间之间的反射和透射问题,给出了以速度和密度相对变化表示的反射系数近似方程。1980年,Aki和Richard对Richard和Frasier等近似进行了综合整理,给出了类似的近似方程。假设相邻两层介质的弹性参数变化较小,因此 $\Delta \alpha/\overline{\alpha}$、$\Delta \beta/\overline{\beta}$、$\Delta \rho/\overline{\rho}$和其他值相比为小值,假定所有角度$\theta_1$、$\theta_2$、$\theta_3$、$\theta_4$均为实数,而且入射角不超过临界角,根据斯奈尔定理,能够得到速度跃变的一级近似线性化近似方程。

$$R(\overline{\theta}) \approx \frac{1}{2} \sec^2 \overline{\theta} \frac{\Delta \alpha}{\overline{\alpha}} - 4\overline{\gamma}^2 \sin^2 \overline{\theta} \frac{\Delta \beta}{\overline{\beta}} + \frac{1}{2}(1 - 4\overline{\gamma}^2 \sin^2 \overline{\theta}) \frac{\Delta \rho}{\overline{\rho}} \quad (5-14)$$

式中,$R(\overline{\theta})$表示随角度变化的PP波反射系数,$\overline{\alpha}$、$\overline{\beta}$、$\overline{\rho}$、$\overline{\gamma}$和$\overline{\theta}$分别表示平均P波速度、平均S波速度、平均密度、$\overline{\beta}/\overline{\alpha}$比值及分界面的入射角和透射角的平均角度。类似的,$\Delta \alpha$、$\Delta \beta$、$\Delta \rho$是界面两侧P波速度,S波速度及密度的变化量。

（2）Shuey 近似方程

1985年，Shuey 对前人各种近似进行重新推导，进一步研究了泊松比对反射系数的影响，提出了反射系数的 AVO 截距和梯度的概念，证明了相对反射系数随入射角（或炮检距）的变化梯度主要由泊松比的变化来决定，给出了用不同角度项表示的反射系数近似方程，为 AVO 解释提供了理论基础。

$$R(\bar{\theta}) \approx A + B \sin^2\bar{\theta} + C \sin^2\bar{\theta} \tan^2\bar{\theta} \qquad (5-15)$$

其中

$$A = \frac{1}{2}\left(\frac{\Delta\alpha}{\bar{\alpha}} + \frac{\Delta\rho}{\bar{\rho}}\right), \ B = \left[B_0 A + \frac{\Delta\sigma}{(1-\bar{\sigma})^2}\right], \ C = \frac{1}{2}\frac{\Delta\alpha}{\bar{\alpha}};$$

$$B_0 = D - 2(1+D)\frac{1-2\bar{\sigma}}{1-\bar{\sigma}}, \ D = \frac{\dfrac{\Delta\alpha}{\bar{\alpha}}}{\dfrac{\Delta\alpha}{\bar{\alpha}} + \dfrac{\Delta\rho}{\bar{\rho}}}$$

式中，$\bar{\sigma}$ 为反射界面两侧介质的平均泊松比，即 $\bar{\sigma} = (\sigma_1 + \sigma_2)/2$；$\Delta\sigma$ 为界面两侧泊松比之差，即 $\Delta\sigma = \sigma_2 - \sigma_1$。

第一项参数 $A$ 表示 P 波垂直入射（$\theta = 0$）时的反射系数；第二项参数 $B$ 称为梯度项，在入射角为中等入射时（$0° < \theta \leqslant 30°$），它将影响振幅随炮检距的变化规律，反映了地层岩性的变化；第三项参数 $C$ 在 $\theta > 30°$ 时，影响振幅随炮检距的变化规律。在入射角小于 30° 时，$\sin^2\theta\tan^2\theta \leqslant 0.083$，$\Delta\alpha/\bar{\alpha}$ 也比较小，则第三项可以忽略，此时 Shuey 方程可以简化为：

$$R(\bar{\theta}) \approx A + B \sin^2\bar{\theta} \qquad (5-16)$$

Shuey 两参数近似方程直观地表达了 PP 波反射系数与介质的弹性参数及入射角之间的关系，使 AVO 异常识别由定性阶段进入了定量阶段，促进了 AVO 技术的发展。应该指出，利用该方程反演岩性参数，只需知道背景纵波速度的信息，而不需要横波信息，这样在反演过程中，消除了背景横波信息所引起的系统误差。所以，许多反演工作使用该方程反演岩性参数。但在该反演方程中，$B$ 项属性参数没有明确的物理意义，需要进行二次转换，且泊松比的变化取决于反射界面两侧的纵、横波速度的变化，这在很大程度上限制了参数估计的有效性，而且可能使得 $\Delta\sigma$ 的估计带有较大误差。

（3）Smith 和 Gidlow 近似方程

1987 年，Smith 和 Gidlow 在 Aki-Richard 近似方程的基础上，利用 P 波速度与密度的经验关系式，给出如下近似式。

$$R(\bar{\theta}) \approx \frac{1}{2}\left[\left(1 + \tan^2\bar{\theta}\right) + g\left(1 - 4\bar{\gamma}^2 \sin^2\bar{\theta}\right)\right]\frac{\Delta\alpha}{\bar{\alpha}} - 4\bar{\gamma}^2 \sin^2\bar{\theta}\frac{\Delta\beta}{\bar{\beta}} \quad (5-17)$$

式中，$g$ 为指数。Gardner 认为 P 波速度与密度之间存在指数关系。

$$\bar{\rho} = a\bar{\alpha}^g \quad (5-18)$$

近似方程式（5-17）将加权叠加技术应用于岩性参数的估计。属性参数是 P 波速度反射系数和 S 波速度反射系数。从矩阵的条件数分析得到（图 5-26），Smith 和 Gidlow 近似方程比两参数 Shuey 近似方程具有更好的稳定性。加权叠加的方法不受 $\bar{\gamma} = 1/2$ 条件的限制。对于速度垂直变化的介质，可以结合测井数据，利用射线追踪来获取角度等信息。虽然，该近似方法能够较为精确地反演岩性参数，但参数估计的精确度依赖于经验关系式的精确度，这在很大程度上限制了其应用范围。特别是经验关系式与实际地层相差较多时，解可能不收敛或得不到解，同时很可能引入小角度误差。

（4）Gidlow 近似方程

为了避免 Smith 和 Gidlow 近似方法过多地依赖 Gardner 经验方程，1992 年，Gidlow 等对 Aki-Richard 近似方程进行重新整理，给出以波阻抗反射系数表示的近似方程。

$$\begin{aligned}
R(\bar{\theta}) \approx{} & \sec^2\bar{\theta} \times \frac{1}{2}\left(\frac{\Delta\alpha}{\bar{\alpha}} + \frac{\Delta\rho}{\bar{\rho}}\right) - 8\bar{\gamma}\sin^2\bar{\theta} \times \frac{1}{2}\left(\frac{\Delta\beta}{\bar{\beta}} + \frac{\Delta\rho}{\bar{\rho}}\right) + \\
& \left(4\bar{\gamma}^2\sin^2\bar{\theta} - \tan^2\bar{\theta}\right) \times \frac{1}{2}\frac{\Delta\rho}{\bar{\rho}}
\end{aligned} \quad (5-19)$$

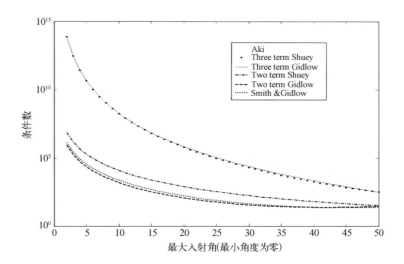

图5-26 几种近似
方程的条件数分析

Gidlow近似方程式中的属性参数分别表示P波阻抗反射系数、S波阻抗反射系数及密度反射系数。在小角度情况下,密度项的系数较小,密度的变化也较小,所以,得到其两参数近似方程。

$$R(\bar{\theta}) \approx \sec^2\bar{\theta} \times \frac{1}{2}\left(\frac{\Delta\alpha}{\bar{\alpha}} + \frac{\Delta\rho}{\bar{\rho}}\right) - 8\bar{\gamma}\sin^2\bar{\theta} \times \frac{1}{2}\left(\frac{\Delta\beta}{\bar{\beta}} + \frac{\Delta\rho}{\bar{\rho}}\right) \quad (5-20)$$

Debski和Tarantola(1995)认为以波阻抗反射系数作为参数进行AVO反演,可以使反演问题相对稳定。但采用Gidlow近似方程反演属性参数,需要背景纵、横波速度的信息($\bar{\gamma}$),从而易产生背景横波信息所带来的误差,对此可建立平滑的背景纵波速度,利用岩石物理的经验关系及研究方法,可以有效减小误差。

(5)Gray近似方程

Goodway等(1997)在分析了拉梅常数(压缩模量$\lambda$和剪切模量$\mu$)对碳氢化合物的敏感程度后认为,$\lambda/\mu$对含油气饱和的储层非常敏感,并在声波测井参数约束的情况下,利用Goodway近似方程进行了AVO分析。该近似主要体现了拉梅常数(压缩模量$\lambda$和剪切模量$\mu$)对碳氢化合物的敏感程度。Xu和Bancroft(1997)结合Aki-

Richard 及 Goodway 等方法利用拉梅常数($\lambda$, $\mu$)、体积模量 $k$ 等给出了完全隐含波速的近似方程，由于密度的相对变化较小，因此用其前两项参数基本上可以反映小于 45° 入射角的反射特性。Gray（1999）结合前述的近似方程，在 Aki-Richard 近似方程式的基础上，以拉梅（压缩模量 $\lambda$ 和剪切模量 $\mu$）反射系数及密度反射系数表示的近似方程如下。

$$\begin{cases} R(\bar{\theta}) = \left[\frac{1}{4} - \frac{1}{2}\left(\frac{\bar{\beta}}{\bar{\alpha}}\right)^2\right] \sec^2\bar{\theta}\,\frac{\Delta\lambda}{\bar{\lambda}} + \left(\frac{\bar{\beta}}{\bar{\alpha}}\right)^2 \left(\frac{1}{2}\sec^2\bar{\theta} - 2\sin^2\bar{\theta}\right)\frac{\Delta\mu}{\bar{\mu}} + \\ \qquad\quad \frac{1}{4}(1 - \tan^2\bar{\theta})\,\frac{\Delta\rho}{\bar{\rho}} \\ R(\bar{\theta}) = \left[\frac{1}{4} - \frac{1}{3}\left(\frac{\bar{\beta}}{\bar{\alpha}}\right)^2\right] \sec^2\bar{\theta}\,\frac{\Delta k}{\bar{k}} + \left(\frac{\bar{\beta}}{\bar{\alpha}}\right)^2 \left(\frac{1}{3}\sec^2\bar{\theta} - 2\sin^2\bar{\theta}\right)\frac{\Delta\mu}{\bar{\mu}} + \\ \qquad\quad \frac{1}{4}(1 - \tan^2\bar{\theta})\,\frac{\Delta\rho}{\bar{\rho}} \end{cases} \tag{5-21}$$

该式最大的特点是直接利用与含油气储层十分敏感的弹性参数的相对变化表示整个反射系数。Dontown（2005）指出包含密度的反射系数，如阻抗，比不包含密度的反射系数，如速度，更趋于稳定。

### 5.3.3　脆性指数直接反演

虽然工程上习惯使用 $E$ 和 $\sigma$ 评价页岩脆性，但是地震叠前反演的输出结果通常是纵横波阻抗等参数。弹性参数之间的关系如下：

$$\sigma = \frac{v_p^2 - 2v_s^2}{2(v_p^2 - v_s^2)} \tag{5-22}$$

$$E = \frac{\mu(3\lambda + 2\mu)}{\lambda + \mu} = \frac{v_s^2\rho^2}{\rho}\frac{(3v_p^2 - 4v_s^2)}{v_p^2 - v_s^2} \tag{5-23}$$

因此，为了能够直接从叠前反演中得到杨氏模量和泊松比，宗兆云等（2012）推导出了一种基于杨氏模量和泊松比的新的反射系数近似方程，并建立了一种稳定获取杨氏模量和泊松比的叠前地震直接反演方法。

由方程Aki-Richard出发，建立反射系数与纵横波模量和密度的关系式为：

$$R(\theta) = \frac{1}{4}\sec^2\theta\frac{\Delta M}{M} - 2\left(\frac{\beta}{\alpha}\right)\sin^2\theta\frac{\Delta\mu}{\mu} + \left(\frac{1}{2} - \frac{1}{4}\sec^2\theta\right)\frac{\Delta\rho}{\rho} \quad (5-24)$$

式中，$M$为纵波模量，与介质抗压缩性和硬度直接相关，体现储层骨架和流体信息；$\mu$为横波模量，与介质抗剪切性和刚度直接相关，体现储层骨架信息。$\Delta M/M$、$\Delta\mu/\mu$分别为纵、横波模量反射系数。

在各向同性介质中，纵、横波模量与杨氏模量和泊松比的关系为：

$$M = E\frac{1-\sigma}{(1+\sigma)(1-2\sigma)} \quad (5-25)$$

$$\mu = \frac{E}{2(1+\sigma)} \quad (5-26)$$

因此，在Aki-Richard近似方程式的基础上，可推导得到基于杨氏模量和泊松比的地震波反射系数为：

$$R(\theta) = \left(\frac{1}{4}\sec^2\theta - 2k\sin^2\theta\right)\frac{\Delta E}{E} +$$

$$\left[\frac{1}{4}\sec^2\theta\frac{(2k-3)(2k-1)^2}{k(4k-3)} + 2k\sin^2\theta\frac{1-2k}{3-4k}\right]\frac{\Delta\nu}{\nu} +$$

$$\left(\frac{1}{2} - \frac{1}{4}\sec^2\theta\right)\frac{\Delta\rho}{\rho} \quad (5-27)$$

式（5-27）建立了纵波反射系数与杨氏模量反射系数、泊松比反射系数及密度反射系数的线性关系，称之为YPD近似方程。以式（5-27）为基础，可以通过叠前地震反演获得页岩地层脆性指示因子：杨氏模量和泊松比。

利用Goodway等（1997）根据实测资料给出的含气砂岩模型（如图5-27所示），对YPD方程、精确Zoeppritz方程和Aki-Richard近似方程计算的反射系数的精度进行分析。入射介质波阻抗小于透射介质波阻抗的界面称为正波阻抗界面，反之称为负波阻抗界面。上述模型中，上覆页岩、下伏含油气砂岩的反射界面就是负波阻抗界面，而上覆砂岩、下伏页岩的反射界面为正波阻抗界面。以上述模型为基础，分别用精确的Zoeppritz方程、Aki-Richard近似方程、YPD近似方程计算得到不同界面处的反射系数及近似方程与精确方程的残差。图5-28和图5-29分别为正负波阻抗界面对比分析，图5-28（a）、图5-29（a）为分别用精确的Zoeppritz方程、Aki-Richard近似方程、YPD近似方程计算得到的反射系数随入射角的变化；图5-28（b）、图5-29（b）为Aki-Richard近似方程、YPD近似方程计算得到反射系数与精确方程计算得到的反射系数的差值随入射角的变化。由图可知，基于YPD近似方程得到的反射系数在入射角为40°左右时仍与精确Zoeppritz方程有较好的近似，能够适用于较大角度入射情况下反射系数的准确求解，能够满足叠前地震反演的要求。

| | |
|---|---|
| 页岩 | $v_P = 2\ 898$ m/s, $v_S = 1\ 290$ m/s, $\rho = 2.425$ g/cm$^3$ |
| 含气砂岩 | $v_P = 2\ 857$ m/s, $v_S = 1\ 666$ m/s, $\rho = 2.275$ g/cm$^3$ |
| 页岩 | $v_P = 2\ 898$ m/s, $v_S = 1\ 290$ m/s, $\rho = 2.425$ g/cm$^3$ |

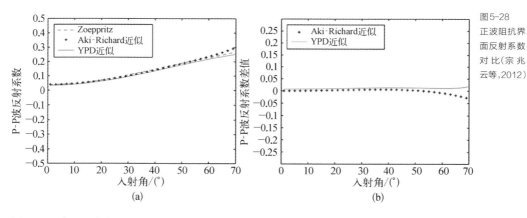

图5-27 含气砂岩模型（Goodway等，1997）

(a) (b)

图5-28 正波阻抗界面反射系数对比（宗兆云等，2012）

（a）不同方程情况下反射系数对比；（b）不同方程情况下反射系数差值对比

图5-29
负波阻抗界
面反射系数
对比(宗兆
云等,2012)

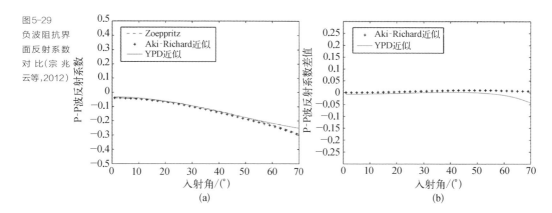

(a) 不同方程情况下反射系数对比;(b) 不同方程情况下反射系数差值对比

为验证YPD-AVA叠前地震反演的可行性和稳定性,可采用实际单井模型进行验证。模型测试中采用主频为40 Hz的雷克子波。图5-30中蓝色曲线为某工区通过实际测井资料计算并通过时-深转换得到的时间域杨氏模量、泊松比和密度曲线,采用精确Zeoppritz方程进行正演得到角度域叠前角度道集,然后利用YPD-AVA叠前地震反演方法实现杨氏模量、泊松比和密度参数反演。图5-30(a)和图5-30(b)分别为无噪声情况下角度域合成地震记录及杨氏模量、泊松比和密度参数反演结果,其中红色曲线为反演结果,反演结果表明,在无噪声情况下,该方法能够获取与真实值基本吻合的杨氏模量、泊松比和密度,验证了方法的可行性。为进一步验证方法的稳定性,在合成记录中加入了随机噪声以符合实际地震资料的情况,图5-31为信噪比为5 : 1情况下的角度域合成地震记录与反演结果,可以看出,在加入噪声的情况下,该方法能够获取与真实值有较高吻合度的杨氏模量、泊松比,但密度反演的结果在局部有些不合理。这主要是因为密度对反射系数值的影响较小,在使用AVO近似公式进行反演时,除了要保证有大角度的数据,而且要保证地震数据的信噪比要高,否则很难在含有噪声的情况下获得合理的密度参数。

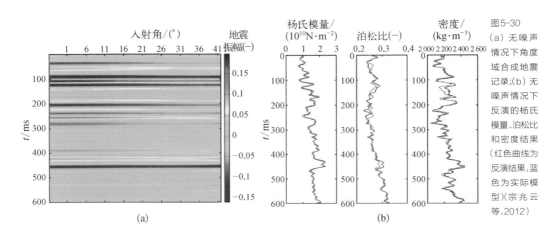

图5-30
(a) 无噪声
情况下角度
域合成地震
记录;(b) 无
噪声情况下
反演的杨氏
模量、泊松比
和密度结果
(红色曲线为
反演结果,蓝
色为实际模
型)(宗兆云
等,2012)

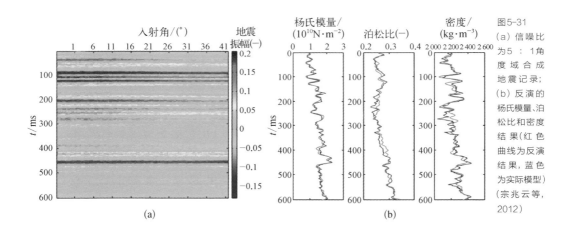

图5-31
(a) 信噪比
为5 ∶ 1角
度域合成
地震记录;
(b) 反演的
杨氏模量、泊
松比和密度
结果(红色
曲线为反演
结果,蓝色
为实际模型)
(宗兆云等,
2012)

  Connolly(1999)首先提出弹性阻抗(EI)的概念,并有学者认为EI在抗噪能力方面比叠前AVO反演有优势(Guillaume,2000)。Connolly的弹性阻抗方程是纵、横波速度和密度的函数,从Connolly方程的弹性阻抗反演数据体中可直接提取纵、横波速度和密度数据体,如果由提取出的纵、横波速度和密度间接计算脆性指数数据体,这样就引入了人为误差,从而使得到的脆性指数误差较大。为得到更准确的脆性指数数据体,减小计算误差的累积效应,我们希望通过某种方法直接提取脆性指数数据体。

在此,用脆性弹性阻抗表示反射系数,即:

$$R(\theta) \approx \frac{1}{2} \frac{\Delta \text{BEI}}{\overline{\text{BEI}}} \approx \frac{1}{2} \Delta \ln(\text{BEI}) \tag{5-28}$$

式中,BEI表示脆性弹性阻抗。将上式代入YPD反射系数近似公式,得到:

$$\frac{1}{2} \Delta \ln(\text{BEI}) = \left[ \frac{1}{4} \sec^2\theta - 2k \sin^2\theta \right] \frac{\Delta E}{\overline{E}} + \left[ \frac{1}{4} \sec^2\theta \frac{(2k-3)(2k-1)^2}{k(4k-3)} + \right.$$

$$\left. 2k \sin^2\theta \frac{1-2k}{3-4k} \right] \frac{\Delta \sigma}{\overline{\sigma}} + \left[ \frac{1}{2} - \frac{1}{4} \sec^2\theta \right] \frac{\Delta \rho}{\overline{\rho}} \tag{5-29}$$

令 $A = \frac{1}{4} \sec^2\theta - 2k \sin^2\theta$, $B = \frac{1}{4} \sec^2\theta \frac{(2k-3)(2k-1)^2}{k(4k-3)} +$

$2k \sin^2\theta \frac{1-2k}{3-4k}$, $C = \left( \frac{1}{2} - \frac{1}{4} \sec^2\theta \right) \frac{\Delta \rho}{\rho}$,式(5-29)经过变形得到:

$$\Delta \ln(\text{BEI}) = A \frac{\Delta E}{\overline{E}} + B \frac{\Delta \sigma}{\overline{\sigma}} + C \frac{\Delta \rho}{\overline{\rho}} \tag{5-30}$$

将相对变化用对数形式表示,式(5-30)可表示成:

$$\Delta \ln(\text{BEI}) = A \Delta \ln(E) + B \Delta \ln(\sigma) + C \Delta \ln(\rho) \tag{5-31}$$

两边取积分并将其指数化,以此消掉等式两边的微分项和对数项得到:

$$\text{BEI}(\theta) = (E)^A (\sigma)^B (\rho)^C \tag{5-32}$$

脆性弹性阻抗公式存在求取的数值量纲随角度变化很大的问题。这样不方便进行不同角度的BEI数值比较,并且在实现反演的过程中需要先转换量纲,给实际工作带来不必要的繁琐。为此,需对脆性弹性阻抗公式进行标准化处理,消除量纲尺度随入射角变化的问题。通过引入四个参考常数,即$\text{BEI}_0$、$E_0$、$\sigma_0$和$\rho_0$,可以得到标准化形式:

$$\text{BEI}(\theta) = \text{BEI}_0 \left( \frac{E}{E_0} \right)^A \left( \frac{\sigma}{\sigma_0} \right)^B \left( \frac{\rho}{\rho_0} \right)^C \tag{5-33}$$

式中，$E_0$、$\sigma_0$ 和 $\rho_0$ 分别定义为 $E$、$\sigma$ 和 $\rho$ 的平均值，通过 $BEI_0$ 的标定，可以使函数变得更加稳定，并且流体弹性阻抗量纲与声阻抗一样。

脆性弹性阻抗体的反演是井震标定、子波提取、建立低频模型多个步骤的综合，总结为以下几步：首先根据实际地震数据划分不同的角度范围，叠加得到不同角度数据体；根据划分的不同角度计算井中不同的伪测井曲线；接下来利用不同的地震角叠加数据体和相应角度的 FEI 井曲线分别提取不同角度子波，并进行层位标定；最后利用约束稀疏脉冲反演对不同角道集数据体进行反演。约束稀疏脉冲弹性阻抗反演处理流程如图5-32所示（分为三个角道集的情况）。

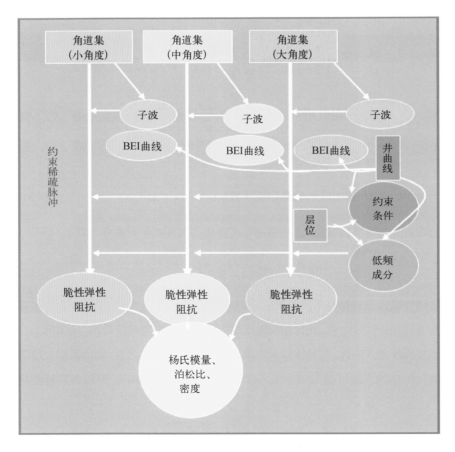

图5-32 基于YPD近似方程的脆性阻抗反演流程

## 5.4 页岩气储层地应力地震预测技术

页岩气储层开发的关键在于水平井和水力压裂技术的应用,而水平井和水力压裂技术的关键在于对地下应力场的认识,应力场与人工压裂分布特征有直接关系。贝克休斯的GMI(GeoMechanics International)公司针对全球大约200个致密/页岩气地层建立了地质力学模型。通过地质力学模型可以分析岩石的各个方向的应力,找出适合于形成裂缝的最佳位置进行射孔和压裂。岩石力学模型中有3个互相垂直、大小不等的主应力:垂直主应力、最大水平主应力和最小水平主应力。当水平井的钻进轨迹是沿最小水平主应力方向时,钻井容易,且在之后的储层改造中容易形成与井轴相垂直的裂缝面,这是进行页岩气开发的最好方式。

页岩气储层具有强非均质性和各向异性特征。页岩气储层的非均质性和各向异性特征必然引起各种地震属性参数的变化,包括由岩性、裂缝、应力、流体饱和度、孔隙压力相互作用所引起的地下地震波速度以及各种弹性参数的变化等。不平衡的水平应力和垂直向上排列的裂缝会引起地震速度或振幅随激发–接收方位不同而发生变化。页岩气储层的强非均质性和各向异性给页岩气储层应力场预测带来新的挑战。

### 5.4.1 裂缝地层应力场地震岩石物理理论

地应力是存在于地壳中的未受工程扰动的天然应力,它包括由地热、重力、地球自转速度变化及其他因素产生的应力。油气勘探开发中,一般指钻井、油气开采等活动进行之前,地层中地应力原始的大小,又可称为原地应力。

闭合应力是水力压裂工程中的一个分析参数,指示地层裂缝在没有支撑剂时裂缝有效闭合的压力。在地应力的现场测量中,闭合应力诱导水力裂缝关闭时的压力被假定等于最小水平应力。最小水平应力可以表示为$\sigma_{hmin}$或者$\sigma_x$,最大水平应力可以表示为$\sigma_{Hmax}$或者$\sigma_y$,垂直应力可以表示为$\sigma_v$或者$\sigma_z$。同样,$\varepsilon_x$和$\varepsilon_y$表示水平应变,$\varepsilon_z$表示垂直应变。

### 1. 裂缝地层本构参数定量表征

泊松比描述纵向应变与横向应变之间的关系,杨氏模量是根据胡克定律获得的弹性形变。泊松比和杨氏模量可用下式表示。

$$\text{泊松比：} \nu = \frac{\varepsilon_x}{\varepsilon_z} = \frac{\varepsilon_x}{\varepsilon_y}$$

$$\text{杨氏模量：} E = \frac{\sigma_x}{\varepsilon_x} = \frac{\sigma_y}{\varepsilon_y} = \frac{\sigma_z}{\varepsilon_z}$$

从地震数据估算主应力时,必须意识到会涉及胡克定律中的弹性参数。胡克定律表达了关于弹性应变与应力之间的一个基本关系,并控制水力压裂。也就是说,通过对岩石施加液压会导致岩石产生变形(应变)和出现裂缝。应力与应变的关系由岩石的弹性性质决定。当处于三维应力状态时,胡克定律的广义形式可以转化为含有应变ε随应力σ变化的形式。也就是说,地层的应变ε是其应力σ与有效弹性柔度张量S乘积的函数。

$$\varepsilon_{ij} = S_{ijkl}\sigma_{kl} \quad i, j, k, l \text{ 取 } 1, 2, 3 \tag{5-34}$$

使用常规的6×6简化矩阵符号。式(5-34)可表示为

$$\varepsilon_i = S_{ij}\sigma_j \quad i, j \text{ 取 } 1, 2, \cdots, 6 \tag{5-35}$$

其中,11→1,22→2,33→3,23→4,13→5,12→6。

根据Schoenberg和Sayers(1995)提出的线性滑动理论,当地层中有垂直裂缝和微裂缝存在时,地层的有效柔度张量可以写成岩石骨架的柔度张量$S_b$和岩石中微裂缝的柔度张量$S_f$之和。围岩柔度张量$S_b$是弹性围岩的柔度。剩余柔度张量$S_f$可以研究每组平行或是对齐的裂缝。根据Schoenberg和Sayers的理论,有效弹性柔度张量S可以写成:

$$S = S_b + S_f \tag{5-36}$$

式中,S为裂缝性地层有效的柔度张量,$S_b$为围岩柔度张量,$S_f$为剩余裂缝柔度张量。

因此，运用 Schoenberg 和 Sayers 的理论就可将柔度矩阵简化为 $S_b + S_f$，胡克定律也可以做如下简化：

$$\varepsilon_{ij} = \{S_b + S_f\}\sigma_j \quad i, j \text{ 取 } 1, 2, \cdots, 6 \qquad (5-37)$$

其中，$11 \to 1, 22 \to 2, 33 \to 3, 23 \to 4, 13 \to 5, 12 \to 6$。

根据 Schoenberg 和 Sayers 的理论，剩余裂缝柔度张量 $S_f$ 可以写为：

$$S_f = \begin{bmatrix} Z_N & 0 & 0 & 0 & 0 & 0 \\ 0 & 0 & 0 & 0 & 0 & 0 \\ 0 & 0 & 0 & 0 & 0 & 0 \\ 0 & 0 & 0 & 0 & 0 & 0 \\ 0 & 0 & 0 & 0 & Z_T & 0 \\ 0 & 0 & 0 & 0 & 0 & Z_T \end{bmatrix} \qquad (5-38)$$

式中，$Z_N$ 为裂缝面的法向柔度张量，$Z_T$ 为裂缝面的切向柔度张量。

根据线性滑动理论，裂缝相对于垂直于断裂面的轴线旋转被假定是不变的，并且围岩是各向同性的。因此，通过由 $Z_N$ 所给的法向柔性张量和 $Z_T$ 所给的切向柔性张量可知，全部的柔性张量仅仅决定于两个裂缝柔性张量 $Z_N$ 和 $Z_T$。

围岩柔度张量 $S_b$ 或弹性围岩柔度张量可以由杨氏模量和泊松比表述为：

$$S_b = \begin{bmatrix} \dfrac{1}{E} & \dfrac{-\upsilon}{E} & \dfrac{-\upsilon}{E} & 0 & 0 & 0 \\ \dfrac{-\upsilon}{E} & \dfrac{1}{E} & \dfrac{-\upsilon}{E} & 0 & 0 & 0 \\ \dfrac{-\upsilon}{E} & \dfrac{-\upsilon}{E} & \dfrac{1}{E} & 0 & 0 & 0 \\ 0 & 0 & 0 & \dfrac{1}{\mu} & 0 & 0 \\ 0 & 0 & 0 & 0 & \dfrac{1}{\mu} & 0 \\ 0 & 0 & 0 & 0 & 0 & \dfrac{1}{\mu} \end{bmatrix} \qquad (5-39)$$

式中，$E$ 为围岩的杨氏模量，$\upsilon$ 为围岩的泊松比，$\mu$ 为围岩的剪切模量（刚性模量）。

单组各向同性围岩介质的旋转不变的裂缝的有效柔度矩阵是围岩柔度矩阵和剩余柔度矩阵的总和。此外,围岩介质可以是垂直横向各向同性(VTI)或相对低对称性的。有效柔度矩阵可以写为:

$$
S = S_b + S_f =
\begin{bmatrix}
\frac{1}{E} + Z_N & \frac{-\nu}{E} & \frac{-\nu}{E} & 0 & 0 & 0 \\
\frac{-\nu}{E} & \frac{1}{E} & \frac{-\nu}{E} & 0 & 0 & 0 \\
\frac{-\nu}{E} & \frac{-\nu}{E} & \frac{1}{E} & 0 & 0 & 0 \\
0 & 0 & 0 & \frac{1}{\mu} & 0 & 0 \\
0 & 0 & 0 & 0 & \frac{1}{\mu} + Z_T & 0 \\
0 & 0 & 0 & 0 & 0 & \frac{1}{\mu} + Z_T
\end{bmatrix}
\tag{5-40}
$$

如上所述,线性滑动理论假定一个"单组各向同性围岩介质的旋转不变的裂缝,介质为横向各向同性(TI),其对称轴垂直于裂缝"。换言之,地层被建模为具有水平对称轴的横向各向同性(HTI)介质,或方位各向异性介质。如果可获得足够且合适的可确定其弹性参数的数据,更复杂的各向异性模型也可以用来确定这些参数。换句话说,表示胡克定律式(5-35)的矩阵可写为

$$
\begin{bmatrix}
\varepsilon_1 \\
\varepsilon_2 \\
\varepsilon_3 \\
\varepsilon_4 \\
\varepsilon_5 \\
\varepsilon_6
\end{bmatrix}
=
\begin{bmatrix}
\frac{1}{E} + Z_N & \frac{-\nu}{E} & \frac{-\nu}{E} & 0 & 0 & 0 \\
\frac{-\nu}{E} & \frac{1}{E} & \frac{-\nu}{E} & 0 & 0 & 0 \\
\frac{-\nu}{E} & \frac{-\nu}{E} & \frac{1}{E} & 0 & 0 & 0 \\
0 & 0 & 0 & \frac{1}{\mu} & 0 & 0 \\
0 & 0 & 0 & 0 & \frac{1}{\mu} + Z_T & 0 \\
0 & 0 & 0 & 0 & 0 & \frac{1}{\mu} + Z_T
\end{bmatrix}
\begin{bmatrix}
\sigma_1 \\
\sigma_2 \\
\sigma_3 \\
\sigma_4 \\
\sigma_5 \\
\sigma_6
\end{bmatrix}
\tag{5-41}
$$

当致力于三维应力状态时,刚度张量$C$必须结合应力张量$\sigma$和应变张量$\varepsilon$定义:

$$\sigma_j = C_{ij}\varepsilon_i \quad i,j \text{ 取 } 1,2,\cdots,6 \quad\quad (5-42)$$

式中,$\varepsilon_i$为缝隙性地层的应变张量;$\sigma_j$为地层所受的应力张量;$C_{ij}$为地层的刚度张量。

此外,式(5-43)表明了刚度张量$C$和柔度矩阵$S$之间的关系。

$$C = S^{-1} \quad\quad (5-43)$$

因此,通过对式(5-40)的转置,矩阵$C$可以由柔度矩阵$S$获取。根据Schoenberg和Sayers的理论,柔度矩阵的转置可以写为:

$$C = S^{-1} = \begin{bmatrix} M(1-\Delta_N) & \lambda(1-\Delta_N) & \lambda(1-\Delta_N) & 0 & 0 & 0 \\ \lambda(1-\Delta_N) & M(1-r^2\Delta_N) & \lambda(1-\Delta_N) & 0 & 0 & 0 \\ \lambda(1-\Delta_N) & \lambda(1-\Delta_N) & M(1-r^2\Delta_N) & 0 & 0 & 0 \\ 0 & 0 & 0 & \mu & 0 & 0 \\ 0 & 0 & 0 & 0 & \mu(1-\Delta_T) & 0 \\ 0 & 0 & 0 & 0 & 0 & \mu(1-\Delta_T) \end{bmatrix}$$

$$(5-44)$$

式 中, $M = \lambda + 2\mu$,$r = \dfrac{\lambda}{M}$,$0 \leqslant \Delta_T = \dfrac{\mu Z_T}{1+\mu Z_T} < 1$,$0 \leqslant \Delta_N = \dfrac{MZ_N}{1+MZ_N} < 1$,$Z_T = \dfrac{\Delta_T}{\mu(1-\Delta_T)}$,$Z_N = \dfrac{\Delta_N}{M(1-\Delta_N)}$,$\Delta_N = $ 法向弱度,$\Delta_T = $ 切向弱度。

2. 裂缝地层地应力参数与本构参数之间关系的定量表征

正如上面所讨论的,由式(5-42)所给的关系,地层所受的应力可以依据刚性矩阵$C$写成如下方程:

$$\begin{bmatrix} \sigma_1 \\ \sigma_2 \\ \sigma_3 \\ \sigma_4 \\ \sigma_5 \\ \sigma_6 \end{bmatrix} = \begin{bmatrix} M(1-\Delta_N) & \lambda(1-\Delta_N) & \lambda(1-\Delta_N) & 0 & 0 & 0 \\ \lambda(1-\Delta_N) & M(1-r^2\Delta_N) & \lambda(1-\Delta_N) & 0 & 0 & 0 \\ \lambda(1-\Delta_N) & \lambda(1-\Delta_N) & M(1-r^2\Delta_N) & 0 & 0 & 0 \\ 0 & 0 & 0 & \mu & 0 & 0 \\ 0 & 0 & 0 & 0 & \mu(1-\Delta_T) & 0 \\ 0 & 0 & 0 & 0 & 0 & \mu(1-\Delta_T) \end{bmatrix} \begin{bmatrix} \varepsilon_1 \\ \varepsilon_2 \\ \varepsilon_3 \\ \varepsilon_4 \\ \varepsilon_5 \\ \varepsilon_6 \end{bmatrix}$$

$$(5-45)$$

此外,根据Iverson(1995)理论,水平应力$\sigma_x$、$\sigma_y$与垂直应力$\sigma_z$相关,可表示为:

$$\sigma_x = \sigma_z \frac{E_x}{E_z} \left[ \frac{\nu_{yz}\nu_{xy} + \nu_{xz}}{1 - \nu_{xy}\nu_x} \right] \tag{5-46}$$

$$\sigma_y = \sigma_z \frac{E_y}{E_z} \left[ \frac{\nu_{xz}\nu_{yx} + \nu_{yz}}{1 - \nu_{xy}\nu_x} \right] \tag{5-47}$$

式　中, $\nu_{xy} = \varepsilon_x/\varepsilon_y$, $\nu_{xz} = \varepsilon_x/\varepsilon_z$, $\nu_{yz} = \varepsilon_y/\varepsilon_z$, $\nu_{yx} = \varepsilon_y/\varepsilon_x$, $E_x = \sigma_x/\varepsilon_x$, $E_y = \sigma_y/\varepsilon_y$ 和 $E_z = \sigma_z/\varepsilon_z$。此外,应变$\varepsilon_i$可由矩阵式(5-41)计算。例如,水平应变$x$方向分量可写成:

$$\varepsilon_x = \varepsilon_1 = \sigma_x \left( \frac{1}{E} + Z_N \right) - \frac{\nu}{E}(\sigma_y + \sigma_z) \tag{5-48}$$

和

$$\varepsilon_y = \varepsilon_z = \frac{1}{E}\sigma_y - \frac{\nu}{E}(\sigma_x + \sigma_z) \tag{5-49}$$

通过Iverson理论所揭示的岩石各向异性性质,意味着假定水平应力不相等,并且假设地下岩石是受约束的,即它们是不动的,此时所有的应变($\varepsilon_x$, $\varepsilon_y$, $\varepsilon_z$)等于零,式(5-48)的各向异性形式可以写成:

$$\varepsilon_x = \nu_{xz}\frac{\sigma_z}{E_z} + \nu_{xy}\frac{\sigma_y}{E_y} - \frac{\sigma_x}{E_x} = 0 \tag{5-50}$$

根据Iverson理论,求解式(5-50)得到$\sigma_y$并代入等效公式中求解$y$方向的应变,得到式(5-51):

$$\varepsilon_y = \nu_{yz}\frac{\sigma_z}{E_z} + \nu_{yx}\frac{\sigma_x}{E_x} - \frac{\sigma_y}{E_y} = 0 \tag{5-51}$$

显然, 式(5-48)等价于式(5-50), 式(5-49)等价于式(5-51)。因此, 运用Schoenberg和Sayers的符号和HTI介质的假设, 相比之下, Iverson理论中的泊松比与杨氏模量的关系就可以被描述为:

$$\nu_{xz} = \nu_{xy} = \nu, \quad E_z = E \tag{5-52}$$

$$\frac{1}{E_x} = \frac{1}{E} + Z_N \text{ 或 } E_x = \frac{E}{EZ_N + 1} \tag{5-53}$$

和

$$\nu_{yz} = \nu_{yx} = \nu \text{ , } E_y = E \tag{5-54}$$

也就是说，运用 Schoenberg 和 Sayers 假设，Iverson 方程式（5-50）中的每个参数可以与对应式（5-48）中的参数相等价。即，

$$\nu_{xz}\frac{\sigma_z}{E_z} = \frac{\nu}{E}\sigma_z \text{ 或 } \frac{\nu_{xz}}{E_z} = \frac{\nu}{E} \tag{5-55}$$

式（5-50）可写为：

$$\nu\frac{\sigma_z}{E} + \nu\frac{\sigma_y}{E} - \sigma_x\left(\frac{1}{E} + Z_N\right) = 0 \tag{5-56}$$

所以

$$\sigma_x = \frac{\frac{\nu}{E}(\sigma_y + \sigma_z)}{\frac{1}{E} + Z_N} = (\sigma_y + \sigma_z)\frac{\nu}{EZ_N + 1} \tag{5-57}$$

同样地，Schoenberg 和 Sayers 假设可以应用于 Iverson 方程式（5-51）求解 $y$ 方向的水平应力，它可以表述为：

$$\sigma_y = (\sigma_x + \sigma_z)\nu \tag{5-58}$$

将式（5-58）代入式（5-57）中，最后可得到 $\sigma_x$ 关于 $\sigma_z$ 的方程为：

$$\sigma_x = \sigma_z\frac{\nu(1 + \nu)}{1 + EZ_N - \nu^2} \tag{5-59}$$

同样地，可得到 $\sigma_y$ 关于 $\sigma_z$ 的方程：

$$\sigma_y = \sigma_z\nu\left(\frac{1 + EZ_N + \nu}{1 + EZ_N - \nu^2}\right) \tag{5-60}$$

因为可以从地震数据或测井曲线中估算垂直应力 $\sigma_z$ 或运用常规三维地震数据的方位速度和方位 AVO 反演获得其他参数，所以可以从式（5-59）和式（5-60）中估算

出最小水平应力 $\sigma_x$ 和最大水平应力 $\sigma_y$。

垂直应力 $\sigma_v$ 或 $\sigma_z$ 可以通过对密度进行积分获得，典型的地层密度可以通过测井得到，也可以利用岩心的密度或地震叠前反演得到。密度的单位用 kg/m³，重力加速度 $g = 9.8$ g/m²，两者相乘转化为帕斯卡 Pa（kg/ms²），再除以百万转化为兆帕斯卡（MPa）。因此，垂直应力可表示为：

$$\sigma_v(z) = \int_0^z g\rho(h)\,\mathrm{d}(h) \tag{5-61}$$

式中，$z$ 为深度，$g$ 为重力加速度，$\rho(h)$ 为深度 $h$ 处的密度，$\sigma_v(z)$ 为深度 $z$ 处的垂直应力。

然后，对式（5-61）随深度近似求和，得到：

$$\bar{\rho}(i) = \bar{\rho}(i-1)z(i-1) + \frac{z(i) - z(i-1)}{z(i)}\rho(i) \tag{5-62}$$

所以

$$\sigma_v(i) = gz(i)\bar{\rho}(i) \tag{5-63}$$

因此，结合式（5-62）和式（5-63），并假设测井曲线中或来自地震数据的第一密度值是表面密度，垂直应力可表示为：

$$\sigma_v(i) = \sigma_v(i-1)z(i) + g[z(i) - z(i-1)]\rho(i) \tag{5-64}$$

式中，$\bar{\rho}(i)$ 是深度为 $z(i)$ 处的平均密度。

还可以从时域地震数据估算垂直应力。因为地震波旅行时是双程旅行时，并且地震波速度是间隔深度的平均速度，所以式（5-61）可近似于：

$$\sigma_v(z) \approx \sum_{h=0}^z g\rho(h)\Delta h \tag{5-65}$$

间隔深度可近似于：

$$\Delta h \approx \frac{v_p \Delta t}{2} \tag{5-66}$$

式中，$z$ 为深度；$g$ 为重力加速度；$\rho(h)$ 为深度 $h$ 处的密度；$\sigma_v(z)$ 为深度 $z$ 处的垂直应力；$v_p$ 为地震波速度，m/s；$\Delta t$ 为地震波双程旅行时，s。

此外，可以应用式（5-59）和式（5-60）以及从式（5-64）或式（5-65）中获得的垂直应力从地震数据中计算应力差分 $\sigma_x - \sigma_y$。因此，应力差分可表述为

$$\sigma_x - \sigma_y = \sigma_z \nu \left[ \frac{(1 + \nu)}{1 + EZ_N - \nu^2} - \frac{1 + EZ_N + \nu}{1 + EZ_N - \nu^2} \right] = \sigma_z \frac{-\nu EZ_N}{1 + EZ_N - \nu^2} \quad (5-67)$$

根据式（5-59）和式（5-60）所得的最大水平应力和最小水平应力的差分比或水平应力差分比 DHSR（Differential Horizontal Stress Ratio）可描述为：

$$\text{DHSR} = \frac{\sigma_{H\max} - \sigma_{h\min}}{\sigma_{H\max}} = \frac{\sigma_y - \sigma_x}{\sigma_y} = \frac{EZ_N}{1 + EZ_N + \nu} \quad (5-68)$$

3. 裂缝地层地应力指示因子分析及地层应力实现流程

针对前文的地层应力场及水平应力差异的定量表征参数，需要分析这些参数与水力压裂对页岩储层的改造效果的关系。DHSR 是决定储层在水力压裂改造下如何成缝的重要参数，DHSR 值较大，水力压裂产生的人工裂缝往往与最大水平应力方向平行，成非交错的裂缝平面（如图 5-33（b）所示）；相反，当 DHSR 值较小时，水力压裂能够在多个方向上产生裂缝，成交错裂缝网格（如图 5-33（d）所示）。多方向的裂缝网格能够为页岩气提供更有效的运移通道。

图 5-33　水力压裂产生不同类型的人工裂缝

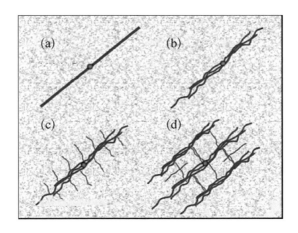

（a）简单裂缝；（b）定向排列复杂裂缝；（c）较大裂缝中存在开启的小裂缝；（d）复杂成网裂缝

储层压裂效果评价要综合其他地层弹性参数才能够指示岩石脆性,如Rickman等(2008)结合杨氏模量和泊松比定义了岩石的脆性指数。Gray等(2012)的研究表明DHSR值与地层是否可压裂成网密切相关,低DHSR值表明此区域的岩石易于出现断裂网络。同样地,高杨氏模量值也表明此区域的地层更易于断裂。因此,最优水力压裂区域将有高杨氏模量值和低DHSR值(如图5-34所示)。

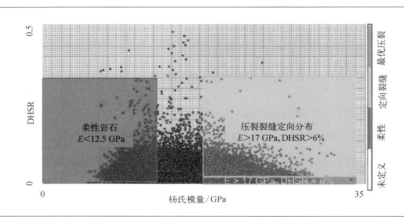

图5-34 杨氏模量与DHSR叠合(Gray等,2012)

以本小节建立的地层应力场地震岩石物理定量表征关系为基础,通过叠前各向异性弹性参数反演,可得到关键参数预测应力场及水平应力变化率。图5-35展示了利用宽方位地震数据进行应力场预测的流程图,这里最关键的就是如何通过各向异性弹性参数反演获得最大、最小水平主应力。

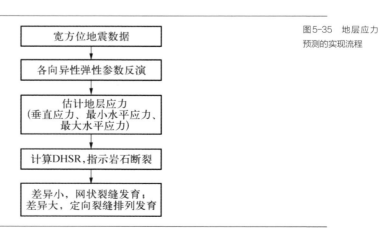

图5-35 地层应力预测的实现流程

### 5.4.2 裂缝介质弹性波场理论

近垂直定向分布的裂缝性地层可等效为 HTI 介质,具有方位各向异性特征。HTI 介质的方位各向异性与裂缝密度、流体填充和岩性等物性参数有关。地震波在不同物性参数组合的裂缝地层中传播的速度大小、极化方向等也不同,则地震反射波振幅和旅行时间也会存在一定的差异。通过研究这种差异,可以反推裂缝地层的裂缝密度、走向和发育带等参数。HTI 介质弹性矩阵是连接裂缝参数和地震响应的桥梁,裂缝密度、流体填充和岩性等物性参数直接影响 HTI 介质的弹性参数,同时弹性参数又决定了地震响应特征。因此 HTI 介质弹性矩阵构建方法和地震波反射透射特征研究对预测裂缝性储层具有非常现实的意义。

1. HTI 介质弹性矩阵构建方法

均匀各向同性介质弹性矩阵 $C$ 可以由式(5-69)表示,该弹性矩阵只有 2 个独立参数,即拉梅参数 $\lambda$ 和 $\mu$。

$$C = \begin{bmatrix} \lambda + 2\mu & \lambda & \lambda & & & \\ \lambda & \lambda + 2\mu & \lambda & & & \\ \lambda & \lambda & \lambda + 2\mu & & & \\ & & & \mu & & \\ & & & & \mu & \\ & & & & & \mu \end{bmatrix} \qquad (5-69)$$

通过拉梅参数和地层密度 $\rho$ 可以得到纵波速度 $v_p$、横波速度 $v_s$、泊松比 $\nu$、杨氏模量 $E$,体积模量 $K$,剪切模量 $G$ 等参数,它们之间的关系如式(5-70)所示。

$$\begin{aligned} v_p &= \sqrt{\frac{\lambda + 2\mu}{\rho}}, \ v_s = \sqrt{\frac{\mu}{\rho}}, \\ \nu &= \frac{\lambda}{2(\lambda + \mu)}, \ E = \frac{\mu(3\lambda + 2\mu)}{\lambda + \mu}, \\ K &= \lambda + \frac{2}{3}\mu, \ G = \mu \end{aligned} \qquad (5-70)$$

实际情况下较容易通过测井数据得到地层纵波速度、横波速度和密度。根据式（5-70）可以反推拉梅参数得到各向同性介质的弹性矩阵。但是HTI介质的弹性性质由5个相互独立的参数构成，所以必须考虑地层的各向异性来构建HTI介质的弹性矩阵，HTI介质观测系统坐标系下弹性矩阵如式（5-71所示），观测系统坐标系指的是地面是$xOy$面，$z$轴是垂直地面向下的坐标系（如图5-36所示）。

$$C = \begin{pmatrix} c_{11} & c_{13} & c_{13} & & & \\ c_{13} & c_{33} & c_{23} & & & \\ c_{13} & c_{23} & c_{33} & & & \\ & & & c_{44} & & \\ & & & & c_{66} & \\ & & & & & c_{66} \end{pmatrix}, \quad c_{44} = \frac{1}{2}(c_{33} - c_{23}) \qquad (5-71)$$

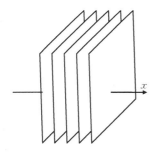 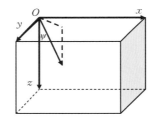

图5-36　HTI介质示意图

为了得到各向异性介质的弹性矩阵，Hudson（1980，1981）、Thomsen（1986，1995）和Schoenberg（1983，1995）都分别提出了各自的理论。

1）Hudson理论

通常认为裂缝存在于各向同性背景介质的包围中，精确求解裂缝介质的弹性矩阵是非常困难的，Hudson给出了几点假设简化了裂缝介质模型。

Hudson假设：① 裂缝是定向排列并且稀疏分布于背景介质中，裂缝尺寸远小于地震波波长；② 裂缝是相互独立的薄扁球体，流体不能在裂缝之间流动，纵横比比较小；③ 裂缝内的气体、液体及其他物质的体积模量和剪切模量都比背景介质小。

在这些假设的基础上，裂缝内的刚度矩阵可以表示为：

$$\boldsymbol{C} = \boldsymbol{C}^0 + \boldsymbol{C}^1 + \boldsymbol{C}^2 \tag{5-72}$$

式中，$\boldsymbol{C}$ 表示总的模量，$\boldsymbol{C}^0$ 表示围体的刚度矩阵，$\boldsymbol{C}^1$ 和 $\boldsymbol{C}^2$ 分别表示裂缝一阶和二阶作用下的弹性矩阵。则式（5-71）表示的 HTI 介质弹性矩阵的元素可以表示为式（5-73）。

$$\begin{cases} c_{11} = (\lambda + 2\mu) - \dfrac{e}{\mu}(\lambda + 2\mu)^2 U_{11} + \dfrac{e^2}{15}(\lambda + 2\mu)qU_{11}^2 \\[3mm] c_{33} = (\lambda + 2\mu) - \dfrac{e}{\mu}\lambda^2 U_{11} + \dfrac{e^2}{15}\dfrac{\lambda^2 q}{\lambda + 2\mu}U_{11}^2 \\[3mm] c_{44} = \mu \\[3mm] c_{66} = \mu - \dfrac{e}{\mu}\mu^2 U_{33} + \dfrac{e^2}{15}\chi U_{33}^2 \\[3mm] c_{13} = \lambda - \dfrac{e}{\mu}\lambda(\lambda + 2\mu)U_{11} + \dfrac{e^2}{15}\lambda qU_{11}^2 \\[3mm] q = 15\left(\dfrac{\lambda}{\mu}\right)^2 + 28\dfrac{\lambda}{\mu} + 28 \\[3mm] \chi = \dfrac{2\mu(3\lambda + 8\mu)}{\lambda + \mu} \end{cases} \tag{5-73}$$

（1）当裂缝为干裂缝时，

$$U_{11} = \frac{4}{3}\frac{\lambda + 2\mu}{\lambda + \mu}, \quad U_{33} = \frac{16}{3}\frac{\lambda + 2\mu}{3\lambda + 4\mu} \tag{5-74}$$

（2）当裂缝中填充无黏滞流体时，

$$U_{11} = 0, \quad U_{33} = \frac{16}{3}\frac{\lambda + 2\mu}{3\lambda + 4\mu} \tag{5-75}$$

（3）当裂缝中填充较小体积模量和剪切模量的固体时，

$$U_{11} = \frac{4}{3}\left(\frac{\lambda + 2\mu}{\lambda + \mu}\right) \Big/ (1 + K), \quad U_{33} = \frac{16}{3}\left(\frac{\lambda + 2\mu}{3\lambda + 4\mu}\right) \Big/ (1 + M),$$

$$M = \frac{4}{\pi}\frac{\mu'}{\mu d}\frac{\lambda + 2\mu}{3\lambda + 4\mu}, \quad K = \frac{1}{\pi}\frac{\lambda' + 2\mu'}{\mu d}\frac{\lambda + 2\mu}{\lambda + \mu} \tag{5-76}$$

式中，$\lambda$，$\mu$ 是背景介质的弹性参数；$e$ 是裂缝密度；$d$ 是裂缝纵横比；$\lambda'$，$\mu'$ 分别为填充介质的拉梅参数。由于 Hudson 理论假设流体不能在裂缝之间流动，因此该理论仅适合于超声波等高频情况的波场传播，通常意义上说的 Hudson 理论"低频"效果，指的是裂缝尺寸远小于地震波波长，但并不代表适合于低频波场。

2) Thomsen 理论

Hudson 没有考虑流体在裂缝之间流动的影响，Thomsen 却发展了这一理论，他认为裂缝介质中包含了一套平行的能够连接裂缝与裂缝的粒间孔隙，Thomsen 理论的基本假设是流体压力是均衡的。

假设裂缝是便士状并且定向排列、稀疏分布于介质中，那么：

$$
\begin{cases}
\varepsilon = \dfrac{8}{3}\left(1 - \dfrac{K_f}{K_s}\right) D_{ci} \dfrac{(1 - \nu^{*2})E}{(1 - \nu^2)E^*} e \\[3mm]
\gamma = \dfrac{8}{3}\left(\dfrac{1 - \nu^*}{2 - \nu^*}\right) e \\[3mm]
\delta = 2(1 - \nu)\varepsilon - 2\dfrac{1 - 2\nu}{1 - \nu}\gamma
\end{cases}
\tag{5-77}
$$

式中，$\varepsilon$、$\gamma$、$\delta$ 分别表示 Thomsen 弱各向异性参数；$K_s$ 是固体颗粒的不可压缩性；$K_f$ 是裂缝流体的不可压缩性；$\nu$ 和 $E$ 是各向同性孔隙介质（不含裂缝）的泊松比与杨氏模量；$\nu^*$ 和 $E^*$ 是各向同性孔隙介质（不含裂缝）骨架的泊松比与杨氏模量；$e$ 代表裂缝密度，可以写成裂缝数目密度 $N_v$ 和平均立方直径 $a$ 的形式，即 $e = N_v\dfrac{a^3}{8}$，或者可以写成裂缝孔隙度 $\varphi_c$ 和纵横比 $c/a$ 的形式，$c$ 指裂缝厚度，即 $e = \dfrac{3}{4\pi}\dfrac{\varphi_c}{(c/a)}$。

各向同性孔隙介质（不含裂缝）的纵、横波速度可以表示为：

$$
\begin{cases}
\alpha = \sqrt{\dfrac{K + \dfrac{4\mu}{3}}{\rho}} = v_{p90}\left[\dfrac{1 + 2\varepsilon(1 - \nu)^2/(1 - 2\nu)}{1 + 2\varepsilon}\right]^{1/2} \\[5mm]
\qquad \approx v_{p90}\left[1 + \dfrac{\nu^2}{1 - 2\nu}\varepsilon\right] \\[3mm]
\beta = \sqrt{\dfrac{\mu}{\rho}} = v_{s\parallel 90}
\end{cases}
\tag{5-78}
$$

式中，$K$ 和 $\mu$ 分别是各向同性背景介质的体积模量和剪切模量；$\alpha$、$\beta$ 分别表示背景介质不含有裂缝时的纵、横波速度；$v_{p90}$、$v_{s\parallel 90}$ 分别表示背景介质含有裂缝时的各向同性面的纵、横波速度。

$D_{ci}$ 是流体的影响因素，低频情况下有：

$$
\begin{cases}
D_{ci} = \left\{ 1 - \dfrac{K_f}{K_s} + \dfrac{K_f}{K^*(\varphi_c + \varphi_p)} \left[ \left( 1 - \dfrac{K^*}{K_s} \right) + A_c(\nu^*)e \right] \right\}^{-1} \\
A_c(\nu^*) = \dfrac{16}{9} \left( \dfrac{1 - \nu^{*2}}{1 - 2\nu^*} \right)
\end{cases}
\tag{5-79}
$$

$\varphi_p$ 是孔隙的孔隙度，中高频情况下有：

$$
D_{ci} = \left\{ 1 - \frac{K_f}{K_s} + \frac{K_f}{K^*} \left[ A_c(\nu^*) \, \frac{e}{\varphi_c} \, \frac{1 - K_f/K_s}{1 - K_f/K} \right] \right\}^{-1}
\tag{5-80}
$$

Thomsen 是在 VTI 介质本构坐标系下推导各向异性参数的，则对应的 HTI 介质观测系统坐标系下的弹性矩阵元素可以写成式（5-81）。

$$
\begin{cases}
c_{11} = \dfrac{\rho v_{p90}^2}{1 + 2\varepsilon} \\
c_{33} = \rho v_{p90}^2 \\
c_{44} = (1 + 2\gamma)\rho v_{s\parallel 90}^2 \\
c_{66} = \rho v_{s\parallel 90}^2 \\
c_{13} = \sqrt{2\delta c_{11}(c_{11} - c_{66}) + (c_{11} - c_{66})^2} - c_{66} \\
c_{23} = c_{33} - 2c_{44}
\end{cases}
\tag{5-81}
$$

Thomsen 理论认为背景介质纵、横波速度是事先已知的，由于测井声波时差和横波时差受到裂缝和各向异性的影响，它们只代表某一方向的裂缝型岩石综合慢度。相比之下，地下岩石矿物成分能够通过测井方法得到，结合 Voigt-Reuss-Hill 理论可以计算岩石基质等效模量。背景介质骨架由岩石基质和岩石孔隙组成，根据 Thomsen 理论背景介质孔隙流体低频下可以相互流动，因此可以先利用 Kuster-Toksoz 理论和岩石基质等效模量计算背景介质骨架等效模量，再用低频 Gassmann 理论往背景介质孔隙中加入流体得到饱和流体背景介质弹性模量,具体步骤如下。

（1）计算岩石基质弹性模量

$$\text{Voight 理论：} K_v = \sum_{i=1}^{n} f_i K_i, \ \mu_v = \sum_{i=1}^{n} f_i \mu_i, \ \rho_m = \sum_{i=1}^{n} f_i \rho_i$$

$$\text{Resuss 理论：} \frac{1}{K_R} = \sum_{i=1}^{n} \frac{f_i}{K_i}, \ \frac{1}{\mu_R} = \sum_{i=1}^{n} \frac{f_i}{\mu_i}$$

$$\text{Hill 理论：} \quad K_m = \frac{K_v + K_R}{2}, \ \mu_m = \frac{\mu_v + \mu_R}{2}$$

式中, $K_i$、$\mu_i$、$\rho_i$ 和 $f_i$ 分别表示第 $i$ 种固体颗粒的体积模量、剪切模量、密度和体积分数; $K_v$ 和 $\mu_v$ 分别表示 Voight 理论计算出的岩石基质体积模量和剪切模量; $K_R$ 和 $\mu_R$ 分别表示 Resuss 理论计算出的岩石基质体积模量和剪切模量; $K_m$ 和 $\mu_m$ 分别表示 Hill 理论计算出的岩石基质体积模量和剪切模量; $\rho_m$ 表示岩石基质密度。

（2）计算岩石骨架弹性模量

根据 Kuster-Toksoz 理论,假设岩石孔隙是球体状的,则对于干燥空腔有:

$$\begin{cases} K^* = \dfrac{(1 - \varphi_p) K_m}{1 + \dfrac{3}{4} \varphi_p \dfrac{K_m}{\mu_m}} \\[4mm] \mu^* = \dfrac{(1 - \varphi_p) \mu_m}{1 + \varphi_p \dfrac{\mu_m}{\zeta_m}} \\[4mm] \zeta_m = \dfrac{\mu_m}{6} \dfrac{9 K_m + 8 \mu_m}{K_m + 2 \mu_m} \end{cases} \quad (5-82)$$

式中, $K^*$ 和 $\mu^*$ 分别表示岩石骨架体积模量和剪切模量。

（3）计算饱和流体岩石弹性模量

根据 Gassmann 流体理论有:

$$\begin{cases} K = K^* + \dfrac{(1 - K^*/K_m)^2}{\varphi_p/K_f + (1 - \varphi_p)/K_m - K^*/K_m^2} \\[4mm] \mu = \mu^* \end{cases} \quad (5-83)$$

式中，$K$和$\mu$分别表示饱和流体岩石体积模量和剪切模量，$K_f$表示流体体积模量。因此结合等效介质理论和Thomsen理论可以构建饱和流体裂缝介质弹性矩阵。

3）Schoenberg理论

Schoenberg的线性滑动理论是把裂缝看作地层中的一个柔性面，此柔性面符合线性滑动的界条件，即上下介质应力连续并且应变差是应力的线性函数。根据Schoenberg和Sayers（1995）的研究，HTI介质的弹性系数矩阵为：

$$C = \begin{bmatrix} M(1-\Delta_N) & \lambda(1-\Delta_N) & \lambda(1-\Delta_N) & & & \\ \lambda(1-\Delta_N) & M(1-r^2\Delta_N) & \lambda(1-r\Delta_N) & & & \\ \lambda(1-\Delta_N) & \lambda(1-r\Delta_N) & M(1-r^2\Delta_N) & & & \\ & & & \mu & & \\ & & & & \mu(1-\Delta_T) & \\ & & & & & \mu(1-\Delta_T) \end{bmatrix}$$

$$(5-84)$$

式中，$M = \lambda + 2\mu$，$r = \dfrac{\lambda}{M}$，$\lambda$和$\mu$分别为裂缝所在背景介质的拉梅参数，$\Delta_N$和$\Delta_T$分别是法向柔度和切向柔度，它们与裂缝充填物有关。Schoenberg理论引入了柔度的概念，但是实际中一般很难直接得到地层柔度，因此只能通过结合Hudson理论和Thomsen理论构建HTI介质弹性矩阵。

4）三种理论之间关系

（1）Hudson理论和Schoenberg理论

Bakulin（2000）认为Hudson理论和Schoenberg理论研究的是同一种裂缝介质，因此它们的弹性矩阵应该是一致的，通过比较得到：

① 当裂缝为干裂缝时，

$$\Delta_N = \frac{4}{3g(1-g)}e, \ \Delta_T = \frac{16}{3(3-2g)}e \qquad (5-85)$$

② 当裂缝中填充无黏滞流体时，

$$\Delta_N = 0, \ \Delta_T = \frac{16}{3(3-2g)}e \qquad (5-86)$$

③ 当裂缝中填充较小体积模量和剪切模量的固体时，

$$\Delta_N = \frac{4}{3g\left[1 - g + \left(k' + \dfrac{4\mu'}{3}\right) / (\pi d\mu)\right]}e, \quad \Delta_T = \frac{16}{3\left[3 - 2g + \dfrac{4\mu'}{\pi d\mu}\right]}e \quad (5-87)$$

式中，$g = \dfrac{\mu}{\lambda + 2\mu}$，$k'$ 和 $\mu'$ 分别为填充介质的体积模量和剪切模量，$e$ 和 $d$ 分别为裂缝密度和裂缝的纵横比。可以看出裂缝中无论是否含有流体，切向柔量都没有变化而法向柔量有变化，因此可以通过切向柔量计算裂缝密度，用法向柔量与切向柔量之比进行流体识别。

（2）Schoenberg 理论和 Thomsen 理论

Thomsen 的弱各向异性参数是在 VTI 介质本构坐标系下表示的，Ruger（1996）按照同样的观测系统针对 HTI 介质提出了新的弱各向异性表达式。

$$\begin{cases} \alpha = \sqrt{\dfrac{c_{33}}{\rho}}, \ \beta = \sqrt{\dfrac{c_{44}}{\rho}} \\[2mm] \varepsilon^{(v)} = \dfrac{c_{11} - c_{33}}{2c_{33}}, \ \gamma^{(v)} = \dfrac{c_{66} - c_{44}}{2c_{44}}, \ \delta^{(v)} = \dfrac{(c_{13} + c_{55})^2 - (c_{33} - c_{55})^2}{2c_{33}(c_{33} - c_{55})}, \ \gamma = \dfrac{c_{44} - c_{66}}{2c_{66}} \end{cases}$$

$$(5-88)$$

Bakulin 把 Schoenberg 理论的 HTI 介质弹性矩阵代入上述表达式并且进行线性近似得到：

$$\begin{cases} \varepsilon^{(v)} = -2g(1 - g)\Delta_N \\[2mm] \gamma^{(v)} = -\dfrac{\Delta_T}{2} \\[2mm] \delta^{(v)} = -2g\left[(1 - 2g)\Delta_N + \Delta_T\right] \\[2mm] \gamma \approx -\gamma^{(v)} = \dfrac{\Delta_T}{2} \end{cases} \quad (5-89)$$

这里把裂缝参数表示的 $\Delta_N$ 和 $\Delta_T$ 代入弱各向异性参数得到：

① 当裂缝为干裂缝时，

$$
\begin{cases}
\varepsilon^{(v)} = -\dfrac{8}{3}e \\[2mm]
\gamma^{(v)} = -\dfrac{8e}{3(3-2g)} \\[2mm]
\delta^{(v)} = -\dfrac{8}{3}e\left[1 + \dfrac{g(1-2g)}{(3-2g)(1-g)}\right] \\[2mm]
\gamma \approx -\gamma^{(v)} = \dfrac{8e}{3(3-2g)}
\end{cases}
\qquad (5-90)
$$

② 当裂缝中包含无黏滞流体时，

$$
\begin{cases}
\varepsilon^{(v)} = 0 \\[2mm]
\gamma^{(v)} = -\dfrac{8e}{3(3-2g)} \\[2mm]
\delta^{(v)} = -\dfrac{32ge}{3(3-2g)} \\[2mm]
\gamma \approx -\gamma^{(v)} = \dfrac{8e}{3(3-2g)}
\end{cases}
\qquad (5-91)
$$

可以发现当裂缝只含气（干裂缝）和裂缝包含流体时，$\gamma^{(v)}$ 的表达式不变，这就说明它只与裂缝密度有关。这个过程中 $\varepsilon^{(v)}$ 和 $\delta^{(v)}$ 发生变化，因此可以用这两个参数来识别流体。

2. HTI 介质方位反射系数近似公式

通过构建 HTI 介质弹性矩阵可以建立裂缝密度、纵横比和填充流体等物性参数与地层弹性参数之间的联系，并且地层弹性参数决定了地震波的传播特征。因此可以通过研究 HTI 介质地震波传播特征来预测裂缝型储层。为了实现各向异性参数反演，要对精确的 HTI 方位反射系数公式进行近似化处理。Ruger（1996）、Vavrycuk 和 Psencik（1998）分别给出了 HTI 介质 P-P 波反射系数的近似公式。

1）Ruger 近似公式

Ruger（1996）根据一阶扰动理论给出了上下 HTI 介质对称轴一致的反射系数近似公式：

$$R_P(\theta, \varphi) = \frac{1}{2}\frac{\Delta Z}{\overline{Z}} + \frac{1}{2}\left\{\frac{\Delta \alpha}{\overline{\alpha}} - \left(\frac{2\beta}{\alpha}\right)^2\frac{\Delta G}{\overline{G}} + \left[\Delta\delta^{(v)} + 2\left(\frac{2\beta}{\alpha}\right)^2\Delta\gamma\right]\cos^2\varphi\right\}\sin^2\theta +$$

$$\frac{1}{2}\left\{\frac{\Delta \alpha}{\overline{\alpha}} + \Delta\varepsilon^{(v)}\cos^4\varphi + \Delta\delta^{(v)}\sin^2\varphi\cos^2\varphi\right\}\sin^2\theta\tan^2\theta \tag{5-92}$$

式中，$Z = \rho v_P$ 和 $\Delta Z$ 分别表示上下介质纵波阻抗均值和差异；$G = \rho v_s^2$ 和 $\Delta G$ 分别表示上下介质剪切模量均值和差异；$\alpha$ 和 $\Delta\alpha$ 分别表示上下介质纵波速度均值和差异；$\beta$ 表示上下介质横波速度均值；$\Delta\delta^{(v)}$，$\Delta\gamma$，$\Delta\varepsilon^{(v)}$ 分别表示上下介质各向异性参数差值；$\theta$ 表示入射角；$\varphi$ 表示方位角，指的是测线方向与HTI介质对称轴方向夹角。Ruger的各向异性参数和Thomsen各向异性参数的关系如表5-1所示，其中 $f = 1 - v_{s0}^2/v_{p0}^2$。

| | $c_{ij}$-记法 | 原始Thomsen参数记法 | 弱各向异性 |
|---|---|---|---|
| $\alpha$ | $\sqrt{c_{33}/\rho}$ | $v_{p_0}\sqrt{1+2\varepsilon}$ | $v_{p0}(1+\varepsilon)$ |
| $\beta$ | $\sqrt{c_{44}/\rho}$ | $v_{s_0}\sqrt{1+2\gamma}$ | $v_{s0}(1+\gamma)$ |
| $\beta^{\perp}$ | $\sqrt{c_{55}/\rho}$ | $v_{s0}$ | $v_{s0}$ |
| $\delta^{(v)}$ | $\dfrac{(c_{13}+c_{55})^2 - (c_{33}-c_{55})^2}{2c_{33}(c_{33}-c_{55})}$ | $\dfrac{\delta - 2\varepsilon(1+\varepsilon/f)}{(1+2\varepsilon)(1+2\varepsilon/f)}$ | $\delta - 2\varepsilon$ |
| $\varepsilon^{(v)}$ | $\dfrac{c_{11}-c_{33}}{2c_{33}}$ | $-\dfrac{\varepsilon}{1+2\varepsilon}$ | $-\varepsilon$ |
| $\gamma^{(v)}$ | $\dfrac{c_{66}-c_{44}}{2c_{44}}$ | $-\dfrac{\gamma}{1+2\gamma}\gamma$ | $-\gamma$ |
| $\gamma$ | $\dfrac{c_{44}-c_{66}}{2c_{66}}$ | $\gamma$ | $\gamma$ |

表5-1 各向异性参数表达式

2) Vavrycuk-Psencik近似公式

Vavrycuk和Psencik（1998）推出了如式（5-93）所示的上下HTI介质对称轴方向一致的P-P波反射系数近似公式：

$$R_p(i, \varphi) = \frac{1}{2}\frac{\Delta Z}{Z} + \frac{1}{2}\left\{\frac{\Delta\alpha}{\alpha} - \left(\frac{2\beta^\perp}{\alpha}\right)^2\frac{\Delta G^\perp}{G^\perp} + \left[\Delta\delta^{(v)}\cos^2\varphi - 2\left(\frac{2\beta^\perp}{\alpha}\right)^2\Delta\gamma\sin^2\varphi\right]\right\}$$

$$\sin^2 i + \frac{1}{2}\left\{\frac{\Delta\alpha}{\alpha} + \Delta\varepsilon^{(v)}\cos^4\varphi + \Delta\delta^{(v)}\sin^2\varphi\cos^2\varphi\right\}\sin^2 i\tan^2 i \qquad (5-93)$$

　　Ruger近似公式和Vavrycuk-Psencik近似公式最大的区别在于二次项的不同。当地震波在裂缝走向方向传播时,Ruger近似解退化为各向同性形式的近似解,反射系数与入射角、上下介质密度、裂缝走向纵波速度、对称轴方向横波速度、对称轴方向剪切模量有关,但是Vavrycuk-Psencik的近似解与入射角、上下介质密度、裂缝走向纵波速度、裂缝走向横波速度、裂缝走向剪切模量以及横波分裂参数$\gamma$有关。根据朱兆林等(2005)的研究表明,Ruger近似公式在大方位角、小入射角的情况下精度相对比较高,Vavrycuk-Psencik近似公式在小方位角、大入射角的情况下精度相对比较高。

### 5.4.3　　基于HTI各向异性反演的地应力参数求取

　　式(5-68)建立了地层水平应力差分比(DHSR)与杨氏模量、泊松比及法向柔度之间的直接关系,根据建立的应力参数与本构参数之间的定量关系,通过各向异性参数可以间接求取地应力差分比DHSR,如图5-37所示。

图5-37
应力参数和弹
性参数关系

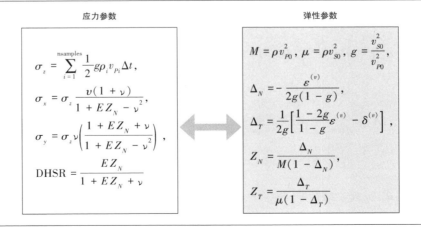

Zong等（2013）通过弹性参数之间的关系转换，建立了地层水平应力差分比（DHSR）与纵波模量$M$、剪切模量$\mu$及法向弱度$\Delta_N$之间的关系

$$\mathrm{DHSR} = \frac{\mu \Delta_N (3M - 4\mu) 4(M - \mu)}{4M^2 (M - \mu)^2 (1 - \Delta_N) + \mu \Delta_N (3M - 4\mu) 4M^2 (M - \mu) - (M - 2\mu)^2 M^2 (1 - \Delta_N)}$$

$$(5-94)$$

其中，$M = \lambda + 2\mu$。

Shaw等（2004）建立的HTI介质散射系数$R_S(\theta)$近似方程为：

$$
\begin{aligned}
R_S(\theta) &= R(\theta)_0 + R(\theta, \varphi)_{ani} \\
&= \left( \frac{1}{2\rho_0} - \frac{1}{4\rho_0} \frac{1}{\cos^2\theta} \right) \Delta\rho + \frac{1}{4M_0} \frac{1}{\cos^2\theta} \Delta M - \frac{2}{M_0} \sin^2\theta \Delta\mu - \\
&\quad \frac{1}{4} \sec^2\theta (1 - 2\eta + 2\eta \sin^2\theta \cos^2\varphi)^2 \Delta_N - \\
&\quad \eta \tan^2\theta \cos^2\varphi (\sin^2\theta \sin^2\varphi - \cos^2\theta) \Delta_T
\end{aligned}
$$

$$(5-95)$$

式中，$\theta$为入射角；$\varphi$为方位角，指的是测线方向与HTI介质对称轴方向夹角；$M$为纵波模量；$\mu$为横波模量；$\Delta_N$为法向弱度；$\Delta_T$为切向弱度。则HTI介质反射系数的近似方程可表达为：

$$R(\theta, \varphi) = a(\theta)\Delta M + b(\theta)\Delta\mu + c(\theta)\Delta\rho + d(\theta, \varphi)\Delta_N + e(\theta, \varphi)\Delta_T \quad (5-96)$$

其中：

$$a(\theta) = \frac{1}{4M_0} \frac{1}{\cos^2\theta};$$

$$b(\theta) = \frac{2}{M_0} \sin^2\theta;$$

$$c(\theta) = \left( \frac{1}{2\rho_0} - \frac{1}{4\rho_0} \frac{1}{\cos^2\theta} \right);$$

$$d(\theta, \varphi) = -\frac{1}{4} \sec^2\theta (1 - 2\eta + 2\eta \sin^2\theta \cos^2\varphi)^2;$$

$$e(\theta, \varphi) = -\eta \tan^2\theta \cos^2\varphi (\sin^2\theta \sin^2\varphi - \cos^2\theta)$$

利用式（5-96），结合方位地震反演，可得到纵波模量、横波模量、法向弱度、切向弱度等参数。基本反演流程如图5-38所示。

图5-38 方位地震
资料叠前反演流程

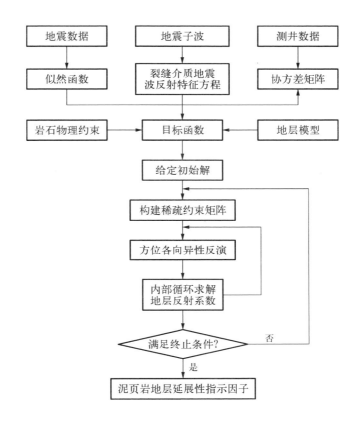

图5-39至图5-44展示了方位地震反演模型测试结果,其中图5-39和图5-40分别为无噪声情况下纵波模量、横波模量、密度、法向弱度和切向弱度的反演结果;图5-41和图5-42分别为加噪10%情况下纵波模量、横波模量、密度、法向弱度和切向弱度的反演结果;图5-43和图5-44分别为加噪20%情况下纵波模量、横波模量、密度、法向弱度和切向弱度的反演结果,图中结果表明,该反演方法具有较好的稳定性。

由构建的应力场地震岩石物理参数定量表达,确立由宽方位纵波反射地震数据求取地层应力参数的技术路线,如图5-45所示。关键技术包括各向异性弹性阻抗反演、弹性参数和应力参数转换关系、利用应力参数划分有利压裂区域。基于地震岩石

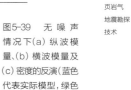

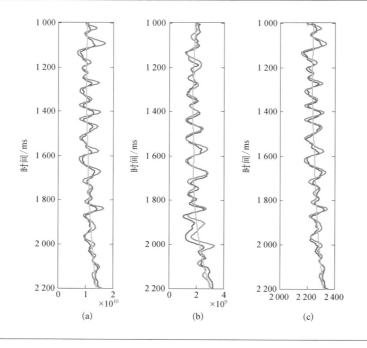

图5-39　无噪声情况下(a)纵波模量、(b)横波模量及(c)密度的反演(蓝色代表实际模型,绿色代表初始模型,红色代表反演结果)

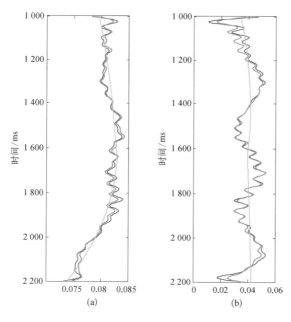

图5-40　无噪声情况下(a)法向弱度、(b)切向弱度的反演(蓝色代表实际模型,绿色代表初始模型,红色代表反演结果)

图5-41　加噪10%
的情况下(a)纵波
模量、(b)横波模量
及(c)密度的反演
(蓝色代表实际模
型,绿色代表初始模
型,红色代表反演结
果)

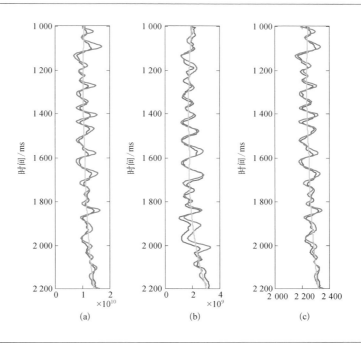

图5-42　加噪10%
的情况下(a)法向
弱度、(b)切向弱度
的反演(蓝色代表实
际模型,绿色代表初
始模型,红色代表反
演结果)

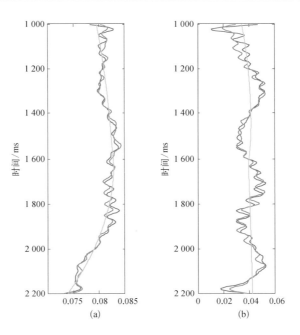

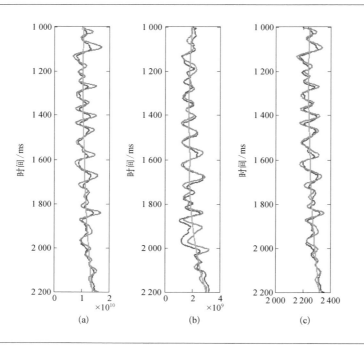

图5-43 加噪20%的情况下(a)纵波模量、(b)横波模量及(c)密度的反演(蓝色代表实际模型,绿色代表初始模型,红色代表反演结果)

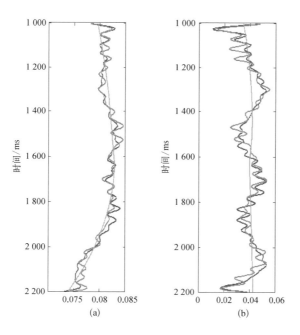

图5-44 加噪20%的情况下(a)法向弱度、(b)切向弱度的反演(蓝色代表实际模型,绿色代表初始模型,红色代表反演结果)

图5-45 地层应力
参数预测技术路线

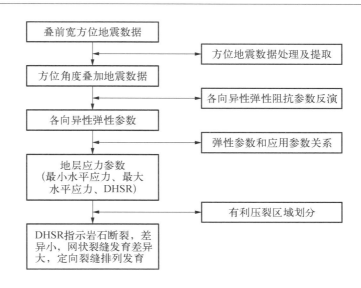

物理得到的弹性参数和应力参数的转换关系是利用纵波反射地震数据进行应力场预测的基石。通过建立HTI各向异性介质的弹性阻抗,利用井提供的先验信息约束,进而求取各向异性参数。需要注意的是,随着未知量的增多,对数据的要求就增加,因此,高质量的叠前宽方位地震数据是HTI各向异性弹性阻抗反演及地应力参数预测的先决条件。

页岩气储层具有强非均质性和各向异性特征。页岩气储层的非均质性和各向异性特征必然会引起各种地震属性参数的变化,包括由岩性、裂缝、应力、流体饱和度、孔隙压力相互作用所引起的地下地震波速度以及各种弹性参数的变化等。不平衡的水平应力和垂向上排列的裂缝会引起地震速度或振幅随激发-接收方位的不同而变化。页岩气储层的强非均质性和各向异性特征给页岩气储层应力场预测带来新的挑战。通过建立地层应力场与地震弹性参数、各向异性参数等之间的定量关系,可实现页岩地层应力场地震岩石物理参数的定量表征。在构建有效的数学物理模型的基础上,通过页岩地层方位各向异性地震反演,进一步获得地层水平应力变化率,作为地层是否可压裂成网的有力证据,实现页岩地层可压裂性评价。

## 5.5　　　页岩气储层裂缝地震预测技术

　　页岩气特别是游离气的主要储集空间为裂缝,页岩中常见裂缝主要有构造缝、成岩缝和异常压力形成的裂缝,以高角度缝为主,水平缝一般不具备储渗能力。

　　裂缝不仅是页岩游离气的储集空间,还是气体开采的渗流通道。近年的勘探地球物理学家协会(Society of Exploration Geophysicists, SEG)年会上,不少学者认为页岩气层往往与天然裂缝或压裂造缝有关。因此,在有利的页岩气聚集区进行裂缝的识别和预测十分关键。在这方面,大量的利用纵波、横波、多波、转换波、相干体分析、属性反演以及AVO地震资料进行裂缝识别的方法,在条件和方法适合时,都可应用于断裂的识别和描述。

　　裂缝储集层能为油气从基质孔隙流到井眼提供通道。裂缝储集层有孔隙度和渗透率,具有含油、气饱和度,只有互相连通的裂缝才是有用的。原始裂缝的发育在页岩气开采中扮演着两种角色。在大多数情况下,裂缝发育不仅可以为页岩气的游离富集提供储集和渗透空间,增加页岩气游离态天然气的含量,也有助于吸附态天然气的解吸,并成为页岩气运移、开采的通道,这体现了裂缝发育的极大优势。但是,裂缝的发育有可能对已经趋于稳定的页岩气藏产生破坏作用。一方面,裂缝与大型断裂连通,这对于页岩气的保存极为不利;另一方面,地层水也会通过裂缝进入页岩储层,使气井见水早,含水上升快,甚至可能发生暴性水淹。因此,正确认识裂缝的优势和弊端,可对页岩气中裂缝的发育进行全面的分析,从而确定出更加可行可靠的工程开采方案。

　　原始裂缝的发育往往受到断层的控制,因此,对于断层的识别也很有必要。通过分析断层和裂缝组成的断裂系统,能够分析裂缝所起到的作用,避免裂缝与断层沟通,造成页岩气的流散。断层对于工程压裂也会产生一定的影响,由于断层的阻碍作用,对压裂过程中产生的裂缝会起到阻碍作用,因此,工程压裂一般会避开断层比较发育的位置。

　　现在检测裂缝的方法有很多种,有的通过野外观察来识别裂缝,有的通过测井技术来识别裂缝,其中包括:利用电阻率测井识别裂缝、利用成像识别裂缝等。但利用地震技术定量预测裂缝发育区域,仍然是研究人员探索和努力的方向。目前地震裂缝预测方法也有很多种,如利用叠后地震信息进行裂缝预测,包括倾扫描技术、谱分解等;利用叠前地震信息进行裂缝预测,包括P波方位各向异性裂缝预测等。在后期过程中,人工裂缝的监测普遍采用"微地震压裂监测技术"。

### 5.5.1　叠后地震属性预测技术

#### 1. 常规叠后地震属性技术

通过地震属性分析(曲率和相干等属性)能够比较准确地识别出断层。曲率属性是目前比较常用的断裂识别属性分析技术,能够识别出地下的微小形变,提高断层的识别精度。

#### 1) 曲率属性

地震曲率属性是目前比较新的断裂识别属性分析技术。曲率是描述曲线(或曲面)上任一点的弯曲程度,曲率越大则越弯曲。曲率属性反映了地层受构造应力挤压时层面的弯曲程度,一般曲率越大,张应力越大,张裂缝也就越发育。由于曲率属性对地层的弯曲程度非常敏感,而地层的非塑性弯曲程度又与裂缝的发育状况高度相关,所以曲率属性能够识别出地下微小形变,提高断层的识别精度,成为识别裂缝发育带的有效工具。

三维地震资料的曲率属性可通过如下方法计算:选择地震数据体中以一点为中心的子数据体,在中心点处自动拾取峰值或零交叉点,关联相邻道利用最小平方法或者其他拟合方法求解二阶微分获得中心点处的曲率。在曲率分析过程中凸面获得最大曲率,而凹面获得最小曲率,将二者相乘得到高斯曲率,高斯曲率值比较大的地方能产生大量的构造缝。在倾角扫描过程中还能计算倾角变化,倾角变化也对裂缝有比较好的指示,倾角变化大的地方裂缝比较发育。

地层受应力作用的过程反映在地层面及层内岩性的褶皱、弯曲、错断及微裂缝上,该部位往往具有高曲率特性,因而层面及层内的体曲率与裂缝之间的关系反映了地层应力作用的印记。曲率属性不仅能够更好地识别断层,而且它与页岩气的产量也有一定的联系。

在绝对曲率值比较大的区域,裂缝会比较发育,从而对应着高产的油气井位置,究其原因可能有两个:

(1)绝对曲率值较大的区域,原始裂缝比较发育;

(2)绝对曲率值较大的区域对应着页岩内部的脆弱面,在压裂过程中容易产生裂缝,曲率属性平面分布与工程开采产油量和产气量相关,高产井的位置主要分布在最大负曲率的区域。

图5-46分别显示了正负长波长和短波长曲率水平切片,长波长曲率属性通常指示较大的弯曲和褶皱,而短波长曲率属性通常识别较小的断裂区。

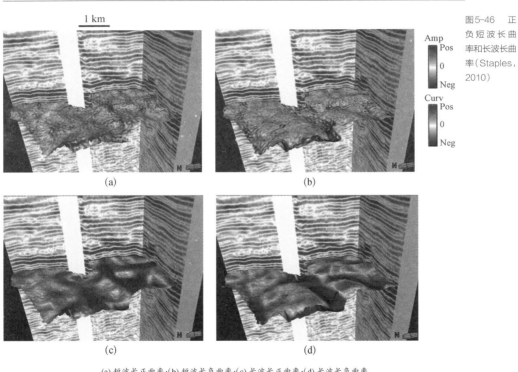

图5-46 正负短波长曲率和长波长曲率(Staples,2010)

(a)短波长正曲率;(b)短波长负曲率;(c)长波长正曲率;(d)长波长负曲率

2)相干属性

相干分析技术主要用于描述地震数据的空间连续性,通过对地震波形纵向和横向相似性的判别,得到地震相干性的估计值。相似地震道有较高的相干系数,对应于连续性较好的地质体,而较低的相干系数对应于连续性较差的地质体,如断层、褶皱和裂缝等。

Bahorich 和 Farmer 在 1995 年首次提出了地震相干体技术,其方法是在经典的归一化互相关基础上建立的,算法效率高,但抗噪能力较差,适用于高信噪比地震数据,被称为第一代相干算法(简称 C1 算法)。Marfurt 等(1998)提出了沿倾角(方位角),基于多道相似性的第二代相干算法(简称 C2 算法),该算法提高了抗噪能力和计算结果的垂向分辨率,但是计算道数的增加降低了侧向分辨率和计算时间。1999 年,Gersztenkorn 和 Marfurt 提出了基于本征结构的第三代相干算法(简称 C3 算法),是通过计算协方差矩阵的特征值来得到相干属性的方法。该算法克服了第一代、第二代算法的一些缺点,虽然具有最佳的横向分辨率,但对大倾角敏感性稍差,而且计算耗时较大。

此后还出现了一些新的、改进的第三代相干算法,如 Randen 等(2000)提出的几何结构张量方法,这种几何结构张量包含了反射界面的倾角和方位角信息,可以稳健地估算时窗内分析点的反射界面的倾角和方位角;张军华等(2004)将小波多分辨率分析应用到本征值结构的相干计算中,提高了相干体的分辨率,增强了抗噪声的能力;宋维琪等(2003)在本征值结构的基础上,提出了地震多矢量属性相干数据体的计算方法,该算法在属性提取方面,既考虑了方位,又考虑了倾向,即计算了地震矢量属性,通过计算综合相干值,提高了地质体边界的检测能力。

地震相干数据体计算是对相邻地震道数据计算其相干系数,其思想是对地震数据进行求异去同,突出那些不相干的数据,然后利用不相干地震数据的空间分布来解释断层、岩性异常体与岩层缝洞等地质现象。一般不连续变化所反映的是弱相干,反之为较大的相干值。对三维相干数据体进行切片解释或沿层拾取相干数据,能有效地反映出地下断层和裂缝的发育区。如图 5-47 所示是川西盆地某地须家河二段致密砂岩储层的纵波相干切片,纵波相干属性清楚地显示出主断裂、小裂缝及断层附近裂缝组的分布,这些特征用常规构造解释是很难识别的。井的产量信息显示,当井位于相干切片上的混乱区域时,生产率最高。

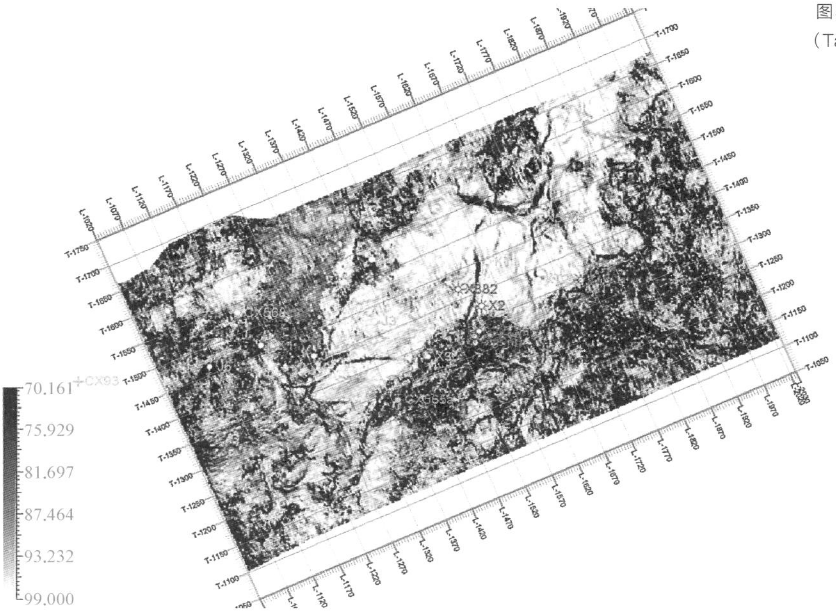

图5-47　纵波相干切片
（Tang等,2009）

2. 新兴叠后地震属性技术

随着勘探要求的提高和技术的不断发展与进步，一些新兴的叠后地震属性技术也开始出现并得到应用。这些技术能够更清晰地识别微小断裂，用以提高微裂缝的识别精度。

1）分频属性技术

由于地震反射不连续性特征相应于地质异常具有多尺度性。Partyka等（1999）提出了谱分解方法，利用不同频带的地震数据识别不同尺度的地质体。Zeng等（2009）利用分频地震数据研究地质沉积体时发现，某些单频数据体对地质体边界、范围的刻画比常规有限带宽的地震数据体更清楚，反映的地质细节也更丰富，从而为频率域的地震地质解释提供了一条很好的思路。通过生成不同频率数据体，利用纵横向上时频点或时频段的频谱差、频谱比、频谱下降率等描述不同尺度的地震波衰减特征，可以识别断层和裂缝，揭示裂缝发育带，乃至对其含油气性进行检测。

由谱分解技术获得的信息在地震解释中的应用就是检测和比较地震体的不同频

带的响应。首先要对地震数据进行频谱分析,确定数据的有效频带范围,再利用小波
分频技术将原地震数据分成低、中、高频分频数据体,在此基础上进行曲率、相干等属
性的计算和分析。由于不同频带反映了不同尺度的地质特征,对分频数据体进行属性
计算的结果也反映了不同尺度裂缝发育的影响(如图5-48所示)。

图5-48
不同频率
沿层相干
切片(陈波
等,2011)

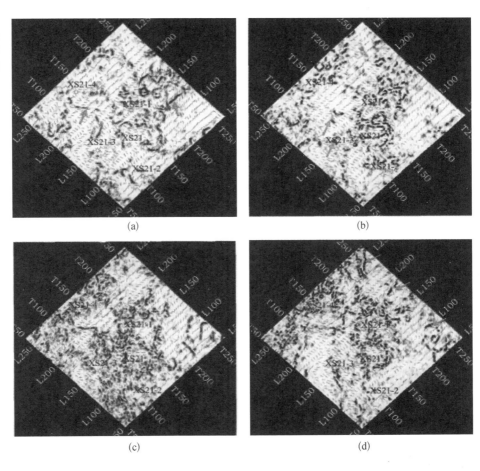

2)时频三原色技术

原色是指不能通过其他颜色的混合调配而得到的"基本色"。以不同比例将原
色混合,可以产生出其他的新频色。以数学的向量空间来解释色彩系统,则原色在空

间内可作为一组基底向量,并且能组合出一个"色彩空间"。肉眼所能感知的色彩空间通常由三种基本色所组成,称为"三原色"。人的眼球内部有椎状体,由分别感受红绿蓝的三根神经组成,能够感受到红光、绿光与蓝光,因此人类以及其他具有这三种感光受体的生物称为"三色感光体生物",所以只需要红绿蓝三种颜色,就能完全再现出人能感受到的所有颜色。虽然眼球中的椎状体并非对红绿蓝三色的感受度最强,但是肉眼的椎状体对于这三种光线频率所能感受的带宽最大,也能够独立刺激这三种颜色的受光体,因此这三色被视为原色。

为了有效利用地震频率信息,合理显示每个样点的优势频率,我们分别用红、绿、蓝三种颜色,表示低、中、高分频信息,然后按分频能量比较结果做色彩叠加显示。三原色剖面作为一种频率信息,对构造解释,沉积相解释,岩性解释都有帮助。首先,用Marr小波模拟出不同频率(最好要满足倍频要求)的Ricker子波,然后对地震信号进行Marr小波分频处理,得到低、中、高三个不同频带的信号,接着将每个采样点的三个分频信号分别用红(R)、绿(G)、蓝(B)表示,最后红(R)、绿(G)、蓝(B)三原色合成为该采样点的颜色值(如图5-49所示),其基本原理可以表示成下式:

$$C_{out}(x, y, z) = C[I_R(x, y, z), I_G(x, y, z), I_B(x, y, z)] \qquad (5-97)$$

式中,$C_{out}(x, y, z)$是输出数据体在点$(x, y, z)$赋予的颜色值;$I_R(x, y, z)$、$I_G(x, y, z)$和$I_B(x, y, z)$分别是点$(x, y, z)$的像数值,分别用来控制红、绿及蓝的贡献。

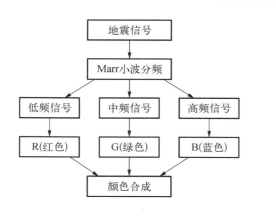

图5-49 时频三原色分析流程

3）断层自动提取（AFE）技术

断层自动提取（Auto Fault Extract，AFE）技术可以在三维地震不连续数据体（相干体）上自动提取断层线，从而得到断层面。这一技术的应用可减少在三维断层解释上的时间，使三维断层面的解释准确且一致，并且可以利用已解释的断层面作为约束条件，提高层位自动追踪的效率和准确性。其结果可以为三维地质建模提供输入数据，断层自动追踪主要是在相干体的基础上完成的。

AFE处理是对相干体数据或者是不连续体数据进行的处理，主要包含六个处理步骤。

第一步：对相干体中的每一个时间切片进行线性加强。AFE首先对相干体数据在时间切片上进行图像增强处理来消除由于采集原因所形成的条带噪声。这一步叫作线性增强，它只能消除条带状的噪声。消除了这种噪声之后，下一步就是对数据体在时间切片上增强那些线性轮廓（断层），使断层在时间切片上得到增强。

第二步：使用第一步中线性加强后的结果，来强化面的特征，此时每一个时间切片上将会产生断层的可能轨迹（矢量切片）。AFE处理的第二步叫作断层增强，它对经过了线性增强的数据体进行进一步的平面增强消除噪声处理，平面参数通过输入方位向和倾角来确定。断层增强能够消除那些在时间切片上的线性条带（这些线性条带在垂直方向上并没有延伸，因而并不是断层），能够将时间切片上由于断层和地层产状等原因引起的不连续性区分开。

第三步：压制减少多余和异常的时间切片矢量。经过了前面两步的处理，留下来的线性增强条带就是断层或者裂缝的反映。

第四步：经由联络测线和主测线产生可能的垂向断层矢量（种子点）。

第五步：压制减少多余和异常的种子矢量。

第六步：将垂直和水平的断层矢量进行可能的断裂系统的组合，并给断裂系统中每一个断层赋予相应的名称，并产生断层面。由于处理过程中会产生大量的断层（一个数据体可能会产生几百个），用户可以根据所提供的各种工具将断层面组合到指定的集合内，并对其进行编辑和解释。断层编辑包括：劈分、连接及将其中一条断层分配给另一条断层。

AFE需要非常高质量的输入相干体数据。以下几种类型的噪声数据要引起注意：随机噪声、采集时的脚步及地层原因等。AFE处理后的数据体与原始的相干体相比，断层的成像更加清楚，这不仅为断层面自动解释提供了基础数据，而且这一技术还能应用于储层的识别、裂缝的预测中。

图5-50分别展示了叠后相干切片与AFE相干切片图，从常规相干数据体切片和AFE相干切片的对比可以看出，AFE对断层和裂缝的反映更为清晰，能更清楚地展现断裂的延伸情况。对相干体AFE增强技术是裂缝定性识别的一种非常有效的手段。

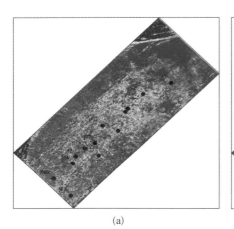

(a)

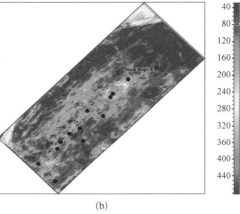

(b)

图5-50
（a）叠后相干切片与（b）AFE相干切片对比

**4）蚂蚁追踪技术**

Dorigo等（1996）通过模拟自然界中蚂蚁觅食行为率先提出蚂蚁算法，该算法通过人工蚂蚁智能群体间的信息传递达到全局寻优目的。蚂蚁追踪裂缝识别方法正是基于蚂蚁算法的原理，在地震数据体中撒播大量的蚂蚁，发现满足预设断裂条件的蚂蚁就"释放"信息素，召集其他的蚂蚁集中在该断裂处对其进行追踪，直到完成该断裂的追踪和识别。Pedersen（2002）首次提出了蚂蚁追踪裂缝识别的方法，给出了蚂蚁追踪流程，并将其应用于实际数据；斯伦贝谢公司推出了蚂蚁追踪裂缝识别软件，并很快在全球范围内得到推广和应用；Aqrawi（2011）将改进的三维Sobel滤波和倾角滤波方法与蚂蚁算法结合，实现了对小断层和裂缝的精确解释；Sun等（2011）将谱分解技术和蚂蚁算法相结合，实现了对微裂隙和小断层的识别。上述研究成果提高了蚂蚁追踪算法裂缝识别的精度,克服了传统地震断层、裂缝解释的主观性,显示出蚂蚁算法在裂缝空间分布规律的描述上具有显著的优势。但该方法也存在几方面问题:第一,该类方法只能对裂缝进行定性而不能定量描述;第二,该类方法只能对小断裂及大尺度裂缝进行识别,对于小尺度裂缝则识别精度不高;第三,前人研究集中于单个地震数据体,描述结果具有片面性。

总之,上述各种方法都是利用地震信息、从不同侧面对同一地质体的裂缝系统进行的探测,同时也反映出了同一裂缝地质体可以表现出不同的地球物理场信息特征。因此为了较完整地描述裂缝性地质体,提高识别的准确性和减少多解性,可以联合使用两种或两种以上的地球物理方法,提取出从不同侧面反映裂缝的地震信息用以识别裂缝和裂缝性。

## 5.5.2    叠前各向异性反演技术

地震AVO技术在地球物理领域发挥了重要作用,能够用于提取地下流体和岩性信息。AVO技术的基础是Zoeppritz方程,目前通常使用的是纵波Zoeppritz方程,它反映了纵波入射到反射界面的反射和透射特征。为了能够利用Zoeppritz方程进行AVO分析,要对Zoeppritz方程进行不同形式的简化。对于各向同性的AVO方程,最常用的是Shuey(1985)三项简化式。在实际应用中,由于入射角的范围一般不会太大,因此往往使用两项的Shuey简化式,通过各向同性AVO反演能够得到一系列AVO属性进行流体探测和岩性分析。

当地下发育裂缝时,振幅不仅会随偏移距发生变化,而且也会随方位角发生变化。理论研究和实际应用表明,利用纵波方位AVO特征,不仅可以检测裂隙的方位和密度,还能区分裂隙中所含流体类型(干裂隙、湿裂隙),可以较好地定量检测裂缝分布。Mallick(1996,1998)等研究表明,裂缝介质中固定偏移距的纵波反射振幅随方位的变化为 $R = A + B\cos 2\phi$,提出利用三个方位的方位角入射数据求解裂缝方位,在一个固定炮检距处的纵波反射振幅响应,和炮检方向与裂缝走向的夹角存在近似的周期余弦函数关系。曲寿利等(2001)将以上关系扩展到反射波速度和炮检方向与裂缝走向夹角的关系中。1996年,Lynn等通过变化不同方位的振幅,得到了裂隙密度和方位。近年来国内外研究和应用表明,利用叠前地震数据开展裂缝研究时,频率属性在反映开启裂缝密度和流体信息方面比振幅属性敏感性更强。沿裂缝方向,高频部分吸收衰减得慢,而沿着垂直裂缝的方向,高频部分吸收衰减得快。裂缝越发育,频率沿不同方位角的变化越明显,当裂缝含有油气时,这种差异更加明显。分析由裂缝和所含流体引起的频率方位各向异性,可以有效地检测储层中开启性裂缝的发育状况。纵波(P波)方位各向异性裂缝预测技术是利用地震波在各向异性介质中传播时会发生振幅、速度、传播时间、振幅随炮检距变化等属性随方位角的变化,来检测裂缝(特别是垂直缝或高角度缝)发育的方位和发育密度。AVAZ裂缝检测方法是根据P波振幅随方位角的周期性变化估算裂缝的方位和密度;VVAZ裂缝检测方法是根据P波传播速度的方位各向异性来估算裂缝的方位和密度。

用于描述纵波反射振幅的Zoeppritz方程有很多的近似公式,各近似形式所突出的重点不同。Ruger(1998)基于弱各向异性的概念,推导出了HTI介质中纵波反射系数与裂缝参数之间的解析关系。Ruger(1996)研究表明,在HTI介质中,P波的AVO梯度在沿平行于裂缝走向和沿垂直于裂缝走向的两个主方向上存在较大差异。这是进行P波AVO裂缝检测的理论基础。在小入射角情况下,把反射系数$R_{pp}(\varphi, \theta)$表示成与梯度方位无关的各向同性梯度$B^{\mathrm{iso}}$和各向异性梯度$B^{\mathrm{ani}}$与方位角余弦函数平方的乘积:

$$R(\varphi, \theta) = A + \left[ B^{\mathrm{iso}} + B^{\mathrm{ani}} \cos^2(\varphi) \right] \sin^2\theta \qquad (5-98)$$

从理论角度出发,如果能够获取任意三个方位角上的地震数据体,通过AVAZ反演能够得到这三个方向上的AVO梯度,进而求得HTI对称轴所对应的方位角,也就能够确定裂缝的走向。MacBeth等(1999)通过试验证明,在HTI介质中,远偏移距纵波资料比近偏移距对裂隙的灵敏度高。

目前,最理想的AVAZ反演方法使用的是全方位角的3D地震资料,能够获取比较稳定和可靠的裂缝反演结果。但是,由于全方位角的资料采集费用较高,目前利用窄方位角资料也同样能够反演裂缝信息,结果相对也比较稳定和准确。

根据Ruger(1998)的简化公式,不论是两项方程还是三项方程,都能够通过

AVAZ进行裂缝走向和密度的定量反演。现在从定性角度出发,简单讨论由于裂缝存在引起的AVAZ响应特征。对于各向同性的AVO方法来讲,它具有非常明确的AVO分类,而且每一类AVO特征都与纵横波速度比有直接的关系,从而通过分析AVO的类型,能够对AVO数据体进行解释。当然,我们也希望通过研究由于裂缝存在引起的AVAZ响应特征,对偏移距-方位角的振幅数据体进行定性解释,同时为裂缝的定量反演提供一定的依据。如果我们获得了偏移距-方位角的振幅数据体,通过分析不同方位角上振幅随偏移距的变化规律,能够定性分析裂缝的走向或者密度。但是,这是比较困难的,原因是由于AVAZ的响应特征具有多解性,即垂直于裂缝方向上的AVO梯度可能为正也可能为负,而平行于裂缝方向上的AVO梯度也同样可能为正或者为负。因此,在偏移距-方位角的振幅数据体上,即使能够分析出不同方向上的AVO梯度的正负,也不能有效地对该振幅数据体做出合理的解释,因此,通过分析不同方位上的AVO梯度类型,很难对裂缝发育信息做出定性解释。

如果通过正演模拟的方法能够模拟地下真实地层的AVAZ响应特征,就可以将其作为理论依据对振幅数据体进行解释。Williams和Jenner模型的AVAZ响应特征在垂直裂缝方向上,振幅随偏移距逐渐减小,即具有负AVO梯度;在平行于裂缝的方向上,振幅随偏移距基本不变或者稍微增加,即具有零值或者正的AVO梯度。使用Ruger的AVAZ公式进行模拟的AVAZ响应,在垂直裂缝的方向上,振幅随偏移距是逐渐增加的,即具有正的AVO梯度;在平行于裂缝的方向上,振幅随偏移距是逐渐减小的,即具有负的AVO梯度。对比分析模型AVAZ响应,可以发现,两者恰好是相反的,这也充分说明了AVAZ响应特征的多解性,同时通过正演模拟能够为AVAZ定性解释提供一定的依据。对于AVAZ响应特征的多解性,Thomsen(1995)提出了一种相对比较通用的AVAZ响应特征,他指出,虽然平行裂缝方向和垂直裂缝方向的AVO梯度变化不一,但是平行裂缝方向上的AVO梯度的绝对值相对较小,也就是说不论AVO梯度为正还是为负,平行于裂缝方向上振幅随偏移距的变化相对缓慢,而垂直于裂缝方向上振幅随偏移距的变化相对更加剧烈,这可以作为AVAZ定性解释的一种更加合理的理论依据。Goodway等(2010)通过AVAZ正演模拟也提出了一种相对比较通用的AVAZ响应特征,主要适用于具有椭圆各向异性的裂缝模型。

裂缝的发育程度对页岩气的最终采收率具有关键影响,通过地震方位各向异性特征来预测裂缝在非常规气田勘探开发中发挥越来越重要的作用。通过 3D 分方位采集的地震资料，利用上述提到的 AVAZ 反演方法能够很好地识别裂缝的走向和密度信息。Gray（2008）利用地震手段很好地预测了页岩气储层中的裂缝发育模式。下面对其预测方法和预测结果进行简要介绍。

地震方位各向异性有两种观察方式：振幅随入射角和方位角(AVAZ)的各向异性以及速度随入射角和方位角(VVAZ)的各向异性。当使用类似于共炮检距共方位角数据体(COCA)显示时，两种类型的各向异性特征都可以观察到。由于在 COCA 中能够观察到 VVAZ 现象，因此在利用 AVAZ 进行裂缝反演时，就要消除这种影响，使得提取的振幅真正来自地下同一反射点。因此，在分析 AVAZ 前，必须进行分方位动校正，即 NMOZ。经过 NMOZ 校正后的 COCA 数据体，从中也可以发现正弦形式的变化规律，这些变化的强度随着炮检距的增加而增加。Gray 利用宽方位地震资料进行储层裂隙预测时，还有一些假设条件：① 在储层和围岩之间的弹性系数、纵波速度、横波速度和密度的差异较大；② 弱各向异性假设；③ 储层表现为水平的横向各向同性(HTI)介质，也就是说，在某一深度压力作用下，储层包含单一的、垂直的、均衡的裂隙；④ 地震波以较小的入射角度（小于35°）穿过储层；⑤ 反射点的地震波方位角与炮点-检波点方位角是一样的。Goodway 等（2006）利用 AVAZ 反演方法得到的页岩气储层中的裂缝发育的走向和密度，对工程开发方案的制定起到了非常重要的指导作用。

在一个小规模的先导性钻井项目中，综合运用地学资料、钻井资料、储层资料和完井资料开展研究，降低了建井成本，提高了气藏的产能。实践证明，多种地震技术（例如断层成图、边缘检测、方位角和倾角提取、曲率和相干性分析等）能够有效地识别潜力比较大的裂缝发育带，尤其是雁列断层之间的转换带。利用微地震监测资料可以识别出水力压裂作业的受效层段。岩心分析、地质导向资料解释、气测井资料分析和力学模拟等都可与地震解释结合在一起。采用垂直定位孔测井资料建立岩石物性模型，并结合岩心-测井标定，可识别出这两组地层中产能比较高的层段。这种从区域到微观规模的地质和地球物理综合储层描述，有助于有效地优化生产井部署。

综上所述，可以得到以下两点认识：

一是页岩裂缝发育区预测方法与碎屑岩基本一样，但页岩是层状结构，矿物组分

较复杂,自身各向异性就比砂岩强,因此,在叠前各向异性裂缝检测中存在多解性,需要结合正演模拟、钻井资料等提高预测精度;

二是叠前各向异性对地震资料方位信息要求较高,在二维和窄方位角三维资料上无法应用。

### 5.5.3 多波多分量技术

#### 1. 横波分裂技术

当地震波通过各向异性介质(如裂缝)时,横波会发生分裂现象,导致横波分裂成具有不同速度的两个波,即一个快波和一个慢波。快横波质点振动方向与裂缝方向平行,慢横波质点振动方向与裂缝方向垂直。通过识别快慢横波传播方向可准确确定裂缝走向,而且快慢横波时差可指示裂缝密度。快慢横波传播时差与裂缝相对发育程度有关,时差越大,裂缝相对越发育(如图5-51所示)。理论和实践证明,单层模型情况下横波分裂参数(快波偏振和快、慢波时差)与裂缝发育方向和裂缝发育强度有一一对应的关系。只要找出快横波的方向,就能准确预测裂缝发育的走向;测量出快、慢横波的层间时差,就能够识别出裂缝发育的强度。Naville(1986)和Garotta(1988)分别用旋转扫描和径向-横向能量比法识别快、慢横波,并用快、慢横波的时间差(垂直传播速度)表示了裂隙密度,快横波偏振方向指示裂缝的方位。WesternGeco公司提出了一些新方法,如超道集分析、共偏移距环分析、2C-2C转换波Alford旋转分析等。上覆地层各向异性对目标层的转换波处理影响很大,可以通过Alford旋转和剥层分析法消除。最近,人们提出了一些对横波分裂敏感的属性(剩余非对角线2C-2C振幅和快、慢横波等时线差)。张明等(2007)利用横波双折射现象,采用最小熵值旋转法、正交基旋转法、全局寻优法等方法对裂缝走向、密度进行了预测。横波分裂裂缝检测能够较为精确、有效地预测裂缝,然而横波勘探成本昂贵,横波地震资料的信噪比较低,导致该方法至今未得到广泛应用。而且横波分裂法只能检测垂直裂隙的方位和密度,对裂隙中所含的流体类型不敏感。

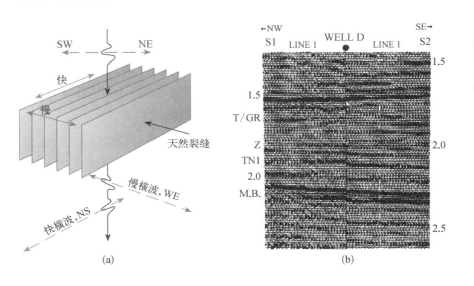

图5-51
(a) 横波分裂示
意图;(b) 快、慢
横波地震剖面
(Tom Bratton等,
2006)

多分量(3C, 3D-3C, 9C)资料的反射P波对裂缝性地层所表现出的方位各向异性特征很敏感,利用横波数据可进行非常规天然气储层各向异性的检测和估计裂隙延伸方向、密度及其横向延伸范围。

利用各向异性奇异点的出现可判别页岩中的裂缝含水或气体特性。俄克拉荷马大学的Dileep K.Tiwary等(2008)利用各向异性研究了Huron页岩中充水、充气裂缝的横波特性,模拟结果说明,奇异点的出现与否可以用来判别页岩中的裂缝是水充填还是气充填的。

2. P-S转换波技术

S波数据用于探测地质体各向异性和估计裂隙延伸方向、密度及其横向延伸范围等方面的作用明显,其实际效果取决于地震数据的质量。考虑经济因素,可用P-S转换波(三分量)替代全弹性波场(九分量)来推导S波特性。但由于动态转换点引起叠合的不定性,使得转换波的应用比非转换波更为麻烦,尤其在横向和垂向速度变化的情况下更是如此。

20世纪80年代以来,随着各向异性研究的深入,特别是横波分裂现象的发现和多分量地震检波器的研制成功,使得应用多分量转换波研究裂缝成为可能。横波勘探由于受采集成本和技术条件的限制,进展缓慢;而转换波地震勘探技术(多波勘探)克服了纯横波勘探激发难、成本高、静校正量大等缺点,同时具有所得信息多、兼有纵横波的长处、信噪比较高、频带较宽、勘探深度较大,以及可利用纵波和转换横波资料联合检测裂缝等优点,而且其处理解释方面技术发展较快,使得多分量转换波勘探成为油气储层探测的有力工具,也使从多分量转换波资料中确定裂缝的方向和密度成为地震勘探的重要目标之一。Ata 和 Michelena(1995)给出了在委内瑞拉通过星型布置的 3 条三分量地震测线进行裂缝检测的应用实例。Van Dok 等(1997)和 Gaiser(1999)给出了风河盆地 3C-3D 地震勘探的实例。2000 年之后,利用多分量转换波进行各向异性研究和裂缝密度及方位检测的实例报道也日渐增多。

在处理多分量资料时,如何判别快、慢横波是否完全分离是多分量裂缝预测的关键。其中比较有代表性的方法包括最小熵旋转法、正交基旋转法及全局寻优法。Gabriela 和 Richard(2000)提出的最小熵旋转法,无须互相关法中快、慢波波型相似这一假设条件,就可以对快、慢横波的方向作出评估。用最小熵旋转法计算的裂缝走向较为准确,尤其是快慢波时差较大的情况下。然而,如果快慢波时差较小,该方法受干涉的影响,精度降低。黄中玉和赵金洲(2004)提出了一种正交基旋转的方法。该方法是在假设快、慢横波为正交偏振的基础上,推导出野外采集系统坐标与自然坐标之间夹角的解析关系式,从而实现快、慢横波分离,估算地层裂缝发育方位,实现裂缝检测的目的。理论模型测试表明,该方法具有较高的准确性与可靠性,但受资料的信噪比影响较大。如果地下有多层各向异性介质,且方位角各不相同,则快、慢波分离过程要复杂得多。Dariu(2005)把全局寻优法中的模拟退火技术引入到裂缝探测工作当中,研制了一种自动逐层估算极化方向和快、慢波时间延迟技术。

转换波裂缝检测常用的方法有相对时差梯度法和层剥离法。相对时差梯度法是一种在数据体上计算裂缝发育方位和密度的方法,其步骤为:首先分时窗扫描裂缝发育方向;然后将各方位的径向分量和横向分量数据旋转到裂缝方向上得到快、慢波数据体;最后计算快、慢波的时差数据体,并计算其梯度以获得反映裂缝发育密度的相对时差梯度数据体,用以检测裂缝在空间上的发育情况。层剥离法是一种沿层位进行检测的方法,其步骤为:首先沿目的层顶面计算裂缝发育方位和密度,并通过时间补偿和旋转分析,消除掉上覆地层各向异性的影响;然后在目的层底界面分析裂缝发育方位和密度,以获得某一特定勘探目的层的裂缝发育方位和密度。

转换波资料,由于其传播路径的非对称性,使得转换点位置的计算成为资料处理中的一个关键问题。Aki和Richards(1980)、阴可和杨慧珠(1996)、陈天胜等(2005)推导了P-SV波反射系数的近似公式。郭向宇等(2002)研究了PS转换波共转换点的几种计算方法及实际应用。Thomsen(1999)提出多层介质条件下的共转换点计算公式,其假设前提与实际情况更为接近,对横纵波速度比定义更为精细,对共转换点计算的近似解精度明显提高,转换波的共转换点叠加效果明显改善。此外,由于P-SV波射线路径的不对称性,资料处理不能采用共中心点叠加技术,而是共反射点叠加;其静校正包括P波的炮点静校正量和S波的检波点静校正量等。Levine(1999)研究如何从P波和PS波数据中提取S波速度,并给出了具体步骤。刘洋和魏修成(2006)建立了三维三分量地震资料处理流程,对实际地震资料进行了处理,得到较高质量的三维转换波处理结果。张晓斌等(2003)根据上行转换横波穿过裂隙介质时产生的分裂特征来研究裂隙特征,采用旋转分析法识别出裂缝的方位,并借助NMO速度分析、纵横波垂直速度分析及快慢横波时差分析成功计算了裂缝密度。

## 5.6　　　页岩气"甜点"地震预测实例

研究目标位于鄂西渝东区石柱复向斜建南构造。目的层为侏罗系下统自流井组东岳庙段(J1dy),该地层沉积稳定,厚度一般为120～150 m,黑色页岩发育,厚度一般达60～100 m,为页岩气的工业聚集提供了足够的厚度,保证了足够的有机质及充足的储集空间。目前页岩气成功开发的实例的页岩气藏埋深均不大,大多都是以浅层开采为主,这是由于过高的埋深会加大勘探的难度及成本。建南地区侏罗系自流井组东岳庙段底界钻井深度在510～1 770 m,平均仅997.5 m,进行页岩气的勘探开发具有较高的经济性。

### 5.6.1 研究区背景及储层特征

研究区下侏罗系自流井组为一套滨浅湖-浅湖陆源碎屑岩沉积，钻井揭示东岳庙段黑色含介壳页岩发育，见少量黄铁矿，表明沉积时期有大量有机质供给、较快的沉积速度和封闭性较好的还原环境，为烃类的大量生成提供了必需物质基础。已有井的录井显示目标层主要为泥、页岩，有轻微扩径。全岩分析及XRF测量分析结果显示产气段矿物主要为石英、黏土、方解石、长石及含铁矿物；黏土主要为伊利石、高岭石、绿泥石及伊蒙混层（大体平均分布），主要气层在页岩层段（如图5-52所示）。在泥页岩层段，有比较明显的扩径、密度降低、声波时差增大等现象。在含气层段，电阻率出现轻微的差异。

图5-52 HF-1井目标层测井、岩性测试、录井及气测综合

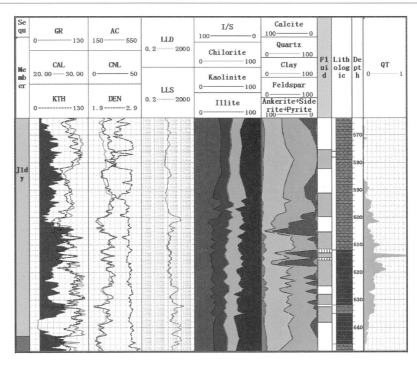

从左到右依次为地层，地层特征曲线，三孔隙度曲线，电阻率，黏土[伊利石(Illite)、高岭石(Kaolinite)、绿泥石(Chilorite)、伊蒙混层(I/S)]，矿物组分[方解石(Calcite)、石英(Quartz)、黏土(Clay)、长石(Feldspar)、铁白云石(Ankerite)、菱铁矿(Siderite)、黄铁矿(Pyrite)]，流体，录井岩性，深度，全烃

（1）矿物特征

目标层段泥页岩储层岩性复杂，含有黏土、方解石、石英、长石、铁白云石、菱铁矿、黄铁矿等，其中主要成分为石英、方解石、黏土。该区的矿物与美国Barnett主要产气层段的岩性基本类似，其中，方解石的含量整体略高于Barnett地区（如图5-53所示）。

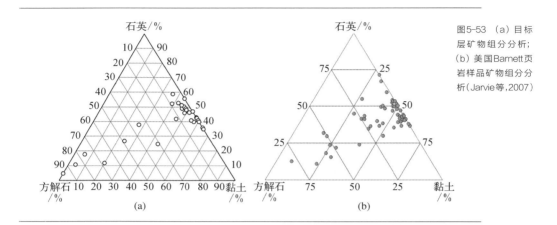

图5-53 （a）目标层矿物组分分析；（b）美国Barnett页岩样品矿物组分分析（Jarvie等，2007）

（2）孔渗特征

目标层总孔隙度主体在1%～4%（建页HF-1井584.7～644.07 m），渗透率总体在4.5 mD[①]以下，80%的岩样为0.5 mD以下，属于低渗透率类型（如图5-54所示），但作为页岩气储层，按照北美的标准（Sondergeld等，2010），比如Barnett页岩，目标层的孔隙度较低，而渗透率相对较高（如图5-55所示）。

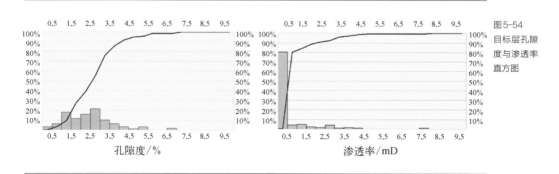

图5-54 目标层孔隙度与渗透率直方图

————————————

① 1 mD = 0.986 9 × $10^{-9}$ m²。

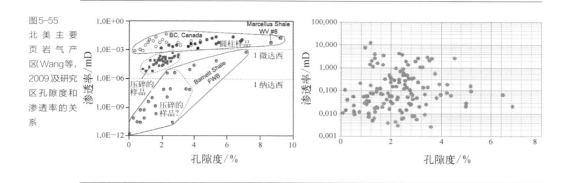

图5-55
北美主要
页岩气产
区(Wang等，
2009)及研究
区孔隙度和
渗透率的关
系

（3）有机质

含有有机质是泥页岩的重要特征，在目标层段，部分岩心表现为黑色、黑灰色页岩。整体统计TOC含量介于0.5 ～ 2.2，在目标层下段其值高，在目标层上段其值低。有机质主要为镜质组，为Ⅱ1型干酪根（如图5-56所示）。

图5-56
目 的 层 段
TOC含量分
布直方图及
干酪根类型

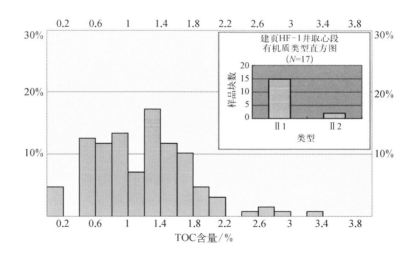

（4）孔隙特征

含气层段在宏观上有两种类型，一种有机质含量高；另一种有机质含量低，但裂缝比较发育。其中，含气层段上部［如图5-57（a）所示］为灰黑色含介壳页岩为主,夹薄层介壳灰岩(585.0 ~ 644.0 m),普遍见显示。而下部[如图5-57(b)所示]则集中发育介壳体的边缘缝、介壳富集成层的层面缝及少量的页岩层面缝(614.0 ~ 620.0 m)。

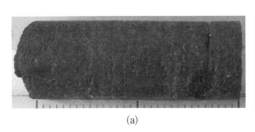 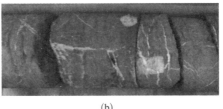

|(a)|(b)|

(a)灰黑色含介壳页岩为主,夹薄层介壳灰岩(585.0 ~ 644.0 m);(b)网状方解石脉及孔洞发育(614.0 ~ 620.0 m)

图5-57
目标层段含
气层典型岩
心(HF-1
井)

目标层段不同尺度上都可以观察到明显的裂缝发育(如图5-57、图5-58所示),从岩心可见的宏观裂缝,到铸体薄片可见的微裂缝,再到电镜可见的裂缝及晶体颗粒间的裂纹,还有泥岩颗粒及孔隙的定向排布。

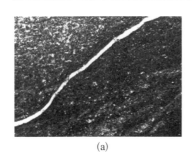 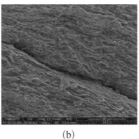 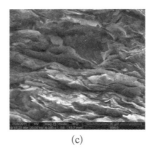

|(a)|(b)|(c)|

图5-58
目标层段铸
体薄片及电
镜下典型特
征(HF-1
井)

通过分析,可以得到目标层的主要的岩石物理特征:

(1)含气泥页岩储层为低孔-低渗、致密储层;矿物成分较为复杂,以黏土、石英、方解石为主;

(2)含有一定量的有机质;

(3)在不同尺度上发育裂缝和微裂隙,片状泥质颗粒呈定向排列,小颗粒泥质成

分包裹大颗粒砂质成分;

（4）砂岩弹性特征符合一定的规律,而泥页岩数据点分散、规律不明显。

### 5.6.2　　页岩气储层TOC预测应用

北美海相页岩的TOC含量主要与地层密度有很好的负相关关系,由于建南地区东岳庙段页岩为陆相沉积,通过岩石物理分析,认为TOC不仅与波阻抗有负相关关系,而且与页岩的矿物含量有密切的关系。如图5-59(a)所示,可以看出TOC随着纵波阻抗的降低而增大,两者具有非线性关系,并且TOC越高脆性指数越小。回归的公式为:

$$\text{TOC} = 5.287\ 67 - 0.013\ 905 \times \text{BI} - 3.545\ 94 \times \lg P_{imp} \qquad (5-99)$$

如图5-59(b)所示,由回归公式计算的TOC含量与测井曲线有较好的线性关系,说明其关系的准确性。

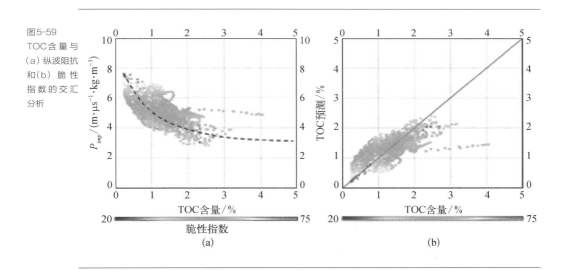

图5-59
TOC含量与
(a)纵波阻抗
和(b)脆性
指数的交汇
分析

通过基于岩石物理模型及实测数据的分析,认为本研究区有机质含量较高的层段表现出高纵横波速度比,高泊松比,低$\mu\rho$,低横波阻抗的特性(如图5-60所示)。通

过神经网络方法建立起地震属性(纵波阻抗等)和TOC之间的关系。将这种关系
应用到整个地震数据体,反演得到TOC数据体,对目的层提取平面图(如图5-61所
示),进而对页岩储层的生烃能力进行评价。

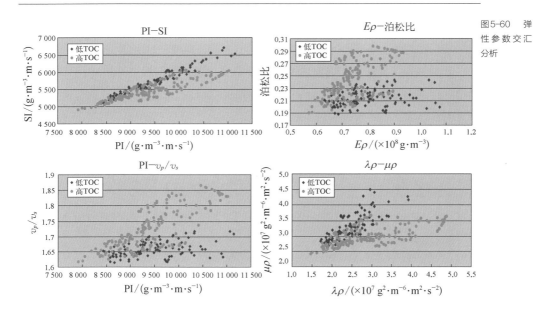

图5-60 弹性参数交汇分析

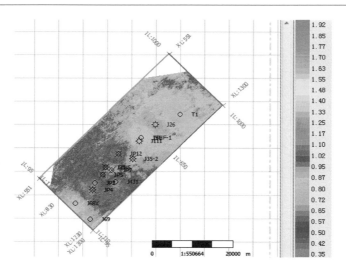

图5-61 目的层TOC平面分布

### 5.6.3　页岩气储层脆性预测应用

对工区内的井数据进行多矿物分析,确定合适的矿物脆性指数表达式,如式(5-100)所示。通过岩石物理交会分析,交会对象为脆性指数,交会参数为杨氏模量和泊松比,来验证杨氏模量和泊松比等弹性参数对脆性的敏感性[如式(5-101)和式(5-102)所示]。

$$\mathrm{Brittle}_{\mathrm{index1}} = ( c_{\mathrm{Quartz}} + c_{\mathrm{Calcite}} ) / ( c_{\mathrm{Quartz}} + c_{\mathrm{Calcite}} + c_{\mathrm{Clay}} ) \qquad (5-100)$$

$$\mathrm{Brittle}_{\mathrm{index2}} = ( \mathrm{BRIT}_{\mathrm{YM}} + \mathrm{BRIT}_{\mathrm{PR}} ) / 2 \qquad (5-101)$$

$$\mathrm{Brittle}_{\mathrm{index3}} = E / \nu \qquad (5-102)$$

式中,$c_{\mathrm{Quartz}}$、$c_{\mathrm{Calcite}}$、$c_{\mathrm{Clay}}$分别指石英、方解石、黏土的含量。

三种脆性因子分别在图5-62中表示,在剖面图与平面图上,三种脆性因子的大小趋势一致,都能够表征脆性的大小。相对来说,脆性因子1与脆性因子2更加接近,

图5-62
脆性因子剖
面及杨氏模
量-泊松比-
脆性因子交
会对比

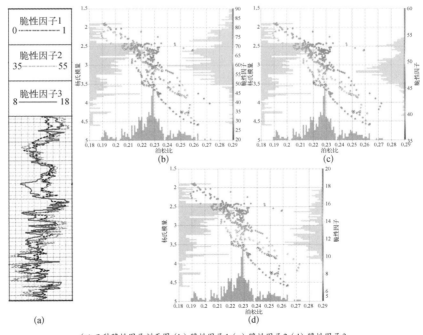

(a) 三种脆性因子剖面图;(b) 脆性因子1;(c) 脆性因子2;(d) 脆性因子3

脆性因子3更加敏感一些。也就是说,使用杨氏模量与泊松比归一化后加权的方式与矿物含量表征脆性更加接近,而杨氏模量与泊松比比值的表示方式更加敏感一些。因此通过叠前弹性参数反演得到杨氏模量和泊松比,我们主要使用第二种方式来计算脆性指数。

1. 井震资料预处理

1)地震分层与地质分层

研究工区为鄂西渝东区石柱复向斜建南气田,工区内主要目的层段在侏罗系下统自流井组东岳庙段,属于滨浅湖相沉积,是泥页岩沉积有利相带。该目的层段对应地震分层J1m_bot、J1dym、J1jq、J1dy,对应测井分层J1m、J1dym、Lime、L_bot、J1dy,如图5-63所示。

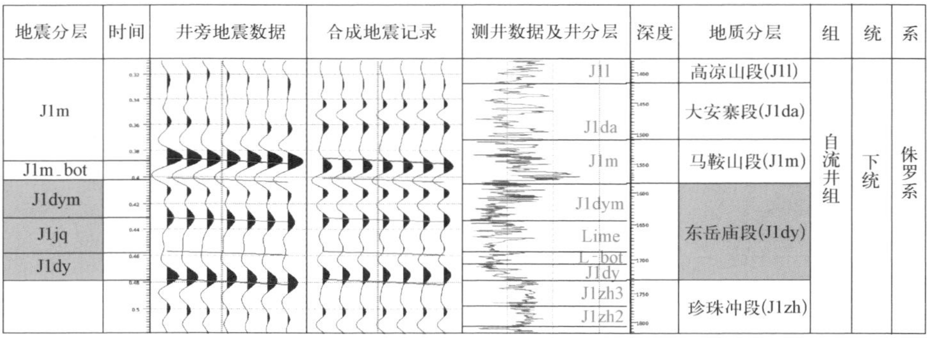

| 地震分层 | 时间 | 井旁地震数据 | 合成地震记录 | 测井数据及井分层 | 深度 | 地质分层 | 组 | 统 | 系 |
|---|---|---|---|---|---|---|---|---|---|
| J1m | | | | J1l | | 高凉山段(J1l) | 自流井组 | 下统 | 侏罗系 |
| | | | | J1da | | 大安寨段(J1da) | | | |
| J1m_bot | | | | J1m | | 马鞍山段(J1m) | | | |
| J1dym | | | | J1dym | | 东岳庙段(J1dy) | | | |
| J1jq | | | | Lime | | | | | |
| J1dy | | | | L_bot / J1dy | | | | | |
| | | | | J1zh3 / J1zh2 | | 珍珠冲段(J1zh) | | | |

图5-63 工区地震地质分层对应关系

2)角度叠加数据提取

常规资料处理得到的动校正道集记录中,道与道之间是炮检距的函数,为了便于观测和分析地震反射振幅随入射角的变化,往往需要把固定炮检距道的记录转换成固定入射角(或一定角度范围内的叠加)的角道集记录。

所谓一个角度道是指来自某一反射角或某一反射角范围内的所有不同时刻的反射能量的一道记录。把属于期望反射角(或反射角范围)的和固定炮检距记录的相应部分合并,就可以得到该反射角的角度道。

对于不同的反射角,重复这一过程,就得到不同的角度道集。在一个CDP道集中，不同炮检距的记录经过动校正后构成一个普通的动校正道集，经角度道转换后，不同角度道的集合，构成一个角度道道集。这两种道集对于 AVO 分析来说是一致的，即在同一时刻近炮检距对应小角度道，远炮检距对应大角度道。

由于角道集部分叠加处理的目的是为 AVO 或弹性阻抗等叠前反演提供地震资料，所以它对 CMP 道集资料有一些特殊的要求，如：① 精细的波前扩散处理；② 震源组合与检波器组合效应的校正；③ 反 Q 滤波；④ 地表一致性处理（包括地表一致性反褶积、地表一致性振幅校正和地表一致性静校正）；⑤ 叠前去噪处理；⑥ 叠前剩余振幅补偿；⑦ 精细的初至切除。这些处理过程直接影响着地震资料的 AVO（或 AVA）属性。

有了精细的速度分析和高精度的动静校正等处理后的 CMP 道集地震资料之后就可以进行角道集处理，角道集处理流程主要包括以下几方面。

（1）角度范围的确定，这里所指的角度范围有两层意思：一是将某个 CMP 道集转化为多个角度道所定义的角度范围，表示为 RI；二是将某个 CMP 道集转化为一个角度道所定义的角度范围，在此表示成 RII。这里角度道所包含的角度是一个中心角，通常可以用角度扫描的办法来获得这两个范围，具体做法是：假设确定 RI 为 $\theta(1) = 8°$、$\theta(2) = 12°$、$\cdots\cdots\theta(i)\cdots\cdots$、$\theta(n) = 40°$，RI 为 6°，这样就确定了一系列的范围为 RII 的角度序列：$5° \sim 11°$、$9° \sim 15°$、$13° \sim 19°$、$\cdots\cdots$、$36° \sim 44°$。

（2）层速度计算，在叠加速度的基础上采用 Dix 公式递推的办法来获取层速度。

（3）计算出某个特定角度 $\theta$ 对应的一系列的特定层位［或时间 $T(\theta)j$］对应的炮检距 $X(\theta)j$，$\theta$ 表示各个不同的角度（中心角），$j$ 表示各层位。

（4）由于上一步获得的 $T$–$X$ 对间隔非常大，它们跨越了多个 RII 范围，因此很难得到如 $5° \sim 11°$、$9° \sim 15°$、$13° \sim 19°$、$\cdots\cdots$、$36° \sim 44°$ 中某个中心角所对应的 $T$–$X$ 对。为此必须对有限的 $T$–$X$ 对作内插。对于层状介质，需对各层采用不同的线性关系作内插。

（5）分别求取每个 RII 范围的 $\theta(i)_{\min}$ 和 $\theta(i)_{\max}$ 所对应的 $T(\theta_{\min})$–$X(\theta_{\min})$ 和 $T(\theta_{\max})$–$X(\theta_{\max})$。

（6）叠加生成角度叠加道。将同一个 CMP 道集中各炮检距的相同角度部分叠加，这样就形成了一个角度叠加道，不同 CMP 道集的相同角度叠加道一起便构成了

某个中心角为 $\theta$ 的角度叠加道。依此类推,将 RII 范围内的各中心角均做同样的处理便得到许多角度的角度叠加道。

与传统的叠后资料和 CMP 道集资料相比,角道集资料有自身的特征和用途。它比叠后资料提供的信息量多,包含了更丰富的反映岩性及含油气性的属性,而且能反映振幅随入射角变化的 AVA 特征;由于它是角度范围内的部分叠加,因此具有比 CMP 道集更高的信噪比。

图 5-64 为工区纵测线 341 的叠前角度道集,在角度叠加范围选取时,需要保证:① 选取的最大角度不能超出最大偏移距;② 目的层段有最高照明度。考虑地震资料信噪比,选取 18° ~ 40° 的角度,分为三个角度范围:19° ~ 25°,中心角度为 22;24° ~ 30°,中心角度为 27;29° ~ 35°,中心角度为 32,得到小、中、大三个角度的叠加剖面如图 5-65、图 5-66、图 5-67 所示。

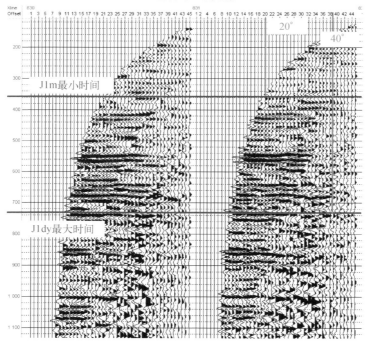

图 5-64　叠前角道集分析

图5-65
小角度叠
加剖面

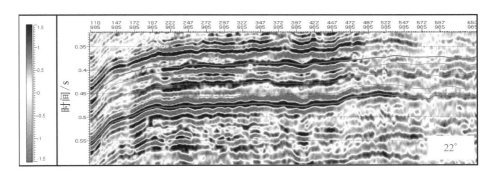

图5-66
中角度叠
加剖面

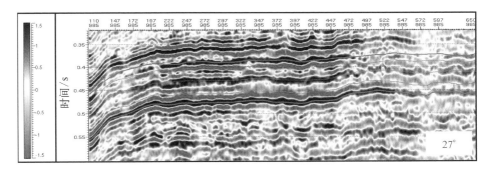

图5-67
大角度叠
加剖面

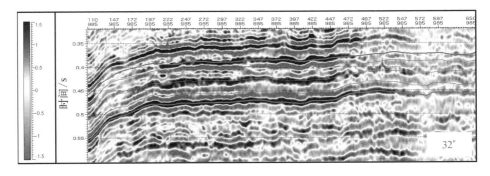

## 3）测井资料横向标准化

通过对工区内井的纵横波速度和密度曲线进行统计分析，得知测井数据分布具有一定的差异，存在一定的系统误差。井曲线的这些差别是由于所选择的测井仪器

型号、测井时间、井深结构和泥浆性质等的不同引起的。这样的测井曲线在建立三维
地层模型和约束反演的过程中，由于能量的横向不均衡带来的系统误差会使反演结
果产生严重的畸变。因此采用均值-方差法对其进行标准化处理。图5-68和图5-69
展示了纵横波速度及密度测井曲线横向标准化前后的差异。

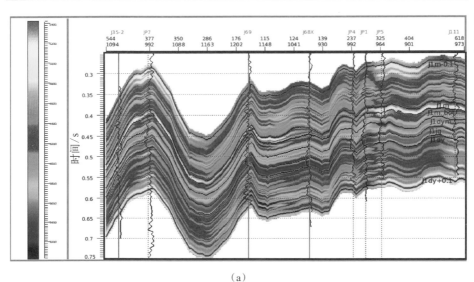

（a）

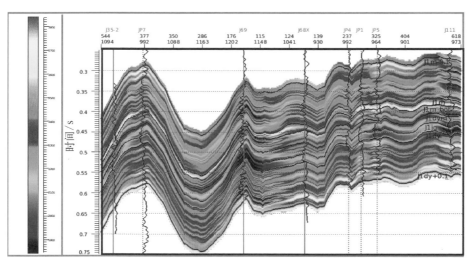

（b）

图5-68
测井横向标
准化前

续图5-68

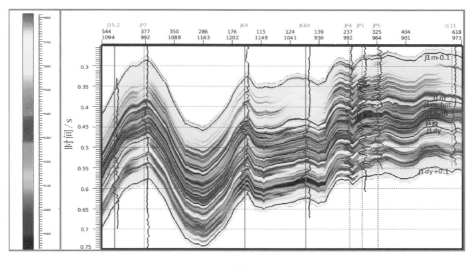

（a）纵波速度；（b）横波速度；（c）密度 　　　　　（c）

图5-69
测井横向标
准化后

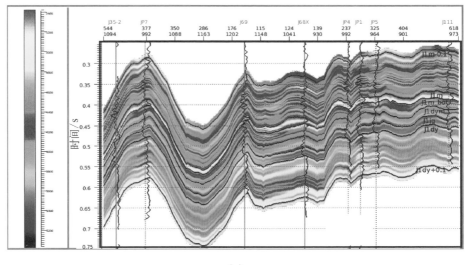

（a）

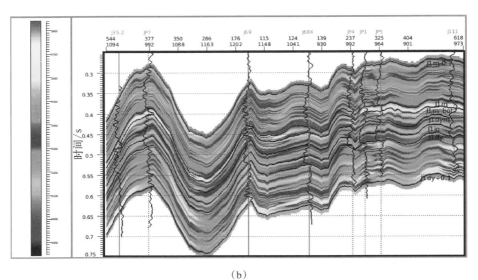

（b）

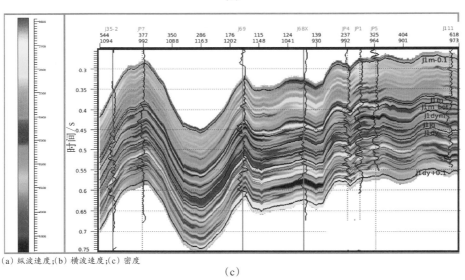

（a）纵波速度；（b）横波速度；（c）密度

（c）

## 2. 叠前地震反演及脆性预测

对工区展开基于YPD近似公式的脆性弹性阻抗叠前反演，从脆性弹性阻抗中直接提取杨氏模量、泊松比，避免间接计算带来的误差累计。图5-70展示了过井J111脆性指数反演结果，可以看到，杨氏模量的反演结果与井吻合得很好，泊松比反演结果有些许差异，但是脆性指数是两者的综合，脆性指数的反演结果与井吻合很好。图5-71

展示了J1jq到J1dy层间的平均脆性指数切片,显示了层间平均脆性指数分布。从切片上可以看到,位于工区东北角的HF-1和J111井邻近区域位于脆性发育较高的区域,与位于工区西南的J68X和J69附近的脆性分布差异较大,展示出了较强的非均质性。

图5-70
过井J111脆性反演结果剖面

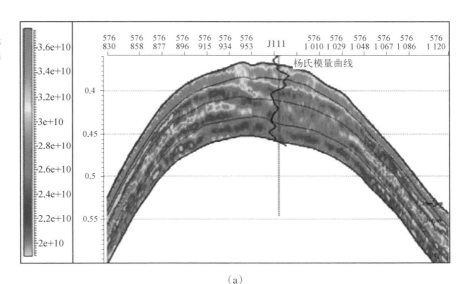

（a）

（b）

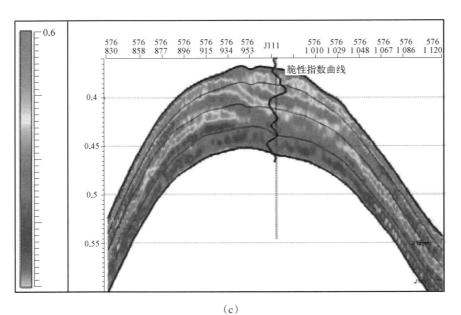

续图5-70

脆性指数曲线

（c）

（a）杨氏模量；（b）泊松比；（c）脆性指数

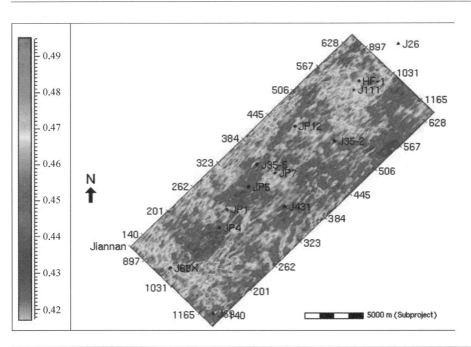

图5-71
J1jq-J1dy层内
平均脆性值
切片

### 5.6.4 页岩气储层裂缝预测应用

利用叠前实际资料检测裂缝，影响方位振幅变化及方位AVO响应变化的因素有很多，研究表明除炮检距和方位分布外，较敏感的还有目的层段叠前资料的信噪比、采集面元布局及偏差、地下构造的变化、目的层基质纵横波速度比、表层及上覆层非均匀性影响等因素。

叠前各向异性检测方程中虽然只需三个方位数据就可求解与裂缝发育方向及强度相关的调谐因子，但取得三个精准的叠前振幅几乎是不可能的，必须谋求提高叠前资料信噪比，进行满足叠前各向异性分析适应性的关键处理。

叠前实际资料检测裂缝前期的常规地震保幅处理工作，主要包括道编辑、带通滤波、去噪、真振幅恢复、静校正、速度分析、剩余静校正、地表振幅一致性补偿、叠前反褶积及动校正等。

为适应当今非全方位大偏移数据叠加次数偏低、叠前信噪比低、能量不均匀等特点，可采用如下的处理流程（如图5-72所示）。

图5-72 裂缝方位检测地震资料处理流程

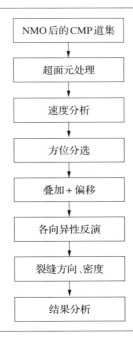

在开展叠前地震裂缝预测之前,需要对研究区地震资料的方位范围、偏移距范围、覆盖次数进行分析,确定方位和偏移距的划分方案。

(1)方位角均匀性分析

对CMP数据进行方位角均匀性分析(如图5-73至图5-76所示),然后根据分析对数据体进行分角度叠加。

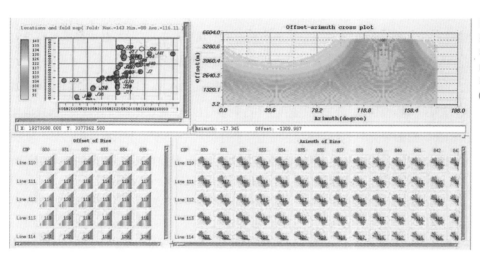

图5-73
整个研究区
和单个面元
的偏移距与
覆 盖 次 数
(全偏移距)

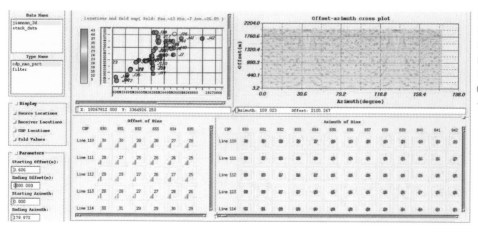

图5-74
整个研究区
和单个面元
的偏移距与
覆 盖 次 数
(0~2000m
偏移距)

图5-75
整个研究区
和单个面
元 的 偏 移
距 与 覆 盖
次 数(0 ～
1 500 m偏
移距)

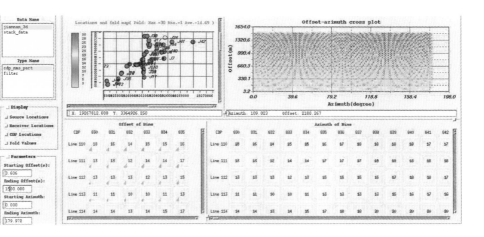

图5-76
整个研究区
和单个面
元 的 偏 移
距 与 覆 盖
次 数(0 ～
1 000 m偏
移距)

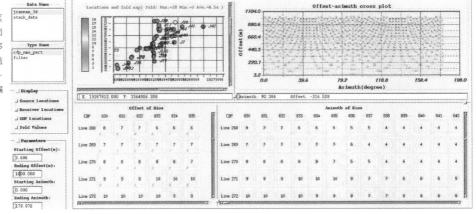

（2）偏移距方位角选择方案

分方位时角度和偏移距选择原则为：① 偏移距和目标层深度之比应大于1，而且偏移距越大，各向异性差异越明显；② 尽量保证全方位都有数据。

从上面的分析可看出：在2 000 m以上和0 ～ 1 000 m的远、近偏移距范围内，各方位角覆盖次数不均匀性强，因此选取有效偏移距范围为0 ～ 2 000 m。同时对地震数据划分为4个方位体：

$0° \sim 50°, 50° \sim 100°, 100° \sim 140°, 140° \sim 180°$。

（3）裂缝预测结果

研究区目的层为J1jq层位处，对这个层沿层做切片分析。从图5-77和图5-78可以看出，裂缝发育有一定的规律性。

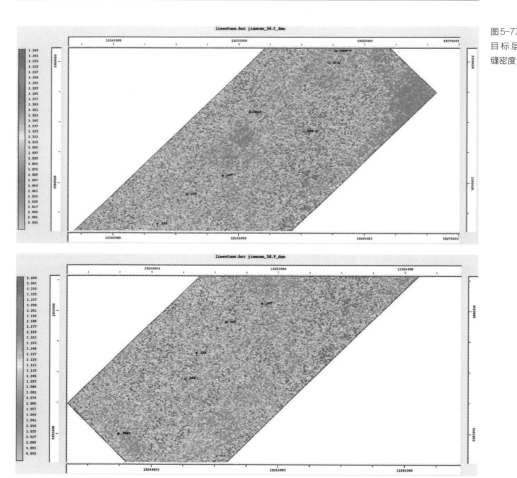

图5-77
目标层裂
缝密度

针对研究区叠前裂缝预测，根据利用纵波进行裂缝预测技术的结果，以已钻井的测井、录井等结果为验证，分析研究认为：

（1）对相对阻抗、振幅、吸收衰减、能量比等分别做综合裂缝分析，经过对比，相对阻抗的各向异性特征相对明显，振幅容易受到噪声干扰；

（2）叠前各向异性预测的裂缝密度沿层切片图与叠后地震体高精度分频相干结果比较吻合，说明预测结果稳定可靠，但叠前预测结果反映的是受主断裂系统控制的微小尺度的裂缝发育带；

（3）结合该研究区的地质背景来看，预测的裂缝发育部位与地质构造以及应力分布相关性好，预测结果有效。

同时，还存在如下问题：

（1）目标层深度浅，工区地震资料覆盖次数低，信噪比不高，影响预测结果；

（2）大偏移距部分方位有限，选取中偏移距部分才能保证方位足够，鉴于覆盖次数低，只分了4个方位进行分析，裂缝发育方向精度低；

（3）本方法只对高角度直立裂缝预测有意义，对水平发育裂缝以及网状裂缝需采用其他技术；

（4）做好分方位速度分析很关键，但工作量大。

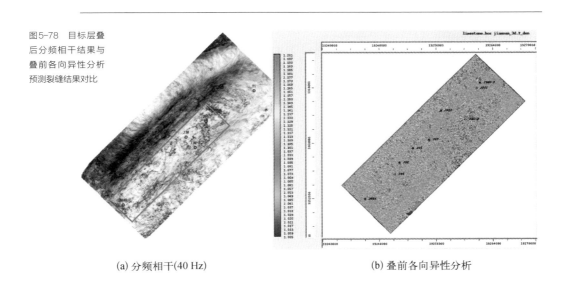

图5-78　目标层叠后分频相干结果与叠前各向异性分析预测裂缝结果对比

(a) 分频相干(40 Hz)　　　　　　　(b) 叠前各向异性分析

### 5.6.5　页岩气储层地应力预测应用

　　针对研究区实际资料,考虑地震资料实际情况采取相关预处理,利用基于各向异性弹性阻抗反演求取地应力参数方法,展开页岩地层可改性地球物理评价工作。

　　由于实际资料品质,使得工区实际应用存在以下三个难点:① 方位信息有限;② 目标层段埋深浅,缺乏小角度数据;③ 工区覆盖次数不均匀,数据信噪比低。图5-79中展示了偏移距域和角度域叠前道集,可以看到偏移距大于2 000 m,同相轴不明显,信噪比大幅降低,角度域小于20°的数据不足,大于40°的数据信噪比低。

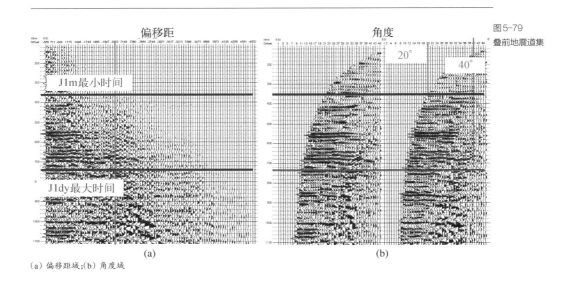

图5-79
叠前地震道集

(a) 偏移距域;(b) 角度域

　　为了得到合理的方位角度叠加数据,这里对原始叠前道集做超道集处理,即在一定范围内,将相邻的几个CMP道集按相邻炮检距分布对应叠加,就可以得到一个包含所有炮检距道的道集,部分叠加可以改善数据的信噪比,一般不会改变原始振幅的相对关系。将工区原始道集面元50×25处理为100×100面元的超道集。

　　图5-80和图5-81分别是超道集处理前后的地震数据方位和叠加次数工

图5-80
工区地震
数据方位
分布

面元：50×25

面元：100×100

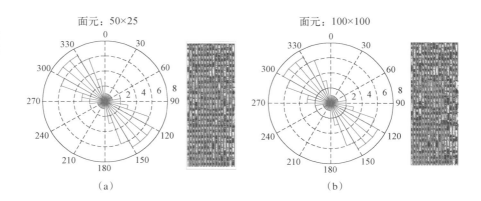

（a）

（b）

（a）原始50×25面元；（b）超道集处理后100×100面元

图5-81
工区覆盖
次数

覆盖次数

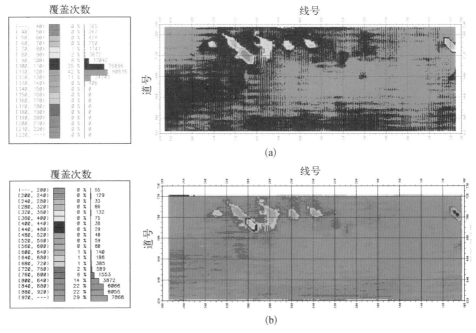

（a）原始50×25面元；（b）超道集处理后100×100面元

区分布图,可以看到,超道集处理保留了地震数据方位信息和相对叠加关系不变。

选取90°～120°和150°～180°为方位范围,三个角度范围分别为20°～25°、25°～30°、30°～35°,对超道集处理后的叠前道集进行分方位和角度叠加,得到六组地震数据如图5-82和图5-83所示。

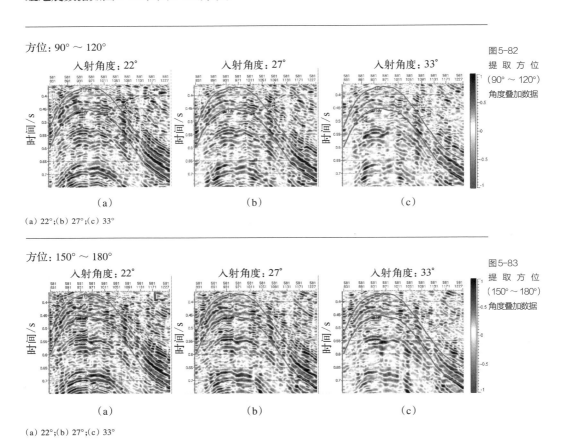

方位:90°～120°

图5-82
提取方位
(90°～120°)
角度叠加数据

(a) 22°;(b) 27°;(c) 33°

方位:150°～180°

图5-83
提取方位
(150°～180°)
角度叠加数据

(a) 22°;(b) 27°;(c) 33°

如图5-84所示为反演得到的法向弱度和切向弱度,通过计算可以得到相对水平应力差分比DHSR,如图5-85(a)所示。如图5-85(b)所示为脆性指数反演结果,通过对比DHSR和脆性指数反演结果,可以看到,HF-1和J111区域脆性值高,DHSR值小,易于压裂成网裂缝。

图5-84
反演的(a)切
向弱度和
(b)法向弱度

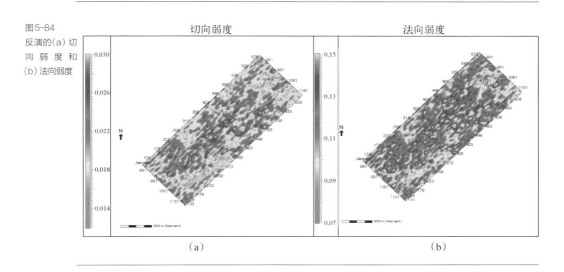

图5-85
(a)反演的
DHSR图
和(b)脆性
指数反演结
果

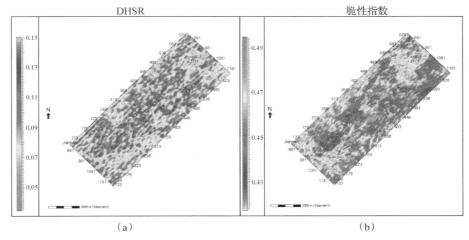

　　"自生自储"是页岩气储层区别于常规油气储层最大的特点,储层中的有机质是吸附天然气最主要的物质载体,储层有机质含量直接决定储层含气潜力的大小。含气页岩的TOC含量不但决定页岩气的生成量,而且影响页岩气的赋存和富集,进而影响页岩气的资源丰度。通过岩石物理的分析结果、测井及地质资料进行解释及优选敏感的地球物理参数,建立页岩储层TOC含量与地震参数的关系,可以反演得到TOC含量的空间分布,预测页岩气储层的有利区。

　　页岩的脆性对工程压裂裂缝的发育模式有非常重要的影响,页岩的脆性越高,越容易产生裂缝。在页岩脆性识别中,杨氏模量和泊松比是重要的岩石脆性指示因子。不同的杨氏模量和泊松比的组合表示岩石具有不同的脆性,页岩脆性增加的方向,对应杨氏模量的高值和泊松比的低值区域。通过叠前弹性参数反演,可以实现页岩储层的脆性预测。

　　页岩气开发的关键技术是水平井轨迹的设计和水力压裂技术的实施,而这两项技术的关键在于如何确定水平井走向及水力压裂参数,这些都与地下应力场分布情况有关。通过建立地层应力场与地震弹性参数、各向异性参数等之间的定量关系,实现页岩地层应力场地震岩石物理参数定量表征。在构建有效的数学物理模型的基础上,通过页岩地层方位各向异性地震反演,获得了地层水平应力变化率,为水平井的部署、井身设计以及压裂改造提供了重要的基础数据。

　　地震技术是页岩气储层识别与评价的核心技术,具体地震勘探任务包括查明页岩层的深度、厚度、分布范围、产状形态,寻找页岩层内有机质丰度高、裂缝发育、脆性大、应力差异小的部位,即页岩气“甜点”区。依据页岩气的地质特点及当前地震勘查技术,地震在识别和追踪页岩储层空间分布(包括埋深、厚度以及构造形态)方面具有明显的优势。综合利用测井及地质资料,对页岩储层有机质丰度进行解释及优选敏感的地球物理参数,进而建立储层特征与地震响应的关系,可以以此反演预测页岩气储层的有利区。运用相干、曲率、AFE、叠前各向异性等地震属性分析技术可解决储层裂缝问题。通过叠前弹性参数反演技术以及全方位地震各向异性分析技术可解决岩石力学(脆性和地应力大小)特征问题,直接为钻井和压裂工程技术服务。

## 参考文献

[ 1 ] Aki K, Richards P G. Quantitative seismology theory and methods: V. 1. San Francisco: W. H. Freeman and Company, 1980.

[ 2 ] Aki K, Richards P G. Quantitative seismology theory and methods: V. 2. U S:

University Science Books, 2002.

[ 3 ] Alford R M. Shear data in the presence of azimuthal anisotropy: 56th Annual International Meeting. SEG, Expanded Abstracts, 1986: 476−479.

[ 4 ] Aqrawi A. Improved fault segmentation using a dip guided and modified 3D Sobel filter. SEG Technical Program Expanded Abstracts, 2011, 30: 999−1003.

[ 5 ] Ata E, Michelena R J. Mapping distribution of fractures in a reservoir with P−S converted waves. The Leading Edge, 1995(6): 664−676.

[ 6 ] Bahorich M S, Farmer S L. 3−D seismic coherency for faults and stratigraphic features. The Leading Edge, 1995, 14(10): 1053−1058.

[ 7 ] Bakulin A, Grechka V, Tsvankin I. Estimation of fracture parameters from reflection seismic data-Part I: HTI model due to a single fracture set. Geophysics, 2000(6): 1788−1802.

[ 8 ] Bakulin A, Grechka V, Tsvankin I. Estimation of fracture parameters from reflection seismic data-Part II: fractured models with orthorhombic symmetry. Geophysics, 2000(6): 1803−1817.

[ 9 ] Bakulin A, Grechka V, Tsvankin I. Estimation of fracture parameters from reflection seismic data-Part III: fractured models with monoclinic symmetry. Geophysics, 2000(6): 1818−1830.

[ 10 ] Bortfeld R. Approximation to the reflection and transmission coefficients of plane longitudinal and transverse waves. Geophysical Prospecting, 1961, 9(4): 485−502.

[ 11 ] Broomhead D S, Lowe D. Multivariable functional interpolation and adaptive networks. Complex Systems, 1988, 2: 321−355.

[ 12 ] Buller D, Hughes S, Market J, Petre E, et al. Petrophysical evaluation for enhancing hydralic stimulation in horizontal shale gas wells. SPE Annual Technical Conference and Exhibition, 2010, SPE 132990.

[ 13 ] Bustin R M, Bustin A, Ross D, et al. Shale gas opportunities and challenges. Search and Discovery Articles, 2009, #40382.

[ 14 ] Carcione J M. AVO effects of a hydrocarbon source-rock layer. Geophysics, 2001,

66: 419−427.

[ 15 ] Castagna J P, Swan H W. Principles of AVO crossplotting. The Leading Edge, 1997, 16: 337−342.

[ 16 ] Dariu H P, Granger Y. Birefringencean analysis using simulated annealing: 67th Annual International Conference and Exhibition. EAGE, Expanded Abstracts, 2005: Z−99.

[ 17 ] Debski W, Tarantola A. Information on elastic parameters obtained from the amplitudes of reflected waves. Geophysics, 1995, 60(5): 1426−1436.

[ 18 ] Dileep K Tiwary, Irina Bayuk, Mike Ammerman, et al. How to distinguish water — and gas-saturated cracks: AAPG Mid-Continent Section Meeting.

[ 19 ] Dontown J E. Seismic parameter estimation from AVO inversion. Canada: University of Calgary, 2005.

[ 20 ] Dorigo M, Maniezzo V abd Colorni A. Ant system: optimization by a colony of cooperating agents. IEEE Trans on SMC, 1996, 26(1): 1−13.

[ 21 ] Evan Staples, Kurt J Marfurt, Ze'ev Reches. Fracture analysis using 3D seismic attributes in the Hunton Limestone. USA: SEG Expanded Abstracts, 2010, 29: 1516−1520.

[ 22 ] Fatti J L, Smith G C, VAIL P J, et al. Detection of gas in sandstone reservoirs using AVO analysis: a 3−D seismic case history using the Geostack technique. Geophysics, 1994, 59(9): 1362−1376.

[ 23 ] Gabriela D, Richard B. Minimum entropy rotation: a new shear-wave spliting technique for converted wave data: 80th Annual International Meeting. SEG, Expanded Abstracts, 2000: 1229−1232.

[ 24 ] Gaiser J E. Applications for vector coordinate systems of 3−D converted-wave data. The Leading Edge, 1999(11): 1290−1300.

[ 25 ] Garotta R, Granger P Y, Dariu H. Combined interpretation of PP and PS data provides direct access to elastic rock properties. The Leading Edge, 2002, 21(6): 532−535.

［26］Gersztenkorn A, Marfurt K J. Eigenstructure based coherence computations as an aid to 3-D structural and stratigraphic mapping. Geophysics, 1999(5): 1468-1479.

［27］Gidlow P M, Smith G C, Vail P J. Hydrocarbon detection using fluid factor traces: a case study. Joint SEG/EAEG Summer Research Workshop, Technical Program and Abstracts, 1992: 78-89.

［28］Goodway B, Chen T, Downton J. Improved AVO fluid detection and lithology discrimination using Lame petrophysical parameters: "$\lambda\rho$", "$\mu\rho$", & "$\lambda/\mu$ fluid stack", from P and S inversions: 67th Annual International Meeting. SEG, Expanded Abstracts, 1997: 183-186.

［29］Goodway B, Marco P, John V, et al. Seismic petrophysics and isotropic-anisotropic AVO methods for unconventional gas exploration. The Leading Edge, 2010, 29(12): 1500-1508.

［30］Goodway B, Perez M, Varsek J, et al. Seismic petrophysics and isotropic-anisotropic AVO methods for unconventional gas exploration. The Leading Edge, 2010, 29(12): 1500-1508.

［31］Goodway B, Varsek J, Abaco C. Practical applications of p-wave AVO for unconventional gas resource plays. CSEG Recorder, 2006, 31(4): 52-65.

［32］Gray D, Head K V. Fracture detection in the manderson field: a 3D AVAZ case history. The Leading Edge, 2000, 19(11): 1214-1221.

［33］Gray D. Bridging the gap: using AVO to detect changes in fundamental elastic constants: 69th Annual International Meeting. SEG, Expanded Abstracts, 1999: 852-855.

［34］Gray D, Anderson P, Logel J, et al. Estimation of stress and geomechanical properties using 3D seismic data. First Break, 2012, 30: 59-68.

［35］Gray D. Fracture detection using 3D seismic azimuthal AVO. CSEG Recorder, 2008, 33(3): 38-49.

［36］Gray D. Seismic anisotropy in coal beds. CSPG CSEG CWLS Convention, 2006.

［37］Guo Y X, Kui Zhang, Kurt J Marfurt. Seismic attribute illumination of Woodford

Shale faults and fractures, Arkoma Basin, OK. SEG Expanded Abstracts, 2010, 29: 1372−1376.

[ 38 ] Helge Løseth, Lars Wensaas, Marita Gading, et al. Can hydrocarbon source rocks be identified on seismic data? Geology, 2011, 39: 1167−1170.

[ 39 ] Hudson J A. Overall properties of a cracked solid. Math Proc Camb philSoc, 1980, 88(2): 371−384.

[ 40 ] Iverson W P. Closure Stress Calculations in Anisotropic Formations. SPE Paper 29598, 1995.

[ 41 ] Jarvie D M, Hill R J, Ruble T E, et al. Unconventional shale-gas systems: the Mississippian Barnett Shale of north-central Texas as one model for thermogenic shale-gas assessment. AAPG Bulletin, 2007, 91(4): 475−499.

[ 42 ] Koefoed O. On the effect of Poisson's ratios of rock strata on the reflection coefficients of plane waves. Geophysical Prospecting, 1955, 3(4): 381−387.

[ 43 ] Levine F K. Estimating shear-wave velocity from P wave and converted-wave data. Geophysics, 1999, 64(2): 504−507.

[ 44 ] Lynn H B, Simon K M, Bates C R. Correlation between P-wave AVOA and S-wave traveltime anisotropy in a naturally fractured gas reservoir. The Leading Edge, 1996, 15(9): 931−935.

[ 45 ] Lynn H B, Simon K M, Bates C R. Azimuthal anisotropy in P wave 3D multi azimuth data. The Leading Edge, 1996, 15(9): 923−928.

[ 46 ] MacBeth C. Azimuthal variation in P-wave signatures due to fluid flow. Geophysics, 1999, 64(4): 1181−1192.

[ 47 ] Mallick S, Craft K L, Laurent J M, et al. Computation of principal directions of azimuthal anisotropy from P-wave seismic data: 66th Annual International Meeting. SEG, Expanded Abstracts, 1996: 1862−1865.

[ 48 ] Mallick S, Meister L J, et al. Determination of the principal directions of azimuthal anisotropy from P-wave seismic data. Geophysics, 1998, 63(2): 692−706.

[ 49 ] Mallick S. A simple approximation to the P-wave reflection coefficient and its

implication in the inversion of amplitude variation with offset data. Geophysics, 1993, 58(4): 544−552.

[ 50 ] Mallick S. Some practical aspects of prestack waveform inversion using genetic algorithm: an example from the east Texas Woodbine gas sand. Geophysics, 1999, 64(2): 326−336.

[ 51 ] Marfurt K J, Kirlin R L, Farmer S H, et al. 3−D seismic attributes using a running window semblance-based algorithm. Geophysics, 1998(4): 1150−1165.

[ 52 ] Melia P J, Carlson R L. An experimental test of P-wave anisotropy in stratified media. Geophysics, 1984, 49: 374−378.

[ 53 ] Naville C. Detection of anisotropy using shear-wave splitting in VSP survey: requirements and application: 56th Annual International Meeting. SEG, Expanded Abstracts, 1986: 391−394.

[ 54 ] Conolly P. Elastic impedance. The Leading Edge, 1999, 18(4): 438−452.

[ 55 ] Partyka G, Gridley J, Lopez J. Interpretational applications of spectral decomposition in reservoir characterization. The Leading Edge, 1999, 18(3): 353−360.

[ 56 ] Passey Q, Creaney R S, Kulla J B. A practical model for oganic richness from porosity and resistivity logs. AAPG Bulletin, 1990, 74(12): 1777−1794.

[ 57 ] Passey Q R, Bohacs K M, Esch W L, et al. From oil-prone source rocks to gas-producing shale reservoir — Geologic and petrophysical characterization of unconventional shale gas reservoirs: Chinese Petroleum Society/Society of Petroleum Engineers International Oil and Gas Conference and Exhibition. 2010, paper 131350−MS, 29 p., doi: 10. 2118/131350−MS.

[ 58 ] Pedersen S I. Extracting Features from An Image by Automatic Selection of Pixels Associated with A Desired Fetue. GB2375448, UK, 2002.

[ 59 ] Powell M J D. Radial basis functions for multivariable interpolation: a review. IMA Conference on Algorithms for the Approximation of Functions and Data, RMCS, Shrivenham, England, 1985.

[ 60 ] Randen T, Monsen E, Signer C, et al. Three dimensional texture attributes for seismic data analysis. SEG Technical Program Expanded Abstracts, 2000: 668-671.

[ 61 ] Rickman R, Mullen M, Petre E, et al. A practical use of shale petrophysics for stimulation design optimization: all shale plays are not clones of the Barnett shale. SPE Annual Technical Conference and Exhibition, 2008, SPE 115258.

[ 62 ] Amplitude-versus-offset measurements involving converted waves: 58th Annual International Meeting. SEG, Expanded Abstracts, 1988: 1357.

[ 63 ] Robert Garotta, Pierre Yves Granger. Acquisition and processing of 3C × 3-D data using converted waves: 58th Annual International Meeting. SEG, Expanded Abstracts, 1988: 995-997.

[ 64 ] Ruger A. Analytic insight into shear-wave AVO for fractured reservoirs: 66th Annual International Meeting. SEG, Expanded Abstracts, 1996: 1801-1804.

[ 65 ] Ruger A. P-wave reflection coefficients for transversely isotropic models with vertical and horizontal axis of symmetry. Geophysics, 1997, 62(3): 713-722.

[ 66 ] Ruger A. Variation of P-wave reflectivity with offset and azimuth in anisotropic media. Geophysics, 1998, 63(3): 935-947.

[ 67 ] Schmoker J W, Hester T C. Organic carbon in Bakken Formation, United States portion of Williston Basin. AAPG Bulletin, 1983, 67(12): 2165-2174.

[ 68 ] Schmoker J W. Determination of organic-matter content of Appalachian Devonian shales from gamma-ray logs. AAPG Bulletin, 1981, 65: 1285-1298.

[ 69 ] Schoenberg M, Douma J. Elastic wave propagation in media with parallel fractures and aligned cracks. Geophysics Prospecting, 1988, 36(6): 571-590.

[ 70 ] Schoenberg, M, Sayers C M. Seismic anisotropy of fractured rock. Geophysics, 1995, 60(1): 204-211.

[ 71 ] Shaw R K, Sen M K. Born integral, stationary phase and linearized reflection coefficients in weak anisotropic media. Geophysical Journal International, 2004, 158: 225-238.

[72] Shuey R T. A simplification of the Zoeppritz equations. Geophysics, 1985, 50(4): 609−614.

[73] Smith G C, Gidlow P M. Weighted stacking for rock property estimation and detection of gas. Geophysical Prospecting, 1987, 35(9): 993−1014.

[74] Sondergeld C H, Newsham K E, Comisky J T. Petrophysical consideration in evaluating and producing shale gas resources. SPE Annual Technical Conference and Exhibition, 2010, SPE 131768.

[75] Sun D S, Ling Y. Application of spectral decomposition and ant tracking to fractured carbonate reservoirs. EAGE Extended Abstracts, 2011, B035: 23−26.

[76] Tang Jianming, et al. Application of converted-wave 3D/3−C data for fracture detection in a deep tight-gas reservoir. The Leading Edge, 2009, 28: 826−837.

[77] Thomas L Davis, Robert D Benson. Tight-gas seismic monitoring, Rulison Field Colorado. The Leading Edge, 2009, 28: 408−411.

[78] Thomsen L. Converted wave reflection seismology over inhomogeneous anisotropic media. Geophysics, 1999, 64(3): 678−690.

[79] Thomsen L. Weak elastic anisotropy. Geophysics, 1986, 51(10): 1954−1966.

[80] Thomsen L. Weak anisotropic reflections, in Castagna, J P, and Backus, M, eds, Offset-dependent reflectivity: Theory and practice of AVO analysis: Investigations in Geophysics 8: Tulsa, Oklahoma. Society of Exploration Geophysicists, 1993: 103−111.

[81] Tiziana Vanorio, Tapan Mukerji, Gary Mavko. Emerging methodologies to characterize the rock physics properties of organic-rich shales. The Leading Edge, 2008, 27(6): 780−787.

[82] Tom Bratton, Dao Viet Canh, Nguyen V Duc, et al. 天然裂缝性储层的特征. 油田新技术, 2006: 4−23.

[83] Van Dok R R, Gaiser J E, Jackson A R, et al. 3−D converted-wave processing: Wind River Basin case history: 67th Annual International Meeting. SEG, Expanded Abstracts, 1997, SP5. 4: 1206−1209.

[ 84 ] Vavrycuk V, Psencik I. PP-wave reflection coefficients in weakly elastic media. Geophysics, 1998, 63(6): 2129-2141.

[ 85 ] Vernik L, Milovac J. Rock physics of organic shales. The Leading Edge, 2011: 318-323.

[ 86 ] Vernik L, Landis C. Elastic anisotropy of source rocks: Implications for hydrocarbon generation and primary migration. American Association of Petroleum Geologists Bulletin, 1996, 80: 531-544.

[ 87 ] Wang Y H. Approximations to the Zoeppritz equations and their use in AVO analysis. Geophysics, 1999, 64(6): 1920-1927.

[ 88 ] Xu Y, BANCROFT J C. Joint AVO analysis of PP and PS seismic data: CREWES Research Report. University of Calgary. 1997: 1-44.

[ 89 ] Yin X Y, Yuan S H, Zhang F C. Rock elastic parameters calculated from elastic impedance. CPS/SEG Technical Program Expanded Abstracts, 2004: 538-542.

[ 90 ] Zeng H L, John A, Katherine G J. Frequency — dependent seismic stratigraphy. SEG Technical Program Expanded Abstracts, 2009: 1097-1101.

[ 91 ] Zhaoyun Zong, Xingyao Yin, Guochen Wu. AVAZ inversion and stress evaluation in heterogeneous media. SEG, Technical Program Expanded Abstracts, 2013: 428-432.

[ 92 ] Zhu Y P, Liu E R, Martinez A, et al. Understanding geophysical responses of shale gas plays. The Leading Edge, 2011, 30(3): 332-338.

[ 93 ] Zhu Y, Tsvankin I. Plane-wave propagation in attenuative transversely isotropic media. Geophysics, 2006, 71(2): 17-30.

[ 94 ] Zhu Y, Xu S, Payne M, et al. Improved rock physics model for shale gas reservoirs: 82nd Annual International Meeting. SEG, Expanded Abstracts, 2012: 1-5.

[ 95 ] Zong Z Y, Yin X Y, Wu G C. AVAZ inversion and stress evaluation in heterogeneous media: 83th Annual International Meeting. SEG, Expanded Abstracts, 2013: 428-432.

[ 96 ] Zong Z Y, Yin X Y, Wu G C. AVO inversion and poroelasticity with P- and

S-wave moduli. Geophysics, 2012, 77: 29-36.

[97] Zong Z Y, Yin X Y, Wu G C. Elastic impedance parameterization and inversion with Young's modulus and Poisson's ratio. Geophysics, 2013, 78(6): 35-42.

[98] 陈波, 孙德胜, 朱筱敏, 等. 利用地震数据分频相干技术检测火山岩裂缝. 石油地球物理勘探, 2011, 46(4): 610-613.

[99] 陈天胜, 刘洋, 魏修成. 几种P-SV转换波反射系数近似公式的比较. 石油物探, 2005, 44(1): 1-3.

[100] 郭向宇, 凌云, 魏修成. PS转换波共转换点的几种计算方法及实际应用. 石油物探, 2002, 41(2): 141-143.

[101] 黄中玉, 赵金洲. 正交基旋转的横波分裂检测技术. 石油地球物理勘探, 2004, 39(2): 150-152.

[102] 李爱山, 印兴耀, 张繁昌. 叠前AVA多参数同步反演技术在含气储层预测中的应用. 石油物探, 2007, 46(1): 64-68.

[103] 刘洋, 魏修成. 三维转换波地震资料处理方法. 天然气工业, 2006, 26(12): 72-74.

[104] 刘振武. 页岩气勘探开发对地球物理技术的需求. 石油地球物理勘探, 2011, 46(5): 810-820.

[105] 曲寿利, 季玉新, 王鑫. 泥岩裂缝油气藏地震检测方法. 北京: 石油工业出版社, 2003.

[106] 曲寿利, 季玉新, 王鑫, 等. 全方位P波属性裂缝检测方法. 石油地球物理勘探, 2001, 36(4): 390-397.

[107] 宋维琪, 刘江华. 地震多矢量属性相干数据体计算及应用. 物探与化探, 2003, 27(2): 128-130.

[108] 孙赞东, 贾承造, 李相方, 等. 非常规油气勘探与开发. 北京: 石油工业出版社, 2011.

[109] 王保丽, 印兴耀, 张繁昌. 弹性阻抗反演及应用研究. 地球物理学进展, 2005, 20(1): 89-92.

[110] 王保丽, 印兴耀, 张繁昌. 基于Gray近似的弹性波阻抗方程及反演. 石油地球

物理勘探, 2007, 42(4): 435-439.

[111] 王雷, 陈海清, 陈国文, 等. 应用曲率属性预测裂缝发育带及其产状. 石油地球物理勘探, 2010, 45(6): 885-889.

[112] 王振卿, 王宏斌, 龚洪林. 地震相干技术的发展及在碳酸盐岩裂缝型储层预测中的应用. 天然气地球科学, 2009, 20(6): 977-981.

[113] 王志萍, 秦启荣, 苏培东, 等. LZ地区致密砂岩储层裂缝综合预测方法及应用. 岩性油气藏, 2011, 23(3): 97-101.

[114] 阴可, 杨慧珠. P-SV波反射系数的一种近似算法及其在AVO资料反演中的意义. 石油物探, 1996, 35(3): 29-37.

[115] 阴可, 杨慧珠. 各向异性介质中的AVO. 石油物探, 1997, 36(4): 28-37.

[116] 苑书金. 地震相干体技术的研究综述. 勘探地球物理进展, 2007, 30(1): 7-15.

[117] 张军华, 王月英, 赵勇, 等. 小波多分辨率相干数据体的提取及应用. 石油地球物理勘探, 2004, 39(1): 33-38.

[118] 张明, 姚逢昌, 韩大匡, 等. 多分量地震裂缝预测技术进展. 天然气地球科学, 2007, 18(2): 293-297.

[119] 张晓斌, 利亚林, 唐建侯, 等. 利用多波资料检测裂缝. 石油地球物理勘探, 2003, 38(4): 431-434.

[120] 赵政璋, 赵贤正, 王英民, 等. 储层地震预测理论与实践. 北京: 科学出版社, 2005.

[121] 朱兆林, 王永刚, 曹丹平. 裂缝性储层检测方法综述. 勘探地球物理进展, 2004, 27(2): 87-92.

[122] 朱兆林, 赵爱国. 裂缝介质的纵波方位AVO反演研究. 石油物探, 2005, 44(5): 499-503.

[123] 宗兆云, 印兴耀, 张峰, 等. 杨氏模量和泊松比反射系数近似方程及叠前地震反演. 地球物理学报, 2012, 55(11): 3786-3794.